薛其林◎著

唯物史观与中国现代学术体系构建研究

WEIWUSHI GUAN YU ZHONGGUO XIANDAI
XUESHU TIXI GOUJIAN YANJIU

人民出版社

# 目　录

# 绪　论

在 19、20 世纪世界历史的进程上，马克思主义由空想到科学、由理论到现实的两次历史性飞跃，极大地改变了世界历史的格局，翻开了政治革命和学术创新的一页。作为马克思主义的两块理论基石——"唯物史观"和"剩余价值"学说，由于其特有的科学性和革命性，令人着迷和向往。20 世纪中国的社会革命、学术转型和中国现代学术体系构建就是这个理论指导下的直接产物。

民国初期既是几千年来中国社会发生巨变和转型的一个巅峰，又是古今中西融合创新和中国现代学术体系构建的关键时期。随着地理上封闭格局的打破、社会制度的转型、思想束缚的解放，学术上迎来了一个中西汇流、百家奔竞、异彩纷呈的局面。学理与方法的引进和新的学术范式的确立，既是中国现代学术文化立足的起点，又是传统文化、传统思维向现代文化、现代思维转化的重要标志，其对社会思想学术文化的改造作用无疑是根本性的。在社会转型时期，这种作用尤为突出。

一代有一代之学术。中国现代学术体系形成于近代古今中西学术大碰撞大整合的文化背景，奠基于中国政治革命、社会变革的大环境。随着马克思主义的传入和中西文化大论战的展开，中国传统旧学术体系渐渐坍塌，中国现代新学术体系艰难构建。在这一过程中，马克思主义唯物史观无疑是中国现代学术体系形成的临门一脚和关键因素。

# 一、研究的缘起

中国现代学术体系产生的背景是内部的社会转型和外部的西学东渐，特点是古今中西学术之间多层次的碰撞、融合与创新，唯物史观是随着马克思主义思潮的整体传播而逐渐为国人所接受的，且在政治、学术层面深入发展并确立起指导地位和巨大影响，在很大程度上决定了中国现代学术体系的构建和方法论范式的确立。

我们常讲政治上求用，学术上求真。但长期以来，人们过多关注马克思主义唯物史观在中国现代政治革命层面的影响，相对忽视其学术层面的价值和影响，尤其是关于唯物史观在构建中国现代学术体系方面的巨大作用与影响，还需要更全面更细致的研究。事实上，唯物史观传播到中国后，不仅完全改变了人们认识和观察社会的角度，也对中国传统的治学方法产生了革命性的影响。五四运动以来，现代哲学、史学、文学、政治学、经济学、社会学甚至中国现代学术体系的建立，在很大程度上都要归功于唯物史观的方法论指导。可以说，马克思主义中国化、传统学术现代化的一个理论基础就是唯物史观。

严谨的学术和学术史研究，是建立在厚重的学术思想史根基之上的，需要认真总结评判过往学术思想的展开、发展的概况，把握学术研究的经验与规律，再合理规划现在和未来学术发展的趋势与路径。唯物史观的创立，在人类学术史上是一次"壮丽的日出"。其科学的理论体系、巨大的学术张力、旺盛的生命力，不仅体现在对人类社会根本问题的把握、人类社会矛盾的解决和人类解放的历史方向与内在逻辑的揭示上，而且也体现在提纲挈领地总结出了人类纷繁复杂的学术研究的理论和方法，指出了过往学术研究的误区，指明了学术研究合理的思路与方法。唯物史观不仅成为19、20世纪欧洲学术研究的主导思潮，而且在20世纪传入中国后显示出异军突起、横扫千军的声势，成为中国现代学术构建的经典理论。

鉴此，本书即从唯物史观切入，以20世纪上半叶中国学术体系作为整体研究对象，来探讨马克思主义中国化的学术进程及唯物史观与中国现代学术转型、学术体系构建的逻辑关系，从唯物史观与中国传统学术的契合、与中国现实的关联以及中西文化的融合创新出发，揭示其科学性、革命性和创新性的特色，进而从学理层面阐明唯物史观的真理性及其巨大影响力、旺盛生命力的理论源泉。

## 二、研究的价值

如前所述，中国现代学术体系产生的背景是内部的社会转型和外部的西学东渐，特点是古今中西学术之间多层次的碰撞、融合与创新。马克思主义唯物史观自传入中国后，即在各种社会思潮和学术流派的诘难、论战中，凭借其科学的理论禀赋、深刻的思想内涵、人民本位立场，在转型时期的中国学术界逆势而起，并在学术层面确立起指导地位和巨大影响，在很大程度上决定了中国现代学术体系构建和方法论范式的确立。以无可争辩的事实和巨大的影响，再次彰显了真理的价值。因此，串珠成线、构线成体，从学术视角立体全景式系统回顾、梳理、总结唯物史观与中国现代学术转型的逻辑关系，唯物史观在中国现代学术体系构建过程中的巨大影响，回答马克思主义中国化和中国化马克思主义的学术理路，具有十分重要的理论价值和实际意义。

就理论价值而言，首先，通过审视五四运动前后唯物史观传播、发展的轨迹和学术演进的具体进程，阐明中国学者在运用唯物史观进行学术研究和解决实际问题中所取得的巨大成就，阐明唯物史观对于确立中国现代学术范式的巨大影响和作用，从而为马克思主义中国化和中国传统学术现代化提供学理依据和方法论视野。其次，从学理层面分析唯物史观影响巨大的原因：一是它本身具有的科学性；一是中国传统文化中丰富的朴素唯物论思想为它的传播和生根发芽提供了恰当的接合点和肥沃的土壤，从而使学者们在运用这个理论分析解决中国历史和现实种种问题时显得得心应手。最后，通过系统梳理唯物史观在中国现代学术体系构建中发挥的具体作用（包括对每个学人具体的学术研究）、巨大影响与指导地位，阐明唯物史观的真理价值与旺盛生命力。

就实际意义而言，首先，回答马克思主义中国化的学理基础，论证唯物史观的科学性及其旺盛的生命力。这对于研究者在学术研究上如何把握和运用科学的理论与方法，如何抛弃历史虚无主义和排他主义，如何正确对待学术传统和异域文化，如何合理取舍和科学创新等方面，都有积极的借鉴和指导作用。其次，论证并肯定唯物史观的科学性、学术性和指导性，阐明唯物史观与中国现代学术转型的逻辑关系，澄清学术界对唯物史观存在的模糊甚至错误认识，批判唯心史观的主观性、片面性，在此基础上确立起唯物史观的科学指导地位。最后，阐明中国现代学术体系构建的理论源泉与学理依据，为当今学术研究作出有益探索；提供马克思主义中国化的方法论视野和线索，为马克思主义基础理论研究和学科建设尤其是目前正在开展的"马克思主义理论和建设工程"提供有益启示。

# 第一章　唯物史观在传播过程中科学性的彰显

　　唯物史观是马克思主义哲学的重要组成部分，是科学社会主义的理论基石，是关于人类社会发展一般规律的科学，是科学的社会历史观和认识、改造社会的一般方法论①。马克思在批判鲍威尔、施蒂纳、费尔巴哈的基础上，系统地论述了人类社会存在的前提和基础、人类社会的结构和演变，从横断面（社会结构）和纵断面（社会形态的更替）对人类社会做了科学的分析。在此基础上完成了从异化劳动理论到唯物史观的飞跃②。

　　一种理论的创立虽然不易，但被广泛传播和为人接受却更难。一般而言，科学而有广泛影响的理论，除了它本身所具有的内在逻辑体系外，还必须具备两个要件：第一是学理上的科学性、真理性；第二是适应社会现实的需要。马克思主义自创立以来，在将近两个世纪里以巨大的理论张力和渗透力深刻地影响了人类社会的发展进程，被证明是具有科学性、革命性和旺盛生命力的真理。就影响人类社会的广度、深度、力度而言，是其他任何理论体系所无法比拟的。唯物史观是马克思主义最重要的理论基石，它在20世纪前后开始传入中国，并在很短的时间内获得了广泛的传播，在与各种思潮的论争中脱颖而出，成为主导思想，广为接受。

---

　　① 参见庞卓恒等：《如何把握马克思主义唯物史观的科学内涵》，《史学理论研究》2010年第2期。

　　② 参见陈先达：《走向历史的深处：马克思历史观研究》，中国人民大学出版社2006年版，第256页。

为什么唯物史观在 20 世纪初期的中国社会能获得如此大的规模和影响呢？究其原因，大约有以下几点：一是其学理的科学性、庞大的理论体系、巨大的理论张力为学术界所认同和接受；二是立足于广大基层民众解放、富于批判性和创新性的理论品质为"破旧迎新"急剧转型的社会现实所急需；三是与中国传统文化有深度的契合 ①。

## 第一节　唯物史观学理上立足的科学性

自从马克思创立唯物史观后，国际社会发生了巨大变化，国际政治和学术也迎来了崭新的局面。这一理论在 20 世纪传入中国后，引起了中国社会、政治、学术的巨变，直接导致了 20 世纪上半叶中国广泛的社会革命、政治革命和学术思想转型。中国现代社会的巨变事实，不仅证明了马克思主义唯物史观的革命性、创新性，而且也证明了它学理的科学性。学术界围绕唯物史观的理论争鸣，在很大程度上是就唯物史观的科学性、真理性问题展开的 ②。所以，有关唯物史观学理科学性问题的讨论仍然是十分重要的学术课题。

### 一、从唯物史观的基本原理和丰富内涵看其学理的科学性

唯物史观的每一个基本范畴和概念，都包含着丰富而具体的理论内容，是抽象和具体、认识和实践、理论和方法的高度统一。在本体论意义上，唯物史观将社会存在与社会意识看作一个统一的整体；在活动论意义上，唯物史观将社会生活与社会生产辩证统一；从结构层次上，唯物史观把社会生产力、生产关系、政治制度、社会心理和思想意识体系一起来；在形态学意

---

① 参见薛其林：《马克思主义唯物辩证法与民国学术》，《湘潭大学学报》（哲学社会科学版）2005 年第 6 期。

② 参见刘方现：《近年来围绕唯物史观的理论争鸣》，《历史教学》2005 年第 3 期。

义上，唯物史观把社会经济形态、政治形态和意识形态统一起来。① 这些概念范畴、理论方法、结构体系，尤其是关于生产力决定生产关系、上层建筑、阶级斗争、人民群众是历史的主体等原理，迄今为止都是最完整科学的论述，其学理的科学性是不容置疑的。下面我们以唯物史观的两个基本原理为例，从正反两方面来阐明唯物史观学理的科学性。

第一，有关生产力决定生产关系、经济基础决定上层建筑的理论。在《德意志意识形态》里，马克思以人的物质资料的生产作为出发点，发现了生产力和生产关系的运动规律。他指出，生产力和生产关系是相互制约、相互促进的，但最终起决定作用的是生产力："人们所达到的生产力的总和决定着社会状况。"② 这种相互关系表现为两个方面：一方面，生产力决定生产关系、经济基础决定上层建筑；另一方面，生产关系必须适合生产力的性质和水平。这一成熟而科学的历史观早已为各国学术界所接受，其对社会科学研究的贡献也是公认的。

人们的疑问主要是，在生产力发达的国度里，如西欧和北美地区的国家，并没有出现成功的社会主义革命；而在一些生产力落后的国家，如俄国、中国，社会主义革命却成功了。回答这一问题，涉及生产关系在生产力发展过程中的变革机制和调控再生机能问题。在生产力发达的西欧国家，之所以没有发生成功的社会主义革命，是因为当时的西欧资本主义制度具备这种调控再生机能，而且合理的变革使得社会矛盾相对缓和；相反，在一些生产力落后的国家如俄国，尽管其生产力水平落后于西欧，但其封建农奴制生产关系却更加落后，已丧失了变革和调控再生机能，所以社会主义革命就成功了。

这种疑问与僵化的教条式理解密切相关，如苏联一度流行的诸如五种生产方式依次更迭律、生产力三要素或两要素论等教条式的历史发展规律论。我们不能因此就怀疑唯物史观学理的科学性。其实早在马克思、恩格

---

① 参见薛其林：《民国时期学术研究方法论》，湖南人民出版社 2002 年版；薛其林：《试论李达的学术研究方法》，《长沙大学学报》2002 年第 3 期。

② 《马克思恩格斯全集》第 3 卷，人民出版社 1979 年版，第 33 页。

斯在世的时候，他们就曾经预言并批评过一些所谓的"马克思主义者"把唯物史观教条化理解的倾向。恩格斯指出："根据唯物史观，历史过程中的决定性因素归根到底是现实生活的生产和再生产，无论马克思或我都从来没有肯定过比这更多的东西，如果有人在这里加以歪曲，说经济因素是唯一决定性的因素，那么他就是把这个命题变成毫无内容的、抽象的、荒诞无稽的空话。经济状况是基础，但是对历史进程发生影响并且在许多情况下主要是决定着这一斗争的形式的，还有上层建筑的各种因素。"[1] 因此，简单地把理论应用于任何历史时期，就会比解一个最简单的方程式更容易了。[2]

更何况马克思、恩格斯所揭示的生产力与生产关系的规律并非特定历史事件的具体规律，而是人类历史发展的整体和根本规律。而且这一规律只是决定历史发展的总趋势，并不能决定历史发展的具体形态。陈先达先生曾经指出，生产力与生产关系矛盾运动的科学规律揭示的是两者本质的必然的联系。这种联系不是无人参与的生产力与生产关系的自我运动，而是一定的人群（阶级或集团）为了自身利益而进行的一定条件下的选择。二者的相互作用是通过人的利益这个环节来实现的。正是"利益之神"帮助生产力获得了与他相适应的生产关系[3]。所以，在一定条件下，在具体时间和空间，生产关系经由变革而具备适应生产力发展、缓和阶级矛盾的再生机能。而且，社会革命的基础并不是生产力发展的绝对水平。简单地作横向比较，用一个国家生产力发展的水平与另一个国家比较，撇开具体的历史环境、撇开各不同国家的国情，是无法理解社会革命发展的不平衡性，无法理解社会革命往往不是在生产力发展水平较高而是在生产力并不发达的国家首先发生这一社会现象的。

唯物史观的科学性就在于它在强调一切历史冲突都根源于生产力和

---

① 《马克思恩格斯选集》第 4 卷，人民出版社 1995 年版，第 477 页。

② 参见王也扬：《关于唯物史观流行理论的几个问题——兼评〈历史研究〉近期发表的两篇文章》，《社会科学战线》2002 年第 6 期。

③ 陈先达：《论唯物主义历史观的本质与当代价值》，《高校理论战线》2002 年第 5 期。

生产关系之间的矛盾的同时，并没有把它绝对化①。"不管从横向的角度来看，还是从纵向的角度来看，科学原理的运用都有一个具体化的过程，不能不顾社会的和历史的条件的变化，僵化地、教条地对待马克思经济学的基本原理。因此，在社会发展道路的选择上，'马克思主义中国化'既包含着对马克思关于世界历史进程中社会发展道路的横向角度的选择——跨越资本主义发展阶段的道路选择，也包含着纵向角度的选择——具有中国特色的派生型的社会主义发展道路的选择。这两方面的选择，既是对科学原理与科学原理运用关系的进一步说明，也是对科学原理创造性运用的典范。"②

　　第二，有关阶级斗争与暴力革命的理论。人类社会领域是人的领域，社会问题始终反映在人的问题上。同样，生产力和生产关系的矛盾运动必然通过人与人的关系表现出来，利益是人与人的关系的核心，在阶级社会中，围绕利益的人与人的关系就表现为阶级斗争，而阶级斗争最尖锐的表现是革命。因此，在阶级社会中，阶级斗争和社会革命是不可避免的，它必然存在于经济事实之中。马克思在《致约·魏德迈》（1852年3月5日）的信中指出："无论是发现现代社会中有阶级存在或发现各阶级间的斗争，都不是我的功劳。在我以前很久，资产阶级历史编纂学家就已经叙述过阶级斗争的历史发展，资产阶级的经济学家也已经对各个阶级作过经济上的分析。我所加上的新内容就是证明了下列几点：（1）阶级的存在仅仅同生产发展的一定历史阶段相联系；（2）阶级斗争必然要导致无产阶级专政；（3）这个专政不过是达到消灭一切阶级和进入无阶级社会的过渡。"③基于生产资料所有权的理解，依据社会主体所处生产过程中的位置，马克思将现代社会划分为资本家、雇佣工人、土地所有者三大阶级，指明了资本的统治为雇佣工人创造了同等的地位、相同的利害关系，并在经济利益的斗争中逐步团结起来成为一个自为

---

　　①　参见陈先达：《走向历史的深处：马克思历史观研究》，中国人民大学出版社2006年版，第271页。

　　②　顾海良：《马克思经济思想的当代视界》，经济科学出版社2005年版，第17页。

　　③　《马克思恩格斯文集》第4卷，人民出版社1995年版，第547页。

的阶级。在欧洲 1848 年革命的前夜，马克思、恩格斯起草的《共产党宣言》宣称："到目前为止的一切社会的历史都是阶级斗争的历史。"《宣言》通篇用唯物史观写成，然其中心议题却是阶级斗争与无产阶级革命。由此我们可以清楚地了解唯物史观与马克思主义阶级斗争学说之间的关系，以及后者在前者中所占有的位置了。①

但我们是否可以把阶级斗争和暴力革命绝对化并由此推演出"造反有理，革命有理"、"阶级斗争动力论"呢？我们要基于社会发展的水平、生产力和生产关系的状况、阶级冲突的激烈程度来理解唯物史观有关阶级斗争和暴力革命的理论。

可见，正确理解和把握唯物史观原理的科学性，还必须要正确运用唯物史观的方法论。唯物史观为我们提供了一条实事求是地研究历史认识历史的认识路线，强调按照事物的本来面目及其产生根源来理解事物。某一阶段反映在理论和实践上的失误，如"唯生产力论"、"阶级斗争日益尖锐论"等都是因为不顾历史事实：照搬原理所致，在本质上都是违背了唯物史观的方法论原则，与唯物史观基本原理的科学性无关。②

唯物史观的科学性就是奠基于理论与方法一致的基础上的。它有两个最基本的方法论原则，即物质利益与阶级分析方法，历史与逻辑相统一方法。

就物质利益与阶级分析方法而言，从物的关系中发现和透视出其中掩盖着的人与人的关系，是马克思以"人的眼光"来审视社会历史的独特的视野，是唯物史观的最基本的观点和研究方法之一。在马克思看来，物质利益的分化导致阶级利益的对立和斗争，而阶级斗争是阶级社会发展的直接动力。1848 年马克思恩格斯写《共产党宣言》时，曾提出迄今所有一切社会的历史都是阶级斗争的历史。到 19 世纪 70 年代，原始社会秘密被初步揭开，恩格斯将这个论断修改为原始社会解体以来一切社会的历史都是阶级斗争的历史。这个重要修改显然使这个著名论断更为接近历史。由此衍生出人类社会

---

① 参见王也扬：《关于唯物史观流行理论的几个问题——兼评〈历史研究〉近期发表的两篇文章》，《社会科学战线》2002 年第 6 期。

② 参见薛其林：《民国时期学术研究方法论》，湖南人民出版社 2002 年版。

的"五种社会形态说"和每一种社会结构的"五项因素"论①。

就历史与逻辑相统一方法而言，历史和逻辑相统一的观点，既是辩证思维的重要原则，又是辩证思维的重要方法。其之所以作为重要的方法论原则，是因为历史与逻辑的统一表现着认识中主观与客观、理论与实践的辩证统一；其之所以作为重要的方法，是因为逻辑与历史的统一是用来揭示事物尤其是社会历史现象和本质的重要工具，特别是建立科学理论体系的重要方法②。

人们认识社会历史，就是力求把握其运动的基本规律；而对社会历史过程及其规律性的观念把握，则是通过对社会历史规律的逻辑再现而实现的。为使人们的思想进程及其内在逻辑与社会发展的运动过程和历史逻辑相一致，就必须坚持思维的逻辑进程符合社会发展进程的历史逻辑的唯物主义的客观性原则。这一原则就是恩格斯所强调的"历史从哪里开始，思想进程也应当从哪里开始"的原则。这一原则既体现为思想进程与历史进程的一致性的同步性原则，也体现为思想进程必须符合历史进程而不是相反的客观性原则③。

逻辑的东西是指反映客观对象历史发展的理论，也指认识史的总结，其具体形态是范畴体系和思维规律。历史的东西一方面是指对象自身的发展史，即对象客观的自然历史过程；另一方面也指人类认识的发展过程，即"认识史"。逻辑的方法，是以抽象的逻辑形式在思维中重建对象的历史过程，揭示对象发展规律的思维方法。历史的方法，是通过追踪对象历史发展的自然进程揭示历史发展规律的思维方法④。因此，逻辑与历史的一致表现

① 1907年，普列汉诺夫在《马克思主义基本问题》中，提出了著名的社会结构"五项因素"论："（一）生产力的状况；（二）被生产力所制约的经济关系；（三）在一定经济'基础'上生长起来的社会政治制度；（四）一部分由经济直接所决定的，一部分由生长在经济上的全部社会政治制度所决定的社会中的人的心理；（五）反映这种心理特征的各种思想体系。"（参见《普列汉诺夫哲学著作选集》第3卷，生活·读书·新知三联书店1959年版，第195页。）

② 参见欧阳康主编：《社会认识方法论》，武汉大学出版社1998年版，第75—82页。

③ 参见薛其林：《民国时期学术研究方法论》，湖南人民出版社2002年版。

④ 参见李培庆、池超波：《借助辩证法确定唯物史观的逻辑起点》，《福建论坛》（文史哲版）1995年第3期。

为以下两个方面：

首先，逻辑的东西与历史的东西的统一。历史的东西与逻辑的东西固然属于不同的领域，但历史的发展与逻辑进程在本质上是相一致的。唯物史观理论体系也是从最简单的范畴开始的。而从简单到复杂、从抽象上升到具体的过程与现实历史发展的过程是一致的。在人类历史上，"劳动是整个人类生活的第一个基本条件"，它既是人类社会从自然界分离出来的基础，又是人类区别于自然界的特殊本质的标志。在人和人类社会形成的过程中，劳动起了决定性的作用。恩格斯所说的"劳动创造了人本身"也正是在这个意义上，唯物史观确定劳动是人类历史的起点。而根据历史与逻辑相一致的方法，思维对历史的把握也要从这个历史起点开始。恩格斯对于这一点作了深刻的说明。他说："历史从哪里开始，思想进程也应当从哪里开始，而思想进程的进一步发展不过是历史过程在抽象的、理论上前后一贯的形式上的反映。"

其次，历史的方法与逻辑的方法的一致。历史方法是按照事物发展历史的自然顺序，考察和记述事物发展的阶段性及其连续性。历史方法总是从事物发展的结果开始，把它的过去作为它的发展阶段加以研究，从而对事物的发展过程达到全面的认识。历史方法不得不追随事物发展的历史过程，不得不掌握大量的、具体的、活生生的材料，但在分析过程中必然会遇到一些偶然的、突发的因素。这就要求我们在运用历史方法的同时也要运用逻辑方法。逻辑方法是以客观事物的有关结构为依据，揭示事物自身的必然性以及事物之间的关系。逻辑方法摆脱了历史的偶然性，以纯粹状态的形式把握事物的本质，并遵循从抽象上升到具体的原则，通过范畴的运动，形成一个严密的逻辑体系，呈现为一种抽象的理论形态。由此可见，历史方法与逻辑方法是相辅相成的。①

唯物史观理论体系的科学性就在于马克思准确地运用了历史与逻辑相统一的方法。因为只有运用历史方法，唯物史观的理论体系才能有事实依据，才能客观真实地反映历史过程；只有经过逻辑的分析与综合，才能从历史发

_____

① 参见薛其林：《民国时期学术研究方法论》，湖南人民出版社 2002 年版。

展的长河中抽出一般的、普遍的、本质的认知和规律。马克思、恩格斯的伟大不仅体现在对现代社会根本问题的把握上，而且还在于提出了解决现代社会矛盾、推动人类解放的历史方向与内在逻辑，这也是他们区别于其他伟大思想家之处。

## 二、从唯物史观的特征看其学理的科学性

唯物史观具有三大基本特征[①]：实践原则与主体性原则的内在一致，它为唯物史观奠定了彻底的唯物主义理论基础；历史发展过程的客体制约性与主体创造性的辩证统一，它为唯物史观赋予了辩证的理论品格；人的自由解放与历史进程的高度一致，它使唯物史观获得了明确的价值指向。这三大基本特征有着内在的逻辑联系，使唯物史观与其他一切历史观从根本上区别开来。

第一，唯物史观最根本的特征是实践原则与主体性原则的内在一致。

唯物史观是以一定历史时期的物质经济生活条件来说明一般历史事变和观念、一切政治、哲学和宗教，强调物质生产资料的生产是人类历史活动的前提和基础。区别于自然唯物主义见物不见人，唯物史观的侧重点、聚焦点集中在人本身，从人的实际生活出发来研究人以及人与物的现实的关系。在《费尔巴哈论》中马克思、恩格斯指出，唯物史观是"关于现实的人及其历史发展的科学"[②]。这是非常恰当的论断。

马克思的实践原则也就是主体性原则，马克思始终把实践和主体联系在一起来考察人类历史。首先，马克思认为，实践是一种主体人的感性活动、客观活动、现实活动。其次，马克思强调实践活动的革命和批判意义，把实践理解为主体人的一种能动地改造客观世界的活动，即它不是一般的感性活动，而是体现主体人特有的能动性的感性活动。最后，马克思还把实践同人

---

① 参见毛豪明、曹润生：《论唯物史观的三大基本特征》，《北京理工大学学报》（社会科学版）2002年第1期。

② 《马克思恩格斯选集》第4卷，人民出版社1995年版，第241页。

的存在本身联系起来，实践被理解为人所特有的存在方式，是人的本质力量的实现和确证——因为，第一，实践的动机包含着人对客体限制的超越；第二，实践的过程及其产物使人的本质力量以直观方式呈现出来。

第二，唯物史观的理论品格表现为历史发展过程的客体制约性与主体创造性的辩证统一。

马克思注意到"人创造环境，同样，环境也创造人"①，但环境创造人是在人主动创造环境的过程中被动完成的，所以归根到底环境是由人来改变的，人在实践中既实现着对环境的改变也实现着自我改变。生产力与生产关系的发展史，以至于整个社会的发展，归根到底，是现实的人在变革现实的实践中"炼出新的品质，通过生产而发展和改造着自身，造成新的力量和新的观念，造成新的交往方式、新的需要和新的语言。"② 历史规律也是如此，是在人类自主实践活动中建构起来的客观规律，人既是历史的剧中人又是历史的剧作者，在不断创造环境的社会实践中，不断变革和创造着人自身及其社会关系，从而实现对客体制约的超越，并不断地从这种超越中获得进步和解放。这样，历史发展过程的客体制约性与主体创造性的辩证统一就赋予了唯物史观不同于其他史观的高贵品格。

第三，唯物史观的目标指向和理论归宿彰显为人的自由解放与历史进程的高度一致。

如果说实践是马克思历史观的逻辑起点和理论基础，那么马克思历史观的逻辑终点和理论归宿就是"人的自由解放"。"自由王国"的实现是马克思主义所追求的最高价值目标，也是人类活动的终极目的。在《1844年经济学哲学手稿》中，马克思尝试通过人的本质的异化及其扬弃来解开历史之谜，认为共产主义作为私有财产的积极扬弃，能够使人以全面的方式占有自己的本质，获得自由和解放。在《德意志意识形态》中，马克思进一步探讨了无产者如何实现自由个性解放的问题，他指出，"无产者，为了

① 《马克思恩格斯全集》第1卷，人民出版社1979年版，第92页。
② 《马克思恩格斯全集》第46卷（上），人民出版社1979年版，第494页。

实现自己的个性，就应当消灭他们迄今所面临的生存条件……应当推翻国家，使自己的个性得以实现"①。《共产党宣言》认为，每一个历史时代的经济生产以及必然由此产生的社会结构，是该时代政治和精神的基础。这种逻辑演绎不是抽象发生的，而是通过具体人格化主体力量的实践实现的，其互动推动了人类社会发展。在由资本主义所开启的现代社会条件下，资本和劳动的关系成为现代全部社会体系所赖以旋转的轴心，由此，作为其人格化的主体力量的资产阶级与无产阶级，就成为现代社会中的一对轴心主体关系。然而，阶级之间的斗争只是手段，目的是为了推动整个社会发展，使社会解决资本与劳动这一对现代社会中的矛盾，在实现人的进一步解放过程中推动社会进入新的历史阶段②。《共产党宣言》指出，"代替那存在着阶级和阶级对立的资产阶级社会的，将是这样一个联合体，在那里，每个人的自由发展是一切人的自由发展的条件"③。基于解放全人类实现人的全面自由的理想目标，马克思从事了《资本论》的创作，既深入揭示了剩余价值之谜，又全面剖析了资本主义社会的物质生产活动和社会生产关系，并且明确了理想的未来社会形式是"以每个人的全面自由的发展为基本原则的社会形式"④。接着在《1857—1858 年经济学手稿》中，马克思又从人的自由自觉本性的发展与社会存在的关系视角概括出人类发展的三大社会形态，即"人的依赖关系"、"以物的依赖为基础的人的独立性"、"建立在个人全面发展和他们的共同的生产力成为他们的社会财富这一基础上的自由个性"。显然，在马克思看来，历史创造过程就是人逐步获得自由和解放的过程。人的解放、人的自由是人类社会发展的最终目的，也是人类社会实践的最高旨归。人类只有在推动历史发展的实践进程中才能不断地赢得自由，而人类赢得自由的过程，也就是人类解放的过程。人的自由解放与历史进程二者是高度一致的。

---

① 《马克思恩格斯选集》第 1 卷，人民出版社 1995 年版，第 121 页。

② 参见郑长忠：《〈共产党宣言〉在网络时代的价值》，《人民日报》2016 年 7 月 18 日。

③ 《马克思恩格斯选集》第 1 卷，人民出版社 1995 年版，第 294 页。

④ 《马克思恩格斯全集》第 23 卷，人民出版社 1979 年版，第 649 页。

### 三、从论战的影响和结果看其学理的科学性

马克思主义传入中国最先为中国人所接受的是唯物史观，在那个思潮激荡、学术诘难流行的世纪之交，唯物史观作为后起的学术流派，直接参与了当时中国社会的各种论战。在论战中，唯物史观尽管遭到当时各种思潮的质疑，但凭借其自身的科学性，不断扩大影响和阵地，日益成为一股重要的理论思潮，极大影响了当时中国的政治、经济、社会、学术和思想文化，促进了学术思想文化的现代化，奠定了中国现代学术体系的理论根基。

唯物史观作为主要的社会思潮在 20 世纪初期以较强的理论自信和务实的实践功能，直接参与了"问题与主义论战"、"社会主义论战"、"无政府主义论战"、"哲学论战"、"中国社会性质论战"、"社会史论战"等六次大规模论战，并在论战中扩大影响和阵地，赢得了民众基础。在"问题与主义论战"中，围绕"问题与主义"、"社会局部问题的局部解决与社会根本问题的根本解决"等论题，唯物史观宣扬了无产阶级革命和社会主义思想，批判了实用主义的渐进改良思想；在"社会主义论战"中，围绕"走资本主义道路还是走社会主义道路"、"渐进改良还是暴力革命"等问题，唯物史观宣扬了阶级斗争理论，批判了阶级调和论调；在与"无政府主义论战"中，围绕"无产阶级专政"、"自由与纪律"、"生产与分配"等核心问题，唯物史观宣扬了无产阶级专政的理论，批判了个人绝对自由的思想；在"哲学论战"中，唯物史观宣扬了经济决定论，批判了多元论；在"中国社会性质论战"中，唯物史观论证了当时的中国是半殖民地半封建社会而不是资本主义社会；在"社会史论战"中，唯物史观宣扬了人类社会历史发展的客观规律性并论证了这种规律对中国社会的适应性。①

在六次大规模的世纪论战中，波及面最广、影响最大的是"问题与主义"、"科学与玄学"的论战。

在"问题与主义论战"中，李大钊针对胡适的"多研究些问题，少谈些

---

① 参见薛其林：《唯物史观与马克思主义哲学的中国化》，《湖南社会科学》2012 年第 1 期。

主义"、"具体问题具体解决"等观点，重点阐述了唯物史观关于"社会问题"、"根本解决"的思想。他指出，所谓"社会问题"，就是社会的共同问题，主张把女子卖淫问题上升到妇女解放问题、把人力车夫问题上升到工人解放问题的更高更根本层面来思考。在诸多社会问题中，只有经济问题才是"根本问题"，"经济问题一旦解决，什么政治问题、法律问题、家族制度问题、女子解放问题、工人解放问题，都可以解决"。"经济组织没有改造以前，一切问题，丝毫不能解决。"只有"根本问题"的"根本解决"，"才有把一个一个的具体问题都解决了的希望"[①]。在这里，李大钊充分运用唯物史观的立场、观点，以开阔的视野统筹问题与主义，既批判了"唯问题而问题"的狭隘思路，又超越了"问题与主义"论战本身，强调要把具体问题上升到根本问题，在"根本问题"的"根本解决"的思路下解决——的具体问题。从而，通过论战在思想上宣传了马克思主义真理，在行动上凸显了根本问题之根本改造的社会改造和激进革命路线。可以说，其立论之宏大，推理之严密，影响之深远，充分彰显了唯物史观的科学性。

"科学与玄学论战"的背景是第一次世界大战以后欧洲存在的各种社会问题，焦点是科学观与人生观的问题，实质是影响国家的兴衰、社会的荣枯、人民的苦乐等因素问题。最初论战在科学派和玄学派之间展开，后来由于马克思主义者陈独秀、李大钊、瞿秋白等人的加入，把论战的话题引到唯物史观所研究的人与自然、人与社会问题的范畴上。尤其是关于自由意志和客观规律的争论，不仅纠正了科学派和玄学派各自的缺陷，阐明了唯物史观关于自然现象、社会形象的客观性、规律性，而且确证了唯物史观的合理性、科学性。

就论战的结果和影响看，唯物史观大获全胜，极大地彰显了影响力和旺盛生命力。就学术影响而言，20 世纪 30 年代学术界把唯物史观视作"像怒潮一样奔腾而入"的学术奇观[②]，以致政治上、学术上都不认同马克思主义

---

① 《李大钊文集》下卷，人民出版社 1984 年版，第 37 页。

② 顾颉刚：《战国秦汉间人的造伪与辨伪》，载《古史辨》第 7 册，上海古籍出版社 1981 年版，第 64 页。

的胡适也不得不承认："唯物的历史观，指出物质文明与经济组织在人类进化社会史上的重要，在史学上开一个新纪元，替社会学开无数门径，替政治学开许多生路，这都是这种学说所涵意义的表现……这种历史观的真意义是不可埋没的。"① 就连胡适都用"开一个新纪元"、"开无数门径"、"开许多生路"来赞许唯物史观的巨大影响，可见唯物史观在当时的学术声望和社会影响力是首屈一指的，可谓一枝独秀。

就社会影响、政治影响而言，经由论战这个平台唯物史观崭露头角、一枝独秀，物质经济利益理论、阶级斗争思想、民众革命呼声深入人心，极大地推动了中国社会的变革进程。陈独秀、李大钊、毛泽东等一大批社会精英，在唯物史观的影响下身份急剧转化，由民主主义者转化为马克思主义者②。

其中，青年毛泽东的身份转变是最为典型的。在论战中，毛泽东最初认同胡适的立场和观点，赞成"多研究些问题，少谈些主义"，并在长沙发起成立问题研究会，制定了研究会章程。在章程中，毛泽东列举了140多个问题、10个主义以呼应胡适的主张③。但不久毛泽东就开始质疑胡适的主张，到了1919年底，毛泽东就离开胡适，转向李大钊接受唯物史观，宣扬马克思主义。1919年12月，毛泽东在《学生之工作》一文中指出："社会制度之大端为经济制度"，"如此造端宏大之制度改革，岂区区'改良其旧'云云所能奏效乎？"④ 到了1920年上半年，毛泽东向唯物史观的转化就更为明显。在是年3月21日致黎锦熙的信中，毛泽东指出："从中国现下全般局势而论，稍有觉悟的人，应该就从如先生所说的'根本解决'下手"，而不能"枝枝节节的向老虎口里讨碎肉。"⑤ 在6月起草的《湖南人民的自决》一文中他指出："社会的腐朽，民族的颓败，非有绝大努力，给他个连根拔

---

① 胡适：《四论问题与主义》，载《胡适精品集》第1册，光明日报出版社1998年版，第356页。
② 参见薛其林：《唯物史观与马克思主义哲学的中国化》，《湖南社会科学》2012年第1期。
③ 参见郭建宁：《20世纪中国马克思主义哲学》，北京大学出版社2005年版，第30页。
④ 《毛泽东早期文稿》，湖南人民出版社1990年版，第454页。
⑤ 《毛泽东早期文稿》，湖南人民出版社1990年版，第470页。

起，不足以言摧陷（廓）清。"① 到了 1920 年底 1921 年初，毛泽东的思想
则发生了根本变化。在 1920 年 11 月 25 日给罗章龙的信中，他不仅明确表
示"不赞成没有主义头痛医头脚痛医脚的解决"②，而且态度鲜明地指出"主
义譬如一面旗帜，旗子立起了，大家才有所指望"③。在 1921 年 1 月 21 日
给蔡和森的信中，毛泽东首次亮明身份，明确指出："唯物史观是吾党哲学
的根据。"④ 由此可见，此时的毛泽东已完全接受了唯物史观，成了马克思
主义者。

那么，在思潮激荡、众说纷纭之际，先进的知识分子为什么会发生这种
转变呢？难道是一时的心血来潮吗？唯一可能的答案只能是，直面社会现
实，理性分析，使他们确信，唯物史观的理论切合中国社会的实际，能够解
决中国社会存在的问题。而切合中国实际又能解决问题的理论必须具备一个
前提，那就是它本身的科学性、合理性。

## 四、从马克思主义中国化的实践看其学理的科学性

实践是检验真理的唯一标准。马克思主义是实践的唯物主义，实践性是
其最根本和最主要的特点。唯物史观传入中国始终贯穿于马克思主义中国化
的全过程，并且在理论与实际、历史与现实的结合上堪称典范。这一理论的
科学性在中国革命和建设的实践中获得了充分的证实。

鸦片战争以后，谋求民族独立和国家富强的任务现实地摆在中国人面
前。"经过太平天国运动、戊戌变法、义和团运动，中国人民进行了不屈不
挠的斗争，无数仁人志士苦苦探索救国救民的道路。这些斗争和探索，每一
次都在一定的历史条件下推动了中国的进步，但又一次一次地失败了。"⑤"在

---

① 《毛泽东早期文稿》，湖南人民出版社 1990 年版，第 486 页。
② 《毛泽东早期文稿》，湖南人民出版社 1990 年版，第 553 页。
③ 《毛泽东早期文稿》，湖南人民出版社 1990 年版，第 554 页。
④ 《毛泽东书信选集》，人民出版社 1983 年版，第 15 页。
⑤ 江泽民：《在庆祝中国共产党成立八十周年大会上的讲话》，《人民日报》2001 年 7 月 2 日。

一个很长的时期内，即从一八四〇年的鸦片战争到一九一九年的五四运动的前夜，共计七十多年中，中国人没有什么思想武器可以抗御帝国主义。旧的顽固的封建主义的思想武器打了败仗了，抵不住，宣告破产了。不得已，中国人被迫从帝国主义的老家即西方资产阶级革命时代的武器库中学来了进化论、天赋人权论和资产阶级共和国等项思想武器和政治方案，组织过政党，举行过革命，以为可以外御列强，内建民国。但是这些东西也和封建主义的思想武器一样，软弱得很，又是抵不住，败下阵来，宣告破产了。"①中国向何处去成为了一个迫切需要回答的重大问题。"中国期待着新的社会力量寻找先进理论，以开创救国救民的道路。"②但自从传入马克思主义以后，中国的面貌就焕然一新。可见，马克思主义就是先进的理论、救国救民的真理，其生命力就存在于它的科学性和实践性之中。

马克思在《关于费尔巴哈的提纲》中指出："哲学家们只是用不同的方式解释世界，问题在于改变世界。"③唯物史观自传入中国后，作为理论原则与科学方法影响和成就了一批理论家、思想家，作为哲学根据与指导思想成就了世界上第一大政党——中国共产党，作为行动纲领成就了中国新民主主义革命和社会主义建设的伟大事业。仅此而言，其学理、方法的科学性是不言而喻的。对此列宁曾这样评价："这一理论对世界各国社会主义者所具有的不可遏止的吸引力，就在于它把严格的和高度的科学性……同革命性结合起来……把二者内在地和不可分割地结合在这个理论本身中。"④在这个意义上可以说，马克思主义是在实践中产生的科学体系，是以改变现实世界的实践为目的的科学体系。它的科学性和实践性可以从中国社会主义革命和建设中获得证实。

在世纪之交社会急剧转型之际，以毛泽东为代表的中国先进分子，直面巨大的社会危机，以救中国为己任和追求真理的卓越勇气，从理论和实践上

---

① 《毛泽东选集》第4卷，人民出版社1991年版，第1513—1514页。

② 江泽民：《在庆祝中国共产党成立八十周年大会上的讲话》，《人民日报》2001年7月2日。

③ 《马克思恩格斯选集》第1卷，人民出版社1995年版，第57页。

④ 《列宁选集》第1卷，人民出版社1995年版，第83页。

探寻解决中国的道路问题。在由民主主义者转化为马克思主义者之后，积极投身社会改造实践，以唯物史观为指导思想创建了中国共产党；从唯物史观的物质利益原则和群众观点出发，从经济入手划分了阶级，找到了无产阶级政党的阶级基础；以唯物史观的阶级斗争和暴力革命理论为指导，确立了"武装割据"的路线；以唯物史观的无产阶级专政理论为指导，建立了社会主义国家和无产阶级政权，实现了民族的完全独立。①

但阶级和阶级斗争只是一定历史阶段的产物，阶级斗争不等于唯物史观的全部内涵。尤其在社会主义建设初期，对此的片面理解不顾具体国情，坚持并强化"以阶级斗争为纲"、"阶级斗争动力论"的指导思想，力图跑步进入共产主义，其实践效果不仅不能解决我们的贫穷现状，反而使得社会主义建设走上弯路，而且也严重背离了唯物史观的真谛。

以邓小平同志为核心的党的第二代中央领导集体总结了"文化大革命"的教训，正确理解唯物史观有关"阶级的存在仅仅同生产发展的一定历史阶段相联系"、"从生产力的发展和物质生产方式的角度来观察和研究历史"的科学理论，把工作重心转移到经济建设上来，强调发展社会生产力，大胆地进行伟大的改革开放实验，经过多年的努力，积累了较好的经济实力，极大地丰富了我们的物质基础。邓小平指出："贫穷不是社会主义，社会主义要消灭贫穷。不发展生产力，不提高人民的生活水平，不能说是符合社会主义要求的。"依据唯物史观邓小平认为，马克思主义最注重发展生产力，以往革命的目的是解放和发展生产力，社会主义的根本任务是发展生产力，社会主义的本质是解放生产力，发展生产力，消灭剥削，消除两极分化，最终达到共同富裕。他进而提出了判断我们各项方针政策和实际工作是非得失的三个"有利于"标准，即是否有利于发展社会主义社会的生产力，是否有利于增强社会主义国家的综合国力，是否有利于提高人民的生活水平；提出了"发展是硬道理"、"科学技术是第一生产力"的著名论断。

---

① 参见薛其林：《从论战看20世纪上半叶唯物史观对中国现代学术的影响》，《湘潭大学学报》（哲学社会科学版）2008年第6期。

这些理论极大地丰富了唯物史观的时代内涵，使中华民族走上了伟大复兴的征程。中国改革开放的伟大实践再一次雄辩地证明了唯物史观的真理性、科学性。

　　唯物史观揭示了人类社会发展的一般规律，为科学地研究资本主义社会提供了真实的理论基础和现实可能性，奠定了科学社会主义的第一块理论基石。与此同时，唯物史观在指导社会主义革命和中国特色社会主义改革的伟大进程中，既破解实践中的难题和困境，又不断充实完善自身的理论体系，使之立于不败之地，成为颠扑不破的真理。正如习近平同志所指出的："无论时代如何变迁、科学如何进步，马克思主义依然显示出科学思想的伟力，依然占据着真理和道义的制高点。"①

## 第二节　唯物史观与中国传统学术文化的深度契合

　　马克思主义在中国的传播与接受有一个传入、零星传播、系统翻译介绍的复杂过程。19世纪末马克思主义开始传入中国，20世纪初，前往西欧、苏俄、日本留学的中国学人开始从三个路径零星传播马克思主义。最早出现"马克思"译名及马克思主义的中文出版物当属1899年的《万国公报》②；其后1902年梁启超在《新民丛报》上提到了"麦喀士"（即马克思），称之为"社会主义之泰斗"；不久，《近世社会主义》一书摘译了《共产党宣言》的片段；1906年朱执信在《民报》上发表《德意志社会革命家小传》，部分地介绍马克思和恩格斯的生平和《共产党宣言》、《资本论》的一些要点。但这些介绍和传播都是只言片语，甚少中国人包括学者知道马克思主义，更无从分辨马克思主义与其他在欧洲流行的社会主义各流派。第一次世界大战和俄国十月革命后，适应中国社会变革和转型的现实，马克思主义在中国的传播

---

① 习近平：《在哲学社会科学工作座谈会上的讲话》，人民出版社2016年版，第10页。
② 由广学会主办的《万国公报》1899年分期刊登了英国进化论者颉德所著的《社会进化论》前三章的中文译文，其中提到了马克思及其《资本论》。

开始由涓涓细流变成滔天巨浪，汇成一股影响巨大的社会思潮。1918 年下半年，中国共产党的创始人李大钊先后发表了《法俄革命之比较观》、《庶民的胜利》、《布尔什维主义的胜利》、《新纪元》等文章，运用马克思主义观点系统分析和讴歌俄国十月革命。当时影响巨大的《新青年》也开始有计划地宣传马克思主义的理论观点。1919 年 5 月，李大钊在《新青年》、《马克思主义研究专号》上发表了《我的马克思主义观》，并在《晨报》副刊上开辟了《马克思主义研究》专栏，阐述了马克思主义的唯物史观、科学社会主义和政治经济学。这是对马克思主义较系统、完整的介绍，标志马克思主义的传播进入了一个新阶段。随着上海、北京、武汉、济南、长沙、广州等地共产主义小组的建立和中国共产党的筹建，马克思主义的理论宣传和实践运用相辅相成、相得益彰，在与各种社会思潮的激烈论战中，马克思主义思潮在思想舆论界的影响渐渐由最初的边缘转化为中心地位。其中，马克思主义唯物史观的影响最为卓著。在 1921 年 1 月 21 日给蔡和森的信中，毛泽东明确指出："唯物史观是吾党哲学的根据。"[1] 政治上、学术上都反马克思主义的胡适也不得不用"开一个新纪元"、"开无数门径"、"开许多生路"来赞许唯物史观的巨大影响。[2] 顾颉刚把唯物史观"像怒潮一样奔腾而入"的影响力称之为少有的"学术奇观"[3]。

总之，自马克思主义唯物史观传入中国以后，很快为学人和革命家所接受并运用于实践；通过 20 世纪 20—30 年代六次大规模论争，唯物史观作为具有科学性、革命性的方法论原则获得了广泛传播，并在与各种思潮的论争中脱颖而出，于 20 世纪上半叶的中国学术界"异军突起"[4]，成为主导思想。

一种思潮从传入到学界认同直至社会广泛接受并非易事。为什么唯物史

① 《毛泽东书信选集》，人民出版社 1983 年版，第 15 页。
② 胡适：《四论问题与主义》，载《胡适精品集》第 1 册，光明日报出版社 1998 年版，第 356 页。
③ 顾颉刚：《战国秦汉间人的造伪与辨伪》，载《古史辨》第 7 册，上海古籍出版社 1981 年版，第 64 页。
④ 彭明、程歗主编：《近代中国的思想历程（1840—1949）》，中国人民大学出版社 1999 年版，第 439 页。

观却能在很短的时间内成功传播并获得巨大影响呢？究其原因，大约有以下几点：一是其深厚的理论根基和清晰的逻辑思路及学理的科学性为学术界所认同；二是其富于战斗性和革命性的特征为"破旧迎新"的中国社会现实所急需；三是其指导十月革命并取得成功的巨大威力为当时社会所信服；四是其理论所蕴含的意义与中国传统文化有深度的契合，或者说中国传统学术文化有马克思主义唯物史观发育生长的深厚土壤①。从学术角度而言，其中第四点最为关键，因为本土、异域文化交流，从积极方面说，有一引进、消化、融合、创新和接受的过程；从消极方面说，有一碰撞、排斥的过程。②是积极还是消极，完全取决于该文化与本土文化在思想源头上是否相容相通。拙作《融合创新的民国学术》③对此做了专题研究，以当时盛行的东方文化中心、西方文化中心、本位文化中心、非中心非本位四个学术流派为具体案例，总结了古今中西（本土、异域）文化交汇碰撞、融合创新的规律。

拙作《民国时期学术研究方法论》则从方法论入手，具体探讨了马克思主义唯物史观与中国传统学术文化之间的关联度，认为二者存在四个方面的接合点④。

## 一、价值取向上的相容性

中国传统文化与马克思主义唯物史观二者在"均平"、"大同"的思想观念上存在接合点，在价值取向上具有相容性。

首先，民国学人以儒家"求善"、"均平"的道德价值观对第一次世界大战前后的资本主义制度存在的先天缺陷进行了批判，并以社会主义制度为模本尝试探索社会改造问题，从而使传统儒学与马克思主义学说形成一种相容

---

① 参见薛其林：《民国时期学术研究方法论》，湖南人民出版社2002年版。
② 参见薛其林：《马克思主义唯物辩证法与民国学术》，《湘潭大学学报》（哲学社会科学版）2005年第6期。
③ 参见薛其林：《融合创新的民国学术》，湖南大学出版社2005年版。
④ 参见薛其林：《民国时期学术研究方法论》，湖南人民出版社2002年版。

的关系。儒家"均平"的观念经过两千余年传承，已经成为一种普遍的根深蒂固的社会心态和思维模式，这种观念在民国社会转型时期随着民众觉醒和国民性改造的呼声中得以张扬发挥，旨在发动民众、凝聚人心。李达在谈到"社会主义的目的"时就曾经指出："社会主义有两面最鲜明的旗帜，一面是救济经济上的不平均，一面是恢复人类真正平等的状态。"① 李大钊还希望用儒家的仁爱互助思想来补救马克思主义的唯物史观和阶级斗争学说之不足，认为除了要以马克思的唯物史观和阶级斗争学说进行社会经济组织的改造之外，还应注重人类精神的改造。他指出："阶级竞争，是改造社会组织的手段。这互助的原理，是改造人类精神的信条。我们主张物心两面的改造，灵肉一致的改造。"② 在个人主义向社会主义、人道主义过渡的时代，"伦理的感化，人道的运动，应该倍加努力，以图划除人类在前史中所受的恶习染，所养的恶性质，不可单靠物质的变更。这是马氏学说应加救正的地方"③。

其次，民国学人以儒家"天下为公"的"大同"思想来诠释和描述马克思对未来社会的构想，借此打通传统儒学与马克思主义在人类终极理想社会追求上的认识。至于如何实现理想的"大同"社会，不少学人开始确信唯物史观有关阶级斗争和无产阶级专政的思想是通向消灭阶级消灭剥削的大同社会的有效方法。1921 年，毛泽东就曾明确指出："唯物史观是吾党哲学的根据。"④"知道人类自有史以来就有阶级斗争，阶级斗争是社会发展的原动力，初步地得到认识问题的方法论。"⑤ 蔡和森则明确指出无产阶级专政的目的是在于取消阶级，"不能取消阶级，则世界永不能和平大同"⑥。

尽管以习惯性的思维方式和传统观念诠释马克思主义哲学不可避免地带有片面性和肤浅性（李达曾对此作出过批评），但也不可否认这一传播和解

---

① 李达（笔名为"鹤"）：《社会主义的目的》，载上海《民国日报》副刊《觉悟》1919 年 6 月 19 日。

② 《李大钊文集》下卷，人民出版社 1984 年版，第 18—19 页。

③ 《李大钊文集》下卷，人民出版社 1984 年版，第 68 页。

④ 《毛泽东书信选集》，人民出版社 1983 年版，第 15 页。

⑤ 《毛泽东农村调查文集》，人民出版社 1982 年版，第 22 页。

⑥ 蔡和森：《马克思学说与中国无产阶级》，《新青年》第九卷第四号 1921 年 8 月 1 日。

读方式所带来的亲切感和认同感，从而有利于推动马克思主义在中国社会的迅速传播和广泛接受。

## 二、思维方式上的相似性

中国传统文化中丰富的朴素唯物论和隐含的对立统一思想与马克思主义唯物辩证法有兼容之处。

中国传统文化中丰富的朴素唯物论和某些辩证因素（或某些关键范畴之间的辩证关系）是马克思主义唯物辩证法得以迅速传入并广泛影响的重要原因，也是中西文化融合与创新（马克思主义中国化和传统文化现代化）的前提。中国传统哲学中有丰富的唯物论和辩证思想，从管仲提出的"仓廪实则知礼节，衣食足则知荣辱"，到西汉司马迁《史记·货殖列传》中所提出的"食货史观"，再到唐朝柳宗元《封建论》中的"重势历史观"和五代谭峭《化书》中的"唯食史观"，一直发展到王船山的"进化史观"，已具唯物史观的雏形。[①] 先秦诸子著作如《周易》、《老子》、《庄子》、《荀子》、《孙子兵法》等有关朴素辩证关系的论述可谓比比皆是；中国传统哲学关于变易发展、对立统一、相反相成、整体联系、变化日新等问题，都有相当精彩的论述，形成了较为形象的辩证思考。英国著名科学史家李约瑟在《中国科学技术史》中指出："当希腊人和印度人很早就仔细地考虑形式逻辑的时候，中国人则一直倾向于发展辩证逻辑。"[②] 这种朴素辩证法和朴素唯物主义在荀子、张载和王夫之那里达到了统一，形成了中国传统哲学中的朴素辩证唯物主义传统。例如，宋代张载就以气一元论来阐发对立统一规律，并提出了一种辩证的思维方法，认为"两不立则一不可见，一不可见则两之用息"，也就是说，凡观物要察其一中之两，以及两体之一；于一观其两，于两观其一。这无疑涉

---

① 参见彭大成：《中国的优秀文化传统是马克思主义在中国扎根的思想土壤》，《湘潭大学学报》（社会科学版）1991年第3期。

② ［英］李约瑟：《中国科学技术史》第3卷，《中国科学技术史》翻译小组译，科学出版社1978年版，第337页。

及矛盾的同一性与斗争性的辩证关系。王夫之不仅辩证地分析了理与气，道与器，无与有，动与静，"合二为一"与"分一为二"，知与行，"名"（概念）、"辞"（判断）与"推"（推理），言、象、意与道，"微言"与"明道"（分析与综合）等等的关系，而且探讨了矛盾的普遍性和特殊性的关系。正是这种朴素的辩证唯物主义传统思维方式既为马克思主义唯物史观在中国的广泛传播提供了厚重的历史文化根基，又为中国人接受马克思主义哲学以及马克思主义哲学中国化提供了便捷的思想桥梁和方法路径。当年深受王夫之思想影响的毛泽东、蔡和森等人，正是首先从唯物史观入门来接受马克思主义的。蔡和森在 1920 年 9 月写给毛泽东关于建党问题讨论的信中首先提出："以唯物史观为人生哲学、社会哲学的出发点。"毛泽东在 1921 年 1 月的回信中表示完全同意"唯物史观是吾党哲学的根据"，并认为"这是事实"。① 这一理论自信和明确态度绝不是心血来潮的偶然选择，而是有其"学有本源"的深厚"预备功夫"② 的一种理性选择。

对此，杨耕在《论马克思主义哲学的中国化》一文中做了理论上的合理阐释。尽管马克思主义的辩证唯物主义与中国传统哲学中的朴素辩证唯物主义是两种不同形态的学说，但这并不妨碍二者的结合。精神生产不同于物种遗传。以基因为遗传物质的物种延续是同种相生，而哲学思维却可以通过对不同种类哲学以至不同学科成果的吸收、消化和再创造，形成新的哲学形态。这是因为，观念系统具有可解析性和可重构性，观念要素之间具有可分离性和可相容性，一种哲学所包含的观念要素，有些是不能脱离原系统而存在的，有些则可以经过改造而容纳到别的哲学系统中。正因为如此，不同的民族哲学既各有其独立性，又可以相互吸收、相互融合。马克思主义哲学是现代唯物主义，它实现了哲学由传统形态向现代形态的转换，而中国传统哲学具有丰富的理性因子和现代价值，马克思主义哲学的现代性和中国传统哲学的现代价值具有某种程度的契合，这就决定了马克思主义哲学中国化和中

---

① 《毛泽东书信选集》，人民出版社 1983 年版，第 15 页。

② 彭大成：《中国的优秀文化传统是马克思主义在中国扎根的思想土壤》，《湘潭大学学报》（社会科学版）1991 年第 3 期。

国哲学现代化的一致性①。

### 三、民众立场上的相通性

中国传统文化中厚重的"重民"理念、"民为邦本"等素朴的民本主义思想与唯物史观的群众史观具有相通性。

中国的民本思想源远流长，根深蒂固。早在《周书·泰誓》中就已提出："民之所欲，天必从之。"春秋时期随着礼崩乐坏、社会转轨，奴隶制向封建制过渡，思想意识形态领域也发生了巨大的变化。周代"以德配天"的神权思想开始为"夫民，神之主也"（《左传》桓公6年）的民本思想所替代。史嚣说："吾闻之，国将兴，听于民；将亡，听于神。神，聪明正直而一者也，依人而行。"（《左传》庄公22年）管仲则明确指出："政之所兴，在顺民心；政之所废，在逆民心。"战国时的孟子则进一步提出："民为贵，社稷次之，君为轻。"荀子也认为："君者舟也，庶人者水也。水则载舟，水则覆舟。"唐太宗李世民就是把这句话作为自己的治国格言。西汉初期的贾谊在总结秦末农民大起义的历史教训中，作了这样深刻的总结："闻之于政也，民无不为本也。国以为本，君以为本，吏以为本。故国以民为安危，君以民为威侮，吏以民为贵贱。""自古至于今，与民为仇者，有迟有速，而民必胜之"，"民者，万世之本，不可欺"，"民者多力，而不可敌也"。毛泽东在1944年7月接见外国记者的一次谈话中曾提出："在政治科学方面，我们已从外国学到了民主主义。但中国历史也有自己的民主传统。三千年前的周朝就出现了共和政体的术语。孟子说：民为贵，社稷次之，君为轻。中国农民富有民主传统。千百次大大小小的农民战争都具有浓厚的民主主义思想。著名的小说《水浒传》所描写的就是历史的一个例子。"②

---

① 参见杨耕：《论马克思主义哲学的中国化》，《北京大学学报》（哲学社会科学版）1998年第3期。

② 转引自《党史通讯》1986年第4期。

## 四、关注现实上的一致性

中国历史上频繁出现的朝代更替和农民起义武装斗争的传统经验与唯物史观的武装斗争、暴力革命思想可谓一脉相通。

中国自古就有武装斗争的革命传统。"以汉族的历史为例，可以证明中国人民是不能忍受黑暗势力的统治的。他们每次都用革命的手段达到推翻和改造这种统治的目的。""中国历史上的农民起义和农民战争的规模之大，是世界历史上所仅见的。"从秦末项羽领导农民起义到清末洪秀全领导农民起义，两千多年来形成了农民阶级为反抗压迫揭竿而起暴力革命的传统。这种武装斗争的传统还表现在英勇反抗外敌入侵和民族压迫上。"在中华民族的几千年的历史中，产生了很多的民族英雄和革命领袖。所以，中华民族又是一个有光荣的革命传统和优秀的历史遗产的民族。"与此相关，中国历史上丰富的军事辩证法思想和军事斗争经验，也是举世罕见的。毛泽东就是继承了这一"优秀历史遗产"的最伟大代表。从这些优秀的文化传统中，我们也就不难理解为什么马克思主义的阶级斗争和暴力革命的学说能够特别盛行于中国。①

## 第三节　唯物史观与中国社会现实紧密关联

马克思主义思潮是在欧洲充满"血和肮脏"的资本主义发家史，在血与火的社会现实斗争的洗礼中诞生的。它的产生和发展、迅速传播和巨大影响与各个国家社会现实问题的凸显息息相关。

20世纪上半叶是中国社会发生巨变和转型的时期，代表了中国社会从传统到现代的一次历史性跳跃。这一时期学术思想的背景是内部的社会转型和外部的西学东渐，社会现实的特征是阶级矛盾、民族矛盾空前尖锐复杂。与

---

① 参见彭大成：《中国的优秀文化传统是马克思主义在中国扎根的思想土壤》，《湘潭大学学报》（社会科学版）1991年第3期。

之相应，改造社会的主张蜂起，可谓思潮激荡，众说纷纭。社会的急剧转型吹响了救亡的主调，民族的觉醒激发了观念的更新，主体和工具理性的极度张扬奏响了思想文化领域百家争鸣、百花齐放的吟唱。各种主义、各种思潮踏浪而来，鼓民力、开民智、新民德一路高歌，科玄论战、本位文化论战、社会史论战震地啸天，文学革命（白话文运动）、史学革命（新史学）、佛学革命（太虚倡导教理、教制、教产三大革命）响彻寰宇。社会转型与思想文化的演进，携手并进，揭开了中国思想文化史上最光彩夺目的一页。①

## 一、救国救民的社会变革现实呼唤全新而科学的理论指导

这一时期，思想启蒙服务于救亡的目的。绝大部分思想家研究、介绍新思想，都是着眼于探索改造中国社会已臻于民族独立、国家富强这个宗旨。随着自上而下的戊戌维新和清末"新政"的失败，自下而上的辛亥革命也没有从根本上解决中国日益严重的社会问题。在革命的果实被袁世凯窃取和复辟帝制后，沉渣泛起，社会上涌现出了一股尊孔复古的逆流，中国资产阶级的政治革命走进了死胡同。就在此时，一个新的资产阶级知识分子群体迅速觉醒，发动了旨在进行思想文化启蒙的新文化运动。他们认为辛亥革命之所以不能成功，共和制度之所以不能巩固，是因为国民没有觉悟起来；国民的不觉悟，是传统的封建伦理道德和迷信思想毒害的结果。于是他们决定反对旧思想、旧道德，提倡新思想、新道德；反对旧文学、旧教育，提倡新文化、新教育，改造国民性，从铸造"新青年"和"新社会"入手，开辟一条新的救国之路。②1919 年，《新青年》宣言："我们主张的是民众运动社会改造。"此一宣言表明，思想启蒙必须服从和服务于救亡的时代任务，改造旧社会、建设新社会的社会改造和社会革命已成为历史发展的必然趋势。而现实社会的改造路线和方向必须有与之相应的理论和方法来指导。马克思主义

---

① 参见薛其林：《民国时期学术研究方法论》，湖南人民出版社 2001 年版。

② 参见侯云灏：《社会问题的凸现与中国马克思主义史学思潮的兴起》，《学习与探索》2002 年第 3 期。

关于社会演进发展规律和社会革命的学说以及俄国十月革命的巨大成果，就自然成了中国人效仿的方向和目标。1920 年 9 月 16 日，蔡和森在给毛泽东的信中说："凡社会上发生了种种问题，而现社会制度不能解决他，那末革命是一定不能免的了。你看中国今日所发生的问题，那一种能在现社会现制度之下解决？所以中国的社会革命，一定不能免的。"① 毛泽东在回信中也说："目的——改造中国与世界——定好了，接着发生的是方法问题，我们到底用什么方法去达到'改造中国与世界'的目的呢？"② 李达在 1920 年 12 月 7 日《社会革命底商榷》一文中说："社会革命！社会革命的呼声，在中国大陆一天一天的高了。"③ 可见，20 世纪 20 年代中国社会问题已成为人们普遍关注的问题，已成为其他一切问题的总根源，社会改造势在必行。唯物史观"实是平民的哲学，劳动阶级的哲学"，"因为这个学说出，而社会学、经济学、历史学、社会主义，同时有绝大的改革，差不多划一个新纪元"④。日益突出的社会改造问题开始与唯物史观相结合，唯物史观也适应这一客观现实而迅速传播起来。可见，社会变革的现实土壤为唯物史观的传播、马克思主义在中国的兴起奠定了客观基础。⑤

在救亡与启蒙的时代课题面前，服务于救亡目的的文化启蒙不可能不打上实用理性的烙印。也就是说，引进西学是拿来作用的，而且是急于作用的，学者、思想家、政治家走进书斋，进行理性思辨，目的是为了走出书斋，改造社会。因此，无论从环境及时势所迫来看，还是从这一代学人的内在动机而言，作书本文章的目的都是为了写好改造中国社会的大文章。⑥ 所以，五四运动后马克思主义广泛传播，宣传和研究马克思主义的社会进步团体如雨后春笋般大量涌现，一大批革命知识分子逐步完成了由民主主义者到共产

---

① 《蔡和森文集》，湖南人民出版社 1979 年版，第 69—71 页。

② 《蔡和森文集》，湖南人民出版社 1979 年版，第 56—60 页。

③ 《李达文集》，人民出版社 1988 年版，第 46 页。

④ 胡汉民：《唯物史观批评之批评》，《建设》1920 年第 1 期。

⑤ 参见侯云灏：《社会问题的凸现与中国马克思主义史学思潮的兴起》，《学习与探索》2002 年第 3 期。

⑥ 参见薛其林：《民国时期学术研究方法论》，湖南人民出版社 2001 年版。

主义者的转变。李大钊于 1919 年 5 月发表了《我的马克思主义观》，系统地阐述了马克思主义的基本观点，并彻底地转变为马克思主义者。陈独秀在《谈政治》一文中明确表示接受马克思主义。毛泽东也曾说："到了一九二〇年，从理论上，而且在某种程度的行动上，我已成为一个马克思主义者了。"①

马克思指出："理论在一个国家的实现程度，总是决定于理论满足这个国家的需要的程度。"② 在中华民族寻求独立和富强的艰难过程中，在西学东渐、各种社会思潮扑面而来的过程中，中国人最终选择了马克思主义，并非是偶然，而是与中国社会现实有着巨大的关联。"经过太平天国运动、戊戌变法、义和团运动，中国人民进行了不屈不挠的斗争，无数仁人志士苦苦探索救国救民的道路。这些斗争和探索，每一次都在一定的历史条件下推动了中国的进步，但又一次一次地失败了。"毛泽东曾说："在一个很长的时期内，即从一八四〇年的鸦片战争到一九一九年的五四运动的前夜，共计七十多年中，中国人没有什么思想武器可以抗御帝国主义。"③ 中国向何处去成了一个迫切需要回答的重大问题。"中国期待着新的社会力量寻找先进理论，以开创救国救民的道路。"④

## 二、科学的理论品质和改造社会的强大功能适应了中国社会变革的需求

中国急需社会改造和革新的理论来指导，但这种理论是否符合中国社会的实际需要呢？维新运动、清末新政、辛亥革命的相继失败，证明"中体西用"行不通、君主立宪行不通、资产阶级共和国行不通。

---

① [美] 埃德加·斯诺：《西行漫记》，董乐山译，生活·读书·新知三联书店 1979 年版，第 131 页。

② 《马克思恩格斯选集》第 1 卷，人民出版社 1995 年版，第 11 页。

③ 《毛泽东选集》第 4 卷，人民出版社 1991 年版，第 1513—1514 页。

④ 齐卫平：《中国共产党应运而生的三个历史维度：力量·理论·道路》，《世纪桥》2011 年第 20 期。

　　中国人民反帝反封建的斗争实践已经证明，"东洋文明既衰颓于静止之中，而西洋文明又疲命于物质之下"①。"马克思主义作为克服了东方封建文化和新兴资产阶级文化两种文化弊端又兼有两种文化特质的新文化，既反映了传统的文化根基，又超越了旧有的传统意识、宗法意识的局限，拥有新的思想精神资料；既符合了中国传统的理想信念，又符合了当时中国革命的历史需求特征，救中国于水深火热之中。"②正因为马克思主义所具有的独特理论品质和改造社会的功能，所以它一经传入中国，便契合了先进的中国人急切寻找中国社会发展目标和急切探寻改造中国社会道路的要求，顺应了历史发展的趋势，并最终为广大中国民众所接受，成为中国革命和建设的指导理论。因此，"马克思列宁主义来到中国之所以发生这样大的作用，是因为中国的社会条件有了这种需要"③。

　　"武器的批判"代替不了"批判的武器"。在经历半个多世纪政治的、经济的、文化的、心理的变革的失败和量的积累之后，中国社会终于迎来了一个质的巨变。当"十月革命一声炮响，给中国送来了马克思列宁主义"时，就不可能不起到振聋发聩的作用。在这种情势下，"走俄国人的路"，就成了合理的必然的结论。五四运动进一步使马克思主义在中国得到了较为广泛的传播，对中国先进的知识分子产生了巨大的影响，长期在黑暗中摸索现代化道路的中国人从此得到了马克思主义明亮阳光的照耀，"九死"的中国现代化终于看到了"一生"的希望，找到了唯一正确的社会改造和发展的道路。④

---

　　① 《李大钊文集》（上），人民出版社 1984 年版，第 575 页。

　　② 张琳：《马克思主义中国化的必然性分析》，《理论学刊》2002 年第 4 期。

　　③ 《毛泽东选集》第 4 卷，人民出版社 1991 年版，第 1515 页。

　　④ 江丹林：《关于中国现代化道路的唯物史观深层思考》，《毛泽东邓小平理论研究》1995 年第 1 期。

# 第二章　唯物史观在学术界"六次论战"中影响力的凸显

20世纪上半叶是中国社会发生巨变和转型的时期。这一时期的学术背景是内部的社会转型和外部的西学东渐,传统文化现代化和西方文化中国化交汇在一起。在百花齐放、百家争鸣的思潮激荡之际,思想文化界形成了马克思主义、自由主义、保守主义(20世纪20年代前后有科学主义、人文主义、马克思主义或者所谓科学派、玄学派、唯物史观派的争鸣论战)三足鼎立的格局①。就影响而言,三者之中,马克思主义思潮可谓高歌猛进、一枝独秀、独领风骚。其中,唯物史观的影响又是最为显著的,它在很大程度上决定了中国学术现代化的进程和方向。

唯物史观是随着马克思主义思潮的传入而最先为中国学人所认同的理论和方法,并逐渐在政治、学术层面深入发展并确立起指导地位。在它的影响和指导下,现代哲学、史学、政治学、经济学、社会学、文学艺术等完整的学科体系逐步建立起来了。可以说,马克思主义中国化、传统学术现代化的一个理论基础就是唯物史观。

但长期以来,由于政治与学术的相对距离和错位(不赞成甚至反对无产阶级革命的人却认同信奉唯物史观,并在学术实践中加以运用研究,如胡适、冯友兰、陶希圣等)、学人的质疑思维习惯等因素,使得人们对唯物史观的关注相对主要集中在政治意识形态领域,它在学术领域的影响和地位反

---

① 参见郭建宁:《20世纪中国马克思主义哲学》,北京大学出版社2005年版,第33页。

而被冲淡,甚至对其学理的科学性表现出不应有的怀疑。如有人认为,马克思主义中国化是两难选择的结果,是无可奈何的选择,带有偶然性;再如,有人认为,马克思主义的唯物史观,尤其是阶级斗争学说是"暴力革命"论,是以"暴力"为前提的政治学说;又如,有人认为,唯物史观是套用公式,是学术上的投机取巧,如此等等,不一而足。这些偏见的共同之处,就是怀疑马克思主义的科学性、唯物史观学理上的合理性,并借此来"消解"唯物史观的价值。

产生这些偏见的另一个原因,就是以今律古、去背景似的"误读"诠释。因此,有必要倒放"电影",重新置身 20 世纪上半叶的中国社会背景,从历史逻辑、理论逻辑、现实逻辑出发,理清源头、过程的真实,并从学理层面、事实层面阐明唯物史观不仅具有变革现实社会的革命性,而且具有学理上的合理性、科学性,从而说明马克思主义中国化的必然性 ①。

## 第一节 唯物史观与六次论战

马克思主义唯物史观在中国的传播,并不是一帆风顺,而是遭遇到很多挑战。比较当时盛行于中国社会和思想界的自由主义思潮、无政府主义、工团主义、互助主义等思潮而言,唯物史观的传播和影响最初是很小的,是一种相对受到主流思想打压排挤的边缘理论。它是在与各种思潮的论战中凭借自身理论的科学性、体系的完整性以及对中国社会的适应性逐步确立起学理上的地位的,由此扩大影响并发展壮大,进而逐渐由边缘思想演变为中心主流思想。

唯物史观作为主要的思潮直接参与了影响当时思想意识的六次大规模论战。在问题与主义论战中,唯物史观宣扬了革命思想,批判了改良渐进思

---

① 薛其林:《从论战看 20 世纪上半叶唯物史观对中国现代学术的影响》,《湘潭大学学报》(哲学社会科学版)2008 年第 6 期。

想；在社会主义论战中，唯物史观宣扬了阶级斗争理论，批判了阶级调和论调；在与无政府主义论战中，唯物史观宣扬了无产阶级专政的理论，批判了个人绝对自由的思想；在哲学论战中，唯物史观宣扬了经济决定论，批判了多元论；在中国社会性质论战中，唯物史观论证了当时的中国是半殖民地半封建社会而不是资本主义社会；在社会史论战中，唯物史观宣扬了人类社会历史发展的客观规律性并论证了这种规律对中国社会的适应性。

关于世纪初思想领域的学术大论战，成果丰硕，见仁见智。如吕希晨在《中国现代唯物史观发展的基本历程》一文中就对马克思主义唯物史观在中国的传播历程、唯物史观与唯心史观的论战、"五四"时期学术界的三次大论战做了较为清晰的阐述。[1] 本书则从影响和作用层面概括阐述"问题与主义论战"、"社会主义论战"、"无政府主义论战"、"哲学论战"、"中国社会性质论战"、"社会史论战"等六次大规模论战中的唯物史观的观点，以彰显唯物史观在论战中的巨大影响。

## 一、问题与主义之争：革命还是改良？

1919 年 7 月，胡适在《每周评论》第 31 期上发表了《多研究些问题，少谈些主义》一文，主张"多提出些问题……少谈些纸上的主义"，多研究具体问题的具体解决方法，不要高谈种种主义的新奇与奥妙[2]。极力鼓吹实用主义哲学，否认真理的普遍性，散布马克思主义不适合中国国情。利用自己在学术界和思想界的影响和地位，鼓吹用阶级调和论反对阶级斗争说，用社会改良、庸俗进化论反对社会革命论，极力宣扬一点一滴的社会改良主义主张，反对通过暴力革命的"根本解决"观点。单从论说本身而言，似乎很有道理，但结合当时中国的具体国情而言，则可以说是一种欺骗和误导。胡

---

[1] 参见吕希晨：《中国现代唯物史观发展的基本历程》，《中共天津市委党校学报》（上、下），2002 年第 1、2 期。

[2] 胡适：《多研究些问题，少谈些主义》，转引自林喆主编：《中国命运大论战》，时事出版社 2001 年版，第 692 页。

适这篇文章的实质是借"反对空谈主义"为名，反对马克思主义，反对社会革命。为了反击胡适的错误观点，同年8月，李大钊在《每周评论》第35期上发表了《再论问题与主义》一文，一方面阐明了"问题"与"主义"的辩证关系，强调二者"交相为用"、"并行不悖"①；另一方面针对胡适污蔑"根本解决"社会问题是痴人说梦的观点，结合清末戊戌变法和"新政"失败、民国时期"实业救国"运动、"乡村建设"运动、"平民教育"运动失败的历史事实，阐明中国问题的最终解决不可能靠所谓的一点一滴"具体解决"方法，并从学理上展现胡适反对马克思主义的真实本意。李大钊运用唯物史观有关经济基础与上层建筑的理论，进而指出，研究与解决问题离不开主义，中国社会问题的解决必须以马克思主义为指导。他依据历史唯物主义关于经济基础与上层建筑的原理进一步指出，要使社会具体问题得到彻底解决，就必须打破旧的经济基础，建立新的经济基础。但是，经济基础的变动并不是自行到来的，必须通过阶级斗争，用暴力推翻反动政权。"问题与主义"的论战实质上是关于中国是否需要革命、是否需要马克思主义的争论。这场论战捍卫了马克思主义立场，宣扬了唯物史观社会革命的理论，促进了马克思主义在中国的传播。

## 二、"社会主义"论战：阶级斗争还是阶级调和？

经由"问题与主义"论战之后，中国社会开始涌现出宣传、探讨、实践社会主义革命的热潮，全国各地建立了多个共产主义小组，并酝酿成立中国共产党。1920年梁启超、张东荪等组织"共学社"，成立"讲学社"，邀请英国著名哲学家罗素来华讲学，10月罗素到北京、上海、长沙等中国各地演讲，宣扬"新实在论"和基尔特社会主义，攻击俄国十月革命和社会主义。罗素认为，中国不宜效仿俄国走暴力革命的道路，而应走办实业、兴教育的

---

①　李大钊：《再论问题与主义》，转引自林衢主编：《中国命运大论战》，时事出版社2001年版，第701页。

资本主义改良道路。与此相呼应，梁启超、张东荪等则站在资产阶级的立场上打着所谓"社会主义"的旗号反对马克思主义，宣称中国的当务之急是发展实业和教育，反对走苏俄"劳农专政"道路①，从而挑起了一场所谓"社会主义"的论战。

11月初，张东荪在《时事新报》上发表《由内地旅行而得之又一教训》一文，12月中旬在《改造》月刊上发表《现在与将来》一文，进一步阐发罗素的观点，反对社会主义。1921年2月，梁启超也在《改造》上发表《复张东荪书论社会主义运动》一文，支持和发挥张东荪的观点。梁启超、张东荪首先从中国国民"中庸妥协"、政治上习惯"不干涉主义"的特性入手，认为在中国宣传马克思主义实行社会革命是违反国民的习性。其次，依据唯心主义的精神改造决定物质改造的理论，认为社会主义只需从思想上改造资本主义的不足，而不必从物质上破坏现存社会制度。再次，从中国国情入手，认为中国无知贫穷到了极点，因此当务之急是办实业、兴教育，发展资本主义。最后，从中国工业不发达没有真正的无产阶级的所谓现状入手，断言中国根本不具备进行社会主义运动和组织共产党的条件，不能发动真正的社会主义运动。他们还极力散布基尔特社会主义，提倡劳资协作，避免阶级斗争，企图通过"协社"和国家垄断资本主义、议会政治逐步蜕变到"社会主义"。

针对梁启超、张东荪等人的论调，以陈独秀、李达、李大钊、蔡和森等为代表的共产主义知识分子进行了有力反驳。1920年12月，陈独秀在《新青年》上发表《关于社会主义的讨论》一文，接着1921年3—8月李大钊、李达、蔡和森分别在《新青年》、《共产党》等刊物上发表了《中国的社会主义与世界的资本主义》、《讨论社会主义并质梁任公》、《马克思学说与中国无产阶级》等重要文章，运用马克思主义唯物史观对资产阶级改良派的反社会主义的观点进行了系统的驳斥。首先，从唯物史观生产力与生产关系的理论入手，指出社会主义代替资本主义是"新陈代谢底公例"。其次，从唯物史

---

① 参见《张东荪学案》，载张岂之主编：《民国学案》第1卷，湖南教育出版社2005年版，第181页。

观物质与意识、经济基础与上层建筑的理论出发，认为社会革命爆发的前提取决于客观经济的变动而不取决于主观的愿望，张东荪等人的"重精神轻物质"的改良论是一种唯心论，实质上是反对阶级斗争。再次，从资本主义危机频繁爆发和对中国的侵略殖民现状入手，认为资本主义的私有制和生产的无政府状态，不能消除多数人的贫困，因此要在中国开发实业、兴办教育以彻底消除愚昧贫穷，必须走社会主义道路。最后，基于中国民族资本兴起和相当规模的事实，认为中国已有相当数量的无产阶级，其阶级觉悟和要求革命的愿望极为强烈，因此彻底改变中国贫穷落后面貌的唯一正确道路是有组织地发动无产阶级进行暴力革命，夺取政权，实现社会主义。①

　　社会主义论战实质上是关于解决中国问题究竟是用革命的方式（阶级斗争）还是用改良的方式（阶级调和）的又一次争论。通过论战，早期马克思主义者们划清了伪社会主义与科学社会主义的根本区别，进一步阐明了唯物史观的生命力，促进了马克思主义在中国的传播。


## 三、与无政府主义之争：无产阶级专政还是个人绝对自由？

　　在 19 世纪 40 年代革命思潮层出不穷和暴力革命此起彼伏的欧洲社会，几乎同时诞生了马克思主义与无政府主义两大社会思潮。它们都发端于 1789 年法国大革命的传统，都梦想消除充满仇恨和对抗的人类社会；它们反抗着共同的敌人——资本主义的经济模式和专制主义的政治统治，也追求着相同的理想——共产主义（社会主义）和人类自由。但二者却水火不容，都把对方视作实现自己理想社会斗争中的障碍。在无政府主义看来，马克思主义保守软弱，畏首畏尾；在马克思主义看来，无政府主义有勇无谋，外强中干。马克思就与无政府主义的两个代表麦克斯·施蒂纳和米哈伊尔·巴枯宁展开了激烈而长久的争论。

---

　　①　参见丁守和、殷叙彝：《从五四启蒙运动到马克思主义的传播》，生活·读书·新知三联书店 1979 年版。

"无政府主义"一词源自古希腊文"anarchia"，其意为"无权利无秩序的姿态"。其始祖为英国人葛德文（William Godwin，1756—1836）、德国人麦克斯·施蒂纳（Max Stirner，1806—1856）。葛德文于1792年发表《政治正义之研讨》一文，认为"国家是祸害"，要求废弃国家。麦克斯·施蒂纳于1845年出版了《唯一者及其所有物》一书，认为唯一的实在是"自我"，主张建立独立的、自由的手工业者联盟来替代国家，反对国家权力对个人的约束。最早使用"无政府主义"一词的是法国人蒲鲁东（Pierre Joseoh Proudhon，1809—1865），他第一次系统阐述了无政府主义的观点，斯大林称之为"无政府主义者的始祖"[①]。1846年蒲鲁东出版了《贫困的哲学》一书，在书中构想了通过建立"互助制度"或"互惠制度"等企业联合组织来取消国家、政府等一切政治组织，以达到消灭人剥削人的社会现象之目的。继之而起的无政府主义的代表是俄国人米哈伊尔·巴枯宁（1814—1876）和克鲁泡特金（1842—1921）。米哈伊尔·巴枯宁从"权威＝国家＝绝对的祸害"[②] 这一理念入手，认为"理想"社会的一个前提是不存在任何权威，强调用"不断的破坏"和"暴动"去摧毁国家组织。克鲁泡特金自称是共产主义的无政府主义者，他撰写了《互助论》，从互助是生物和人类社会发展的普遍规律这一理论出发，宣扬人类通过互助可以进入"各尽所能，各取所需"的共产主义社会。

总之，"个人主义是无政府主义整个世界观的基础"[③]。无政府主义的共同观点是消灭各种政治组织和政治权利，通过企业组织的直接联合，建立一个"无政府"社会。实现这一社会的具体途径，有的主张通过和平方式即用笔、用舌、用手(投票)等方式，较多的则主张通过暴力暗杀的方式即用刀、用枪、投弹等方式。

无政府主义思潮在中国的传播早于马克思主义思潮。19世纪80年代，《万国公报》开始报道有关俄国虚无党的消息，1903年相继翻译出版了日本人撰写的《社会党》、《近世社会主义评论》、《社会主义》和《社会主义精髓》等著述，

---

① 《斯大林全集》第1卷，人民出版社1953年版，第280页。

② 《马克思恩格斯选集》第4卷，人民出版社1995年版，第608页。

③ 《列宁选集》第1卷，人民出版社1995年版，第218页。

零星介绍了蒲鲁东、巴枯宁、克鲁泡特金等人的无政府主义学说。是时，马君武、梁启超、马叙伦等都对无政府主义的观点表现出极大的兴趣。1903 年梁启超在《论俄罗斯虚无党》一文中，一方面对无政府主义的"暴动与暗杀"手段表示"崇拜"："虚无党之事业，无一不使人骇，使人快，使人歆羡，世人崇拜。"另一方面则表示不同意无政府主义的主张，"虚无党之手段，吾所钦佩；若其主义，则吾所不敢赞同也。彼党之宗旨，以无政府主义为究竟"①。

　　1903 年，资产阶级革命派宣传无政府主义形成了一个高潮。革命派报刊《苏报》（1903 年 6 月 9 日）发表了《虚无党》，《江苏》第 4 期发表了署名为"辕孙"的《露西亚虚无党》，《浙江潮》发表了署名为"大我"的《新社会之理论》，《政艺通报》第 14 至 16 号发表了马叙伦撰写的《二十世纪之新主义》，出版了日本人辛德秋水翻译意大利人马刺跌士的《无政府主义》等。1903 年，杨笃生在《新湖南》上发表了《湖南人之湖南》一文，以较大篇幅称颂无政府主义的"破坏"手段："无政府党者，言破坏之渊薮也。""顾吾以湖南之事观之，则无可以不至暴动之望，即无可以不至于暴动之事也。"在这些无政府主义"杀君主，杀贵族，杀官吏"的言论影响下，资产阶级革命派于 1903—1904 年形成了一个"暗杀高潮"。②

　　1905 年，《民报》创刊后资产阶级革命派对无政府主义的宣传便以《民报》为中心，并先后在日本东京和法国巴黎形成了中国资产阶级革命派中的无政府主义的两个派别，即以刘师培为代表、以《天义报》为阵地的"社会主义讲习会"派，主要反对资产阶级民主革命，主张无政府革命，提出了"劳民"为革命动力的理论；以李石曾、吴稚晖为代表、以《新世纪》为阵地的"新世纪"派，主要宣传无政府主义与民族主义"合力革命"论，鼓吹实行以暗杀为中心的革命手段，主张"尊今薄古"，进行"三纲革命"。

　　在社会急剧变革和体制转轨的"五四"时期，由于对"好政府"、"良政治"幻想的破灭，无政府主义思潮再度兴起，并一度泛滥于中国思想界，其影

---

①　梁启超：《饮冰室合集》，中华书局 1989 年版，第 24—30 页。

②　吴雁南等主编：《中国近代社会思潮（1840—1949）》第 2 卷，湖南教育出版社 1998 年版，第 400 页。

响之大，居于各种社会主义思潮之首，"甚至超过了马克思主义、列宁的科学社会主义和基尔特社会主义，在这三家社会主义中可以说是独占鳌头"①。1916年至1923年全国各地出现的无政府主义团体不下80个，出版的刊物和小册子不少于70余种。②其中，有以江亢虎为代表的中国社会党和以刘师复为代表的晦鸣学舍，前者主张"无政府"、"无国家"、"无家庭"的"三无"主义，后者则完全服膺于克鲁泡特金学说的无政府共产主义。

无政府主义思想的传播也为马克思主义思潮在中国的传播作了铺垫，陈独秀、李大钊、毛泽东最初也受到无政府主义思想的影响：陈独秀、李大钊在他们主编的《新青年》上曾发表过宣传和赞成无政府主义的文章，他们都极力提倡实行"公有制"，"人人做工，人人读书，各尽所能，各取所需"的"工读互助团"。③毛泽东在北京大学图书馆工作期间经常与人讨论无政府主义及其"在中国的前景"，他认为"用强权打倒强权，结果仍然得到强权"，因此应当"实行'呼声革命'——面包的呼声、自由的呼声、平等的呼声"，实行"无血革命"，反对"有血革命"④，并在湖南长沙发起组织工读互助团。中国共产党成立前，一些无政府主义者如黄凌霜、区声白等，都曾参加过各地的共产主义小组。而且中国的工人运动、农民运动的开展也受到无政府主义思想的影响。但马克思主义思潮后来居上，20世纪20年代前后，马克思主义同无政府主义展开了激烈论战，马克思主义学者陈独秀、李大钊等人充分揭露了无政府主义理论上的反动和虚伪，行动上的形"左"实右，以其学理的彻底性提高了广大群众的鉴别力，许多原来信奉无政府主义的青年幡然醒悟，无政府主义思潮"均奄奄气息，有一蹶不振之势"⑤。经过激烈论战和

---

① 徐善广：《中国无政府主义史》，湖北人民出版社1989年版，第2页。

② 参见吴雁南等主编：《中国近代社会思潮（1840—1949）》第2卷，湖南教育出版社1998年版，第432页。

③ 《少年中国》第1卷，1920年第7期。

④ 克鲁泡特金的代表作《面包的征服》主张革命要以"万人的面包"作口号。见《湘江评论》创刊号。

⑤ 葛懋春、蒋俊、李兴芝编：《无政府主义思想资料选》下册，北京大学出版社1984年版，第666页。

社会改造的实践检验,人们渐渐认清了无政府主义的本质和马克思主义与无政府主义的区别,马克思主义的影响渐渐占据绝对优势,无政府主义在中国的影响减退直至失去市场。刘少奇曾经指出:"在起初各派社会主义思想中,无政府主义是占据优势的,马克思主义的拥护者到处都与无政府主义的拥护者争论着、斗争着。马克思主义直至在各方面克服无政府主义以后,并与中国的工人运动、人们反帝运动结合以后,才成为政治生活中一个雄伟的力量。并在这以后,马克思主义永远在中国新文化运动中占着主要的地位。"[1]

马克思主义与无政府主义的论争在 20 世纪初的东方继续上演了一场精彩的中国版本。20 世纪 20 年代前后,区声白、黄凌霜等无政府主义者以个人绝对自由为理论出发点,否认"强权",反对一切国家政权,主张建立无政府共产主义社会;反对一切战争,宣扬资产阶级的和平主义;反对一切组织纪律,提倡无组织无纪律的"自由契约"。他们集中攻击无产阶级专政理论,诬蔑无产阶级专政是个人独裁。1919 年 2 月,黄凌霜在《进化》月刊上发表《评〈新潮杂志〉所谓今日世界之新潮》一文,把马克思主义歪曲成所谓"集体主义"并加以攻击。1920 年春,正值陈独秀、李大钊准备筹建中国共产党之时,无政府主义者相继在《奋斗》杂志上发表题为《我们反对布尔扎(什)维克》和《为什么反对布尔扎(什)维克》的文章,反对俄国式的苏维埃政权,反对"劳工专政",认为"劳工专政"是假的,"无产阶级专政"是"饰词"。"无论任何种之专制政治,统治者都有莫大之威权,所以一实行起来便变成官僚专制,断没有真正的劳工专政。现在俄国已实现数年所谓劳工专制者,不过共产党专制劳工。而且专制必集权。若集权于少数人之手,只可谋少数人幸福,若集权于多数人而能谋多数人幸福者,这不过是政客欺人之谈。""把一切财产送给中央政府手里……把所有生产机关属于国家,工人替国家做工,论工给值。那么官僚就是主人,工人就是奴隶。虽然他是主张劳工专政的国家,但是治人而不做工者便是官僚,专门生产者方是工人。"工人的痛苦"与处于私人资本主义制度下没有差别,而且……国

---

[1] 转引自韦杰廷:《20 世纪上半叶中国政治思想》,湖南教育出版社 1995 年版,第 153 页。

家之压制工人还有武力为后盾，其惨状必不在资本制度之下"①。"我们不承认资本家的强权，我们不承认政治家的强权，我们一样的不承认劳动者的强权。"

无政府主义公开挑战马克思主义的主张，对中国共产党的筹建工作带来极大危害，因此很有必要对无政府主义的攻击污蔑及其错误观点展开系统的批判。1920 年至 1922 年初，陈独秀、李大钊等人在《新青年》、《共产党》、《先驱》等进步期刊上先后发表了《谈政治》、《讨论无政府主义》、《社会主义批判》等系列文章，集中对无政府主义的观点进行了有力批驳。首先，针对无政府主义强调个人"绝对自由"的观点，陈独秀、李大钊指出，"试想一个人自有生以来，即离开社会的环境，完全自度一种孤立而岑寂的生活，那个人断没有一点的自由可以选择，只有孤立是他唯一的生活途径。这种的个人，还有什么个人的意义"②。认为抽象的个人"绝对自由"是脱离社会的，而如果一个人始终脱离社会环境，那便没有一点自由可以选择；在一个团体、一个社会内，人人都要绝对自由，那是办不到的，也是不可能的。劳动团体的权力不集中，各团体自由自治，这不仅不能打倒资产阶级，而且会被资产阶级所利用，分化瓦解，各个击破，使劳工运动遭到破坏。其次，针对无政府主义反对强权政治以及把无产阶级专政也视作强权政治的观点，他们指出，"强权所以可恶，是因为有人拿他来拥护强者无道者，压迫弱者与正义。若是倒转过来，拿他来救护弱者与正义、排除强者与无道，就不见得可恶了"。认为笼统地把"强权"都说成是"恶"的而加以反对，就不可能正确区分"强权"的性质和作用；所谓"无政府主义社会"，只能是一堆散沙，这种散沙的现象，至少也不适宜于大规模的生产事业。因此，有必要建立无产阶级革命政权，并进而指明无产阶级专政与剥削阶级专政的本质区别。陈独秀指出，"若劳动阶级自己宣言永远不要国家，不要政权，资产阶级自然不胜感谢之至……此时俄罗斯若以克鲁泡特金的自由组织代替了列宁的劳工

---

① 区声白：《答陈独秀君的疑问》，转引自韦杰廷：《20 世纪上半叶中国政治思想》，湖南教育出版社 1995 年版，第 153 页。

② 《李大钊文集》，人民出版社 2003 年版，第 62 页。

专政，马上不但资产阶级要恢复势力，连帝政复兴也必不免"①。无产阶级专政"这种制度乃是由完成阶级战争消灭有产阶级做到废除一切阶级所必经的道路"②。蔡和森也指出，"不懂的人以为无产阶级专政是以暴易暴的，不知……专政是资本主义变到共产主义过渡时代一个必不可少的办法。……等到共产主义的社会组织完成了，阶级没有了，于是政权和国家一律取消"③。

与无政府主义论战的实质是如何看待无产阶级专政的问题。通过一年多的论战，思想界划清了科学社会主义与无政府主义的界限，澄清了无政府主义的本质，纯洁了无产阶级队伍，壮大了马克思主义阵地，也帮助了一批小资产阶级革命青年转向马克思主义，进一步推动了马克思主义在中国的传播。

## 四、哲学论战：经济决定论还是多元论？

在第一次世界大战结束之后，西方思想文化领域盛行的"科学万能"大梦破灭，开始质疑文艺复兴以来流行的"理性"与"科学"精神，人文主义思潮开始受到重视，并不断传播起来。西方的哲学由此分裂为"科学主义"与"人文主义"两大派别。西方世界对理性与科学的质疑与批判在20世纪20年代的中国思想界同样产生了影响，以丁文江、胡适之等为首的"科学派"，以张君劢、梁启超等为首的"玄学派"，分别代表了这两大世界思潮在中国思想文化界的传播。早先的人们"好像沙漠中失路的旅人，远远看见个大黑影，拼命往前赶，以为可以靠他向导，哪知赶上几程，影子却不见了，因此无限凄惶失望。影子是谁，就是这位'科学先生'。欧洲人做了一场科学万能的大梦，到如今却叫起科学破产来"④。

---

① 《独秀文存》第1卷，外文出版社2013年版，第548—549页。
② 陈独秀：《社会主义批评》，载新青年社编辑部编：《社会主义讨论集》，上海三联书店2014年版，第94页。
③ 《蔡和森文集》，人民出版社1980年版，第71—72页。
④ 梁启超：《欧洲心影录》，转引自胡适：《科学与人生观·序》，黄山书社2008年版。

1923—1924 年，学术界发生了一场关于科学与人生观关系问题的论争：主张科学对人生观具有决定作用的一派称为科学派，坚持科学无法支配人生观的一派则称为玄学派。争论的中心是科学的人生观是否可能及科学能否解决人生观、科学人生观的具体内容是什么、物质文明与精神文明的关系等问题，实质上是是否承认社会历史领域有其客观规律的问题。

1923 年 2 月，北京大学教授张君劢在清华大学作了题为《人生观》的专题演讲，并将该演讲词整理成文，发表在《清华周刊》第 272 期上。在阐述"科学观"与"人生观"概念的基础上，质疑和批评"科学万能"。张君劢认为，人生观问题的特点是主观的、直觉的、综合的、自由意志的、单一性的。人生观就是甲一说，乙一说，漫无是非真伪之标准，并且科学无论如何发达，而人生观问题之解决，绝非科学所能为力。他指出："科学为客观的，人生观为主观的。""人生观之特点所在，曰主观的，曰直觉的，曰综合的，曰自由意志的，曰单一性的。""科学为伦理的方法所支配，而人生观则起于直觉。""科学可以以分析方法下手，而人生观则为综合的。""科学为因果律所支配，而人生观则是自由意志的。""科学起于对象之相同现象，而人生观起于人格之单一性。"相继科学主义者、著名地质学家丁文江于同年 4 月在《努力周报》上发表了《玄学与科学——评张君劢的"人生观"》一文，首先向张君劢发难，挑起了论争。丁文江将张君劢的哲学视作"玄学"，认为张君劢是"玄学鬼附身"，进而指出，人生观同样是客观实在的，同样有是非评判标准和"统一的公例"的，科学与人生观不可分离，科学对人生观具有决定作用，"今日最大的责任与需要，是把科学方法应用到人生问题上去"。

之后，张君劢在北京《晨报副刊》上发表了题为《再论人生观与科学并答丁在君》的论文，对丁文江的观点予以反击。张君劢详细论证了人生观与科学的界限、物质科学与精神科学的分类及其异同，答复了丁文江关于人生观的各种质问，反驳了丁文江的"科学的知识论"观点，阐明了自己对于科学教育与玄学教育的看法，以及对物质科学的了解与看法，论述了"物质文明之利害"，告诫国人不要重蹈西方工业时代的覆辙。由于这一争论涉及众多哲学问题，立时引起学术界的普遍关注，梁启超、胡适、吴稚晖、张东荪、林宰平、王星拱、唐钺、任鸿隽、孙伏园、朱经农、陆志韦、范寿康等知名学者纷纷发表文章，并结合本体论与认识论、自然观与历史观等理论问题展开辩论，从而使科学与玄学这一争论不断深入并成为当时学术思想界的热点和焦点。5月5日，梁启超发表了《关于玄学与科学之"战时国际公法"——暂时局外人梁启超宣言》一文，肯定了这场论战的重要意义，认为是"我国未曾有过的论战"，甚至是一场"百年战争"。尽管梁启超企图站在中立立场，以一局外人的身份来客观评说，但其态度是显然倾向和支持张君劢的。5月11日，胡适在《努力周报》上发表了《孙行者与张君劢》一文，将张君劢比作孙悟空，而把科学与逻辑比作如来佛，认为即使玄学有再大的本事，也跳不出科学的掌心，并进而指出了张君劢玄学的逻辑问题。继胡适之后，丁文江又分别撰写了《玄学与科学——答张君劢》和《玄学与科学的讨论的余兴》两篇文章，不承认"张君劢所讲的人生观与玄学无关"，他认为，"广义的玄学是从不可证明的假设所推论出来的规律"。与此同时，科学派任叔永撰写了《人生观的科学或科学的人生观》，章演存撰写了《张君劢主张的人生观对科学的五个异点》，朱经农撰写了《读张君劢论人生观与科学的两篇文章后所发生的疑问》，唐钺先后撰写了《心理现象与因果律》、《"玄学与科学"论争的所给的暗示》等五篇文章，吴稚晖撰写了《箴洋八股化之理学》、《一个新信仰的宇宙观与人生观》等文章，对玄学派发动了凌厉攻势。玄学派则以张君劢和梁启超为主将，分别发表了《科学之评价》和《人生观与科学——对于张丁论战的批评》，对科学派的凌厉攻势作了有力的回击。

　　一年之后，上海亚东图书馆编辑出版了《科学与人生观》一书，收入29篇论战文章，陈独秀、胡适作序；上海泰东图书局则发行了内容相同的《人生观的论战》文集，收入30篇论战文章，张君劢作序。至此，科学与玄学论战大体结束。

　　但一波未平，一波又起。随着论战文集《科学与人生观》的推出，就标志着中国现代思想史上的另一个重要派别——马克思主义"唯物史观派"

正式加入到论战中来了。这主要源自陈独秀、胡适为《科学与人生观》所作的序言和胡适《答陈独秀先生》与陈独秀《答适之》等"两序两答"文章以及其他学人参与讨论与展开的辩论。所以，文集的出版不是论战的结束，而是论战的深化。此所谓"深化"可以从以下两个方面加以理解：科学精神得到了马克思主义者的支持，更加深入人心；与此同时，科学主义倾向于与唯物史观相结合，更加势不可当。陈独秀的序言后来发表在1923年11月13日《新青年》季刊第2期上，陈独秀以唯物史观为武器，对科学与玄学论战作了马克思主义的分析与评论。首先对人生观作了阐述，认为人生观都要"为客观的，论理的，分析的，因果律的科学所支配"。"种种不同的人生观，都为种种不同的客观因果所支配。而社会科学可一一加以分析的理论的说明，找不出哪一种是没有客观的原因而由于个人主观的直觉的自由意志凭空发生的。"其次，他批评了玄学派的三个代表人物有关人生观的观点（张君劢举出的"九项人生观"，梁启超"情感超科学"的"怪论"，范寿康所谓人生观的"先天的形式"）是错误的。然后又批评科学派代表丁文江的所谓"存疑的唯心论"，陈独秀认为，"他的思想之根底，仍和张君劢走的是一条道路"；"其实我们对于未发见的物质固然可以存疑，而对于超物质而独立存在并且可以支配物质的什么心（心即是物之一种表现），什么灵魂与上帝，我们已无疑可存了"。最后表明："我们相信只有客观的物质原因可以变动社会，可以解释历史，可以支配人生观，这便是'唯物的历史观'。"陈独秀同时对科学派与玄学派的批评，宣传了唯物史观的理论，彰显了唯物史观的科学性，由此"唯物史观派"旗帜鲜明地加入了科玄论战之中。

而胡适的《答陈独秀先生》，成为了这场论战中科学派与唯物史观派的第一次正面交锋。胡适首先提出了他的"科学的人生观"认识，即著名的"胡适十诫"：（1）根据于天文学和物理学的知识，叫人知道空间的无穷之大。（2）根据于地质学及古生物学的知识，叫人知道时间的无穷之长。（3）根据于一切科学，叫人知道宇宙及其中万物的运行变迁皆是自然的——自己如此的——正用不着什么超自然的主宰或造物者。（4）根据于生物的科学的知识，叫人知道生物界的生存竞争的浪费与惨酷，——因此，叫人更可以明白那"有好生之德"的主宰的假设是不能成立的。（5）根据于生物学、生理学、心理学的知识，叫人知道人不过是动物的一种，他和别种动物只有程度的差异，并无种类的区别。（6）根据于生物的科学及人类学、人种学、社会学的知识，叫人知道生物及人类社会演进的历史也演进的原因。（7）根据于生物的及心理的科学，叫人知道一切心理的现象都是有因的。（8）根据于生物学及社会学的知识，叫人知道道德礼教是变迁的，而变迁的原因都是可以用科学方法寻求出来的。（9）根据于新的物理和化学的知识，叫人知道物质不是死的，是活的；不是静的，是动的。（10）根据于生物学及社会学的知识，叫人知道个人——"小我"——是要死灭的，而人类——"大我"——是不死的、不朽的；叫人知道"为全种万世而生活"就是宗教，就是最高的宗教；而那些替个人谋死后的"天堂"、"净土"的宗教，乃是自私自利的宗教。其次，胡适进一步诠释和区分了自己的"唯物的人生观"与陈独秀的"唯物的历史观"，他指出："（1）独秀说的是一种'历史观'，而我们讨论的是'人生观'。人生观是一个人对于宇宙万物和人类的见解；历史观是'解释历史'的一种见解，是一个人对于历史的见解。历史观只是人生观的一部分。（2）唯物的人生观是用物质的观念来解释宇宙万物及心理现象。唯物的历史观是用'客观的物质原因'来说明历史（狭义的唯物史观则用经济的原因来说明历史）。""我们虽然极端欢迎'经济史观'来做一种重要的史学工具，同时我们也不能不承认思想知识等事也都是'客观的原因'，也可以'变动社会，解释历史，支配人生观'。"

针对胡适的观点，陈独秀指出："'唯物的历史观'是我们的根本思想，名为历史观，其实不限于历史，并应用于人生观及社会观"；"唯物史观所谓客观的物质原因，是指物质的本因而言，由物而发生之心的现象，当然不包括在内"，但是"唯物史观的哲学者也并不是不重视思想文化宗教道德教育等心的现象之存在，惟只承认他们都是经济的基础上面之建筑物，而非基础之本身"。

陈独秀之后，邓中夏于 1923 年 11 月 24 日在《中国青年》第 6 期上发表了《中国现在的思想界》一文，文中谈到了科学派与唯物史观派的异同，强调了两者的一致："唯物史观派，他们亦根据科学，亦应用科学方法，与上一派原无二致。所不同者，只是他们相信物质变动（老实说，经济变动）则人类思想都要跟着变动，这是他们比上一派尤为有识尤为彻底的所在。"并运用唯物史观原理对思想界科学主义、人文主义和马克思主义三足鼎立的格局进行了分析①。次年1月26日，邓中夏在《中国青年》第15期上又发表了《思想界的联合战线问题》一文，提出："我们应结成联合战线，向反动的思想势力……向哲学中之梁启超张君劢（张东荪、傅侗等包括在内）梁漱溟……分头迎击，一致进攻。"②

之后，瞿秋白于1923年12月20日在《新青年》季刊第2期上和1924年8月1日《新青年》季刊第3期上分别发表了《自由世界与必然世界——驳张君劢》、《实验主义与革命哲学——驳胡适之》两篇文章，对科学派和玄学派作了批判。《自由世界与必然世界——驳张君劢》一文针对张君劢的"自由意志"论观点，运用唯物史观从自然现象及社会现象的因果性、"自由"与"意志"的区别、历史的必然与有意识的行动、理想与社会的有定论、社会与个性等五个方面集中讨论了自由与必然的关系问题。③《实验主义与革命哲学——驳胡适之》则着重批判科学派尤其是胡适的实验主义，文章指出，实验主义只是一种唯心论的改良派哲学，不是真正彻底的科学；马克思主义才是真正彻底的"科学"，因而才是一种"革命哲学"。④

1924年，梁启超《非"唯"》发表，作者试图站在一种超然的立场、中立的态度、平允的观点，来超越唯心论与唯物论之争，但其真实的目的是指责陈独秀"赤裸裸的以极大胆的态度提出机械的人生观"⑤。陈独秀于8月1日在《新青年》季刊第3期上发表了《答张君劢及梁任公》一文来回应，该

① 蔡尚思主编：《中国现代思想史资料简编》第二卷，浙江人民出版社1982年版。
② 蔡尚思主编：《中国现代思想史资料简编》第二卷，浙江人民出版社1982年版。
③ 参见蔡尚思主编：《中国现代思想史资料简编》第二卷，浙江人民出版社1982年版。
④ 蔡尚思主编：《中国现代思想史资料简编》第二卷，浙江人民出版社1982年版。
⑤ 梁任公：《非"唯"》，《教育与人生》1924年第20期。

文指出，"我们相信只有客观的物质原因可以变动社会，可以解释历史，可以支配人生观，这便是'唯物的历史观'"。只有客观的物质原因可以"变动社会"，强调的是社会物质条件对于人的活动的制约，涉及的是唯物史观的决定论方面；只有客观的物质原因可以"解释历史"，强调的是社会存在相对于社会意识的本源性，涉及的是唯物史观的一元论方面；只有客观的物质原因可以"支配人生观"，强调的是唯物史观也可以成为像自然科学那样精确的科学，涉及的是唯物史观的因果论方面。文章进而驳斥了张君劢所列举的九项"人生观"问题，辨析了张君劢对于"事实"与"思想"关系的观点，澄清了梁启超把马克思主义视为"机械的人生观"和"宿命论"的"两个误会"。① 到此科玄之争已近尾声。

这场论战"体现了五四以后中国思想界三大思潮，即科学主义、人文主义和马克思主义之间的交锋，具有深厚的理论底蕴和文化内涵，它深刻地影响了 20 世纪中国哲学和文化的走向，在中国现代思想史上占有十分重要的地位"。以张君劢为代表的玄学派观点的实质是否认人类历史发展有其客观规律，宣扬意志万能、意志决定一切。以丁文江为代表的科学派，虽然认为科学可以解释人生观的问题，只有用科学的方法才能正确认识人生观的是非真伪；但又认为，科学的材料是所有人类心理的内容，科学研究的对象是一切心理的现象，而不是客观的物质世界。以陈独秀、瞿秋白为代表的马克思主义唯物史观派则对上述两派的观点进行了分析和评论，指出他们都没有对人生观问题作出科学的说明。陈独秀认为，丁文江的思想之根底仍和张君劢走的是一条道路。人生观绝不是主观意志造成的，而是客观环境铸成的。只有客观的物质原因可以变动社会，可以解释历史，可以支配人生观。瞿秋白明确指出，"科玄论战"的中心问题在于承认社会现象有因果律与否，承认自由意志与否，认为人的一切动机都受因果律支配，真正的自由是建立在对必然性的科学认识之上的，从而旗帜鲜明地阐明了唯物史观的原理及其科学性。

---

① 蔡尚思主编：《中国现代思想史资料简编》第二卷，浙江人民出版社 1982 年版。

## 五、中国社会性质论战：半殖民地半封建社会还是资本主义社会？

中国社会性质问题与中国近代革命问题紧密相关，围绕"中国的前途与命运"、"中国向何处去"、"中国革命走什么样的道路"这一主题展开。因此，中国社会性质问题的论战既是学术论战，也是政治路线论战。中国共产党成立后，为了确定革命对象和任务，就必须准确把握当时中国社会的现状与社会性质。1922 年 7 月，中共二大召开，此时，中国内部环境虽号称"共和"，但实则仍处于封建式军阀统治之下。由于帝国主义和封建军阀的存在，"使中国方兴的资产阶级的发达遭着非常的阻碍"。基于对中国国情的分析，中共二大第一次明确提出了反帝反封的民主革命纲领。这一革命纲领促成了国共第一次合作。1927 年，国共分裂，轰轰烈烈的大革命失败。是时，有关中国社会性质的认识和中国革命道路的选择在国内与国外都产生了严重分歧。国外的分歧主要产生在共产国际，以斯大林、布哈林为首的"多数派"认为，中国各省基本上是封建势力统治，中国革命的性质仍然是资产阶级民主革命，革命的任务是反帝反封。以托洛茨基、拉狄克为首的"少数派"则认为，中国自秦汉以来就已经是商业资本主义社会，封建势力只是一种残余，中国革命的首要问题是争取"关税自主权"，1928 年后中国民族资产阶级已统治了中国，"中国已进入资本主义稳定发展时期"，中国并无革命的形势与要求。① 共产国际的分歧自然影响到中共党内。1928 年 7 月，中共六大决议指出："中国现在的地位是半殖民地"，"现在的中国经济制度，的确应当规定为半封建制度"，中国革命"是资产阶级民主革命，反帝反封建是现时革命的根本任务"。但拥护托洛茨基观点的陈独秀对中共六大决议有关中国问题的估计并不认同他三次致信中共中央，就中国社会性质、阶级关系、革命的性质与任务等问题申述自己的观点，从而引发了中共党内对中共社会

---

① 吴雁南等主编：《中国近代社会思潮(1840—1949)》第 2 卷，湖南教育出版社 1998 年版，第 409 页。

性质的论争。同时，国内其他党派、政派如"新生命"派、"改组派"、国家主义派、无政府主义者和资产阶级改良派者，相继起来歪曲中国社会性质，反对马克思主义学说，反对中共的革命理论和主张。自 1928 年始，从国际到国内、从国共两党到各中间派别，从各自的立场出发发表各自的观点，相互诘难驳斥，形成了大规模的"中共社会性质问题"的论战。有关这场论战的缘起与过程，何干之有客观的论述："关于中国社会性质的估计，是 1927年大革命以后的事情。从那次革命以后，国内的社会政治各方面的情势都起了剧烈的蜕变，同时思想界也发生了尖锐的分化。为清检过去革命运动的经历，确定解决中国问题的政策路线，关心中国前途的人，不得不重新细密地考虑提到大家面前的各种重大问题，如中国革命的性质和对象是什么？革命的动力和逆动力是什么？各社会阶层在革命过程中的矛盾与关系怎样？……要在实践上理论上解决这些问题，首先必须了解中国社会的性质……1928年以后，轰动一时，在中国思想界留下了不可磨灭的光辉的关于中国社会经济性质问题的论战，是在这客观的要求下揭了幕的。"[①]

　　这场论战首先爆发在中共党内，主要在唯物史观派与"托陈取消派"之间展开。1929 年 8 月 5 日，陈独秀公开发表《关于中国革命问题致中共中央的信》，接着于 10 月 10 日、26 日又两次致信中共中央，陈述了他关于中国社会性质的看法。陈独秀认为，经过 1925—1927 年大革命的洗礼，中国封建势力已是"残余之残余"，社会的主要任务是"经济复兴"，已无进行土地革命的需要，中国共产党应停止武装斗争和土地革命。[②] 为了澄清思想界的混沌和消除陈独秀观点的消极影响，1929 年 11 月中共中央以"创造社"的名义在上海创办《新思潮》杂志，该杂志于 1930 年 4 月推出了"中国经济研究"专号，先后发表了潘东周的《中国经济的性质》、吴黎平的《中国土地问题》、向省吾的《帝国主义与中国经济》、王学文的《中国资本主义在

---

　　① 何干之：《研究中国社会史的基本知识》，转引自吴雁南等主编：《中国近代社会思潮（1840—1949）》第 2 卷，湖南教育出版社 1998 年版，第 410 页。

　　② 陈独秀：《关于中国革命问题致中共中央信》，载《陈独秀著作选》第 3 卷，上海人民出版社 1993 年版，第 40—41 页。

中国经济中的地位及其发展前途》、李一氓的《中国劳动问题》等文章，集中批驳了"托陈取消派"关于中国社会性质的观点，阐述了中国依然是半殖民地半封建社会的性质。这一组文章发表后，引起了学术界和社会各界的巨大反响。托派代表严灵峰、任曙等人于1930年7月在上海创办《动力》杂志，先后发表了严灵峰的《中国是资产主义的经济，还是封建制的经济?》、《再论中国经济问题》，任曙的《关于中国经济的研究和批评》等文章及《中国经济研究绪论》一书，论述了中国社会是资本主义性质的社会观点。为反驳动力派的观点，唯物史观派先后发表了赖田的《中国经济的现状及其前途》、刘梦云（即张闻天）的《中国经济之性质问题的研究》、刘苏华的《唯物辩证法与严灵峰》等十多篇文章，集中批驳了"托陈取消派"的观点。这一论战一直延续到1931年。

其次是在国共两党唯物史观派与"新生命"派、"改组派"之间展开。1928年1月，周佛海、戴季陶、陈布雷等在上海创办了《新生命》月刊，标榜"阐明三民主义的理论，发扬三民主义的精神"宗旨，从理论上攻击马克思主义和中国共产党的革命纲领。1929—1932年，陶希圣先后发表了《中国社会到底是什么社会?》、《如何观察中国社会》、《中国之商人资本及地主与农民》等多篇论文，出版了《中国社会与中国革命》、《中国社会之史的分析》两本专著，提出了中国社会是"商业资本主义"社会的观点，否认中国社会的封建性和殖民地性。同时，以汪精卫为首的"改组派"于1929年5月在上海创办《革命评论》和《前进》杂志，扬言要"消灭共产党"，"肃清共产理论"，集中攻击中共领导的反帝反封建运动。"改组派"代表顾孟馀发表了《中国农民问题》、《农民与土地问题》等论文，认为中国农村"有田者，遍于全社会"，中国社会是"一个为封建思想所支配的初期资本主义社会"，认为中共领导的"暴动没收土地"的土地革命必然失败。[①] 针对国民党"新生命"派和"改组派"的攻击，中共唯物史观派先后发表了薛暮桥的《什么

---

① 顾孟馀：《中国农民问题》，转引自陶希圣编：《中国问题之回顾与展望》，新生命书局1930年版。

叫做封建社会》、《关于封建、半封建和资本主义》,翦伯赞的《前封建时期之中国农村社会》、《"商业资本主义问题"之清算》,王亚南的《封建制度论》等重头文章集中讨论了"封建社会"、"资本主义社会"、"商业资本主义社会"等理论问题,阐明了中国社会是半殖民地半封建社会的属性,指明了进行反帝反封的民主革命的必要性。

最后是在唯物史观派与改良派之间展开。以胡适、徐志摩为代表的自由主义知识分子,以《新月》杂志为阵地,开辟专栏讨论中国社会性质问题。他们分别于 1929 年和 1930 年集中讨论了"中国问现状"和"怎样解救中国的问题"两个主题。胡适认为,中国社会既不是封建的,也不是资本主义性质的,其根源在于"贫穷、愚昧、疾病贪污、扰乱",认为要依靠改良的办法,逐步消灭"五大恶魔",而不是走暴力革命的道路。

中国社会性质问题论战,是 20 世纪 30 年代中国思想界关于当时中国是半殖民地、半封建社会,还是资本主义社会的一场论战。王学文、潘东周等详细分析了当时中国的经济和政治情况,着重从帝国主义和中国经济的关系、民族资本在中国经济中的地位、农村土地关系等方面,探讨了中国经济的性质,指出封建的半封建的经济是在中国经济中占支配地位和广泛存在的经济形态,中国是半殖民地半封建的社会,只有推翻帝国主义和肃清中国封建势力,才能使中国经济得到进一步发展。以严灵峰、任曙为代表的资产阶级学者,则在马克思主义词句的掩饰下,极力歪曲中国社会性质与中国革命性质,否认中国革命的对象与任务,认为中国资本主义发展到了代替封建经济而支配中国经济生活的地步,中国已经发展到资本主义了。针对这些错误观点,张闻天、郭沫若等人在《读书杂志》、《布尔塞维克》等刊物上发表了一系列文章,深刻论证了中国是半殖民地半封建社会,革命的任务是打倒帝国主义和封建主义。

论战澄清了一些错误思想认识,端正了对中国社会性质的看法,对于正确认识中国社会具有重要意义。同时,论战也极大地促进了马克思主义理论的研究和传播。论战中,"新思潮派"力图用马克思主义为武器分析中国社会经济、社会性质问题,有效地将马克思主义理论与中国具体实际结合起来。参与论战的其他各派，如"新生命"派、动力派，虽然反对中共革命纲领，但在分析中也采用了马克思主义方法，借用有关商业资本、商品经济、雇佣劳动、地租形态等术语，客观上有利于马克思主义理论的广泛传播与运用。

## 六、社会史论战：人类社会发展史有无规律及其是否适应中国社会？

随着中国社会性质论战的扩大与深入，1932—1933年在中国思想界还展开了一场关于中国古代社会分期即中国社会史问题的论战。因为，在中国社会史性质问题的论战中，论战双方由于缺乏对中国历史的真切认识，论据不扎实，说服力不强，难分伯仲，而要深入展开求证，必须对中国远古社会、上古社会有一个清晰而通透的了解。正如陶希圣所说："要扫除论争上的疑义，必须把中国社会加以解剖，而解剖中国社会，必须把中国社会史作一决算。"[①] 侯外庐就30年代前后相关的两场论战作过说明："大革命失败后，革命处于低潮，马克思主义者为了探索革命的前途，解决中国向何处去的问题，开始了对中国社会性质问题的研究……理论界对中国现阶段究竟是资本主义社会、封建社会，还是半殖民地半封建社会的问题展开了争论。既然要争论这样一个涉及中国国情的问题，就不能不回过头去了解几千年来的中国历史，于是，问题又从现实转向历史，引起了大规模的中国社会史论战。"[②]

这场论战主要涉及三个主要问题：一是亚细亚生产方式问题。争论的焦点是什么是"亚细亚生产方式"？中国是否经历过这样的阶段？二是中国历史上有无奴隶社会。三是中国封建社会的特点及其发生、发展和衰落的过程问题。论战的核心和实质是中国历史的发展是否与人类一般的历史发展规律基本相同，马克思关于人类社会五种形态以及马克思主义是否适

---

[①] 陶希圣：《中国社会之史的分析》，新生命书局1929年版，第3页。

[②] 侯外庐：《韧的追求》，生活·读书·新知三联书店1985年版，第222页。

用于中国社会。进步的历史学家以具有创见的论著对这场争论作出了重要的贡献。郭沫若在研究大量卜辞金石文字等文献和考古学资料的基础上，写出了《中国古代社会研究》，肯定西周是中国的奴隶制时代，春秋到鸦片战争是封建制时代。吕振羽撰写了《史前期中国社会研究》、《殷周时代的中国社会》等，对殷代的奴隶制社会及其以前的原始社会作了有意义的探讨，他肯定秦汉以后是封建制时代，鸦片战争以后是半殖民地半封建社会。这些问题的争论没有形成统一认识。直到20世纪80年代，历史学界仍在进行激烈的争论。但争论的性质已迥然不同，如侯外庐所说，20世纪30年代中国社会史论战，是与关系中国革命的性质、任务、动力、前途的政治论战紧密交织在一起的；而20世纪80年代的论争则是从学术上进行科学的研讨。

1930年，郭沫若出版了《中国古代社会研究》，该书被称为"中国马克思主义史学的开山之作"。郭沫若依据马克思、恩格斯和美国著名人类学家摩尔根（L.H.Morgan，撰写了《古代社会》一书）的理论方法，在学术思想界盛行"整理国故"和"古史辨"的年代，独辟蹊径，运用唯物史观，结合大量文献资料、甲骨卜辞、青铜铭文等史料，营构了中国上古、远古的社会史，挥洒出一片历史的想象空间。郭沫若指出，中国历史与世界历史的发展具有共同的规律，"中国人不是神，也不是猴子，中国人所组成的社会不应该有什么不同"[1]。他还明确宣称："谈'国故'夫子们哟！你们除了饱读戴东原、王念孙、章学诚之外，也应该要知道有 Marx、Engels 的著书，没有唯物辩证论的观念，连'国故'都不好让你轻谈。"[2] 面对郭沫若的观点，"动力派"、"新生命派"学者纷纷撰文指责郭沫若运用唯物史观分析中国社会史是"削足适履"，"著作本身并无偌大价值"。[3]

---

① 郭沫若：《中国古代社会研究·自序》1947年版，载《郭沫若全集·历史编》第1卷，人民出版社1982年版，第7页。

② 郭沫若：《中国古代社会研究·自序》1947年版，载《郭沫若全集·历史编》第1卷，人民出版社1982年版，第6页。

③ 李麦麦：《评郭沫若底〈中国古代社会研究〉》，载《读书杂志》，神州国光社1932年版，第2卷，第6期。

1931 年以《读书杂志》为阵地，论战进入高潮。是年 4 月上海神州出版社创办《读书杂志》月刊，主编王礼锡开辟"社会史论战"专栏，以"兼容并包"之态度邀请各方撰文讨论中国社会史问题。1931 年 8 月该杂志推出了《中国社会史论战专辑》第 1 辑，1932 年 3 月、8 月推出了《中国社会史论战专辑》第 2 辑、第 3 辑，1933 年 4 月推出了《中国社会史论战专辑》第 4 辑。一时间，中国社会史问题成为社会关注的焦点。

1933 年国民党政府查封《读书杂志》，加之抗日救亡运动成为主旋律，有关中国社会史论战渐渐平息。此后，吕振羽在总结前期论战成果的基础上于 1934 年和 1936 年出版了《史前期中国社会研究》和《殷周时代的中国社会》两本著作，提出了比较系统的古史理论。吕振羽认为，中国的殷代为奴隶社会，周代为初期封建社会，由秦至鸦片战争前为封建社会，由鸦片战争到当时为半殖民地半封建社会。翦伯赞于 1935—1937 年先后发表了《前封建时期之中国农村社会》、《"商业资本主义社会问题"之清算》、《关于"封建主义破灭论"之批判》等论文。何干之于 1937 年在全面总结两次论战的基础上，出版了《中国社会性质问题论战》和《中国社会史问题论战》两本著作，至此，前后长达 10 年的论战结束。

中国社会性质与社会史论战涉及中国几千年的历史，问题十分广泛复杂，最后虽然没有彻底解决问题，但却有深刻的理论意义与实际意义。首先，现实是历史的延续，中国社会史论战进一步加深了国人对自己历史的理解，为认识和解决现实问题提供了源头活水和文化依据。其次，中国社会史论战激发了国人对历史问题的兴趣，使中国史学界焕发出勃勃生机，开拓出了中国史学研究的新局面。最后，中国社会史论战壮大了中国马克思主义史学队伍，扩大了马克思主义的影响。以郭沫若、吕振羽为代表的马克思主义者，坚持唯物史观与中国社会实际相结合的正确方向，批驳了资产阶级学者所散布的种种谬论，确立了唯物史观在中国革命和历史科学研究中的理论指导地位，有力地推动了唯物史观在中国传播与发展的历史进程。

## 第二节　论战的焦点与主要观点

上述思想文化界的六次大规模论战，从时间上看，可以说贯穿了整个20世纪上半叶；从空间上看，涉及中国社会各个层面，甚至包括在国外留学的各个党派、学派、团体组织。论战的形式也多种多样，既有温和的学理上的探讨，也有针锋相对的理论和观点论争，更有激烈的路线立场论战。论战的内容涉及古今中西，核心内容主要围绕唯物还是唯心（物质与精神的问题）、经济决定论还是多元论（生产力与生产关系、经济基础与上层建筑问题）、阶级斗争还是阶级调和、暴力革命还是渐进改良、群众史观还是帝王史观（精英史观）、无产阶级专政等问题全面展开。

### 一、唯物史观与唯心史观的根本对立

马克思主义唯物史观一经传入中国就同唯心史观展开了激烈的争论，具有代表意义的论战主要发生在瞿秋白与胡适、陈独秀与梁漱溟、胡绳与贺麟、艾思奇与张东荪和叶青之间。

#### （一）瞿秋白与胡适的论争

胡适与瞿秋白的交往时间不长，但他们的关系可以说介于师生、朋友和论敌之间。胡适与瞿秋白都是1917年到北京的，当时胡适在北京大学当教授，瞿秋白在北京俄文专修馆读书。那时胡适倡导文学革命，与新文化运动领袖陈独秀齐名，瞿秋白曾到北大听过陈独秀和胡适的课，也算是有师生之缘的。1923年夏，胡适到杭州的烟霞洞休养。而此时的瞿秋白刚刚接受中共中央机关的委托，参与主持理论宣传和筹办上海大学的工作。他在广州出席了中共三大之后，到杭州传达中共"三大"精神，听说胡适在烟霞洞休养，于是专程前往拜会。事后，胡适主动向商务印书馆的王云五推荐瞿秋白。瞿秋白回到上海后，接受了为商务印书馆编辑《小百科全书》的任务。接着瞿

秋白在自己主持的上海大学邀请胡适来校演讲，胡适慨然允诺，于10月离开烟霞洞取道上海，为上海大学的学生作了《科学与人生观》的演讲。1924年8月，瞿秋白出于自己所肩负的中共党的使命，发表了《实验主义与革命哲学》，针对胡适提倡的实验主义的妥协本质提出了批评。1925年初，胡适出席段祺瑞召开分赃的善后会议，激起了瞿秋白的不满，撰写了《胡适之与善后会议》一文，严肃地批评了胡适的错误，两人的交往宣告结束。

作为杜威的学生和中国实用主义哲学的主要代表人物胡适，极力鼓吹和倡导唯心主义实在论和相对主义真理论，同时也极力推崇庸俗进化论。他认为，实验主义从达尔文进化论出发，只有一点一滴的不断改进才是真实可靠的进化，革命和演化并不是绝对不相同的两件事；社会现象的原因是多种的，其中没有一个决定的支配的因素；否认社会历史领域中的质变与飞跃，否认阶级斗争与社会革命的必要性。

胡适指出："文明不是笼统造成的，是一点一滴的造成的。进化不是一晚上笼统进化的，是一点一滴的进化的。现今的人爱谈'解放与改造'，须知解放不是笼统解放，改造也不是笼统改造。解放是这个那个制度的解放，这种那种思想的解放，这个那个人的解放，是一点一滴的解放。改造是这个那个制度的改造，这种那种思想的改造，这个那个人的改造，是一点一滴的改造。再造文明的下手功夫，是这个那个问题的研究。再造文明的进行，是这个那个问题的解决。"[1]"凡'主义'都是应时势而起的。某种社会，到了某时代，受了某影响，呈现某种不满意的现状。于是一些有心人，观察这种现象，想出某种救济的法子。这是'主义'的原起。主义初起时，大都是一种救时的具体主张。后来这种主张传播出去，传播的人要图简单，便用一两个字来代表这种具体的主张，所以叫它做'某某主义'。主张成了主义，便由具体的计划，变成一个抽象的名词。'主义'的弱点和危险，就在这里。因为世间没有一个抽象名词能把某人某派的具体主张都包括在里面。""我们

---

① 胡适：《新思潮的意义》，载《新青年》1919 年第 7 卷第 1 号，转引自张岂之主编：《民国学案》第 1 卷，湖南教育出版社 2005 年版，第 336 页。

深觉得高谈主义的危险,所以我现在奉劝新舆论界的同志道:'请你们多提出一些问题,少谈一些纸上的主义。'更进一步说:'请你们多多研究这个问题如何解决,那个问题如何解决,不要高谈这种主义如何新奇,那种主义如何奥妙。'""凡是有价值的思想,都是从这个那个具体的问题下手的。先研究了问题的种种方面的种种的事实,看看究竟病在何处,这是思想的第一步工夫。然后根据于一生经验学问,提出种种解决的方法,提出种种医治的丹方,这是思想的第二步工夫。然后一生的经验学问,加上想象的能力,推想每一种假定的解决法,该有什么样的效果,推想这种效果是否真能解决眼前这个困难问题。推想的结果,拣定一种假定的解决,认为我的主张,这是思想的第三步工夫。凡是有价值的主张,都是先经过这三步工夫来的。不如此,不算舆论家,只可算是抄书手。""我希望中国的舆论家,把一切'主义'摆在脑背后,做参考资料,不要挂在嘴上做招牌,不要叫一知半解的人拾了这些半生不熟的主义,去做口头禅。"[1]

在中国马克思主义发展史上,瞿秋白最先用辩证唯物主义和历史唯物主义对胡适的实用主义哲学进行全面批判。针对胡适的哲学思想,瞿秋白先后发表了《自由世界与必然世界》、《实验主义与革命哲学——驳胡适之》等重要论文,出版了《现代社会学》、《社会哲学概论》和《社会科学概论》等著作,比较全面地批判了胡适的实用主义实在论、真理观、历史观以及人生哲学和渐进改良理论。瞿秋白指出:"资产阶级的唯物论始终是不彻底的。至今唯物论只限于自然现象的解释:资产阶级本只要以唯物论攻击贵族阶级,而要以唯心论蒙蔽无产阶级。再则,以唯物论发展技术科学,对付自然界,以求工业发达而可多得利润;却要以唯心论治社会科学,对付受剥削阶级,使民众的人生观模糊,而可以用温情政策缓和革命。无产阶级既不是'两面国'里的人,更用不着敷衍涂砌的两歧的零星散乱的宇宙观及人生观;他更不愿意受哲学家的欺罔:说宇宙间的现象出于心,而心是不可思议的——那

---

[1] 胡适:《多研究些问题,少谈些主义》,载《每周评论》1919年第31号,转引自张岂之主编:《民国学案》第1卷,湖南教育出版社2005年版,第333—334页。

就只能暂时安于受剥削的地位，静待心的'忽而'变成社会主义。所以无产阶级的斗争经验及对于资本主义的精密考察，必然归纳而成综贯的、统一的、因果的、明了物质世界之流变公律，并且探悉心里助缘之影响程度的宇宙观及人生观——互辩律的唯物论（materialisme dialectique），做他的革命斗争的指针。"①"一切的变易起于永久的内部矛盾，内部的斗争。所谓'动'就是斗争，就是矛盾……社会之中常常有许多矛盾——阶级矛盾和阶级斗争是历史的原动力。各阶级之间，各种职业之间，各种派别之间，各种思想之间，生产与分配之间——无处不是矛盾……自然界和社会里处处都有革命的突变的现象……宇宙及社会里的一切发展——就是数量变更的渐渐积累，然而数量的变，到一定程度，必定突变为质量的变……一切进化（Evolution）必行向革命（Revolution）……社会里的革命等于自然界的突变，社会里的革命是社会结构的改造。社会发展的需要与社会结构相冲突之时，便不能不发出革命式的突变。"②"大致而论：经济的基础——技术，因人类以之适应自然而日有变易（所谓工业'革命'），经济关系因之而变（城市生活及商业关系的发展），政治制度及法律亦就渐渐变动（国会里的争执及民法商法上习惯的积累）；于是社会心理潜伏新潮（文艺复兴前后），久而久之，社会思潮就大起激变（启蒙时代）。凡此都还只是数量上的渐变——所谓'进化'。这些根源于经济的变革，逐步帮着经济的变化，积累既久，便引起社会上的突变——'大革命'。"③"民权革命表示资本主义发展的需要，虽然眼看得是革命，是暴动，反对上等人，反对资本家或帝国主义。然而，这一革命不但不消灭资本主义的基础，而且扩充推广它的发展……马克思主义，是叫无产阶级竭力引导革命到底并且全副精神的去参与。""中国资本主义的发展是受外铄的。中国的军阀、士绅、买办，不过是帝国主义者在中国境内的

① 瞿秋白：《社会科学概论》，《瞿秋白文集》政治理论编第 2 卷，转引自张岂之主编：《民国学案》第 1 卷，湖南教育出版社 2005 年版，第 490—491 页。

② 瞿秋白：《社会科学概论》，《瞿秋白文集》政治理论编第 2 卷，转引自张岂之主编：《民国学案》第 1 卷，湖南教育出版社 2005 年版，第 493—494 页。

③ 瞿秋白：《社会科学概论》，《瞿秋白文集》政治理论编第 2 卷，转引自张岂之主编：《民国学案》第 1 卷，湖南教育出版社 2005 年版，第 498—499 页。

三个化身，帝国主义统治里中国的代理人。"①"中国资产阶级在国民革命运动里总是处于中立的地位，时而从中取利，时而背叛平民与帝国主义军阀妥协。"②"始终是一脚踏在革命里，一脚踏在革命外，屡次想以妥协主义引导民众离开革命。"③"中国的真革命，乃独有劳动阶级方能担负此等伟大使命，亦非劳动阶级为之指导，不能成就；何况资产阶级其势必半途而辍，失节自卖。真正的解放中国，终究是劳动阶级的事业。"④"现在中国的革命有两个可能的前途：第一，是资产阶级取得领袖权，而使中国的革命毁于民族改良主义之手，其结果开始资本主义的发展，仍旧受帝国主义的支配。第二，是无产阶级取得领袖权，而使中国革命彻底的实行民族、民权的职任，其结果可以开始社会主义的建设，与苏联及世界无产阶级结合经济的联盟，继续反抗帝国主义之一切种种侵略，一直到完全推翻它。"⑤

　　针对胡适的实用主义的观点，瞿秋白一针见血地指出，实验主义只能承认一些实用的科学知识及方法，而不能承认科学的真理，是欧美资产阶级的市侩哲学；实验主义者害怕社会革命，主张不必根本更动现存的制度，只要琐琐屑屑、逐段应付的改良。他认为，实用主义是多元论，是改良派，完全是唯心论的宇宙观；马克思主义所注重的是科学真理，而并非利益的真理，因为仅仅"有益"还不能尽"真实"的意义。可见，瞿秋白对胡适实用主义哲学实在论、真理论、历史观的批判，不仅在其主要方面划清了唯物论和唯心论的界限，为马克思主义在中国的广泛深入传播扫除了障碍，而且明确指出实用主义"不是革命的哲学"，而是垄断资产阶级"维持现状"的市侩哲学，

---

①　瞿秋白：《世界的及中国的赤化及反赤化斗争》，《瞿秋白文集》政治理论编第4卷，转引自张岂之主编：《民国学案》第1卷，湖南教育出版社2005年版，第500页。

②　瞿秋白：《北京屠杀与国民革命之前途》，《瞿秋白选集》，转引自张岂之主编：《民国学案》第1卷，湖南教育出版社2005年版，第500页。

③　瞿秋白：《政治运动与知识阶级》，《向导》第1集第18期，转引自张岂之主编：《民国学案》第1卷，湖南教育出版社2005年版，第500页。

④　瞿秋白：《〈新青年〉之新宣言》，《瞿秋白选集》，转引自张岂之主编：《民国学案》第1卷，湖南教育出版社2005年版，第501页。

⑤　瞿秋白：《谁能领导革命》，《瞿秋白选集》，转引自张岂之主编：《民国学案》第1卷，湖南教育出版社2005年版，第501页。

从而给流行一时的实用主义哲学以迎头痛击。

### （二）陈独秀与梁漱溟的论争

梁漱溟中学毕业即赶上辛亥革命，他积极投身革命宣传，后来因不满革命成果和现状，便转向佛教探讨人生观问题。新文化运动期间，他逆潮流而动，开始摒弃佛教的出世主义，皈依儒家的入世哲学，发表《吾曹不出如苍生何》，坦言："我此来除替释迦、孔子发挥外，更不作旁的事。"1922 年梁漱溟出版了成名作《东西方文化及其哲学》，企图通过比较中西文化来彰显中国传统文化的长处，以复兴儒学。他认为，中国文化具有"独自创发"、"自成体系"、"伟大的同化力"、"高度之妥当性调和性"、"放射于四周之影响既远且大"的优势和特征。① 因此，主张从复兴传统文化入手来医治中国的"文化病"，解救近代中国危机。作为中国现代新儒学的开创者，梁漱溟在提出"尽宇宙是一生活"的宇宙观与"三量"说的直觉主义思想的同时，也极力提倡"三路向"的文化历史观。他认为，文化的不同是由于意欲之所向不同而决定的，意欲是生活的基础，文化不过是生活的样法而已。在他看来，文化就是"意志的趋向"、"天才的创作"和"偶然的奇想"；意欲的所向决定人类文化历史的发展，推动历史发展的决定因素在人类的精神。

针对梁漱溟的中国传统文化观，陈独秀指出："吾国衰亡之现象，何只一端？而抵抗力之薄弱，为最深、最大之病根！退缩苟安，铸为民性，腾笑万国，东邻尤肆其恶评。""吾人之祖先，若绝无抵抗力，则已为群蛮所并吞。而酿成今日之罢弱现象者，其原因盖有三焉：一曰学说之为害也。老尚雌退，儒崇礼让，佛说空无。义侠伟人，称以大盗；贞直之士，谓为粗横。充塞吾民精神界者，无一强梁敢进之思。惟抵抗之力，从根断矣！一曰专制君主之流毒也。全国人民，以君主之爱憎为善恶，以君主之教训为良知。生死予夺，惟一人之意是从。人格丧亡，异议杜绝。所谓纲常大义无所逃于天地

---

① 梁漱溟：《中国文化要义》，转引自张岂之主编：《民国学案》第 1 卷，湖南教育出版社 2005 年版，第 397 页。

之间，而民德、民志、民气，扫地尽矣！一曰统一之为害也。列邦并立，各自争存，智勇豪强，犹争受推重。政权统一，则天下同风，民贼独夫，益无忌惮。庸懦无论矣！即所谓智勇豪强，非自毁人格，低首下心，甘受笞挞，奉令惟谨，别无生路。'臣罪当诛，天王圣明。'至此则万物赖以生存之抵抗力，乃化而为不祥之物矣。并此三因，造成今果。吾人而不以根性薄弱之亡国贱奴自处也，计惟以'热血汤'涤此三因，以造成将来之善果而已。"①换言之，在陈独秀看来，抵抗力之缺失，造成近代中国衰退，其根源即在于传统文化"退缩苟安"的劣根性。他坦言："我向来反对拿二千年前孔子的礼教，来支配现代人的思想行为，却从来不曾认为孔子的伦理政治学说在他的时代也没有价值。科学与民主，是人类社会进步之两大主要动力，孔子不言神怪，是近于科学的。孔子的礼教，是反民主的。人们把不言神怪的孔子打入了冷宫，把建立孔教的孔子尊为万世师表，中国人活该倒霉！不塞不流，不止不行。孔子的礼教不废，人权民主自然不能不是犯上作乱的邪说。"②

关于物质与精神、历史发展的决定因素问题，陈独秀指出："什么先天的形式、什么良心、什么直觉、什么自由意志，一概都是生活状况不同的各时代各民族之社会的暗示所铸而成。我们相信只有客观的物质原因可以变动社会，可以解释历史，可以支配人生观，这便是'唯物的历史观'。"③

陈独秀指出，我们与梁漱溟的差异乃是两种根本对立的文化历史观的分歧。无产阶级并不否认精神生活，而是说精神生活不能离开物质生活而存在，更不能代替物质生活。瞿秋白也指出，任何一种文化都离不开一定的物质生产方式，都是一定经济基础的上层建筑。中国共产党人主张建立无产阶级文化，即仁义道德说的真正平民化和科学文明的真正社会化。因此，必须批判封建主义的旧文化，推翻帝国主义与封建主义的反动统治。

---

①　《陈独秀著作选》第 1 卷，上海人民出版社 1993 年版，第 154 页。

②　陈独秀：《孔子与中国》，转引自张岂之主编：《民国学案》第 1 卷，湖南教育出版社 2005 年版，第 99 页。

③　陈独秀：《〈科学与人生观〉序》，转引自张岂之主编：《民国学案》第 1 卷，湖南教育出版社 2005 年版，第 95 页。

### （三）胡绳与贺麟的论争

贺麟志在追求融汇西洋的唯心论和中国理学，兼用直觉方法和辩证法，创建合诗教、礼教、宋明理学为一体的学说。作为新心学的代表，贺麟在提倡"心为主宰"的主观唯心主义的同时，极力反对唯物史观。贺麟认为，人类社会的发展是由生活中的上层如宗教艺术哲学、生活中的第二层如道德政治法律，以及生活中的第三层即最下层如经济制度物质环境等综合决定的，而它们之间"无必然的函数的关系"。唯物史观是"外观法"，"外观法"不如"内观法"，因为"内观法"是注重本质的；经济基础始终是工具，上层建筑的生活才是目的；真正的道德行为乃为自由的意志和思想的考虑所决定，而非物质条件所决定；近世资本主义的实现，并非由于物质的自动、经济的自决，乃凭借许多理智，凭政治、法律、道德、宗教的条件而成，唯物史观是一种只重视"外观法"而轻视或忽视"内观法"的机械经济决定论或"玄学化"了的经济学。

贺麟指出："心有二义：一、心里意义的心；二、逻辑意义的心。逻辑的心即理，所谓心即理也。心里的心是物，如心理经验中的感觉幻想梦吃思虑营为，以及喜怒哀乐爱恶欲之情，皆是物。普通人所谓物，在唯心论者看来，其色相皆是意识所渲染而成，其意义、条理与价值，皆出于认识的或评价的主体。此主体即心。一物之色相意义价值之所以有其客观性，即由于此认识的或评价的主体有其客观的必然的普遍的认识范畴或评价准则。若用中国的旧话来说，即由于人同此心，心同此理。离心而言物，则此物实一无色相，无意义，无条理，无价值之黑漆一团，亦即无物。""体实含有主宰意，用亦含有工具意。心是主宰部分，物是工具部分。所谓物者非它，即此心之用具，精神之表现也。姑无论自然之物，如植物、动物，甚至无机物等，或文化之物，如宗教、哲学、艺术、科学、道德、政法等，举莫非精神之表现，此心之用具。"[①]"唯心论和唯物论，均于促使科学进步有其贡献……唯

---

① 贺麟：《近代唯心论简释》，转引自张岂之主编：《民国学案》第1卷，湖南教育出版社2005年版，第545页。

物论以时间上在先的外物为本；唯心论以逻辑上在先的精神或理性为本。唯物论以工具为体，譬如生产工具、物质条件等；唯物论者认为是决定一切，特别支配人类的上层文化、意识和精神之本体；唯心论以工具为用，外物为精神的显现，工具为精神的用具。物只是工具，而以造工具、用工具的精神为主体。"①"体永远决定用，心永远决定物，心永远命物而不命于物。体为逻辑上的在先，较根本，而为用之所以为用之理。逻辑上物永远为心所决定，意即指物之意义、价值及理则均为心所决定。"②"不是唯物论的哲学家，也从来不否认物质的存在……离开主观，没有客观。凡是'客'的东西，一定要经过'观'。宇宙自然是客观的，因为我们大家对它有共同的了解、共同的认识。无有'观'，则世界即不成其为客观世界了。"③

　　针对上述贺麟的唯心论观点，当时中国的马克思主义者对贺麟"新心学"的唯心主义本质进行了批判，代表性成果有胡绳的《一个唯心论者的文化观——评贺麟先生著"近代唯心论简释"》和蔡尚思的《贺麟的唯心论》。前文从"直觉论的神秘主义"、"超历史的范畴"、"人与天的关系"三个方面，较为详细地分析了贺麟"新心学"在本体论、认识论等方面所体现出来的唯心主义。如"直觉论的神秘主义"认为，贺麟将唯心主义认识论发展到极端，由一般唯心主义认识论的"理智到感性"过程演变为"直觉—理智—感性"的过程，并且错误地强调先于理智的直觉是基于天才的艺术以及主张辩证法就是一种直觉；在"超历史的范畴"中批判了贺麟对"哲学"的错误定性，将其错解为与"形而下"无关，而只是"单就理论上先天地去考察社会文化所应取的步骤或阶段"；在"人与天的关系"中批判了贺麟以"道"来对"文化"定义的阐释，即认为"道之凭借人类的精神活动而显现者谓之文化"，指出这实质上把"道"视为一种"超越文化，超越一切自然与社会的物的"而"不

---

　　① 贺麟：《中国哲学与西洋哲学》，转引自张岂之主编：《民国学案》第1卷，湖南教育出版社2005年版，第546页。
　　② 贺麟：《与张荫麟兄辨宋儒太极说之转变》，转引自张岂之主编：《民国学案》第1卷，湖南教育出版社2005年版，第547页。
　　③ 贺麟：《时代思潮的演变与剖析》，转引自张岂之主编：《民国学案》第1卷，湖南教育出版社2005年版，第548—549页。

可捉摸的东西"。后文虽然很简短，但是依然较为全面地列举了贺麟"新心学"的唯心主义本质，即体现在直觉的方法、先天的范畴、内心的文化、道体的宗教、基石的礼教等五个方面。

在对现代新儒学在本体论、认识论层面所表现出的唯心主义本质给予揭示和批判的同时，中国马克思主义者也充分论证了实践的辩证唯物主义的科学真理性。如胡绳指出，实践的辩证唯物主义的科学真理性在于正确认识和处理了"理智"与"客观"之间的辩证统一关系，强调了"重客观"必须"尊理智"；同样，"尊理智"必须"重客观"，科学地阐释了理性的内容即"理智的综合"，从而克服了新理学中在理性内部的道德与理智的二元论。艾思奇发表了《辩证法唯物论怎样应用于社会历史的研究》、《关于研究哲学应注意的问题》等文。特别是在《辩证法唯物论怎样应用于社会历史的研究》一文中，艾思奇认为，实践的辩证唯物主义的科学真理性体现在以下几个方面：其一，它坚持了"形而上"（即认识世界）与"形而下"（即改造世界）的真正的统一。而这点充分体现了研究哲学的真正意义所在。"哲学的任务不仅在于解释世界而更在于改造世界，辩证法唯物论的特点，就在于能够密切地与任务相结合……成为我们改变历史的指南。"[1]

### （四）艾思奇与张东荪、叶青的论争

张东荪是近代中国"输入西洋哲学方面最广、影响最大"的学者，而且也是把握西洋哲学最紧密、最准确的学者。[2] 他集中介绍了伯格森的创化论、罗素的新实在论、摩尔根的新创化论、相对论哲学以及康德的知识论。20 世纪 30 年代，张东荪被公认为"中国新唯心论领袖"，"五四以来第一个尝试创建中国现代哲学体系者"。其代表作《新哲学论丛》构建了一个以认识论为核心和起点，包括"层创进化"的"架构"的宇宙观与"主智的创造的"人生观的新哲学体系。另一代表作《认识论》则接着康德认识论的思

---

① 艾思奇：《辩证法唯物论怎样应用于社会历史的研究》，载《艾思奇文集》第 1 卷，人民出版社 1981 年版，第 525 页。

② 郭湛波：《近五十年中国思想史》，山东人民出版社 1997 年版，第 183 页。

路，从认识论入手来推导宇宙观和人生观，在此基础上构建起自己多元认识论的哲学体系。张东荪先后参加了"社会主义论战"和"科玄论战"，他深受罗素的基尔特社会主义思想影响，认为中国当务之急是发展实业和教育，反对苏俄式的"劳农专政"道路。20世纪30年代，面对马克思主义哲学的广泛传播和巨大影响，倍感冲击。他先后发表了《我亦谈谈辩证法的唯物论》、《辩证法的各种问题》、《动的逻辑是可能的么?》、《唯物辩证法之总检讨》等文章，并出版了《唯物辩证法论战》一书，对唯物辩证法展开全方位的批判。张东荪首先把马克思主义辩证法与黑格尔的辩证法混为一谈，认为"马克思于此并没有什么新的意义，不过他以为是把黑格尔的辩证法颠倒了一下"，"凡黑格尔的毛病马克思无一不具"。接着从对科学与哲学关系的理解出发，认为唯物辩证法既不是传统意义上的哲学，也不是现代意义上的科学，而只能是一种社会哲学或历史哲学。因此，马克思尽管"很赞成辩证法，但却不是纯从哲学来立论……他的目的只在于用这个正反合的程式于社会变化。他以为原始社会是共产的（正）；现在社会是资本主义的（反）；将来社会是必然地变到共产（合）……所以严格讲来，黑格尔的可以说是辩证法，而马克思的却只可说是自然法或自然历程"①。"恩格尔思（即恩格斯）以及俄国马克思派则硬把辩证法当作纯粹哲学来讲，同时把'唯物论'一层当作认识论来讲，于是便真成了一种新的纯粹哲学。其实哪里会有这样的哲学，只是一场胡扯乱闹而已!"② 因此，在张东荪看来，唯物辩证法既不是本体论，也不是科学，而只是一种社会哲学或历史哲学，在纯粹哲学方面则毫无建树。其实质上是"通过否定唯物辩证法的本体论意义，进而否定唯物辩证法的哲学意义，从而否定唯物辩证法哲学本身"③。此外，张东荪在鼓吹唯心主义架构论与多元主义认识论的同时，极力攻击马克思主义唯物史观：认

①　张东荪：《辩证法的各种问题》，《再生》1932年第5期。

②　张东荪：《唯物辩证法之总检讨》，载《中国现代哲学原著选》，复旦大学出版社1989年版，第369页。

③　李维武：《从唯物辩证法论战到马克思主义哲学大众化——对艾思奇〈大众哲学〉的解读》，《吉林大学社会科学学报》2011年第6期。

为历史的发展是多元的，政治、法律、道德、教育和经济等没有因果联系，只有函数关系。他把唯物史观曲解为简单的"经济一元论"，认为马克思主义在中国不适用，中国政治不能托命于无产阶级，社会主义与共产主义决不能实行于中国。

以叶青为代表的新机械主义者则打着批判张东荪的旗号，于20世纪30年代先后发表了《张东荪哲学批判》、《动的逻辑是可能的——答张东荪教授》、《论哲学——驳张东荪教授》等文章，出版了《哲学向何处去》、《哲学论战》和《新哲学论战集》等著述，大力兜售"哲学消灭论"、"物心综合论"、"生产工具论"和唯心主义的"思维科学论"，歪曲马克思主义哲学。他们明确指出马克思主义辩证法是科学而不是哲学，"所谓辩证法或物质论的辩证法，所谓辩证法的物质论，都是哲学其名，科学其实"①。他们认为辩证法就是一种进化论，主张取消矛盾的斗争性，推崇外因论与静止论的形而上学。在社会历史领域中，提出思维决定存在在社会方面说有正确性，认为生产工具是"社会的起点"，生产工具决定生产关系，极力否认人在生产要素中的重要作用。

张东荪等人同叶青的论战，实际上是唯心主义营垒内部如何反对马克思主义哲学的一场纷争。这场论战从1930年前后到1936年左右形成一次高潮。争论涉及本体论、认识论、辩证法、历史观等各个领域，尤其以辩证法为争论的中心。

针对张东荪、叶青的上述观点，艾思奇、邓云特（邓拓）、沈志远等发表了一系列批判文章，系统地阐述了马克思主义哲学的物质观、矛盾观和唯物辩证法的基本规律。特别是在社会历史观方面，强调社会运动是第一位的，社会静止是第二位的，社会发展的内因具有"第一义的决定作用"。指出生产工具不能代替生产力的全部，生产力决定生产关系，生产关系对生产力有反作用，但作用与反作用并不是完全平行的。这种批判不仅缩小

---

① 叶青：《哲学之消灭》，载《中国现代哲学原著选》，复旦大学出版社1989年版，第466页。

了错误观点的不良影响，而且也推动了马克思主义哲学在中国的进一步传播。

艾思奇的《大众哲学》对此作出了卓越贡献。该著首先从体系与方法关系入手，深入剖析了哲学本体论、认识论、方法论的关系以及马克思主义辩证法与黑格尔辩证法的区别，指出："马克思的辩证法附着于马克思的唯物论的体系，是唯物论的辩证法；马克思主义哲学有着自己的本体论，这种本体论亦有自己的方法论，这就是辩证法的唯物论。"① 接着艾思奇强调了实践在辩证法唯物论中的基础性地位，"新唯物论不是客观主义，因为它把主观的实践活动看得很重要，但同时也不是主观主义，因为它不否认'存在决定意识'，'思想是现实的反映'。它承认客观对于主观活动的决定的基础，同时主观对客观又有积极的反作用，它并不是片面的主义，而是把主观和客观用最高的方法把握起来了的"② 。"实践是辩证法唯物论的理论之核心。人类在实践之中，能从朴素的感性底直观而更进一步洞察到这直观的根柢里所隐藏着的一般底东西，实践使人类的认识力一层层地掘进事物的深心里，实践的发展，便成为知识的精确度之增高。辩证法唯物论是这样地看重实践，而别的哲学者所最不能了解的也就是实践。"③《大众哲学》首先是一部具有理论深度与力度的马克思主义哲学著作。它所建构的辩证法唯物论体系，不仅展开了马克思主义哲学形态的内涵与特征，昭示了马克思主义的哲学内核，有力地回击了唯物辩证法论战中各种否定马克思主义哲学形态的观点，而且包含了许多精彩的哲学思想，启发了包括毛泽东在内的同时代中国马克思主义者，深刻地影响了中国马克思主义哲学的发展。"④

---

① 李维武：《从唯物辩证法论战到马克思主义哲学大众化——对艾思奇〈大众哲学〉的解读》，《吉林大学社会科学学报》2011 年第 6 期。

② 艾思奇：《客观主义的真面目》，载《艾思奇文集》第 1 卷，人民出版社 1981 年版，第 104 页。

③ 艾思奇：《理知和直观之矛盾》，载《艾思奇文集》第 1 卷，人民出版社 1981 年版，第 44 页。

④ 李维武：《从唯物辩证法论战到马克思主义哲学大众化——对艾思奇〈大众哲学〉的解读》，《吉林大学社会科学学报》2011 年第 6 期。

## 二、阶级调和与阶级斗争的针锋相对

### （一）瞿秋白与戴季陶的论争

戴季陶作为孙中山的主要助手，早年即鼓吹革命推翻满清王朝。"五四"前后，受苏俄革命的影响，开始关注马克思主义学说，积极参与讨论劳工问题，将日译本考茨基的《资本论解说》翻译成中文，并参与了陈独秀在上海筹建中国共产党的相关活动。但在 1924 年后，戴季陶的思想发生了重大转变，对孙中山的"联俄、联共、扶助农工三大政策"提出质疑与不满，提出了反对国共合作"建立纯正三民主义"的主张。1925 年 6 月至 7 月间，戴季陶先后发表了《孙文主义之哲学的基础》、《国民革命与中国国民党》等小册子，从意识形态、思想政治及组织等方面系统抛出了所谓的"戴季陶主义"理论体系。首先，在思想意识形态上提出了唯心论的道统说，认为三民主义是源自中国"正统思想"的"中庸之道"，反对马克思主义唯物史观；其次，在政党组织上提出团体具有独占性和排他性，反对国共合作，反对共产党员以个人身份加入国民党；最后，在阶级与阶级斗争问题上提出"阶级调和论"，反对阶级斗争和"劳工专政"。

"戴季陶主义"的哲学基础是儒家的生存欲望说和仁爱说。早期儒家荀子在谈到人类的欲求与社会礼制的起源关系时指出："人生而有欲。欲而不得，则不能无求。求而无经界度量，则不能不争。争则乱，乱则穷。故先王恶其乱焉，制礼义以分之，以养人之欲，给人之求。"据此，戴季陶认为："生存是人类原始的目的，同时也是人类终极的目的。在生存的行进中，逢着一种障碍的时候，求生的冲动，便明明显显地引导着人发出一种生存的欲望。"[①]"因为要独占，所以要排他。因为要统一，所以要支配。再合拢来看，独占性是统一的基础，排他性是支配的基础。这几种欲望的内容都是能生所

---

① 戴季陶：《国民革命与中国国民党》，载高军等编：《中国现代政治思想史资料选辑》（上册），四川人民出版社 1980 年版，第 406 页。

生的根源，都是为了生存所必要的。"① 芸芸众生都有欲望，且各自的欲求千差万别，如何节制和约束各自的欲望，荀子主张诉求于礼制，戴季陶则诉求于道德即人类的仁爱心和利他的精神。他认为，"仁爱是民生的基础"。"仁爱是人类与生俱来的，并不是由环境外铄的，这种仁爱并不会因为阶级的差别而消失。"强调以超阶级的仁爱心来克服每一个个体的"利己的动机"②。

　　基于超时空的抽象力量和推动历史发展的原动力的"生存欲望说"以及人类与生俱来的"仁爱心"，戴季陶进一步指出，革命的任务就是用完美的知识去陶冶仁爱的感情，主张抛弃"阶级性"，恢复"国民性"，否认阶级斗争与社会革命的必要性。"因为民生是历史的中心，仁爱是人类的生性，在这一点，中山先生的思想，根本与加尔马克司（卡尔·马克思——引者注）及罗利亚等唯物的革命论者完全不同。而应用的方向，却完全相同。""我们所以不认阶级斗争为唯一的手段的原故，并不只是在国民革命时代，为维持联合战线而糊涂过去，我们是认为在阶级斗争之外，更有统一革命的原则。阶级的对立是社会的病态，并不是社会的常态。这一病态，既不是各国都一样，所以治病的方法，各国也不能同。中国的社会，就全国来说，既不是很清楚的两阶级对立，就不能完全取两阶级对立的革命方式。更不能等到有了很清楚的两阶级对立，才来革命。中国的革命与反革命势力的对立，是觉悟者与不觉悟者的对立，不是阶级的对立。所以我们是要促进国民全体的觉悟，不是促进一个阶级的觉悟。知难行易说，在国民运动上的意义，便是如此。""先生（孙中山——引者注）所主张的国民革命，在事实上，是联合各阶级的革命。但是这一个联合各阶级的革命，一方面是要治者阶级的人觉悟了，为被治者阶级的利益来革命，在资本阶级的人觉悟了，为劳动阶级的利益来革命，要地主阶级的人觉悟了，为农民阶级的利益来革命。"③ 戴季陶的

① 戴季陶：《国民革命与中国国民党》，载高军等编：《中国现代政治思想史资料选辑》上册，四川人民出版社1980年版，第441页。

② 戴季陶：《国民革命与中国国民党》，载高军等编：《中国现代政治思想史资料选辑》上册，四川人民出版社1980年版，第414—418页。

③ 戴季陶：《孙文主义之哲学的基础》，转引自张岂之主编：《民国学案》第1卷，湖南教育出版社2011年版，第321页。

这种仁爱心和道德觉悟式的"革命",实质上是否认唯物史观的阶级对立和阶级斗争。在军阀混战、阶级对立的近代中国社会,这种阶级调和论调对中国革命的危害无疑是巨大的。

针对戴季陶的"仁爱哲学"和"生存欲望说",瞿秋白充分运用物质与意识、生产力与生产关系、经济基础与上层建筑、阶级矛盾与阶级斗争等唯物史观理论予以批判。在《中国国民革命与戴季陶主义》一文中,瞿秋白一针见血地指出:"戴季陶等所谓建立纯正三民主义的运动,实际上是把国民革命变成狭义的国家主义,民族主义的目的,成了争中国民族之'哲学思想''孔孙道统''国民文化'甚至于'血流'的久长与多量,要做民生主义与民权主义的运动,却又不许有阶级斗争。"[1] 他认为,"社会之中常常有许多矛盾——阶级矛盾和阶级斗争是历史的原动力。各阶级之间,各种职业之间,各种派别之间,各种理想之间,生产与分配之间——无处不是矛盾"[2]。"有阶级的社会,道德总是阶级的,而非社会的。"[3] 在剥削制度下,统治阶级的道德不是被统治阶级的道德,被统治阶级的反抗统治阶级的道德和社会秩序是一种常态。近代中国社会不可调和的矛盾,必然要求实行阶级斗争和暴力革命,而不是温和的阶级调和与改良,必然要求工人农民现在就争取政治、经济、文化和生活上的改善,不能痴等戴季陶诱发资本家、地主的仁爱性能。"中国革命是中国无产阶级率领农民的中国'民族',革那官僚买办地主阶级的命。"[4] 无产阶级的阶级斗争和"独裁制"的理论,才真是中国一般民众现实要求民权及民生政策的实际政纲的方针和指导。最后,瞿秋白尖锐地批判了戴季陶学说的两面性、欺骗性和伪善性。他指出,戴季陶一方面主张"独裁手段与攻心相结合",支持以国民党蒋介石为代表的资产阶级的暴力镇压和独裁统治,要求"拼命实行一种'迪克推多'(即独裁——引者注),

---

① 瞿秋白:《中国国民革命与戴季陶主义》,载《瞿秋白选集》,人民出版社 1985 年版,第 186 页。

② 张岂之主编:《民国学案》第 1 卷,湖南教育出版社 2011 年版,第 493 页。

③ 张岂之主编:《民国学案》第 1 卷,湖南教育出版社 2011 年版,第 496 页。

④ 张岂之主编:《民国学案》第 1 卷,湖南教育出版社 2011 年版,第 501 页。

建设起国民党的纪纲来"①，且戴季陶的最终目的在于明确反对以仁慈之心对待共产党。另一方面，"戴季陶虽然在理论上反对阶级斗争，主张资本家的仁慈主义，然而在实践方面发行那《国民革命与中国国民党》的小册子，自己就在实行思想上的阶级斗争——不过是资产阶级压迫无产阶级的一种斗争罢了，并且他一点也不'仁慈'"②。因此，戴季陶的仁爱哲学不过是资产阶级进行阶级斗争的工具罢了，戴季陶完全是想把革命当作慈善事业，不但是纯粹的空想主义，而且是要想暗示工农群众停止自己的斗争，听凭上等阶级的恩命和指使。

瞿秋白和戴季陶作为中国共产党和中国国民党内的两支"笔杆子"，影响很大。瞿秋白对"戴季陶主义"的理论体系、思想主张、阶级立场和政治动机所作的批判，清晰有力，影响巨大，极大地扩大了唯物史观的理论地位，推动了中国新民主主义革命的进程。

## （二）恽代英、萧楚女与国家主义派的论争

国家主义思潮源自18、19世纪的欧洲，最早由德国唯心主义哲学家费希特提出，旨在宣传资产阶级的国家民族主义。20世纪初，国家主义蜕变为一种法西斯主义思潮，对内宣扬"国家至上"，实行独裁高压统治；对外鼓吹"民族至上"，煽动民族对立和民族仇视，极端仇视和反对国际工人运动和共产主义运动。五四运动前后，国家主义思想开始从欧洲传入中国，代表人物主要是中国国家主义青年党的核心人物曾琦、李璜、左舜生、陈启天、余家菊等，因其创办《醒狮周报》作为舆论阵地，鼓吹所谓"醒狮运动"，故又被称为"醒狮派"。国家主义派是中国大地主、大资产阶级在政治上的代言人，他们反对马克思主义和共产主义运动，毫不隐瞒地标榜："解决中国目前国事，共产主义既处处不及国家主义，所以我们毅然决然主张国家主

---

① 陈天锡：《戴季陶先生文存再续编》，（中国台湾）商务印书馆1968年版，第711页。

② 瞿秋白：《中国国民革命与戴季陶主义》，载《瞿秋白选集》，人民出版社1985年版，第195页。

义，反对共产主义。"① 简要地说，他们属于极端的反革命派。

以曾琦、左舜生、李璜为代表的国家主义派，从唯心主义历史观和传统仁爱学说出发，构建起中国现代资产阶级理论体系。他们认为，社会之所以存在，全靠心理的契合关系，精神生活比物质生活更重要，"求生的冲动"才是历史发展的动力；人类先天就有一种"爱的本体"，它是独立存在的，是爱国、爱乡、组织社会的最终"源头"；人类的"天良"造成了固有文化，促成了社会的和谐；国家组织之起，是由于人类相依相助之需要与爱群之本性。"国家这种组织不是偶然而成功的，也不是任何阶级的一种专利品。他的来源是根于人类的社会本能。它的构成，是由一种民族利害相近和文化相同的历史演进。"② 由此出发，他们否认国家的阶级实质和阶级矛盾，认为国家不体现任何阶级的意志，提倡一种超阶级的国家观和超阶级的抽象爱国精神，"国权有最高性，故为自主的，其存在不待他人之承认，其权利不受他人之限制，仅依自己的意思而存在……国内之一切团体和个人，皆于国家的承认之下始可以享有权利"③。要求每个人无条件地"牺牲个人，尽忠于国家"④。

国家主义派还武断地认定，唯物史观的阶级斗争学说是硬造的理论，所谓阶级斗争完全是共产党"故意挑拨阶级的冲突"造成的，是"共产党人把他的阶级斗争的把戏拿到现在的中国来耍"的结果。且近代中国社会，由于资本主义产业不发达，新兴的资产阶级难以分化成为一个独立的阶级，而原有的封建地主阶级则早已在政治平民化运动中消亡。"今日的中国人几乎全部都是小资产阶级。"⑤ 各阶级之间，"实际上利害原属一致，本无冲突之言"，有的只是"见解之短浅"⑥。由于近代以来中国社会的这种阶级现状，

---

① 《中国青年党》，中国社会科学出版社 1982 年版，第 159 页。

② 陈启天：《国家主义与共产主义的分歧点》，《醒狮周报》第 44 期。

③ 林茂生：《中国现代政治思想史》，黑龙江人民出版社 1984 年版，第 203 页。

④ 李璜：《释国家主义》，《醒狮周报》第 1 期。

⑤ 转引自马经编著：《中国政治思想史论纲》，云南民族出版社 2004 年版，第 293 页。

⑥ 余家菊：《国家主义概论》，新国家杂志社丛书 1927 年版，第 33—34 页。

所以，阶级斗争暴力革命不适合中国的国情。"国家主义者既认为共产党所主张的阶级革命——劳动阶级打倒资产阶级的革命——为不适合国情，而且认为全中国民众士农工商各阶级皆同样地有向压迫者要求革命的志愿和需要，故我们反对'阶级斗争'而主张'全民革命'。"①

只有实行所谓超阶级的抽象的"全民政治"、"全民革命"来"建设全民福利国家"，才是正途。"我们建国设政，当为全民福利着想。自由、平等、博爱之三大精神，为近世文明之母，革命之是否进步，当以其是否充分发挥此三大精神为断。专制政体，无论何种属性，何人当权，根本阻碍自由思想，违背平等原则，破坏博爱精神，使人民失自动的能力，文化受无理的阻碍，国家因之衰落，社会因之凝滞，厉害显然，常识所知。民治政体虽非绝对无疵，但利害相权，利多害少，吾人但有其原则，加以修正……则过分之中央集权、武力政治自可避免。"② 因此，"全民政治，为近世政治实验最良之方式，举凡政治学家，无人敢说专制政体较民治更好的"③。"因此国家主义者的立国政体必须是全民共和，而不是独夫或一阶级专政的。"④

"劳农专政在理论上是不应该的，在事实上是办不到的。……劳农专政，简直是一个骗术。俄国以此骗共产党，共产党又以此骗劳农。"⑤ 因此，"惟国家主义，可以救中国"⑥。

曾琦认为，"与国家主义相对立之'无政府主义'与'共产主义'，都不适合于救国之用"。因为，"共产主义者，主张打破资本主义，打倒资本家。所以国内生产机关，概归国有。共同生产，共同消费；而其手段则联合'无产阶级'，举行'世界革命'，由'劳工专政'以达共产之理想。其余无政府主义相同处，为两者均主张打破国界。惟无政府主义者主张废除政府，而共

---

① 《国家主义论文集》，上海中华书局1925年版，第48页。

② 《中国青年党第二次全国代表大会对时局宣言》，《醒狮周报》第141期，1927年7月23日。

③ 《中国青年党第二次全国代表大会对时局宣言》，《醒狮周报》第141期，1927年7月23日。

④ 李璜：《释国家主义》，《醒狮周报》第1、2号，1924年10月10日、18日。

⑤ 李义彬编：《中华民国史资料丛稿·中国青年党》，中国社会科学出版社1982年版，第229页。

⑥ 曾琦：《国家主义与中国青年》，《醒狮周报》第18号，1925年2月7日。

产主义者则主张须有强有力之政府"。"欲实行共产主义,必须具备精神的条件与物质的条件而后可。""此精神与物质各条件,有一不备,均不足以言共产也。"就今之中国具体情形看,"精神物质条件无一具备,共产主义之不可行于中国明矣!""国家主义的主旨,为团结同居一地之民族,独立自主,以求生存发展……国家主义之发达,决无妨于'世界大同',犹之'地方自治'之发达,决无妨于'国家统一'。""吾人倘能循国家主义之路线而行……一二十年之后,必能洗吾国历来之奇耻大辱,而跻于世界强国之林,彼时再本其传统之精神,进而谈世界和平。"因此,"惟国家主义,可以救中国"①。

总之,国家主义主张阶级调和与社会改良的所谓"全民政治"、"全民共和"、"全民革命",其实质就是反对阶级斗争、反对无产阶级革命和无产阶级专政。

针对国家主义派的这种唯心主义历史观,马克思主义者运用唯物史观和阶级分析方法,以《中国青年》为阵地,对其理论的错误、矛头的指向和动机的不纯,给予了深刻的批判。

恽代英首先旗帜鲜明地阐明了自己的马克思主义的国家观:"我们心目中的国家,是为抵御国际资本主义的压迫而存在的;我们心目中的政府,是为保障无产阶级的利益而存在的;我们要全民族自爱自保,是为了要使全民族从帝国主义政治经济压迫之下解放出来;要求全民族解放,我们自然更要注意力求那些最受压迫而占人口最大多数的农工阶级的解放。"②接着恽代英剖析了近代以来中国社会的阶级分化、阶级对立、工人阶级深受压迫和阶级斗争的客观事实,"中国有一百万以上的产业工人,他们都是在中外公私资本家的压迫之下,他们的报酬待遇还不如欧美工人。这样的情形,如何说劳资两阶级对峙的形势尚未形成,工人与资本家并未到你死我活的地位呢?"③恽代英不仅仅论述了阶级对立和阶级斗争的存在,而且还进一步论述了阶级斗争在国民革命中的必要性,认为阶级斗争不但不会削弱革命力量,反而会

---

① 曾琦:《国家主义与中国青年》,《醒狮周报》第 18 号,1925 年 2 月 7 日。
② 《恽代英文集》(下),人民出版社 1984 年版,第 684 页。
③ 恽代英:《与李璜卿君论新国家主义》,《中国青年》第 73 期。

壮大国民革命力量，共产党人在国民革命中必须坚持阶级斗争。"一个真正注重无产阶级利益的人，不应因为国民革命而否认中国有无产阶级专政之可能。"指出了国家主义派否认阶级斗争和无产阶级专政标榜所谓"全民革命"的实质，无非是一方面"要无产阶级受资产阶级之利用，帮着反对妨害他们发展的外国资本主义"；另一方面，"又想使无产阶级眼光注意到对外，因而自甘忍受本国资产阶级的压迫，而不努力于谋自己阶级利益的争斗"①。因而国家主义派是"欧战以后，无产阶级革命潮流高涨所激起的一种极反动的思想"②，是五四运动以来中国革命运动的反动思潮。最后恽代英指出，唯物史观认为人类历史是一部阶级斗争史，阶级斗争是客观存在的，是不以人们的主观意志为转移的。"它不是哪个愿意提倡，就能忽然就有；也不是哪个不愿意有它，而可以使之忽然而无的。"③阶级斗争发展的最终结局，必然是无产阶级夺取政权，建立无产阶级专政。所谓"生之欲望"都是阶级的欲望，抽象的没有阶级内容的欲望是根本不存在的。

与此同时，萧楚女、瞿秋白、陈独秀、毛泽东等中国共产党人也都同国家主义派进行了坚决的理论斗争。

针对中国青年党国家主义对共产党、苏俄、无产阶级专政学说的攻击，萧楚女指出："私有财产制不废除，资本生产制不改变——一切生产机关不公之于社会而为私人所占有时，阶级是自然要生起来，而且要分化发展得愈明显的。阶级一日存在，阶级斗争便一日不会消灭；国家也便一日不得不被有产阶级——得胜阶级用为工具。有产阶级专政……使无产阶级继续存在。无产阶级专政……使阶级消灭。"④他认为，现实中无数事实证明，国家是阶级的，是从人类经济中产生出来的，为此一胜利阶级用以治服其他阶级的工具；阶级斗争并不是共产党"鼓吹"起来的，阶级一日存在，阶级斗争便一日不会消灭；民族解放运动绝不是什么国家主义，民族解放主要是广大工农

---

① 恽代英：《与李璜卿君论新国家主义》，《中国青年》第 73 期。
② 记者：《国家主义是什么？》，《中国青年》第 133 期（记者为恽代英、萧楚女两人之署名）。
③ 恽代英：《唯物史观和国民革命》，《中国青年》第 95 期。
④ 《中国青年党》，中国社会科学出版社 1982 年版，第 21 页。

群众的解放，不能拿国家观念来压制阶级观念。"俄国劳农专政，不是反自由的，乃正是在走向自由之路的过程中——为正义之初步的积累工作。"① 他还深入剖析了国家主义派的所谓"全民政治"，指出这一理论不过是骗人的把戏。国家主义者一方面高调说国家政治要"全国人谋之"，要"全民共和"，要"全民政治"；另一方面，又说"劳农多半没有受过教育"，无法"专政"，"参政"也难。而"全国国民农居八九"，"劳农阶级"人数比例占了"全国人"之绝大多数。那么他们的"全民政治"如何能"全"？显然是以"全民政治"的把戏来掩盖封建地主阶级、土豪劣绅、军阀官僚和买办阶级这些极少数所谓"受过教育"、"有相当知识和能力"的人的专治。

瞿秋白指出，国家主义派超阶级的国家观是"以民族或国家的笼统名词欺蒙无产阶级，以口头的保护社会劳动政策诱惑无产阶级，使为己用而专擅国民革命的指导权"②。"国家的政治，应当由国内一切阶级，所谓全民：军阀、买办、土豪、人民等等的'联合政府'来治理吗？"③

陈独秀指出，国家主义派"往往抬全民政治与全民革命的金字招牌来反对阶级争斗说，我们不知道他们所谓'全民'是怎样解释……若说是具体的指由全民出来革命，由全民管理政治。那么，我们便要问：卖国贼、军阀、官僚及一切作奸犯科的人，是否也包含在全民之内？若除开这一大批人，还算得什么全民？"④

中国青年党的国家主义思潮与共产党的马克思主义思潮、国民党的三民主义思潮是 20 世纪初鼎足而立具有重要影响的社会思潮。尽管国家主义思潮也反对国民党的三民主义主张，但它对马克思主义的攻击比三民主义对马克思主义的攻击危害更大。通过恽代英等马克思主义者对国家主义派反动观点的有力批判和罪恶行径的彻底揭露，使广大人民群众和青年学生认清了国

① 《显微镜下之醒狮派》，载《中共党史参考资料》，人民出版社 1979 年版。

② 《瞿秋白文集·政治理论编》(3)，人民出版社 1985 年版，第 482—483 页。

③ 瞿秋白：《国民革命运动中之阶级分化——国民党右派与国家主义派之分析》，《中国青年》第 3 号。

④ 《陈独秀文章选编》(下)，生活·读书·新知三联书店 1984 年版，第 162 页。

家主义派的反动面目，这样，国家主义派的团体不断瓦解，其影响也日益缩小。对此种颓败的场景，曾琦颇为感慨地悲叹道："赤焰熏天势莫当，纷纷余子竞投降。"

### （三）艾思奇、胡绳与陈立夫的论争

随着马克思主义唯物史观的迅速传播，其理论的科学性、实践上的强大生命力、战斗力日益凸显，使国民党统治阶级倍感危机和压力，急切需要推出一种能够与之抗衡的意识形态理论体系和统治哲学来巩固其统治。梅思平就曾毫不客气地指出："民生哲学系统的解释，在今日尤觉得是非常的迫切。共产党们的理论，现在在表面上的系统，已经是装饰的很好了。他们的中心理论现在都是建筑在唯物史观上面，由唯物史观从下推，则可得阶级斗争无产阶级专政等结论。由唯物史观从上推，则又可得有近代科学作后盾的唯物论。唯物史观现在是以唯物论作掩护，是藏在唯物论后面与一切社会学说作战。凡反对唯物史观的，他们都加他一个唯心论或二元论（实在马克思自己是二元论者）的罪名。例如戴季陶同志发表'民生哲学'的理论以后，一般中国共产党的理论家就到处宣传戴季陶同志是唯心论者。所以现在我们三民主义者最重要的工作，第一步就是把三民主义站在民生史观的立足点上；第二步就是把民生史观找出一个形而上的出发点。然后民生哲学才有一个有条不紊的系统，而可以把共产党的理论根本扫除出去。"[1] 蒋介石在谈到三民主义"民生哲学"面临的困境及国民党人信仰危机时就曾指出："现在国民党员变节的不晓得几多，口里讲革命，事实上行动上表现出来的，全是反革命的，也不晓得几多，为什么？就是因为没有革命的哲学做基础，人生观不确定，思想和信仰便容易动摇，所以没有革命哲学做基础的人来革命，是一定危险的。""我们现在要求革命成功与主义实现，就必须树立我们独立的哲学，阐扬我们独立的哲学。"为适应这一需要，抗日战争与解放战争时期，以陈立夫为代表的国民党官方哲学，在孙中山"三民主义"哲学和蒋介石"力行

---

[1]　梅思平:《民生史观概论》,《新生命月刊》卷 1 第 5 号。

哲学"思想的基础上，炮制了一整套所谓唯生论与民生史观的思想体系。

"这几年来唯物的论调日见嚣张，唯心的论调又失之空寞，结果徒使举世滔滔，即沉沦于物欲的追求，更忧伤于心灵的桎梏。在这唯心与唯物两种偏见的戕贼下之中国人，尤其是一般思想未熟的青年学生，我们不可不有一种正确的理论，把他们从断湟绝巷中唤回，指示他们一条光明快乐的大道。"① 出于反马克思主义和现实政治斗争的目的，1934 年 7 月出版了陈立夫的《唯生论》一书。陈立夫主要依据孙中山的"生元有灵论"② 来加以阐发其"唯生论"，认为宇宙的本性即是"生元"，"生元"的性质就是精神与物质的"交涵"，但精神能力是物质之体，物质只是精神能力之用。在此基础上构建起唯生的宇宙观和服务的人生观。"宇宙间一切的东西，都是由精神和物质二者配合而来，有物质必有物质之能力——精神，有精神必有精神的本体——物质。所以宇宙没有一个绝不附丽于物质的精神，也没有一个绝无精神的物质。""一切现象，都是生命的表征，都是万物求生活的结果！总之，宇宙整个地是一个生命的结构。这就是我们所讲唯生论的宇宙观。"③"简单的说：我们的人生观，是服务的人生观。"④"要解决人生问题，惟有积极底发扬服务的观念，以光大生命；并积极底创造物，来满足人人适度的需要，以增加持续及保障生命的工具，这才是一个好的方法。"⑤"我们只有两个方

---

① 许全新等：《中国现代哲学史》，北京大学出版社 1992 年版，第 467 页。

② 孙中山结合西方近代自然科学知识的"以太"与中国宋明理学的"气论"，构建起哲学本体论。依据近代自然科学有关生命源起的"细胞学说"和中国传统哲学，构建了"生元有灵论"。"生元者，何物也？曰：其为物也，精矣、微矣、神矣、妙矣，不可思议者矣！""按今日科学所能窥者，则生元之为物也，乃有知觉灵明者也，乃有动作思为者也，乃有主意计划者也。"把生元规定为一种有意识的存在，生命的本源具有一种能动的精神和创造意志，进而把这种精神规定为能够脱离人的大脑而独立存在的先验精神。认为人心具有的这种精神和意志是社会进化的原动力。"吾心信其可行，则移山填海之难，终有成功之日；吾心信其不可行，则反掌折枝之易，亦无收效之期也。"（参见《孙文学说》，载《孙中山选集》，人民出版社 1956 年版，第 105—110 页；张立文、周桂钿主编：《中国唯心论史》，河南人民出版社 2004 年版，第 608—612 页。）

③ 陈立夫：《唯生论》（上），正中书局 1939 年版，第 46 页。

④ 陈立夫：《唯生论》（上），正中书局 1939 年版，第 74 页。

⑤ 陈立夫：《唯生论》（上），正中书局 1939 年版，第 86 页。

法：第一是要尽力创造人类所需要的种种外物，使大家的生存欲望有满足的最大可能性。第二是努力统制各人自己的人欲，将他节制起来。具体的说：就是要发达社会的生产，节制个人的消费，以实现我上次所讲创造的社会观和服务的人生观。"①

标举正统地位和民族特色是陈立夫唯生论的一大特色。以蒋介石为代表的国民党右派认为马克思主义、共产主义是外来的主义，不适合中国的民族性，借此来否认其合理性、合法性。同时标举自己的唯生论是中国传统文化儒家"仁爱哲学"、"诚明哲学"在当代的阐发，是跳出"唯心"与"唯物"论争，符合民族性的理论。唯生论的民生史观主张人类求"共生、共存、共进化"的欲望是历史演进的根本原动力，认为阶级斗争是人类道德的"堕落"。"因为物不够人的分配，故人与人相争，马克思的唯物史观，以物质环境，来解决人生问题，这是根本本末倒置。盖人是懂得服务和能够创造物的一点，他竟忘了"，"所以人类的一部历史，显然是一部为求生而有的一切现象的历史，由此可知'生'才是人类历史的中心。而'阶级斗争'是人类当进化时，因为物少，不足以维持人类的生存而发生的一种病态。以病态为常态，这是何等可笑的一件事！"② 陈立夫极力鼓吹"诚"的哲学，认为"诚"是宇宙精神乃至整个宇宙的"根本原动力"。其实质是标举正统地位和民族特色来反对马克思主义唯物史观，为国民党统治的合法性提供哲学依据。

针对陈立夫唯生论的唯心主义观点，艾思奇指出，唯生论实质是对孙中山"生元说"的一种反动，是二元论的表现。"生元"是一种有生命的单位，但认为自然界所有物体都具有生命、感觉或思维能力，这就完全抹杀了有机物与无机物之间的质的区别，否定意识只是有高度组织的物质的特性的观点，是"物活论"的一种中国再版；民生史观的要害在于反对马克思主义关于阶级与阶级斗争的学说，而阶级斗争是同生产发展的一定历史阶段相联系的，是不以人们的主观意志为转移的客观的历史事实，把阶

---

① 陈立夫：《唯生论》（上），正中书局 1939 年版，第 125 页。

② 陈立夫：《唯生论》（上），正中书局 1939 年版，第 77—79 页。

级斗争说成是人类道德的"堕落",恰好暴露了资产阶级极端伪善的面孔。针对陈立夫"诚"的哲学,胡绳指出,所谓"诚"不过是指人们主观的一种态度,这种态度应以对客观事物法则的认识即"明"为基础;"知之为知之,不知为不知"是"诚",而求得十分之知就是"明",认真的科学态度本身就是"诚"的态度,有了这种态度才能求得真正的"明",能"明"也就掌握了客观的法则,主观的"诚"的精神脱离了对客观存在的"明",那么所谓"诚"也可能只是武断、迷信;人们的行为必须以科学知识即从科学上证明的客观真理为指导,断然地坚持真理,勇往直前,这正是"诚"的态度;唯生论者把"诚"与科学理论对立起来,鼓吹直觉主义,反对经验与理性的作用,认为有了"诚"就可以认识一切、创造一切,显然这是极其荒谬的主观唯心主义观点。针对陈立夫标举其唯生论是民族自身的哲学而马克思主义唯物史观是外来的哲学的观点,艾思奇指出:"近代中国的一切反动思想,都有着一个特殊的传统,基本内容不外是这样:强调中国的国情,强调中国的特殊性,抹煞人类历史的一般的规律,认为中国社会的发展只能依循着中国自己特殊的规律,中国只能走自己的道路。中国自己的道路是完全在一般人类历史发展规律之外的。"由此,他一针见血地指明了其理论上的漏洞和欺骗人民群众为统治阶级服务的不良动机。

## 三、英雄史观与群众史观的激烈交锋

### (一)胡绳与冯友兰的论争

以冯友兰为代表的新理学,在社会历史观方面极力宣扬抽象道德论与唯心主义天才论。冯友兰认为:"一社会内之人,必依照其所属于之社会所依照之理所规定之基本规律以行动,其所属于之社会方能成立,方能存在。"这种社会之理所规定之基本规律就是社会道德规律或道德规范,承认有社会的道德,就认同了道德的普遍性。所以儒家的仁义礼智信等道德观念是适应不同社会的道德规范,是永恒不变的,是适用于一切社会形态的。因此我们不应反对旧思想、旧意识与旧道德，只要改变"生产方法"就可以了，否认政治改革的作用。

冯友兰认为，天才是天生的，是由血缘关系所决定的，而且也正是这种遗传的原因才形成了优秀民族与劣等民族的不同，完全否认了社会实践的作用。

针对冯友兰的唯心史观，胡绳先后发表了《评冯友兰著〈新世训〉》、《评冯友兰著〈新事论〉》等文章，他指出，任何道德的律令都要经过理智的审查才能进入理性的境地，冯氏把道德与理智对立起来，主张道德永恒不变论是站不住脚的；人们要根据现实的社会生活来判断某种道德规律是否合于理性，那就只能靠理智的审查，放弃了理智对于道德的审查力量，甚至使理智服从于道德规律，其结果将是足以让非理性的道德规律猖獗；我们并不否认生产技术改进所起的作用，但这种作用是有一定限度的，政治上的民主化具有使生产力在旧生产关系的束缚下解放出来的意义，所以不能以为政治改革是因生产技术改革自然而然地引起来的，政治改革倒是生产技术充分发展的必然前提；社会意识对于社会的发展具有重要的能动反作用，旧的思想和理论会阻碍社会的发展；冯氏把一切方面的"才"都归之于天授，显然是一种没有根据的假设，其实任何天才都是在人的生理素质基础上，通过教育与环境的影响，本人的勤奋努力，并在社会实践中不断吸取人民群众的智慧和力量而逐步发展起来的。①

### （二）胡绳与陈铨的论争

"战国策派"是抗战期间兴起的一个以林同济、雷海宗、陈铨等人为中心的文化流派，其名称源自 1940 年他们在昆明创办的《战国策》半月刊和1941 年在重庆《大公报》上开辟的《战国》副刊。该流派成员大都留学德国，大都推崇尼采"超人哲学"的非理性民族主义思想。"战国策派"对传统文

---

① 参见吕希晨：《中国现代唯物史观发展的基本历程（下）》，《中共天津市委党校学报》2002 年第 2 期。

化的批判是不遗余力的，但他们的出发点是一种国家主义，他们将国家主义发展成为一种权威主义，认为国家要发展，就必须有一个稳定的政治重心；而要获得一个稳定的政治重心，就必须抛弃政出多门的民主政治，主张"元首"制的政治独裁。因此，他们大肆宣扬唯意志论和唯心主义的英雄史观，推崇尼采、希特勒的强力唯我主义。

以陈铨为代表的战国策派极力鼓吹唯心主义的天才论和英雄史观。陈铨从唯心主义的生存意志出发，阐明生存意志可以适应环境、改变环境、创造环境。"同一种动物，放在不同的环境，它居然会产生新的器官，来适合它的生存。至于人类也有同样的现象，拉洋车手腕发达，抬轿子肩背发展，水边的人善泅泳，山部的人会攀缘。这一切都可以证明，物质对生物固然有相当的力量，但是生物求生的意志，很容易适应物质，战胜物质，甚至于改变物质，创造物质。"因此，"生存意志是推动人类行为最伟大的力量。""'意志集中'自然'力量集中'。""天才，意志，力量，是一切问题的中心。"

陈铨认为天才就是先知先觉的人，他们是历史发展的决定因素，人类社会如果离开天才就不可能生存；规律不能束缚天才，天才随时可以创造规律，社会的进展要靠少数超群绝类的天才，不是靠千万庸碌的群众；人类意志是历史演进的中心，英雄是人类意志的中心，群众与英雄的关系就像羊群与牧人的关系，英雄是群众意志的代表，也是唤醒群众意志的先知；群众如果没有英雄，就像一群没有牧人的绵羊。

针对战国策派贩运尼采的"超人"哲学，把英雄人物神秘化与宗教化的错误，胡绳首先指明，战国策派的英雄观不过是尼采"超人"哲学的舶来品。他认为，群众爱护和拥护他们真正的英雄，不是因为英雄神秘不可知，而是因为英雄的呼声与行动清清楚楚地就正是与群众的呼声、群众的行动相一致的，英雄人物只有与人民群众联系在一起才能大有作为，否则就将一事无成；千百万人民群众的生产活动才是社会历史的真实基础，英雄只是杰出的人，而不是人中的神；不是因为有了英雄才有历史，而是在广大群众的历史的基础上才显出英雄；唯物史观并不否认个人在历史发展中的作用，但历史上的某些个别的人,假如真正能配得上称为英雄的话,就因为他能代表人民的愿望与力量,否则也就只是假英雄而已。

## 第三节 "六次论战"凸显了唯物史观的巨大影响与旺盛生命力

在思潮澎湃、百家争鸣的 20 世纪初期的中国社会,马克思主义发展成为中国社会新思潮的主流,并非易事,其巨大影响力和旺盛生命力是在激烈的理论论战和实践考验中形成的。

如前所述,这场规模宏大的论战,时间贯穿了整个 20 世纪上半叶的中国学术界;论战的形式,既有温和的学理上的探讨,也有针锋相对的理论和观点论争,更有激烈的路线立场论战;论战的内容,主要围绕唯物还是唯心(物质与精神的问题)、经济决定论还是多元论(生产力与生产关系、经济基础与上层建筑问题)、阶级斗争、暴力革命、群众史观与无产阶级专政等问题全面展开;论战的影响则波及学术思想文化及社会各层面。

### 一、唯物史观在论战中扩大了影响和阵地

唯物史观经过直接参与各种论战,不仅及时批判了各种历史唯心主义思潮,澄清了人们在理论上的一些模糊认识,提高了识别真假唯物史观的水平,而且也在相比较、相斗争的论战中宣扬了自己的观点,扩大了影响和阵地。经过论战,唯物史观进一步彰显了学理的科学性和实践的生命力,成为一股重要的理论思潮和行动指南,极大地影响了当时的政治、经济、学术和思想文化,促进了思想文化的现代转化。可以说,在学理上唯物史观树立起了一面鲜艳的旗帜,为中国社会改造和社会革命提供了明确的指向和路径。日本学者石川祯浩对此一现象做过系统的阐述:"马克思主义通过唯物史观、阶级斗争论以及革命完成后将出现共产主义美满世界的预言,提供了根本解

决的方法和对将要到来的时代的信心，从而引起了一场'知识革命'。五四时期，各种西方近代思想洪水般地被介绍进中国，其中，马克思主义将其综合体系的特点发挥到了极致。在这个意思上，马克思主义对于能理解它的人来说意味着得到了'全能的智慧'，而对于信奉它的人来讲，则等于找到了'根本性的指针'。在旧有的一切价值被否定、而新的替代机轴尚未出现，因而混沌达于极点的五四时期的思想状况，由于马克思主义的出现，总算得到了一条坐标轴，变得异常简单起来。"①

就论战的结果和影响看，唯物史观大获全胜，并经由论战这个平台崭露头角，物质经济利益理论、阶级斗争思想、民众革命呼声深入人心，极大地推动了中国社会变革的进程。陈独秀、李大钊、毛泽东等一大批先进知识分子在唯物史观的影响下身份急剧转化，由民主主义者转化为马克思主义者。其中，毛泽东就是最为典型的代表。以毛泽东为代表的中国先进分子以唯物史观为指导思想创建了中国共产党；从唯物史观的物质利益原则和群众观点出发，从经济入手划分了阶级，找到了无产阶级政党的阶级基础；以唯物史观的阶级斗争和暴力革命理论为指导，确立了"武装割据"的路线；以唯物史观的无产阶级专政理论为指导，建立了社会主义国家和无产阶级政权，实现了民族国家的完全独立。可以说，在中国社会变革实践中唯物史观的科学性、可行性得到了证实。

## 二、唯物史观的学理价值获得广泛认可

上述学理和实践方面的影响是众所周知的，不须多言。一个重要而相对为人忽视的影响就是学术层面。可以说，20世纪上半叶，唯物史观在学术上的探索也取得了巨大的成就，逐步形成了现代唯物史观指导下的政治学、哲学、历史学、经济学、社会学、文学艺术等学科体系，催生了毛泽东、李

---

① ［日］石川祯浩：《中国共产党成立史》，袁广泉译，中国社会科学出版社2006年版，第2页。

达、郭沫若、冯友兰、吕振羽、翦伯赞等一大批学术大家。从长远来讲,这一成就所带来的影响并不亚于政治层面。因为,如果说在政治立场和变革社会的行动方面,有一些人怀疑甚至反对唯物史观的话,而在学术上却认同信奉唯物史观,并在学术实践中加以运用研究。这一现象开始引起了学术界的注意[①]。这种政治与学术错位的问题,此处不作论述,这里所要点明的是,正是这种政治立场、行动实践中反对却在学术上服膺唯物史观的现象,能够更有力地反衬唯物史观在当时的巨大影响。

这方面可以冯友兰、陶希圣作代表。冯、陶二位都与国民党蒋介石有密切关系,在政治上都处在社会革命的对立面,但在学术上却信奉唯物史观,且成就非凡,被看作近五十年(20世纪上半叶)中国思想之第三阶段(以唯物史观为主要思潮)的代表人物,"一个思想的领导者"[②]。

与胡适的《中国哲学史》采用实用主义的方法彰显史料考订之长不同,冯氏的代表作《中国哲学史》(分别于1931年、1934年出版上、下卷)的一个首要特征就是很能应用唯物史观[③],采用了"当世最新的史观和方法(从唯物史观到逻辑分析方法)"[④]。在这部书中,冯友兰运用唯物史观的理论,系统梳理中国哲学演进发展的轨迹与脉络,揭示中国哲学发展的内在缘由。《贞元六书》之一的《新事论》写作于20世纪30年代,结集出版于1940年,该书深入系统地表达了冯氏对社会、历史、文化的观点,而阐发这些问题的基本观念工具就是唯物史观。梁漱溟认为《新事论》对中西文化不同的解说,"大致是本于唯物史观的"[⑤]。贺麟认为,"《新事论》融贯唯物史观之说以讨论文化问题"[⑥]。《秦汉的历史哲学》一文则表明冯氏对唯物史观的把握已达到登堂入室的程度。郭湛波认为1935年

---

① 参见王学典:《现代学术史上的唯物史观——论作为学术的马克思主义》,《山东社会科学》2004年第11期。

② 郭湛波:《近五十年中国思想史》,山东人民出版社1997年版,第149—169页。

③ 张岱年:《冯著〈中国哲学史〉的内容和读法》,《出版周刊》1935年第4期。

④ 涂又光:《冯友兰〈三松堂全集〉简介》,《光明日报》1986年3月17日。

⑤ 梁漱溟:《中国文化要义》,上海路明书店1949年版,第29页。

⑥ 贺麟:《当代中国哲学》,南京胜利出版公司1947年版,第35页。

后冯友兰思想大变,"代表'辩证唯物论'的潮流"①。在书中,冯友兰比较系统地阐述了他的唯物史观:"历史演变乃依非精神的势……唯物史观的看法,以为社会政治等制度是建立在阶级制度上的,实在是一点不错的。""历史中所表现之制度是一套一套的……有某种经济制度,就要有某种社会政治制度。换一句话说,有某种物质文明,就要有某种所谓精神文明。""历史之演变是循环或进步的……我们把循环及进步的两个观念结合起来,我们就得辩证的观念。"② 可以说,唯物史观在冯氏几乎所有述作中都有体现③。

陶希圣偏重于研究社会经济史,被看作是与郭沫若齐名的中国社会经济史研究的主要代表④。而陶氏研究中国社会史的方法就是唯物史观,且影响颇大。时人郭湛波称赞道:"中国近日用新的科学方法——唯物史观,来研究中国社会史,成绩最著,影响最大,就算陶希圣先生了。"⑤顾颉刚更是认为:"研究社会经济史最早的大师,是郭沫若和陶希圣两位先生,事实上也只有他们两位最有成绩。陶希圣先生对于中国社会有极深刻的认识,他的学问很是广博,他应用各种社会科学的政治学经济学的知识来研究中国社会,所以成就最大。虽然他的研究还是草创的,但已替中国社会经济史的研究打下了相当的基础。"⑥

总之,20世纪30年代,马克思主义的传播就学术层面而言,其影响先体现在史学领域,继而渗透到哲学领域。其理论范畴先是唯物史观,继而是唯物辩证法。由此可见,唯物史观在当时的巨大影响可谓是一枝独秀,独领风骚。艾思奇指出:"唯物辩证法风靡了全国,其力量之大,为二十二年

---

① 郭湛波:《近五十年中国思想史》,山东人民出版社1997年版,第154页。

② 冯友兰:《秦汉的历史哲学》,载《三松堂学术文集》,北京大学出版社1984年版,第345—350页。

③ 参见陈峰:《20世纪30年代冯友兰学术思想的唯物史观取向》,《史学月刊》2003年第1期。

④ 参见郭湛波:《近五十年中国思想史》,山东人民出版社1997年版,第244页。

⑤ 郭湛波:《近五十年中国思想史》,山东人民出版社1997年版,第179页。

⑥ 顾颉刚:《当代中国史学》,辽宁教育出版社1998年版,第91—92页。

来的哲学思潮史中所未有。"① 一向反对唯物辩证法的张东荪也不得不承认："这几年坊间出版了不少关于唯物辩证法的书，无论赞成与反对，而唯物辩证法闯入哲学界总可以说是一个事实。"② 对于"唯物史观在 30 年代初像怒潮一样奔腾而入"③ 的学术奇观，以至于政治上、学术上都反马克思主义的胡适也不得不承认："唯物的历史观，指出物质文明与经济组织在人类进化社会史上的重要，在史学上开一个新纪元，替社会学开无数门径，替政治学开许多生路，这都是这种学说所含意义的表现……这种历史观的真意义是不可埋没的。"④ 就连胡适都用"开一个新纪元"、"开无数门径"、"开许多生路"来赞许唯物史观的巨大影响，别的还用多说吗?! 难道还不足以说明马克思主义在现代中国的影响是如此巨大和不可抗拒吗?!

其实，马克思主义中国化从一开始就存在政治化（意识形态化）和学术化两个路径。由于巨大的社会危机和快速演进的政治变革，加上马克思主义强大的改造社会功能，前一路径无可争议地处于优势地位，但这并不影响后一路径在学术界的巨大影响和不可低估的地位。即使在今天，我们回过头理智冷静和客观公允地评价马克思主义中国化学术路径的影响和地位，也只会加强而不会削弱。"马克思主义之所以能于 30 年代由星星之火成燎原之势，不仅在于它提供了一种理想化的社会改造方案，更因为它代表了当时社会科学的最新成果。过去我们过分强调了马克思主义的政治和意识形态属性，对其作为一种社会科学方法论的学术属性不免忽略。我们不应忘记：马克思主义是在不断积累的西方社会科学中孕育出来的，它以社会学、经济学和人类学等诸多学科为知识基础。马克思主义在被用来进行社会政治动员的同时，更可以成为学术研究的分析工具。二者并不排斥。因此，即使不认同马克思

---

① 《艾思奇文集》（卷 1），人民出版社 1981 年版，第 66 页。

② 张东荪:《唯物辩证法之总检讨》，载《唯物辩证法论战》，民友书局 1934 年版。

③ 顾颉刚:《战国秦汉间人的造伪与辨伪》，载《古史辨》第 7 册，上海古籍出版社 1981 年版，第 64 页。

④ 胡适:《四论问题与主义》，载《胡适精品集》第 1 册，光明日报出版社 1998 年版，第 356 页。

主义蕴含的政治理念，也不妨碍将其作为一种'科学'来接受，并贯穿到学术实践中去。事实也证明，在 30 年代，取经学术化路向，把马克思主义当做一种比较纯粹的学理来接受和运用的，大有人在，冯友兰即是一例。"①

---

① 陈峰:《20 世纪 30 年代冯友兰学术思想的唯物史观取向》,《史学月刊》2003 年第 1 期。

# 第三章　唯物史观在中国学术现代转型中的巨大推动作用

　　20世纪初是人类历史上最大规模的中西古今学术的整合、调适、创新时期，显征着中国学术的现代转型。这一时期，社会转型、西学东渐、学术创新三者互为因果、相辅相成。马克思主义传入中国及其中国化是此一时期学术上最显著的特征，尤其是作为理论和方法的马克思主义唯物史观对中国社会、学术文化的影响最为突出。马克思主义唯物史观传入中国后，即参与了各种社会思潮的论战。经过论战，唯物史观充分体现了其科学性、革命性、实践性的特点，其理论和方法论原则在学术思想界崭露头角、异军突起，成为一种主导思想，并沿着政治和学术两个方向发展深入。经过对唯心史观的系统批判，唯物史观在学术上渐渐取得了话语权，逐渐形成了现代唯物史观指导下的政治学、哲学、历史学、经济学、社会学、文学艺术等学科体系，催生了毛泽东、李达、郭沫若、冯友兰、吕振羽、翦伯赞等一大批思想学术大家。学术界以此为指导，开拓出了新的学术视野，奠定了新的学术研究范式，展示了新的学术气象和风格，并促成了中国学术的现代转型。这主要体现在三个方面：研究理论和方法的转换，研究对象和主体的转换，研究重心和功能的转换。

## 第一节　推动研究理论和方法的转换：转唯心论为唯物论

　　唯物史观一经传入中国就同唯心史观展开了争论，这种争论几乎贯穿了20世纪上半叶的中国学术界、思想界。随着争论的深入发展，唯物史观逐渐显示出特有的理论魅力，彼时先进的知识分子由青睐看好转变为尝试运用这一理论和方法来分析、研究问题。毛泽东、陈独秀、李大钊等都在这一理论和方法的影响下由机械唯物论转变为辩证唯物论，由进化史观转变为唯物史观，并且以唯物史观为武器展开对各种唯心史观的批判。正是这种转化和批判，唯物史观的学术地位逐步确立起来，中国现代学术也在它的影响下渐渐转型。

### 一、动摇了唯心史观的根基

　　瞿秋白、陈独秀、萧楚女、恽代英、艾思奇、胡绳对胡适、梁漱溟、张君劢、戴季陶、曾琦、左舜生、李璜、陈立夫、贺麟、陈铨等唯心主义实在论、多元论、庸俗进化论思想进行了集中的批判，动摇了唯心主义的根基，确立起了唯物史观学理上的科学性。

　　瞿秋白针对胡适有关"社会现象的原因是多种的，其中没有一个决定的支配的因素"、"否认社会历史领域中的质变与飞跃，否认阶级斗争与社会革命的必要性"等唯心主义实在论、多元论、庸俗进化论思想，作了深入批判，论证了马克思主义唯物史观是建立在物质利益基础上的科学真理。陈独秀针对梁漱溟有关"意志的趋向"、"天才的创作"和"偶然的奇想"等"人类精神决定因素"的思想，作了系统的批判，他指出，任何一种文化都离不开一定的物质生产方式，都是一定经济基础的上层建筑。陈独秀、瞿秋白针对玄学派代表张君劢有关"意志万能，意志决定一切"、科学派代表丁文江有关"科学研究的对象是一切心理的现象，而不是客观的物质世界"的思想，作了批判，指明人类社会历史发展有其客观规律。瞿秋白针对戴季陶有关"人们生存的欲望是超时空的抽象力量和推动历史发展的原动力"的"仁爱哲学"和抛弃"阶级性"、恢复"国民性"的观点，作了系统的揭露和批判，指明阶级斗争是无产阶级解放自己的唯一途径。肖楚女、恽代英针对以曾琦、左舜生、李璜为代表的"国家主义派"有关"爱的本体"、"求生的冲动"等唯心论的观点，作了批判，强调国家是阶级的产物，人类历史是一部阶级斗争史。

艾思奇、胡绳针对陈立夫唯生论的民生史观和"诚"的哲学思想，作了揭露批判，指明阶级斗争是同生产发展的一定历史阶段相联系的，是不以人们的主观意志为转移的客观历史事实。针对冯友兰抽象道德论与唯心主义天才论的思想，胡绳作了理论上的批判，指明天才是在实际环境中成长起来的。针对以贺麟为代表的新心学有关"经济基础始终是工具，上层建筑的生活才是目的；真正的道德行为乃为自由的意志和思想的考虑所决定，而非物质条件所决定"的"心为主宰"的主观唯心主义思想，胡绳作了理论上的批判，指出不从社会关系上说明道德，而是把道德看成是天意在人事上的反映，道德是由不可抗拒的天意决定的，这显然是一种神秘观点。针对以陈铨为代表的战国策派唯心主义的天才论和英雄史观，胡绳进行了批判，指明英雄是从人民群众的基础上产生的。

经过系统的论战，阐明了唯物史观的基本理论和方法，澄清了唯心史观的错误思想和相关误解，提高了识别真假唯物史观的水平，极大地宣扬了唯物史观的科学性，扩大了唯物史观的影响和思想阵地，造成了"唯物史观在30年代初像怒潮一样奔腾而入"[①] 的学术奇观，以至于政治上、学术上都反马克思主义的胡适也不得不承认："唯物的历史观，指出物质文明与经济组织在人类进化社会史上的重要，在史学上开一个新纪元，替社会学开无数门径，替政治学开许多出路，这都是这种学说所涵意义的表现……这种历史观的真意义是不可埋没的。"[②] 就连胡适都用"开一个新纪元"、"开无数门径"、

---

① 顾颉刚：《古史辨》第七册，上海古籍出版社 1981 年版，第 64 页。

② 胡适：《四论问题与主义》，载《胡适精品集》第 1 册，光明日报出版社 1998 年版，第 356 页。

"开许多出路"来赞许唯物史观的巨大影响。顾颉刚也坦白地说:"近年唯物史观风靡一世……他人我不知,我自己决不反对唯物史观。我感觉到研究古史年代,人物事迹,书籍真伪,需用于唯物史观的甚少……至于研究古代思想及制度,则我们不该不取唯物史观为其基本观念。"①

## 二、确立了唯物史观的指导地位

随着唯物史观影响的扩大、唯心史观根基的动摇,唯物史观在学术上的指导地位开始确立。

毛泽东、陈独秀、李达、李大钊、郭沫若、侯外庐、王亚南等马克思主义者运用唯物史观撰写了系列政治学、史学、经济学、社会学等方面的教材和著述,构建起以唯物史观为指导的现代学术体系。如毛泽东的《实践论》、《矛盾论》,李达的《现代社会学》、《社会学大纲》、《中国产业革命概观》,李大钊的《史学要论》,郭沫若的《中国古代社会研究》、《青铜时代》、《十批判书》,侯外庐的《中国古代社会与老子》、《社会史导论》、《中国古典社会论》、《中国古代思想学说史》、《中国近世思想学说史》、《中国思想通史》(卷一、卷二、卷三),等等。

## 三、促成了研究理论和方法的现代转型

最值得关注和重视的是一批非马克思主义者(如冯友兰、陶希圣等),也在唯物史观的影响下构建起自己的学术体系,并被当时学界视作近五十年中国思想之第三阶段(以唯物史观为主要思潮)的代表人物和"思想的领导者"②。

冯氏的代表作《中国哲学史》的一个首要特征就是很能应用唯物

---

① 顾颉刚:《序》,载罗根泽:《古史辨》第四册,上海古籍出版社 1981 年版。
② 郭湛波:《近五十年中国思想史》,山东人民出版社 1997 年版,第 149—169 页。

史观①；《贞元六书》之一的《新事论》深入系统地表达了冯氏对社会、历史、文化的观点，而阐发这些问题的基本观念工具就是唯物史观；《秦汉的历史哲学》一文则表明冯氏对唯物史观的把握已达到登堂入室的程度。可以说，唯物史观在冯氏几乎所有述作中都有体现②。

陶希圣偏重于研究社会经济史，被看作是与郭沫若齐名的中国社会经济史研究的主要代表③。而陶氏研究中国社会史的方法就是唯物史观，且影响颇大。时人郭湛波称赞道："中国近日用新的科学方法——唯物史观，来研究中国社会史，成绩最著，影响最大，就算陶希圣先生了。"④顾颉刚更是认为："研究社会经济史最早的大师，是郭沫若和陶希圣两位先生，事实上也只有他们两位最有成绩。"⑤

甚至胡适的弟子如陈衡哲、顾颉刚、罗尔纲、吴晗等人在 20 世纪 30 年代中期则早已在唯物史观的影响下从事学术研究，并构建起各自的学术体系。

由此可见，唯物史观替代唯心史观，促成学理和方法以至中国现代学术的转型，是 20 世纪上半叶学术上的一个突出特色。

## 第二节　推动研究对象和主体的转换：由帝王将相到人民群众

中国历来有"好古崇圣"的学术传统，褒扬"禹、汤之治"，贬斥"桀、纣暴政"，期待有一个好皇帝来拯救民瘼、臻于治世。治思的对象和主体聚焦于帝王将相、才子佳人。这表现在历史观上，存在一个重大的缺陷，就是

---

① 参见张岱年：《冯著〈中国哲学史〉的内容和读法》，《出版周刊》1935 年第 4 期。

② 参见陈峰：《20 世纪 30 年代冯友兰学术思想的唯物史观取向》，《史学月刊》2003 年第 1 期。

③ 郭湛波：《近五十年中国思想史》，山东人民出版社 1997 年版，第 244 页。

④ 郭湛波：《近五十年中国思想史》，山东人民出版社 1997 年版，第 179 页。

⑤ 顾颉刚：《当代中国史学》，辽宁教育出版社 1998 年版，第 91—92 页。

看不到人民群众的活动对推动历史、创造历史、决定历史发展方向所起的巨大作用，"帝王中心论"、"英雄史观"流行，个人或少数人的作用被无限夸大，人民群众成了个人或少数人实现其主观意志的工具。这一思想观念直到五四运动以后才开始改变过来。马克思主义唯物史观彻底扭转了这种错误的看法，充分肯定了人民群众是社会物质财富的创造者、社会精神财富的创造者和推动社会变革的根本力量的历史地位。

在唯物史观的影响下，人们的视野开阔了，关注、研究的对象和主体发生了转换，不再专注于帝王将相、才子佳人，而把目光投注到广大社会基层的人民群众身上。这种转换首先体现在对于个人与群体、领袖与群众的关系及其地位的研究上。毛泽东、李大钊、郭沫若是这一转换的代表人物。

## 一、正确看待民众创造历史的作用

如何看待人民群众在历史上的作用，是毛泽东历史观的根本出发点。"人民"二字，在毛泽东心目中分量极重，可以说是他一生奋斗的起点和归宿。中国共产党的纲领、主义、政策、奋斗是否代表人民的利益，是否为人民所拥护，始终是毛泽东首先考虑的问题，并贯彻在中国革命和建设的各个历史时期。在总结第一次至第四次反"围剿"斗争的经验时，毛泽东指出："真正的铜墙铁壁是什么？是群众，是千百万真心实意地拥护革命的群众。"① 在《论持久战》中，毛泽东形成了"人民战争"的伟大思想。1940 年前后，毛泽东先后发表了《〈共产党人〉发刊词》、《中国革命和中国共产党》、《新民主主义论》等著作，从比较完整的理论形态上进一步系统论述了农民在中国革命中的地位和党的阶级政策，从而标志着毛泽东以农民为主体的人民史观已经形成。解放战争时期，毛泽东说："决定战争胜败的是人民，而不是一两件新式武器。""从长远的观点看问题，真正强大的力量不是属于反动派，

---

① 《毛泽东选集》第 1 卷，人民出版社 1991 年版，第 139 页。

而是属于人民。"①

　　经过一生的革命实践，奠基于唯物史观，毛泽东深信："人民，只有人民，才是创造世界历史的动力。"② 在此基础上提出了"为人民服务"的著名论断，并明确为党的根本宗旨。1939 年 2 月 20 日，毛泽东在关于《孔子的哲学思想》一文致张闻天的信中批判了儒家旧道德之勇，认为那种勇只是"勇于压迫人民，勇于守卫封建制度，而不勇于为人民服务"③。1942 年 5 月，毛泽东在延安文艺座谈会上的讲话中明确提出了"文艺应该为人民服务"的思想④。1944 年 9 月 8 日，毛泽东在追悼张思德的大会上第一次全面阐述了为人民服务的思想。他首先指出："我们的共产党和共产党所领导的八路军、新四军，是革命的队伍。我们这个队伍完全是为着解放人民的，是彻底地为人民的利益工作的。""因为我们是为人民服务的，所以，我们如果有缺点就不怕别人批评指出。"⑤ 从全心全意为人民服务的人生观出发，毛泽东还进一步阐述了共产党人的生死观："人总是要死的，但死的意义有不同。""为人民利益而死，就比泰山还重；替法西斯卖力，替剥削人民和压迫人民的人去死，就比鸿毛还轻。"⑥1945 年 4 月，毛泽东在中国共产党第七次全国代表大会上进一步告诫全党："我们应该谦虚，谨慎，戒骄，戒躁，全心全意地为中国人民服务。"⑦"全心全意地为人民服务，一刻也不脱离群众；一切从人民的利益出发，而不是从个人或小集团的利益出发；向人民负责和向党的领导机关负责的一致性；这些就是我们的出发点。"⑧

　　中华人民共和国成立后，毛泽东完整地阅读了《二十四史》。他认为，以《二十四史》为代表的历史典籍是以统治阶级为中心，记载的都是帝王将

---

① 《毛泽东选集》第 4 卷，人民出版社 1991 年版，第 1195 页。
② 《毛泽东选集》第 3 卷，人民出版社 1991 年版，第 1031 页。
③ 《毛泽东书信选集》，中国人民解放军出版社 1989 年版，第 147 页。
④ 《毛泽东选集》第 3 卷，人民出版社 1991 年版，第 855 页。
⑤ 《毛泽东选集》第 3 卷，人民出版社 1991 年版，第 1004 页。
⑥ 《毛泽东选集》第 3 卷，人民出版社 1991 年版，第 1004 页。
⑦ 《毛泽东选集》第 3 卷，人民出版社 1991 年版，第 1027 页。
⑧ 《毛泽东选集》第 3 卷，人民出版社 1991 年版，第 1095 页。

相、才子佳人之类，而对历史的主人即人民群众则很少反映或加以歪曲。所以，只有用正确的态度分析批判并加以识别，充分肯定人民群众的伟大作用，才能"把颠倒的历史颠倒过来"①。

## 二、精辟辩证"民众"与"英雄"的关系

作为马克思主义在中国的第一传人，李大钊思想的一个突出特点是深切关注民众的命运、民众的意志。从历史和现实的变革中，李大钊清醒地理解了马克思主义关于人民群众是历史的创造者的理论，他说："民众的势力，是现代社会上一切构造的唯一基础。"由此出发，提出知识阶级应与劳工阶级打成一片。他批评唯心史观、英雄史观，倡导史学革命。他说："人类的真实历史，不是少数人的历史。""历史的纯正的主位，是这些群众，绝不是几个伟人。"②

李大钊学术思想的出发点是着眼于国家的富强、政治的民主，治思的方法途径是觉悟民众、组织并发挥民众的作用。他认为，民主共和政体的建立和维护，必须以民众提高觉悟程度和组织能力为基础。"民彝者，民宪之基础也。""盖政治者，一群民彝之结晶，民彝者，凡事真理之权衡也……良以事物之来，纷沓毕至，民能以秉彝之纯莹智照直证心源，不为一偏一曲之成所拘蔽，斯其包蕴之善，自能发挥光大，至于最高之点，将以益显其功于实用之途，政治休明之象可立而待也。"③在李大钊看来，要把民众从几千年的专制政体压迫下解救出来，就要彻底破除民众心目中对"英雄"、"神武"人物依赖、迷信、盲从的落后意识，要教育民众相信自己，掌握自己的命运。"两三年前，吾民脑中所宿之'神武'人物，曾几何时，人人倾心之华（华盛顿）、拿（拿破仑），忽变而为人人切齿之操（曹操）、莽（王莽），祖裼裸裎，以暴其魑魅罔两之形于世，掩无可掩，饰无可饰，此固遇人不淑，致此

---

① 芦荻：《毛泽东读二十四史》，《光明日报》1993年12月20日。
② 《李大钊文集》（下），人民出版社1984年版，第330页。
③ 李大钊：《民彝与政治》，载《李大钊选集》，人民出版社1959年版，第40—41页。

厉阶，毋亦一般国民依赖英雄，蔑却自我之心理有以成之耳……残民之贼，锄而去之，易如反掌，独此崇赖'神武'人物之心理，长此不改，恐一桀虽放，一桀复来，一纣虽诛，一纣又起。吾民纵人人有汤武征诛之力，日日兴南巢牧野之师，亦且疲于奔命。而推原祸始，妖由人兴，孽由自作。民贼之巢穴，不在民军北指之幽燕，乃在吾人自己之神脑。"①

　　他进而精辟地论述"民众"与"英雄"的关系，认为英雄所具有的巨大影响力，在于集中民众的意志而拥有，是民众意志的总积累。"历史上之事件，固莫不因缘于势力。而势力云者，乃以代表众意之故而让诸其人之众意总积也。是故离于众庶，则无英雄，离于众意总积，则英雄无势力焉。"② 所以，离开民众的支持，英雄人物就无从产生。

　　李大钊精心撰写的这篇《民彝与政治》，系统地论述了社会民众觉悟与国家政治制度的确立和运作之间的关系，民众的实际愿望与英雄人物的作为、成败之间的关系，法制、秩序的维持与发展民众的自由意志、保障国民的民主权利之间的关系等思想，表明他能够自觉地运用唯物主义的群众观点来分析当时中国社会的现实问题。

## 三、科学提出"人民本位"的思想

　　作为马克思主义史学的"旗手"，郭沫若对历史人物的研究是很重视的，1947 年他出版了《历史人物》一书。他以马克思主义唯物史观为指导，提出了"人民本位"的思想，以之作为评价历史人物的标准和原则，并在实践中贯彻始终。"人民本位"的思想，最早见于郭沫若 1921 年发表的《我国思想史上之澎湃城》，文中指出："我国传统的政治思想，可知素以人民为本位，而以博爱博利为标准。"③ 佃他明确提出要以"人民本位"的标准来衡

　　① 李大钊:《民彝与政治》，载《李大钊选集》，人民出版社 1959 年版，第 47 页。
　　② 李大钊:《民彝与政治》，载《李大钊选集》，人民出版社 1959 年版，第 56 页。
　　③ 郭沫若:《我国思想史上之澎湃城》，转引自张书学:《中国现代史学思潮研究》，湖南教育出版社 1998 年版，第 406 页。

量历史人物，则是在 20 世纪 40 年代。郭沫若在《历史人物》的自序中坦言，对历史人物的研究"主要是凭自己的好恶"，"好恶的标准是什么呢？一句话归宗：人民本位！"① 在《十批判书》的"后记"中也说："批评古人，我想一定要同法官断狱一样，须得十分周详，然后才不致有所冤曲。法官是依据法律来判决是非曲直的，我呢是依据道理。道理是什么呢？便是以人民为本位的这种思想，合乎这种道理的便是善，反之便是恶。"② 郭沫若在对先秦诸子的研究中，基本上是遵循着这一原则和方法的。他对孔、墨的评价截然相反，就是因为"孔子的立场是顺乎时代的潮流，同情人民解放的，而墨子则和他相反"③。在郭沫若看来，春秋时代是奴隶制崩溃和封建制兴起的时代，在这"公家腐败，私门前进的时代，孔子是扶助私门而墨子是袒护公家的"④。孔子支持乱党，而墨子则反对乱党。"乱党是什么？在当时都要算是比较能够代表民意的新兴势力。"⑤ 郭沫若从"人民本位"的思想出发，对历史上农民起义的领导者和组织者如李自成、李岩等，在学术、文化上有重要贡献的如孔子、惠施等，在民族统一上作出贡献的如殷纣王、秦始皇等，以及富有民族气节和献身改革的如屈原、吴起、郑成功、王安石等，都作了比较深入的研究和评价。郭沫若把历史人物放在历史发展过程的广阔背景上，以其言行对历史发展所起的作用为准绳来加以全面衡量，正确评判其功过是非，特别是对那些长期蒙受不白之冤的历史人物予以昭雪，做了大量的"翻案"文章。所以，为历史人物翻案便构成了郭沫若研究历史人物的显著特点，而"翻案"的工具就是唯物史观，标准就是人民本位，依据的理由就是是否

---

① 《历史人物·序》，载《郭沫若全集·历史编》第 4 卷，人民出版社 1982 年版，第 3 页。
② 郭沫若：《十批判书》，载《郭沫若全集·历史编》第 2 卷，人民出版社 1982 年版，第 423 页。
③ 郭沫若：《十批判书》，载《郭沫若全集·历史编》第 2 卷，人民出版社 1982 年版，第 73 页。
④ 郭沫若：《十批判书》，载《郭沫若全集·历史编》第 2 卷，人民出版社 1982 年版，第 420 页。
⑤ 郭沫若：《十批判书》，载《郭沫若全集·历史编》第 2 卷，人民出版社 1982 年版，第 67 页。

同情人民，是否具备人民意识、人民的立场，是否为人民所喜悦，是否赢得人民的拥护。1944 年，郭沫若发表著名的《甲申三百年祭》，站在人民的立场，惋惜明末农民起义，要求吸取其失败的教训。毛泽东大为赞赏，称之为"大有益于中国人民"的"史论"①。在郭沫若的倡导下，从"人民本位"出发进行阶级分析的唯物辩证法的方法就成为了以后唯物史观学派的一条基本的原则和方法。

## 第三节　推动研究重心和功能的转换：由历史到现实

20 世纪初期，中国社会的一个突出特点是急剧变革和转型，各种学说的生命力如何，完全取决于其服务现实的价值。所以研究重心和功能向现实生活转换，就成为这一时期学术的特点。在马克思主义中国化的全过程中，唯物史观始终处于主导和核心地位，在各种学说中，其现实功能最突出，并且在理论与实际、历史与现实的结合上堪称典范。因为：第一，唯物史观是马克思在总结欧洲无产阶级斗争的实践基础上得出的有关人类社会发展的规律性学说，它源于实践；第二，唯物史观适应了中国社会现实变革的需要，可以直接指导中国社会实践。可以说，20 世纪上半叶，学术思想现实功能的强化是在唯物史观派的影响带动下形成的。

马克思在《关于费尔巴哈的提纲》中指出："哲学家们只是用不同的方式解释世界，问题在于改变世界。"②唯物史观自传入中国后，直接参与了当时的几次大规模论战，并在论战中充分展示了学理上的科学性，扭转了论战的方向，解决了长期存在于人们心目中的疑虑和现实困境。作为理论原则和科学方法，唯物史观影响和成就了一大批理论家、思想家；作为哲学根据和指导思想成就了世界上第一大政党——中国共产党；作为行动纲领成就了中

---

① 《毛泽东书信选集》，人民出版社 1983 年版，第 241 页。
② 《马克思恩格斯选集》第 1 卷，人民出版社 1995 年版，第 57 页。

国新民主主义革命和社会主义建设的伟大事业。

以毛泽东为代表的中国先进分子以唯物史观为指导思想创建了中国共产党；从唯物史观的物质利益原则和群众观点出发，从经济入手划分了阶级，找到了无产阶级政党的阶级基础；以唯物史观的阶级斗争和暴力革命理论为指导，确立了"武装割据"的路线；以唯物史观的无产阶级专政理论为指导，建立了社会主义国家和无产阶级政权，实现了民族的完全独立。从某种意义上说，正是唯物史观这一理论和方法，改变了中国社会，成就了中国革命。

## 一、强化学术研究的现实功能

在长期的理论研究和社会实践中，毛泽东提出了"古为今用"、服务现实的要求："对于马克思主义的理论，要能够精通它、应用它，精通的目的全在应用。"[1] 在 1956 年 8 月 24 日同音乐工作者谈话时他说："向古人学习是为了现在的活人。"[2]1964 年 9 月 27 日，他在一份批示中更明确地提出："古为今用。"[3]毛泽东的这一高度概括，表达了学术的价值取向，认为史学的最终目的是要把历史经验变为现实财富，史学的最大社会价值就体现在这里。毛泽东还说："指导一个伟大的革命运动的政党，如果没有革命理论，没有历史知识，没有对于实际运动的深刻了解，要取得胜利是不可能的。"[4]"我们这个民族有数千年的历史，有它的特点，有它的许多珍贵品，从孔夫子到孙中山，我们应当给以总结，继承这一份珍贵的遗产。"[5] 学习和研究历史，正是为了熟悉这些历史教材，更好地服务于现实。从史学的这一目的出发，毛泽东提出历史学习和研究都应贴近现实。郭沫若的《甲申三百年祭》在重庆《新华日报》上连载后，1944 年 3 月毛泽东在党的高级干部会上就说：

---

① 《毛泽东选集》第 3 卷，人民出版社 1991 年版，第 815 页。

② 《毛泽东选集》第 3 卷，人民出版社 1991 年版，第 752 页。

③ 《毛泽东选集》第 3 卷，人民出版社 1991 年版，第 598 页。

④ 《毛泽东选集》第 3 卷，人民出版社 1991 年版，第 533 页。

⑤ 《毛泽东选集》第 2 卷，人民出版社 1991 年版，第 534 页。

"我党历史上曾经有过几次表现了大的骄傲，都是吃了亏的。""全党同志对于这几次骄傲，几次错误，都要引为鉴戒。近日我们印了郭沫若论李自成的文章，也是叫同志们引为鉴戒，不要重犯胜利时骄傲的错误。"①11 月 21 日，毛泽东又致信郭沫若说："你的《甲申三百年祭》，我们把它当作整风文件看。"还说："倘能经过大手笔写一篇太平军经验，会是很有益的。"② 也正因为如此，毛泽东反复强调研究民族的历史对于中国革命和建设的重要意义。

　　毛泽东强调理论指导现实、服务现实的功能。要求把唯物史观的群众观点、为人民服务思想落到现实工作中，真正关心群众的生产和生活。早在 1934 年，任中华苏维埃政府主席的毛泽东在中华苏维埃共和国第二次工农兵代表大会上作了《关心群众生活，注意工作方法》的讲话，就明确指出，对于广大群众的切身利益问题，"一点也不能疏忽，一点也不能看轻"，"一切群众的实际生活问题，都是应当注意的问题。"毛泽东说："我郑重地向大会提出，我们应该深刻地注意群众生活的问题，从土地、劳动问题，到柴米油盐问题，妇女群众要学习犁耙，找什么人去教她们呢？小孩子要求读书，小学办起了没有呢？对面的木桥太小会跌倒行人，要不要修理一下呢？许多人生疮害病，想个什么办法呢？一切这些群众生活上的问题，都应该把它提到自己的议事日程上。应该讨论，应该决定，应该实行，应该检查。要使广大群众认识我们是代表他们的利益的，是和他们呼吸相通的。"③他还进一步指出，要得到群众的拥护，"就得关心群众的痛痒，就得真心实意地为群众谋利益，解决群众的生产和生活的问题，盐的问题，米的问题，房子的问题，衣的问题，生孩子的问题，解决群众的一切问题"④。正是从解决人民群众生产和生活的实际问题出发，中国共产党在实践中逐步形成了代表广大人民群众根本利益的路线、方针和政策。从土地革命战争时期打土豪分田地以及《井冈山土地法》、《兴国土地法》的制定，到抗日战争时期减租减息政策、

---

①　《毛泽东选集》第 3 卷，人民出版社 1991 年版，第 947—948 页。

②　《毛泽东书信选集》，人民出版社 1983 年版，第 241 页。

③　《毛泽东选集》第 1 卷，人民出版社 1991 年版，第 138 页。

④　《毛泽东选集》第 1 卷，人民出版社 1991 年版，第 138—139 页。

新民主主义革命纲领的制定以及大生产运动，无不体现着党的全心全意为人民服务的宗旨。

## 二、强调学术研究关注民众、关注生活

深切关注具体时代国家的前途、民主的命运、民众的命运、民众的意志，这也是李大钊思想的突出特点。在由进化史观转化为唯物史观后，这一思想得到了进一步的强化。1912 年 6 月，他撰写的《隐忧篇》就直抒了自己的忧患意识："环顾国中，现今正紧迫地存在边患、兵忧、财困、食艰、业敝、才难六项危难。"[①] 次年又撰《大哀篇》，痛斥军阀横行、战乱频仍，造成民众陷于水深火热之中。

在袁世凯复辟帝制前后，李大钊站在反袁斗争的前列，同时也由于袁世凯上演这出称帝丑剧，引发他对民众觉悟与国家政治等一系列问题的思考，使其理论思维得以升华。1914 年，当帝国主义分子古德诺写文章为袁世凯阴谋复辟帝制制造舆论时，李大钊即著文予以痛斥。至 1916 年初，袁世凯迫于全国人民的愤怒声讨，被迫取消"洪宪帝制"，但仍腆然窃据大总统职务，企图借尸还魂。针对这一现象，李大钊作了深刻的理论探索，围绕国家政治制度与民众觉悟和组织能力，民众如何认识自己的力量、发挥伟大的作用，以保证国家逐步地沿着民主、富强的道路前进等问题作了深入剖析，得出了极其宝贵的结论。他认为，民主共和政体的建立和维护，必须以民众提高觉悟程度和组织能力为基础。"盖民与君不两立，自由与专制不并存，是故君主生则国民死，专制活则自由亡……今犹有敢播专制之余烬，起君主之篝火者，不问其为筹安之徒与复辟之辈，一律认为国家之叛逆、国民之公敌，而诛其人，火其书，殄灭其丑类，摧拉其根株，无所姑息，不稍优容，永绝其萌，勿使滋蔓。而后再造神州之大任始有可图，

---

① 李大钊:《隐忧篇》，载《李大钊文集》（上），人民出版社 1984 年版，第 1 页。

中华维新之运命始有成功之望也。"① 这里，李大钊对于历史和现实问题的论述，已经自觉地运用了唯物主义的观点和具体地分析问题的方法，并且落实在现实生活中。

李大钊作为思想界的先驱者，他所具有的坚决反帝国主义和反封建主义的革命精神和自觉担负救国重任的崇高历史责任感，他对社会现实问题的深刻剖析，他的强烈的进取精神和对于文化问题所持的既严肃批判又作辩证分析的态度，都证明他是无愧于站在时代前列引导潮流前进的卓越人物，而且决定他由此走向唯物史观的更高境界。

唯物史观的理论、方法启动了学术界研究重心和功能的转向，成为现代学术转型和文化创新的重要环节。在李大钊等人的带领下，学术研究走出故纸堆，关注现实，谋求变革和创新渐渐成为一种时尚。郭沫若的《中国古代社会研究》就是以关注生活、时代、社会为特色的唯物史观学派的开山之作。艾思奇的《大众哲学》则是马克思主义大众化、现实化的杰作，既解决了艰深玄奥的哲学通俗化、生活化的难题，又尝试实现了唯物史观的通俗化、大众化、现实化、生活化，体现了唯物史观服务现实的强大功用。

综上所述，唯物史观作为崭新的具有旺盛生命力的理论和方法，影响了中国 20 世纪上半叶的思想界、学术界，促成了中国学术的现代转型，是形成"中国特色"、"中国风格"、"中国气派"学术文化的强大理论武器。就其影响和价值而言，时人胡适先生就作出了中肯的评价，认为唯物史观揭开了史学的新纪元、社会学的门径、政治学的出路。就其学术业绩而言，今人王学典先生把它概括为三个方面：一是兴起了 20 世纪中国整个社会经济史研究，填补了中国学术史上的一个空白；二是把中国史学带入了社会科学化的阶段；三是促成了中国史学从精英史到民众史的结构性转换，实现了中国学术的现代转型 ②。

---

① 李大钊：《隐忧篇》，载《李大钊文集》（上），人民出版社 1984 年版，第 56 页。
② 参见王学典：《唯物史观派史学的学术重塑》，《历史研究》2007 年第 1 期。

# 第四章　唯物史观与中国现代人文科学学术体系构建

　　马克思、恩格斯从实践的唯物主义立场出发研究人类社会历史，从纷繁复杂的社会现象中发现了人类社会的发展规律，创立了唯物主义历史观即唯物史观。这成为马克思主义的两大发现之一。唯物史观的创立，第一，提供了解释人类历史的合理理论，实现了社会历史观的空前革命，结束了唯心主义在社会历史理论领域中的统治地位，为社会历史和社会科学研究提供了科学的理论基础，为人们从根本上、总体上把握人类社会历史的奥秘提供了依据和可能。第二，它是理论和方法的统一。唯物史观要求理解人类社会既要唯物又要辩证，实质上是研究人类社会历史的方法论。"马克思的整个世界观不是教义，而是方法。它提供的不是现成的教条，而是进一步研究的出发点和供这种研究使用的方法。"①

　　这种先进的理论和方法可以从以下方面加以概括。

　　首先，确立了科学认识社会的对象。

　　第一，关于自然界与社会。人类社会的形成和发展史是一个自然的历史过程。这是马克思创立唯物史观的一个基本观点。社会与自然具有多方面的联系，首先，社会是自然界发展到一定阶段的产物；其次，人和社会的存在依赖于自然界，自然界是人与社会赖以生存的物质基础；最后，自然与社会既有统一性又有差异性。人类社会是自然发展史上一次质的飞跃，促成这次飞

────────────

① 《马克思恩格斯全集》第 39 卷，人民出版社 1979 年版，第 406 页。

跃的关键在劳动。劳动一方面使人从自然界中分离出来，形成人类社会，导致了社会与自然的对立；另一方面劳动把社会与自然联系起来，实现二者的统一。

第二，关于个人与社会。人类社会是由个人及其关系构成的一个有机整体。社会是人及人的各种关系构成的社会；人是社会的人，具体的、现实的人是生活在具体的、现实的社会之中的。其一，以现实的个人作为前提和出发点来把握社会，由此奠定了社会以人为本的本体论特征，找到了社会存在区别于其他存在的根据，也找到了社会认识区别于其他认识的根据——"物性"与"人性"的统一、科学与人文的统一、事实与价值的统一。其二，从"物"的分析中透视出人的社会关系，以此来研究人类社会。其三，从现实的个人出发来把握社会的整体结构和运动，即由人的生存和发展的需要到物质资料的生产和精神生产活动，到生产关系和上层建筑，清晰地整体地把握社会的内在过程脉络及其现象结构层次。其四，从个人出发来把握社会发展，从社会层面来反观个人生存现状。

第三，关于社会历史的规律和思维的逻辑行程。其一，区别人类社会历史的规律与自然界的规律。社会历史规律展示的是人的世界的规律而不是自然物的世界的规律，而人的活动是动态而复杂的，所以社会历史的规律性并不是单一、线形因果链条中的自在必然性。其二，社会历史规律具有不以人的主观愿望和个人意志为转移的客观性。其三，社会历史的必然性与偶然性是相关联的。其四，历史和逻辑相统一的原则。

第四，关于社会生活与社会生产。唯物史观认为，生产劳动是人类生活（生存和发展）的基础，也是认识、研究和理解社会历史的本体论基础。但不能只谈社会生产而不谈社会生活或以社会生产来淹没社会生活，同时，要知道社会生产包括物质生产和人自身的生产和精神生活。

其次，提供了认识社会的方法。社会系统是物质世界中最复杂的结构系统，它是由多种要素、多种关系、多种层次交互作用的复杂整体。如何认识和运用何种方法来认识这个系统，是哲学家、思想家力图解决的课题。马克思解释社会系统的唯物史观理论和方法，是至今为止最为科学的理论和方法，其中最为代表性的有：

第一，社会整体观和结构观的方法。马克思在创立唯物史观和进行社会历史研究时，始终自觉坚持和贯彻唯物的、辩证的、历史的、具体的社会整体观和结构观的理论和方法。

第二，物质利益和阶级分析方法。人们在社会中生产和生活，其基本的动力源泉是人们为了满足自身的生存和发展的需要，利益和需要成为人们活动的内在动力。从此一需要出发，马克思强调物质生产是历史的发源地，强调物质利益在历史中的作用。他明确指出，"人们奋斗所争取的一切，都同他们的利益有关"。并从物质利益出发，进而分析出物质利益的分化导致阶级利益的对立和斗争。可见，从物质利益的分化和阶级利益的对立中揭示阶级社会的特殊矛盾结构和阶级斗争的根本原因，就成为马克思分析和研究社会历史的一个重要的方法。

第三，历史、现实、未来的动态统一分析方法。在马克思看来，要科学地认识社会，就不能只局限于静态的社会学意义的狭隘视眼里进行社会结构分析和物质分析，而要把社会理解为过去的历史、现在的现实和未来的理想的有机统一。强调立足现实，通过现实基点来透视历史、前瞻未来，通过研究过去"已然"的历史、当下"实然"的现实，来结构"应然"的未来。

最后，阐明了进行社会革命的逻辑思路。马克思的唯物史观在马克思主义的整个理论架构中，不仅具有单一的学科意义，譬如不仅具有社会学的意义或历史学的意义，而且也具有全局性的意义：一方面，它是马克思主义的重要组成部分，另一方面，它又贯穿于马克思主义的所有内容之中，甚至其他内容均由它所派生；一方面，它具有学术的属性：反映了创始人对历史对社会的深刻洞见，另一方面，它又具有政治的属性，马克思正是以它为根据预言了资本主义即将灭亡的命运。正是这种学术性和政治性的高度统一，就使得唯物史观与社会革命存在一个合理的逻辑关系。"每一历史时代主要的经济生产方式与交换方式以及必然由此产生的社会结构，是该时代政治的和精神的历史赖以确立的基础，并且只有从这一基础出发，这一历史才能得到说明；因此人类的全部历史（从土地公有制的原始氏族社会解体以来）都是阶级斗争的历史，即剥削阶级和被剥削阶级之间、统治阶级和被压迫阶级之间斗争的历史；这个阶级斗争的历史包括有一系列发展阶段，现在已经达到这样一个阶段，即被剥削被压迫的阶级（无产阶级），如果不同时使整个社会一劳永逸地摆脱任何剥削、压迫以及阶级划分和阶级斗争，就不能使自己从进行剥削和统治的那个阶级（资产阶级）的控制下解放出来。"[1]

恩格斯把上面这段话看作是构成《共产党宣言》的核心的基本原理。从这段话的内容来看，这个原理由这样三个层次的内容构成：主要由经济生产方式所决定的社会结构，在这个结构中所产生的阶级斗争，这个斗争在现阶段表现为无产阶级的社会革命。假如用逻辑的语言来表述的话，那么第一个层次是前提，后两个层次也即阶级斗争和社会革命则是由这个前提所导出的结论。换句话说，后两个层次完全是作为第一个层次的推论部分派生部分而存在的，而这个第一层次当然就是通常所说的唯物史观。社会革命的发生无疑有自己的现实的历史的前提，但在马克思主义的理论架构中，它却是唯物史观自然而然的推论之一。推论依赖于前提，但前提本身却是可以独立的。

唯物史观的创立，不仅是科学社会主义的理论基石，也是人类哲学社会科学发展史上的里程碑。这一理论引进到中国后，即产生了深远的影响，在中国社会转型和中国人文科学学术体系构建过程中发挥了巨大指导作用。


## 第一节　唯物史观与中国现代哲学

唯物史观与中国现代哲学体系构建相始终，在介绍和传播、诘难和论战中，其学理的科学性和思想的光芒得以彰显，在学术界质疑、排斥、接受和认同的过程中，逆势而起，成为中国传统哲学现代化和中国现代哲学体系构建过程中的指导理论。

---

[1] 《马克思恩格斯选集》第1卷，人民出版社1972年版，第237页。

## 一、唯物史观与中国现代哲学演进过程

唯物史观既是世界观，又是方法论，是马克思主义的两个基石之一。它在中国的传播和发展是与马克思主义哲学体系的传播和发展相始终的。唯物史观与中国现代哲学体系的构建，经历了翻译介绍和传播、诘难和认同两个阶段。

### （一）翻译介绍和传播阶段

20 世纪初，唯物史观开始有一定规模的传播。梁启超、马君武、邓实等人相继作了一些介绍。《东方杂志》第 8 卷第 12 号连载了日本学者幸德秋水的《社会主义神髓》一书中的唯物史观，说："近世社会主义之祖师加尔马参者（即马克思），能为吾人道破人类社会组织之真相者也。其言曰：有史以来，不问何时何地，一切社会之所以组织者无有不根底于经济的生产及交换方法，而其时代之政治的及灵能的历史，惟建设于此根底之上者，亦实自此根底始可解释也。"1905 年以后，孙中山、朱执信等人也介绍了马克思及其《共产党宣言》、《资本论》的相关内容。但此一时期对唯物史观的介绍不成系统，仅是些零散的引介；而且在介绍中，正确与谬误混在一起。

五四运动促进了马克思列宁主义在中国的广泛传播，唯物史观在中国的影响进入了一个新的阶段。1920 年有 400 余种刊物在中国出版，《新青年》出版了"马克思研究专号"。据统计，1919 年 8 月至 1920 年 4 月半年时间，《建设》杂志发表的马克思主义、社会主义方面的文章计有 20 余篇，占全部篇目的 15% 至 20%。当时杂志除《新青年》等以外，还有《国民》、《少年世界》、《新社会》、《解放与改造》。号称"三大副刊"的《晨报》"副刊"、《民国日报》副刊"觉悟"、《时事新报》副刊"学灯"为马克思主义传播起了一定的作用①。

---

① 参见吕希晨、王育民：《中国现代哲学史》，吉林人民出版社 1984 年版；唐宝林主编：《马克思主义在中国 100 年》，安徽人民出版社 1997 年版。

其后，唯物史观在中国社会性质问题、中国社会史问题的论战中得到发展，并在解决民族矛盾和阶级矛盾中发挥了巨大的指导作用。首先，经典著作与国外马克思主义者著作的翻译和出版。据不完全统计，仅1928年到1930年短短几年，新出版了马恩著作近40种，其中包括恩格斯的《反杜林论》、《家庭、私有制和国家的起源》、《路德维希·费尔巴哈和德国古典哲学的终结》，以及列宁的《唯物论和经验批判论》、《黑格尔〈逻辑学〉一书摘要》等哲学著作。到此为止，加上前一时期出版的《共产党宣言》、《哥达纲领批判》、《社会主义从空想到科学的发展》和《国家与革命》等马恩列的主要哲学著作都被输入进来了，这就为马克思主义哲学在中国的传播和研究，提供了可供参照的原著。与此同时，苏联、日本、德国的马克思主义者撰写的马克思主义哲学著作，也被大量引进。其中，除普列汉诺夫、狄慈根、德波林、河上肇等的著作外，还有苏联"少壮派"的哲学著作。这些著作对于中国马克思主义哲学系统的传播及其体系的形成，也具有一定的意义。其次，在马克思主义哲学系统传播的基础上，中国的马克思主义学者和其他进步学者，撰写和出版了一批马克思主义哲学著作。其中主要有：毛泽东的《实践论》和《矛盾论》，李达的《社会学大纲》、《中国产业革命概论》、《社会之基础知识》和《民族问题》，艾思奇的《大众哲学》、《新哲学论集》、《思想方法论》和《哲学与生活》，张如心的《无产阶级的哲学》、《辩证法学说概略》、《苏俄哲学潮流概论》和《哲学概论》，沈志远的《现代哲学基本问题》，陈唯实的《通俗辩证法讲话》、《新哲学体系讲话》和《新哲学世界观》，胡绳的《新哲学的人生观》、《辩证法唯物论入门》、《思想方法》和《怎样搞通思想方法》等①。

中国研究马克思学说最有心得、介绍最早的是陈独秀、李大钊、李达，其中尤以陈独秀的影响最大。早在1918年12月陈独秀在《新青年》第4卷第5号上发表了《有鬼论质疑》、《〈科学与人生观〉序》的文章，坚持唯物主义的一元论，反对物灵二元论。陈独秀指出："若谓鬼属灵界，与物界殊途，不可以物界之观念推测鬼之有无，而何以今之言鬼者，见其国籍语言习

---

① 参见黄见德：《20世纪西方哲学东渐问题》，湖南教育出版社1998年版，第94—95页。

俗衣冠之各别，恶若人闻耶？人若有鬼，一切生物皆应有鬼，而何以今之言鬼者，只见人鬼，不见犬马之鬼耶？"①"我们相信只有客观的物质原因可以变动社会，可以解释历史，可以支配人生观，这便是'唯物的历史观'。"②陈独秀进一步对唯物史观作了精要概括："唯物史观之要旨有二：其一，说明人类文化之变动。大意是说社会生产关系之总和为构成社会经济的基础，法律，政治都建筑在这基础上面，一切制度，文物，时代精神的构造都是跟着经济的构造变化而变化的，经济的构造是跟着生活资料之生产方法变化而变化的。不是人的意识决定人的生活，倒是人的社会生活决定人的意识。其二，说明社会制度之变动。大意是说社会的生产力和社会制度有密切的关系，生产力有变动，社会制度也要跟着变动，因为经济的基础（即生产力）有了变动，在这基础上面的建筑物自然也要或徐或速的革命起来。一种生产力所造出的社会制度，当初虽然助长生产力发展，后来生产力发展到这社会制度不能够容他更发展的程度，那时助长生产力的社会制度反变为生产力之障碍物，这障碍物内部所包含的生产力仍是发展不已，两下冲突起来，结果旧社会制度崩坏，新的继起，这就是社会革命。"接着陈独秀对马克思的"阶级争斗"和"劳工专政"理论作了介绍和解释。陈独秀说："一八四八年马克思和恩格斯共著《共产党宣言》……是根据唯物史观来说明阶级争斗的。（一）一切过去社会底历史都是阶级争斗底历史。例如在古代有贵族与平民，自由民与奴隶；在中世纪有封建领主与农奴，行东与佣工……近代有产者与无产者这两个阶级新的对抗，新的争斗。（二）阶级之成立和争斗崩坏都是经济发展之必然结果……从前有产阶级和封建制度争斗时，是掌了政权才真实打倒了封建……现在无产阶级和有产阶级争斗，也必然要掌握政权利用政权来达到他们争斗之完全目的。"这样，陈独秀就较为系统、扼要、深刻地介绍了马克思的"剩余价值"、"唯物史观"、

① 陈独秀：《有鬼论质疑》，转引自张岂之主编：《民国学案》第1卷，湖南教育出版社2005年版，第108页。

② 陈独秀：《〈科学与人生观〉序》，转引自张岂之主编：《民国学案》第1卷，湖南教育出版社2005年版，第109页。

"阶级斗争"学说①。

马克思主义在中国正式系统准确传播（而不是零星传播）的起点和标志是从李大钊开始的。李大钊在宣传马克思主义唯物史观上作出了突出贡献：是创办专号，全面、系统介绍马克思主义，公开赞成马克思主义的第一人，是成立"马克思学说研究会"、北京共产主义小组的第一人，是在大学讲坛开设唯物史观和利用学讲坛宣传马克思主义的第一人，是我国运用唯物史观批判封建复古思潮的第一人。

毛泽东曾指出："十月革命一声炮响，给我们送来了马克思列宁主义。"李大钊就是当时在中国传播马克思主义最早的革命先驱者。李大钊热情地歌颂和宣传俄国十月革命，运用无产阶级的世界观，把握人类社会发展的历史规律，以敏锐独到的眼光发表了《法俄革命之比较观》、《庶民的胜利》、《布尔什维主义的胜利》和《新纪元》四篇光辉的文献，揭开了我国马克思主义宣传的第一页。他在文中指出，十月革命是"立于社会主义上之革命"，俄国布尔什维克党的主义就是革命的社会主义。对于十月革命的伟大意义，他指出："俄罗斯之革命，非独俄罗斯人心变动之显兆，实二十世纪全世界人类普遍心理变动之显兆"，这一胜利"是世界革命的新纪元，是人类觉醒的新纪元"，"是二十世纪革命的先声"。他满怀信心地说："由今以后，到处所见的，都是布尔什维主义战胜的旗，到处所闻的，都是布尔什维主义凯歌声"，"试看将来的环球，必是赤旗的世界！"1918年2月，李大钊先后在北京大学、北京女子高等师范学校、北京师范大学讲授"唯物史观"、"马克思的历史"、"马克思主义经济学"、"社会发展史"、"社会学"等课程，作为宣传马克思主义的讲坛，受到进步青年的热烈欢迎。他还参加了《新青年》杂志的编辑工作，主编《每周评论》，成为"五四"前后宣传马克思主义的主要阵地，为介绍和宣传马克思主义学说，推动反帝反封建的爱国民主运动，发挥了重大作用。1919年5月，李大钊在《新青年》第6卷第5期"马克

---

① 郭湛波：《中国辩证学的进展及其趋势》，转引自郭湛波：《近五十年中国思想史》，山东人民出版社1997年版，第278—281页。

思主义专号"上发表了全面系统的介绍马克思主义的专著《我的马克思主义观》。文章对马克思主义的三大组成部分——唯物史观、政治经济学和科学社会主义，都有所阐明，并指出这三个部分"都有不可分割的关系，而阶级竞争说恰如一条金线，把这三大原理从根本上联络起来"。这标志着马克思主义在中国进入比较系统的传播阶段。在此期间，李大钊还在《新潮》、《少年中国》、《国民月刊》、《新生活》、《晨报》等刊物上发表了一系列文章，大力宣传马克思主义，产生了广泛的社会影响。1919 年 7 月，胡适在《每周评论》上发表《多研究些问题，少谈些主义》一文，宣扬实用主义，反对马克思主义，挑起了"问题"与"主义"之争。8 月，李大钊发表《再论问题与主义》，系统地批驳了胡适的观点。他首先公开表明作为一个马克思主义者"对社会的告白"，光明磊落地宣布："我是喜欢谈谈布尔什维克主义的"，"布尔什维克主义的流行实在是世界文化上的一大变动。我们应该研究他、介绍他，把他的实象昭布在人类社会"。他号召不仅要宣传主义，而且要本着主义作实际的行动。他激烈抨击改良主义的社会改造方案，运用唯物史观论证了中国问题必须从根本上寻求解决的革命主张。他指出，对于中国这样一个没有生机的社会，"必须有一个根本解决，才有把一个一个的具体问题都解决了的希望"。他强调中国必须以马克思主义的阶级斗争学说作指导，通过革命实现经济结构的改造。"问题"与"主义"之争扩大了马克思主义的社会影响，对于推动人们进一步探索改造中国社会起了积极作用。1920 年 3 月，李大钊在北京发起了中国最早的一个学习和研究马克思主义的团体——马克思学说研究会，把经过五四运动锻炼的优秀青年组织起来，进一步学习和研究马克思主义学说。在他的教育和影响下，很多青年接受了马克思主义，走上了坚决的革命道路，促进了马克思主义在中国更大范围的传播。

李大钊的《史学要论》是运用唯物史观进行研究的学术精品，是马克思主义中国化的第一部理论成果。在唯物史观的意义、唯物史观的两大要点、阶级斗争学说、历史前进的动力、人民群众的历史地位、历史观与人生观等方面做了深入系统的研究，其理论建树和广泛影响，奠定了其作为马克思主义在中国第一传人的地位。①

李大钊对唯物史观的宣传体现在以下六个方面：

第一，关于唯物史观的意义。李大钊认为：马克思主义学说是由唯物史观、政治经济学、科学社会主义三部分组成的有机的、不可分割的体系，而唯物史观则是整个体系的理论基础。他说："（马克思）根据他的史观，确定社会组织是由如何的根本原因变化而来的；然后根据这个确定的原理，以观察现代的经济状态，就把资本主义的经济组织，为分析的、解剖的研究，预言现在资本主义的组织不久必移入社会主义的组织，是必然的命运，然后更根据这个预见，断定实现社会主义的手段、方法仍在最后的阶级竞争。"②接着，他又指出，马克思的经济学说与唯物史观也是密切相关的。马克思的《资本论》"彻头彻尾以他那特有的历史观作基础"，离开了唯物史观就没有《资本论》，也不能理解《资本论》。他强调只有以唯物史观为指导，才能科学地解释历史。他说："从来的史学家，欲单从社会的上层说明社会的变革（历史），而不顾社会的基址；那样的方法，不能真正理解历史。社会上层，全随经济的基址的变动而变动，故历史非从经济关系上说明不可。"③"马克思所以主张以经济为中心考察社会变革的原故，因为经济关系能如自然科学发现因果律。这样子遂把历史学提到科学的地位。"④李大钊认为，无论何人不管主观上是否意识到，都有一个历史观存在，问题不在于有没有一个历史观，而在于是否自觉地运用历史观作指导，在于用哪一种历史观作指导。他说："史实纷纭，浩如烟海，倘治史实者不有一个合理的历史观供其依据，那真是一部十七史，将从何处说起？必且治丝益棼，茫无头绪……夫历史观乃解析史实的公分母，其于认事实的价值，寻绎其相互连锁的关系，施行大量的综合，实为必要的主观

---

① 参见薛其林：《李大钊传播唯物史观的巨大贡献——纪念李大钊先生逝世80周年》，载《船山学刊》2007年第2期。

② 《李大钊文集》下卷，人民出版社1984年版，第50页。

③ 《李大钊文集》下卷，人民出版社1984年版，第715页。

④ 《李大钊文集》下卷，人民出版社1984年版，第716页。

的要因。"①

　　李大钊还从哲学与史学的相互关系上论说了哲学对史学研究的指导作用。他指出，哲学要亘人生界、自然界宇宙一切现象为统一的考察。哲学研究世界发展的一般法则，是认识世界与方法，哲学为特殊科学提供一般的世界观和方法论。哲学也适用于历史研究。李大钊一再说："史学家的历史观，每渊于哲学……史学研究法与一般理论学或知识哲学，有密切关系。"② 他认为，治史学的人，临事遇物，常好迟疑审顾，且往往为琐屑末节所拘，不能观其远大者。一有了哲学指导，就可避免史学研究中发生此类"弊害"。此外，史学的研究反过来又可以为哲学的丰富发展提供营养。"史的研究的发达进步，亦有给新观察法、思考法于哲学的思索而助其进步的地方。"

　　第二，关于唯物史观的两大要点。根据马克思的思想以及日本人河上肇对唯物史观的理解，李大钊把唯物史观概括为两大要点："其一是说人类社会生产关系的总和，构成社会经济的结构。这是一切社会的基础构造。一切社会上政治的、法制的、伦理的哲学的，简单说，凡是精神上的构造，都是随着经济的构造变化而变化。"③"其二是说生产力与社会组织有密切的关系。生产力一有变动，社会组织必须随着他变动。"④"马克思则以'物质的生产力'为最高动因：由家庭经济变为资本家的经济，由小产业制变为工场组织制，就是由生产力的变动而决定的。"⑤

　　第三，关于阶级斗争学说。李大钊十分重视阶级斗争学说，他认为，社会组织的改造必须通过阶级斗争，社会主义的实现除了诉诸最后的阶级竞争，没有第二个更好的方法。他指出："阶级竞争恰如一条金线"，把马克思主义的三个主要组成部分"从根本上联络起来"⑥。他正确地解释了阶级斗争

① 《李大钊文集》下卷，人民出版社 1984 年版，第 752 页。
② 《李大钊文集》下卷，人民出版社 1984 年版，第 642 页。
③ 《李大钊文集》下卷，人民出版社 1984 年版，第 59 页。
④ 《李大钊文集》下卷，人民出版社 1984 年版，第 59 页。
⑤ 《李大钊文集》下卷，人民出版社 1984 年版，第 53 页。
⑥ 《李大钊文集》下卷，人民出版社 1984 年版，第 50 页。

对历史发展的推动作用："社会组织固然可以说是随着生产力的变动而变动，但是社会组织的改造，必须假手于其社会内的多数人。而为改造运动的基础势力，又必发源于在现在的社会组织下立于不利地位的阶级。那些属于有利地位的阶级，除去少数有志的人外，必都反对改造。"①李大钊介绍了马克思主义关于阶级的产生、消灭的理论。他指出，马克思并不认为阶级斗争是从来就有的，阶级斗争是土地公有制崩坏以后才产生的，阶级斗争背后深藏着复杂的经济原因。李大钊进而指出应通过阶级斗争来消灭阶级："到了生产力非常发展的时候，与现存的社会组织不相应，最后的阶级争斗，就成了改造社会、消泯阶级的最后手段。"②

第四，关于世界观与人生观。根据历史作螺旋状的前进运动之理论，李大钊大力宣扬乐天努进的世界观和人生观。他说："历史的进路，纵然有时一盛一衰地作螺旋状的运动，但此亦是循环着前进的、上升的，不是循环着停滞的，亦不是循环着逆返的、退落的。这样子给我们以一个进步的世界观。我们既认定世界是进步的。我们在此进步的世界中、历史中，即不应该悲观，不应该拜古，只应该欢天喜地地在这只容一趟过的大路上向前行走，前途有我们的光明，将来有我们的黄金世界。这是现代史学给我们的乐天努进的人生观。"③

第五，关于历史观与人生观。李大钊认为人生观与历史观有着十分密切的关系，欲得一正确的人生观，必先得一正确的历史观。他多次指出，马克思给了我们一种历史观，同时也给了我们一个乐天努进的人生观。在论及史学对人生的影响时，李大钊指出，"史学能陶炼吾人于科学的态度"。就此，他解释说："所谓科学的态度，有二要点：一为尊疑，一为重据。史学家即以此二者为可宝贵的信条。凡遇一种材料，必要怀疑他，批评他，选择他，找他的确实证据：有了确实的证据，然后对于此等事实方能置信；根据这确有证据的事实所编成的记录，所说明的理法，才算比较的近于真理，比较的可

① 《李大钊文集》下卷，人民出版社1984年版，第17页。
② 《李大钊文集》下卷，人民出版社1984年版，第17—18页。
③ 《李大钊文集》下卷，人民出版社1984年版，第763—764页。

信。凡学都所以求真，而历史就为然。这种求真的态度，熏陶渐渍，深入人的心性，则可造成一种认真的习性，凡事都要脚踏实地去作，不驰于空想，不骛于虚声，而惟以求真的态度作踏实的功夫。以此态度求学，则真理可明，以此态度作事，则功业可就。史学的影响于人生态度，其力有若此者。"①"无限的未来世界，只有在过去的崇楼顶上，才能看得清楚：无限的过去的崇楼，只有老成练达踏实奋进的健足，才能登得上去。一切过去，都是供我们利用的材料。我们的将来，是我们凭过去的材料、现在的劳作创造出来的。这是现代史学给我们的科学态度。这种科学的态度，造成我们脚踏实地的人生观。"②

第六，关于历史前进的动力和人民群众的历史地位。依据唯物史观理论，李大钊清醒地理解了马克思主义关于人民群众是历史的创造者的理论，肯定了人民群众对于推动历史发展的巨大作用。而且运用辩证唯物主义的理论，注意到历史上杰出人物的作用。前面已有详尽叙述，这里不再赘述。

1917年李达由"实业救国"折向"政治救国"，走上政治革命的道路。从此，李达放弃了理科专业，专攻马克思主义。先后钻研了《共产党宣言》、《资本论》第一卷、《政治经济学批判》、《国家与革命》等著作，翻译出版了《唯物史观解说》、《社会问题总览》、《马克思经济学说》，比较系统地介绍了马克思主义的三个组成部分。1926年，李达出版了宣传唯物史观的代表作《现代社会学》，主要论述了生产力与生产关系、经济基础与上层建筑的一般关系原理，论述了社会意识、社会变革、社会进化、社会阶级等问题。1928年至1930年，李达以极大的精力从事理论撰写与翻译工作。1929年出版了《中国产业革命概观》、《社会之基础知识》、《民族问题》三部专著。1928年至1930年，李达翻译出版了马克思的《政治经济学批判》、穗积重远的《法理学大纲》、塔尔海玛的《现代世界观》、杉山荣的《社会科学概论》（与钱铁如合译）、河上肇的《马克思主义经济学基础理论》（与王静、张粟原、钱

---

① 《李大钊文集》下卷，人民出版社1984年版，第761—762页。
② 《李大钊文集》下卷，人民出版社1984年版，第763页。

铁如、熊得山、宁敦五合译）、卢波尔的《理论与实践的社会科学根本问题》等。1937年5月，上海笔耕堂书店公开出版了李达的代表作《社会学大纲》，李达所讲的"社会学"是"研讨世界社会的一般及特殊发展法则的"，实际上就是论述辩证唯物主义和历史唯物主义。这些工作奠定了李达丰厚的马克思主义理论基础。可以说，"30年代，在众多的马克思主义哲学工作者中，李达的理论水平最高，取得的成绩最大"[1]。他的代表作《社会学大纲》是中国人自己写的第一部马克思主义的哲学教科书，是李达研究马克思主义哲学的集中成果。

在研究和传播马克思主义理论方面，李达的突出贡献表现在三个方面：

第一，系统论述了唯物辩证法的诸范畴与规律，为马克思主义在中国的传播奠定了理论基础。李达比较系统地考察了唯物辩证法的诸法则，论述了对立统一、质量互变、否定之否定，以及本质与现象、内容与形式、根据与条件、必然性与偶然性、法则与因果性、可能性与现实性等规律和范畴。他认为，马克思主义唯物辩证法不仅有深厚的科学基础，而且具有严密的体系。他依据列宁关于对立统一规律是辩证法的核心和实质的思想，指出辩证法的许多规律中，对立统一规律、质量互变规律和否定之否定规律是三个根本规律。其中，对立统一规律是最根本的规律，是辩证法的核心，其他两个规律则是对立统一规律的不同的显现形态。

关于对立统一法则。李达指出："对立统一的法则，是在自然、社会及思维的过程中认识其互相排斥、互相否定的矛盾与对立的诸倾向及其由一种形态转变为他种形态的法则。对立统一的法则，是辩证法的根本法则，是它的核心。这个根本法则，包摄着辩证法的其余的法则——由质到量及量到质的转变法则、否定之否定的法则、因果性的法则、形式与内容的法则等。这个根本法则，是理解其他一切法则的关键。"[2]李达首先指明了唯物辩证法与形而上学在发展观上的对立："形而上学的发展观的根本特征，就是承认

---

① 许全兴、陈战难、宋一秀：《中国现代哲学史》，北京大学出版社1992年版，第250页。

② 《李达文集》第2卷，人民出版社1981年版，第131—132页。

万物的不变性、静止性。"而唯物辩证法的发展观的特征则是"承认世界的运动性与可变性"①。其次，李达指明了事物运动的源泉是事物"内在的矛盾性"："统一物之被分解为对立物以及充满着矛盾的构成之认识——这是辩证法的精髓。"② 再次，李达正确论述了矛盾的同一性与斗争性的关系。就矛盾双方而言，他认为对立物的相互排斥与否定是绝对的、无条件的、永久的；对立物的统一、同一或互相渗透则是相对的、条件的、暂时的。"对立物的同一性、对立物的互相渗透、对立物的转变之理解，是理解辩证法的核心的最根本条件。"③ 又次，李达把矛盾分为对抗性的矛盾和不带对抗性的矛盾两种。他认为："在辩证法的解释上，一切拮抗（或敌对）都是矛盾的发展阶段，而一切矛盾，不必都发展到拮抗的阶段。"④ 最后，李达十分重视对对立统一法则的运用。他认为，"对立统一的法则，是辩证法的根本法则，是认识任何事物的根本法则。"他具体指明了我们如何应用对立统一法则去分析矛盾、揭示事物发展规律的步骤和途径。首先要把这个对象置于一个发生、发展及转变的过程中去考察。接着，要把这个对象分解为许多互相渗透的对立物，在这许多对立物之中去发现一种最单纯最根本的对立物，或最单纯最根本的关系，即本质的矛盾。人们抓住了这个本质的矛盾之后，就开始探寻这个本质矛盾自始至终发展的全过程。于是，人们追问这矛盾是怎样发展，怎样变化为新的矛盾，以及发展变化中出现的新的阶段、新的形态；追问过程的各阶段各方面的质的变化，充满矛盾的各方面运动的相互特殊的质，矛盾的各方面的互相渗透及互相转移；追问这对象在其内在的对立物斗争的过程中如何转化为它的反对物的必然性，说明这必然性所由形成的全部条件及其可能性，并指出这种可能性如何转变为现实性，而由新的形态所代替。只有运用对立统一法则进行这样的研究，人们才能认识到客观对象的发展法则，在思维上再造出对象。

---

① 《李达文集》第 2 卷，人民出版社 1981 年版，第 123 页。
② 《李达文集》第 2 卷，人民出版社 1981 年版，第 125 页。
③ 《李达文集》第 2 卷，人民出版社 1981 年版，第 128 页。
④ 《李达文集》第 2 卷，人民出版社 1981 年版，第 130 页。

关于质量互变法则。李达关于质量互变法则中的"部分质变"的思想是富有创见的。他指出：这种部分的飞跃是指"一定的质所包含的各个侧面，由于量的变化，通过其许多属性，形成许多局部的非连续性的变化"①。他举例分析说，由自由竞争时期的资本主义到垄断资本主义的转变，是资本主义展开的一般进行中的飞跃。这虽不是资本主义一般的飞跃的变化，却是从前占支配地位的资本主义的企业的分配组织形态的飞跃。同时，资本主义发展的这两个阶段以及这两个阶段之间的推移，都包含着许多部分的侧面的飞跃的变化。经济危机与景气恢复，战争与和平，新市场的夺取与新殖民地的占有，阶级的斗争与休战等，都可以说是全体资本主义发展过程中的部分质的飞跃。这些部分的质变达到一定的程度，就准备了整个资本主义的总质变、总飞跃。李达所列举的例子未必准确，但他对"部分质变"的介绍还是有意义的。

关于否定之否定法则。李达关于否定之否定法则中五个核心命题的归纳也是富有创见的思想。他认为，辩证法的否定之核心可以归纳为这样五个命题：（1）否定是过程的矛盾的内在发展的结果；（2）否定是对立统一中的契机；（3）否定同时是否定先行阶段的一个阶段；（4）否定在其自身中扬弃先行的阶段；（5）否定是过程全体的各种阶段中充满矛盾的关联。对于否定之否定，李达认为，它显现为过程内在的矛盾的发展结果，显现为对立统一过程的契机，显现为在它本身中扬弃了先行诸阶段的过程发展中的特别阶段。这个特别阶段即是解决基本矛盾的阶段，是发展的循环终结与新的对立统一形成的阶段。

李达关于唯物辩证法诸规律与范畴的论述是 20 世纪 30、40 年代理论界公认的富有特色、系统而深刻的；"唯物辩证法的诸法则"一章的论述是其代表作《社会学大纲》中最精彩的部分。

第二，论述了马克思主义唯物史观，为唯物史观在中国的应用和发展作出了卓越的贡献，是"我国有系统地传播唯物史观的第一人"。唯物史观是

---

① 《李达文集》第 2 卷，人民出版社 1981 年版，第 198 页。

马克思唯物辩证法的核心内容，它的每一个基本范畴和概念，都包含着丰富而具体的理论内容，是抽象和具体、认识和实践、理论和方法的统一。李达认为，唯物史观是马克思主义整个学说体系的理论基础。其《社会学大纲》对唯物史观特别重视，用了很大的篇幅来论述历史唯物论的基本原理，为唯物史观在中国的应用和发展作出了卓越的贡献。著名的史学家吕振羽称他是"我国有系统地传播唯物史观的第一人"①。首先，李达指出，辩证唯物论与历史唯物论是统一的。历史唯物论如果没有辩证唯物论，它本身就不能成立；辩证唯物论如果没有历史唯物论，也不能成为统一的世界观。其次，李达系统论述了社会存在与社会意识、生产力与生产关系、经济基础与上层建筑、阶级、国家、社会意识形态等历史唯物主义的基本原理；既注重阐明社会发展的一般规律，又注重阐明各种社会形态的特殊规律以及由一种社会形态到他种社会形态转变的规律。最后，李达特别强调了技术与科学在生产力发展过程中的作用。他指出，技术对于社会生产力的作用由五种复杂的情况决定：一是劳动者熟练之平均程度；二是科学及其技术应用之发达程度；三是生产过程之社会的组织；四是生产手段之规模与作用能力；五是自然条件所决定。由此，他得出结论："技术是社会生产力的一个动因。"② 更为重要的是，李达不仅论述了唯物史观的一般原理，而且还在著述中对唯物史观的方法予以充分运用，并屡有创获。例如，他运用物质利益和阶级分析方法撰写了《中国产业革命概观》与《社会之基础知识》。在书中，李达首先把整个社会系统划分为三个子系统：物的系统、人的系统、观念的系统，其中物的系统是基础。接着，从物质利益、经济状况入手分析中国的具体情况，并由此得出了中国是一个半殖民地半封建的社会、中国革命的性质是资产阶级民主革命的结论。在此基础上，他论述了中国革命的对象、动力和发展中国产业等问题。

第三，成功地运用历史与逻辑相统一的方法分析了马克思主义辩证法、

---

① 麻天祥等：《中国近代学术史》，湖南师范大学出版社 2001 年版，第 730 页。

② 《李达文集》第 2 卷，人民出版社 1981 年版，第 369 页。

认识论、论理学的统一，为我们科学地理解和运用马克思主义原理指明了方向和途径。历史和逻辑相统一的方法，既是辩证思维的重要原则，又是辩证思维的重要方法。其之所以作为重要的方法论原则，是因为历史与逻辑的统一表现着认识中主观与客观、理论与实践的辩证统一；其之所以作为重要的方法，是因为逻辑与历史的统一是用来揭示事物尤其是社会历史现象和本质的重要工具，特别是建立科学理论体系的重要方法。李达运用历史与逻辑相统一的方法成功地分析了马克思主义辩证法（作为本体论看待）、认识论、论理学的统一。他认为，三者的统一不是一种牵强附会，而是具有哲学史的根据和逻辑的必然性。其一，李达从逻辑构造着手分析，认为对唯物辩证法的认识与把握，必须通过认识论和逻辑学。他说："唯物辩证法，首先是世界观，是研究整个世界的发展的一般法则的科学。哲学上所处理的原理、范畴及法则，不单适合于特殊现象的领域，并且适合于一切现象的领域，具有极普遍的性质。但这些一般法则，必须经过思维的媒介，才能在科学上、论理上去理解它们。"①可见，唯物辩证法与客观世界的联系是通过一系列的逻辑构造实现的。这些逻辑构造表明，唯物辩证法实际上是对外部世界层层抽象的结果。在从外部世界到唯物辩证法的层次上，表现出各种不同的思维环节：首先是一般与特殊，其次是直观与思维，再次是理论与实践，最后是经验科学与理论科学。其二，李达从哲学发展史的角度入手分析，认为唯物辩证法、认识论、论理学的统一是哲学发展的必然结果，体现了哲学的进步。李达指出，近代以前，哲学被称为"科学的科学"，被分为互不相关的众多门类。近代以来，随着自然科学和社会科学的日益发达，除了认识论、论理学、本体论等哲学门类之外，其他都在各种经验的科学之中消解了。哲学的任务就是如何处理这三者之间的关系。康德从二元论的立场出发，把认识论、论理学和本体论作为彼此对立的东西，把本体排除在人的认识范围之外，变成了抽象思辨的预设物。黑格尔批判了康德的错误，把本体论、认识论、论理学结合起来，从历史发展的角度辩证地考察本体的发展。但黑格尔

---

① 《李达文集》第 2 卷，人民出版社 1981 年版，第 90 页。

把本体当作远离现实的绝对精神，这就割断了人的认识与外部世界的联系，抹杀了本体论与认识论的差别。马克思、恩格斯改造了黑格尔的关于辩证法、认识论、论理学相一致的思想，并以此作为本体论的重要原则。在他们看来，这三者都是认识的历史发展的结果，而认识就是对客观物质世界的理解和把握，"是人类在其物质的实践上认识的客观世界发展史在人类头脑中的历史的反映"①。论理学使人们排除历史中的偶然因素，把握必然性的、本质的东西，即把握世界的本体。由于辩证法、认识论、论理学三者的统一，本体不再是远离人的认识而不可捉摸的东西，也不是包含于人的认识之中的精神世界，而是可为人感觉、认识的客观外部世界。这种建立在实践基础之上的统一，既克服了康德哲学的局限，又克服了黑格尔哲学的不足，是马克思主义哲学本体论研究的一个根本方法。这样一来，本体论研究就建立在现实的历史的基础上了。列宁发展了马克思、恩格斯的思想，明确提出辩证法、认识论、逻辑学三者是同一的，"都是'世界认识的历史的总计、总和与结论'"②。显然，这里李达是运用了历史和逻辑相统一的方法来进行阐释的。

总之，作为早期的马克思主义者，李达对马克思主义唯物辩证法作了系统的研究、宣传和介绍，并把马克思主义的这一有力武器运用到具体学术研究中，取得了瞩目的成绩。

在中国现代哲学史上，"瞿秋白是第一个把历史唯物主义与辩证唯物主义作为一个整体来宣传的哲学家"③。在历史唯物论方面，瞿秋白指出："精神不能外乎物质而存在；物质却能外乎精神而存在。物质先于精神，精神是特种组织的物质之特别性质——物质当然是宇宙间一切现象之根本。"④"宇宙是统一的无始无终的物质，此物质之外别无所有。"⑤ 与陈独秀、李大钊介

---

① 《李达文集》第 2 卷，人民出版社 1981 年版，第 99 页。

② 《李达文集》第 2 卷，人民出版社 1981 年版，第 103 页。

③ 郭建宁：《20 世纪中国马克思主义哲学》，北京大学出版社 2005 年版，第 51 页。

④ 瞿秋白：《现代社会学》，转引自张岂之主编：《民国学案》第 1 卷，湖南教育出版社 2005 年版，第 561 页。

⑤ 瞿秋白：《唯物论的宇宙观概说》，转引自张岂之主编：《民国学案》第 1 卷，湖南教育出版社 2005 年版，第 561 页。

绍唯物史观不同，瞿秋白主要介绍"互辩律的唯物论"（即辩证唯物论）并以之作为宇宙观和方法论来解说历史、社会、人生、革命。他指出："宇宙的根本是物质的动，动的根本性质是矛盾，是肯定之否定，是数量质量的互变，社会现象的根本是经济的（生产关系）动——亦即是'社会的物质'之互变。"[1]"一切变易是起于永久的内部矛盾，内部的斗争。所谓'动'就是斗争，就是矛盾。"[2]"物的矛盾及事的互变便是最根本的原理，没有矛盾互变便没有动；没有动便没有生命及一切现象。……既如此，生命便是物体及现象里的时生时灭永久不断的矛盾。"[3]"社会之中常常有许多矛盾——阶级矛盾和阶级斗争是历史的原动力。各阶级之间，各种职业之间，各种派别之间，各种理想之间，生产与分配之间——无处不是矛盾。"[4]"宇宙及社会里的一切发展——就是数量变更的渐渐积累，然而数量的变，到一定程度，必定突变为质量的变。"[5]"社会里的革命等于自然界里的突变，社会里的革命是社会结构的改造。社会发展的需要与社会结构相冲突之时，便不能不发出革命式的突变。"[6]"宇宙间的一切现象，既然是永久动的，互相联系着的，社会现象亦是如此。所以社会科学中，根本方法是互辩的唯物主义。""所谓'动'就是斗争，就是矛盾"，"所以斗争与矛盾（趋向不同的各种力量互相对抗）——是以规定变动的历程"。[7]

---

[1]　瞿秋白：《社会哲学概论》，转引自李泽厚：《中国现代思想史论》，东方出版社 1987 年版，第 162 页。

[2]　瞿秋白：《现代社会学》，转引自张岂之主编：《民国学案》第 1 卷，湖南教育出版社 2005 年版，第 563 页。

[3]　瞿秋白：《现代哲学概论》，转引自张岂之主编：《民国学案》第 1 卷，湖南教育出版社 2005 年版，第 563 页。

[4]　瞿秋白：《现代社会学》，转引自张岂之主编：《民国学案》第 1 卷，湖南教育出版社 2005 年版，第 563 页。

[5]　瞿秋白：《现代哲学概论》，转引自张岂之主编：《民国学案》第 1 卷，湖南教育出版社 2005 年版，第 564 页。

[6]　瞿秋白：《现代社会学》，转引自张岂之主编：《民国学案》第 1 卷，湖南教育出版社 2005 年版，第 564 页。

[7]　瞿秋白：《现代社会学》，转引自李泽厚：《中国现代思想史论》，东方出版社 1987 年版，第 162 页。

"宇宙间的一切现象及社会间的一切现象可以有两种观察法。一种以为一切都是静的，一成不变的。还有一种便以为是变迁不居的。第一种是所谓静力观，第二种是所谓动力观。""哲学家最初的问题便是对于宇宙（自然）的解释，其次便是对于生活关系的诠注（所谓'道德问题'及'伦理问题'）。宇宙之所由来，古代哲学家往往妄相推断：说是水、火、四大、阴阳等等；这种哲学其实是一种独断论的科学，不根据于经验的，非归纳的逻辑方法。社会里现已发现治者阶级或生产管理者——商业初具雏形，交易式分配已经实现，哲学家便开始讨论道德问题（仁义孝悌忠信廉耻）；所以在资本主义之前，自然科学陷在独断论的哲学泥淖里；社会科学始终带着宗教色彩：解释道德之权握在儒士、神甫手里，资产阶级的唯物论始终是不彻底的。至今唯物论只限于自然现象的解释：资产阶级本只要以唯物论攻击贵族阶级，而要以唯心论蒙蔽无产阶级。再则，以唯物论发展技术科学，对付自然界，以求工业发达而可多得利润；却要以唯心论治社会科学，对付受剥削阶级，使民众的人生观模糊，而可以用温情政策缓和革命。无产阶级既不是'两面国'里的人，更用不着敷衍涂砌的两歧的零星散乱的宇宙观及人生观；他更不愿意受哲学家的欺罔：说宇宙间的现象出于心，而心是不可思议的——那就只能暂时安于受剥削的地位，静待心的'忽而'变成社会主义。所以无产阶级的斗争经验及对于资本主义的精密考察，必然归纳而成综贯的、统一的、因果的明了物质世界之流变公律，并且探悉心里助缘之影响程度的宇宙观及人生观——互辩律的唯物论（materialism dialectique），做他的革命斗争的指针。"①

可见，瞿秋白从哲学理论高度指出了历史上唯心论和近代资产阶级不彻底唯物论对被统治阶级的欺骗本质，又指明了马克思主义唯物论是被统治阶级和无产阶级起来革命以解放自身的唯一有力武器。这种解释和宣传是完全吻合马克思主义的唯物论辩证法观点的。马克思主义唯物辩证法的基本原则

---

① 瞿秋白：《社会科学概论》，转引自张岂之主编：《民国学案》第 1 卷，湖南教育出版社 2005 年版，第 560—561 页。

主要体现为：客观辩证法决定主观辩证法是辩证法的本体论原则，世界观和方法论的一致是唯物辩证法的方法论原则，具体地分析具体情况是唯物辩证法的应用论原则。依据唯物论，瞿秋白具体分析了20世纪中国革命的道路、依靠力量、同盟军、军事斗争以及革命的策略与方法等系列问题。他基于当时中国的具体国情，指出：中国资产阶级革命（旧民主主义革命）是无产阶级革命（新民主主义革命）的"必要的前提"，"无产阶级在资产阶级革命中的职任应当依社会进化中之客观的可能和必要而确定"。"马克思主义，是教无产阶级竭力引导（民权）革命到底并且全副精神的去参与……参加并促进国民革命，是现在中国无产阶级的职任，在原则上、在实际应用上、在国内政治经济上都是绝无疑义的。""中国的真革命，乃独有劳动阶级方能担负此等使命。"①

总之，在中国现代哲学史上，瞿秋白是第一个比较系统传播马克思主义唯物辩证法和唯物史观的代表。1923年、1924年，他先后出版了《社会哲学概论》、《现代社会学》、《社会科学概论》，1927年翻译出版了哥列夫的《唯物论——新哲学》，这些著述全面系统地传播了马克思主义唯物辩证法和唯物史观。

### （二）诘难与认同阶段

20世纪30年代围绕唯物辩证法是否为科学方法和真理问题在当时展开了激烈的论争。首先，李季在其《辩证法还是实验主义序》中批评实验主义作为一种方法和哲学是"商业哲学"或"市侩哲学"；彭述之在《评胡适之的实验主义与改良主义》中批评道："实验主义就是美国资产阶级'拜金主义'的抽象化。"接着，实证主义的代表胡适及张东荪等同唯物辩证法的代表张申府和叶青等的论战，主要围绕两个问题展开：一是辩证法是否为科学方法？一是辩证法是否为真理？

---

①　瞿秋白：《瞿秋白选集》，转引自张岂之主编：《民国学案》第1卷，湖南教育出版社2005年版，第571—572页。

　　关于这场论争，就主题和代表人物而言，学术界存在一些不同的看法。例如，许全兴、陈战难、宋一秀所著的《中国现代哲学史》就是如此陈述的："20 世纪 30 年代，马克思主义哲学在中国传播的重点由唯物史观转为唯物辩证法，由此各种非马克思主义以至反马克思主义的哲学家也把攻击的矛头主要对准了唯物辩证法。当年在攻击唯物辩证法的队伍中最显眼的角色有两个：一是张东荪，一是叶青。虽然他们之间也有互相对骂的现象，但在反对马克思主义哲学方面却是目标一致的。马克思主义队伍方面以艾思奇、邓拓、沈志远等为代表，起而反击，进行了捍卫唯物辩证法的斗争。这样，在中国 30 年代的思想理论界形成了一场以唯物辩证法为主要内容的哲学论战。"[①] 很明显，这其中涉及唯物史观是否为真理的问题。

　　唯物史观是马克思唯物辩证法的核心内容，它的每一个基本范畴和概念，都包含着丰富而具体的理论内容，是抽象和具体、认识和实践、理论和方法的统一。在最抽象的层次上，可以把社会从本体论的意义上看作社会存在与社会意识的统一整体；在活动论的意义上，可以把社会看作社会生活与社会生产的统一；从结构层次来看，可以把社会看作生产力、生产关系、政治制度、社会心理和思想意识体系的统一；在形态学的意义上，可以把社会看作社会经济形态、政治形态和意识形态的统一，等等。胡适以所谓实用主义的视角指责辩证法是"玄学方法"："从前陈独秀先生曾说实验主义和辩证法的唯物史观是近代两个最重要的思想方法，他希望这两种方法能合作一条联合战线。这个希望是错误的。辩证法出于海格尔的哲学，是生物进化论成立以前的玄学方法，实验主义是生物进化论出世以后的科学方法，这两种方法所以根本不相容，只是因为中间隔了一层达尔文主义。"继胡适之后来批评辩证法的，就是张东荪先生，他在《相反相成与纯客观法》里说："相反而相成是黑格儿的对勘法，而纯客观法是超出各个坐标系的方法，这二者绝不相侔，所以从相反相成中决不能产生或演出纯客观法。"胡、张二人认为

　　① 许全兴、陈战难、宋一秀：《中国现代哲学史》，北京大学出版社 1992 年版，第 283—309 页。此处采用的是郭湛波《近五十年中国思想史》的表述。

辩证法不是客观的科学的方法。张申府发表了《相反相成与纯客观法》来反驳他们的观点，认为相反相成与纯客观法是一致的，亦即说辩证法是客观的科学的方法。自这一问题发生后，不久又有"辩证法是否为真理"的驳难。有的主张"辩证法不是真理"，理由：（1）真理应与真实分开，辩证法虽是真实的事实，但非真理。（2）由辩证法所得的相争相拼是一歪的现象，不是宇宙客观现象的正规。有的主张是真理，理由：（1）真理与真实不分，真理就是真实的。（2）宇宙现象是相争相抗的，辩证法是客观的真理。张东荪发表了一篇《动的逻辑是可能的吗?》来进攻辩证法，他说："总之，我们只有直觉与理智这两条路。一个是从外面；一个是从内面。如走理智的路，普通的科学方法已绰乎有余，不必再想重新发明一种动的方法学，而况这种动的方法学（即辩证法）并未见得能对付动的事实。因事实的动是不限于正反合的程式；即使有之而正与反之间，反与合之间其相距至不一律，又安能一律对付之呢？所以由前之说，是不必要有动的方法学；由后之说是这样的动的方法学未必有多大用处。"① 不久叶青作一篇《动的逻辑是可能的——答张东荪》说："张东荪这次向辩证法的进攻，实在没有坚强的武器，论据是薄弱，经不得批判的。……觉得动的逻辑完全可能。辩证法确实是研究的武器，非常犀利。……'真金不怕火来烧'，理论若正确，谁也把它推不倒。反之，理论的认识和发展，都如黑格尔所说，是矛盾引导向前。因此反对论调之于我们，是有益的。在智识领域也同在生物领域一样，争斗为进化的因子。"② 这是关于辩证法的辩驳文字。此外，有牟宗三的《辩证法是真理么?》，微西的《辩证法不是真理么?》，胡荻原的《胡适之批评辩证法的批评》。既批评实验论理学，对于形式论理学当然也批评，有李石岑的《辩证法与形式逻辑》、亦英的《形式论理与矛盾论理》、邓云特的《形式逻辑还是辩证法》和郭湛波的《形式逻辑与辩证法之比较研究》③。

---

① 张东荪：《动的逻辑是可能的吗?》，《新中华》1930 年卷 1 第 18 期。

② 叶青：《动的逻辑是可能的——答张东荪》，《新中华》1930 年卷 1 第 23 期。

③ 转引自郭湛波：《近五十年中国思想史》，山东人民出版社 1997 年版，第 195—196 页。

这一时期，各种思潮还就中国社会的性质和中国革命的问题展开了一场影响巨大的论战。这场关于中国社会性质的论争过程，大致从 1928 年在国内开始发生，1930 年前后全面展开。争论的重心是"现阶段中国社会性质"的问题，而归根结底是中国革命的问题。1932 年以后，论争的重点转到"中国社会史"问题上了。参加论争的主要有"新思潮派"、"托陈取消派"、"新生命派"、"改组派"及自由主义分子的"新月派"，还有一些非党派的人士参加。他们从各自的立场出发，对中国社会性质和中国革命问题发表意见，相互争辩，延续数年。直接发表论著参加论争的有数十人，发表文章 140 多篇，出版著作 30 余种，规模大大超过了 20 年代的"科玄论战"，形成了多种有关中国社会性质的观点①。

这场关于中国社会性质的论战，成果巨大，主要体现在：一是确立了中国社会为半殖民地半封建社会；二是确立了历史发展的五阶段论（原始社会、奴隶社会、封建社会、资本主义社会、共产主义社会）；三是马克思主义唯物史观和马克思主义的影响愈益扩大，"反射到思想学术领域，从历史学、经济学、哲学到文学艺术，马克思主义的影响和声势从二十年代末到三十年代，愈益扩大"②。当时，唯物史观成为学术界流行的理论与方法。

## 二、唯物史观与马克思主义哲学中国化

最先提出"马克思主义哲学中国化"概念的学者是艾思奇。1938 年 4 月，艾思奇在《哲学的现状和任务》一文中指出："现在需要来一个哲学研究的中国化、现实化的运动。"他认为过去的哲学只做了一个通俗化的运动，打破了哲学神秘的观点，使哲学和人们的日常生活相接近，有极大的意义；但这只是哲学中国化、现实化的初步，通俗化并不完全等于中国化、现实化。现在需要适应抗日战争的形势，来一个哲学研究的中国化、现实化。"这不

---

① 参见吴雁南、冯祖贻、苏中立、郭汉民主编：《中国近代社会思潮（1840—1949）》第 3 卷，湖南教育出版社 1998 年版，第 415 页。

② 李泽厚：《中国现代思想史论》，东方出版社 1987 年版，第 71 页。

是书斋课堂里的运动，不是滥用公式的运动，是要从各部门的抗战动员的经验中吸取哲学的养料，发展哲学的理论。然后才把这发展的哲学理论拿来应用，指示我们的思想行动。"这个运动要"把辩证法唯物论做运动中心"，"以抗战的实践为依归"。1940 年 2 月，艾思奇在《论中国的特殊性》一文中，从马克思主义是科学的理论、科学的方法、无产阶级的行动指南三个方面，系统地论述了马克思主义中国化的内在依据，批判了借口中国的特殊性而丢掉马克思主义基本原则和基本方法、否定马克思主义中国化的错误思潮，强调具体把握、应用和创造性地实践马克思主义的重要性[①]。艾思奇的观点和毛泽东的思想是一致的。根据他们的有关论述，"马克思主义哲学中国化"的含义，就是马克思主义哲学必须现实化、民族化、通俗化。所谓现实化，就是要把马克思主义哲学和中国具体实际结合起来，创造出中国特色的哲学形态，化为指导中国革命和建设的思想路线、思想方法和工作方法；所谓民族化，就是运用马克思主义的立场、观点、方法，分析中国的国情，批判继承中国优秀文化传统，赋予马克思主义哲学以中国的民族形式；所谓通俗化，就是用广大群众通俗易懂的语言文字、喜闻乐见的形式表达马克思主义哲学的范畴、原理，让哲学走出书斋和课堂，成为群众手里的锐利武器。

马克思主义哲学中国化的进程，也就是中国化的马克思主义哲学形成的进程和阶段。中国学者在传播、解释马克思主义哲学理论和方法，进行学术研究和实践运用（中国社会改造和革命斗争）的过程中，逐步地形成了中国化的马克思主义的最新理论成果。而在 20 世纪上半叶，在这个进程中起主导作用的是唯物史观。按照郭建宁的分析，这个过程可以分为几个阶段，每一阶段都有其代表人物和成果。[②]

第一阶段，陈独秀、李大钊与马克思主义哲学初步传播时期。从内容上看，传播的重点是唯物史观，其中主要介绍的是阶级斗争和社会革命理论。陈独秀在《马克思学说》中指出："社会生产关系构成社会经济基础，法律、

---

①　参见艾思奇：《论中国的特殊性》，《中国文化》（创刊号）1940 年 2 月。

②　参见郭建宁：《20 世纪中国马克思主义哲学》，北京大学出版社 2005 年版，第 1—5 页。

政治都是建筑在这基础上面。一切制度、文物、时代精神的构造都跟着经济构造变化而变化。"① 李大钊在《我的马克思主义观》中则指出："人类社会生产关系的总和，构成社会经济的构造，这是社会的基础构造。一切社会上政治的、法制的、伦理的、哲学的，简单说，凡是精神上的构造，都是随着经济的构造变化而变化。"② 这个阶段主要是处在解释、陈述阶段，理解相对偏重于唯物史观。

第二阶段，瞿秋白与马克思主义哲学在中国的全面传播时期。瞿秋白传播的内容主要是辩证唯物主义和历史唯物主义。1923 年和 1924 年，他出版了《社会哲学概论》、《现代社会学》、《社会科学概论》，1927 年翻译出版了苏联学者哥列夫的《唯物论——新哲学》一书，并附录了自己写的《唯物论的宇宙论概说》和《马克思主义哲学之概念》两篇论文，进一步传播了辩证唯物主义的基本原理。在唯物史观和辩证唯物主义的论述中不乏精彩之论。如，关于唯物史观与多元史观的论述；关于历史发展中客观规律与意志自由的论述；关于历史决定论与历史非决定论的论述；关于历史的自由与必然的论述；关于历史发展的必然性与偶然性的论述等。

第三阶段，艾思奇与马克思主义哲学的大众化时期。从 1931 年 11 月至 1935 年 7 月，他先后在《读书生活》上发表了 24 篇哲学讲话，后结集出版名为《大众哲学》，共 4 章 24 节 10 余万字。该书以通俗易懂的方式从本体论、认识论、方法论和辩证法等方面阐述了辩证唯物论，产生了广泛的影响，在 20 世纪上半叶就印行了 32 版，开辟了马克思主义哲学大众化、通俗化的道路。

第四阶段，李达与马克思主义哲学的系统化时期。李达长期从事马克思主义哲学研究，从 20 世纪 30 年代开始，先后在大学里讲授社会学（实则是马克思主义哲学）。1937 年 5 月出版《社会学大纲》，从唯物论、辩证法、认识论、唯物史观等方面，比较系统全面地阐述了马克思主义哲学，毛泽东称赞这是中国人自己写的第一本马克思主义哲学教科书。

---

① 《陈独秀文章选编》中卷，生活·读书·新知三联书店 1984 年版，第 193 页。
② 《李大钊文集》下卷，人民出版社 1984 年版，第 59 页。

第五阶段，毛泽东与马克思主义哲学中国化的时期。毛泽东强调按照中国风格、中国气派来解释和运用马克思主义哲学，强调马克思主义哲学的中国化要与中国传统哲学的现代化结合起来，要与中国实际结合起来，反对本本主义。其贡献主要体现在四方面：（1）结合实际理解和认识马克思主义哲学。毛泽东1930年的《反对本本主义》是他的第一篇哲学著作，其中一个突出的思想就是，强调马克思主义的"本本"一定要同中国的实际相结合。立足实际学习"本本"，在"本本"的指导下解决实际问题。（2）《实践论》、《矛盾论》的理论阐发。（3）实事求是的思想路线。（4）实际工作中的辩证法，如军事辩证法、统一战线的辩证法、领导方法的辩证法等。《实践论》、《矛盾论》是毛泽东哲学思想成熟的标志。其中，《实践论》主要论述了实践在认识中的作用，认识发展的辩证过程，认识运动的总规律，主客观、理论和实践具体的历史的统一等问题。《矛盾论》主要论述了两种对立的宇宙观，矛盾的普遍性、特殊性，主要矛盾和次要矛盾、矛盾的主要方面和次要方面，矛盾的同一性和斗争性等问题，认为"辩证法的宇宙观，主要地就是教导人们要善于去观察和分析各种事务的矛盾运动，并根据这种分析，指出解决矛盾的方法"[1]。在"两论"的基础上，1937年毛泽东完成了《辩证法唯物论讲授提纲》，该提纲共三章，第一章讲唯物论与唯心论，第二章讲辩证唯物论，第三章讲唯物辩证法。"以毛泽东为代表的共产党人经过艰苦的奋斗，终于找到了一条适合中国国情的革命道路，在马克思主义的一般理论同中国革命的具体实践相结合的进程中迈出了具有决定意义的一步。毛泽东哲学思想就是这种相结合经验的哲学概括。毛泽东《实践论》和《矛盾论》的发表，标志着中国化的马克思主义哲学——毛泽东哲学思想的形成，宣告了中国现代哲学的发展进入了一个崭新的阶段。"[2]1938年10月，毛泽东第一次提出马克思主义中国化的命题。他指出："马克思主义必须和我国的具体特点相结合并通过一定的民族形式才能实现"，并指出，如何按照中国特点去解读

---

[1]　《毛泽东选集》第1卷，人民出版社1991年版，第304页。
[2]　许全兴、陈战难、宋一秀：《中国现代哲学史》，北京大学出版社1992年版，第226页。

去应用马克思主义的理论和方法，是"全党亟待了解并亟须解决的问题"①。特别值得指出的是，在中国的马克思主义哲学中国化运动中，毛泽东首创了马克思主义哲学的中国化形态。可以说，毛泽东哲学思想是马克思主义哲学中国化最有代表性的理论成果，把马克思主义哲学变成了认识哲学、方法哲学和群众哲学②。

从上述五个阶段可以清晰地看出 20 世纪上半叶马克思主义哲学中国化和中国化的马克思主义哲学最新成果的形成过程。基本掌握和理清了马克思主义哲学与阶级斗争、政治路线的关系，马克思主义哲学与人民群众的关系，马克思主义哲学与社会改造实践的关系。

## 三、唯物史观与传统哲学现代化

20 世纪 30 年代马克思主义的传播，从史学界到哲学界，由唯物史观而唯物辩证法，进入了一个较为全面、系统的阶段，马克思主义的理论魅力初步显露出来，因而能在当时各种学说纷然杂陈、百家争鸣的思想格局中脱颖而出，成为一种强劲的思潮，并日益占据文化领导权。在这种思潮的带领下，当时一些学者强烈地感受到，现代中国哲学的构建，一需要西方的理论，二需要与中国传统哲学的合理衔接。这就涉及中国传统哲学的现代化问题。当时正值盛年的冯友兰、张申府、张岱年、侯外庐等人敏锐地感受到了时代思潮趋向，并作出了积极的回应，在运用唯物史观实现传统哲学的现代化方面作出了有益的尝试和努力。

冯友兰运用马克思主义唯物史观原理，对中国传统文化作了全新的研究。两卷本的《中国哲学史》就是典范，在当时受到广泛的关注，获得极大的学术声誉，并迅速占据哲学界的前沿位置。

《中国哲学史》上、下卷分别出版于 1931 年、1934 年。在这部书中，

---

① 《毛泽东选集》第 2 卷，人民出版社 1991 年版，第 534 页。

② 参见魏明、刘明诗：《马克思主义哲学中国化的理论反思》，《江汉论坛》2008 年第 7 期。

冯友兰运用唯物史观的原理，梳理中国古代哲学演进的脉络，揭示哲学发展的深层动因。在《三松堂自序》中冯友兰回忆说："唯物史观的一般原则，对于我也发生了一点影响。就是这一点影响，使我在当时讲的中国哲学史，同胡适的《中国哲学史大纲》有显著的不同。"① 胡适的《中国哲学史大纲》贯彻的是实验主义的思想方法，以史料考订见长；冯友兰的《中国哲学史》则体现了唯物史观取向，以义理阐发取胜。这是二者的根本差异所在。《三松堂全集》的编纂者涂又光也认为："《中国哲学史》采用了当世最新的史观和方法（从唯物史观到逻辑分析法）。"②

在《中国哲学史》中，冯友兰把中国古代哲学划分为子学、经学两大时代，自孔子至淮南王为子学时代，自董仲舒至康有为为经学时代。冯氏在分析子学时代哲学萌芽、发达的原因时指出："自春秋迄汉初，在中国历史中，为一大解放之时代。于其时政治制度，社会组织，及经济制度，皆有根本的改变。"③ "古代政治上的贵族世官世禄之制，政治组织上也有种种阶级相对应。贵族政治一旦崩坏，上古的政治及社会制度就发生了根本变化；与贵族政治相联系的经济制度，即所谓井田制，战国时渐遭废弃，农奴解放后，庶民崛起为大地主，其次商人阶级乘时而起。"在社会大崩溃时期，倾向保守之人起而拥护旧制度，则必然提出其理论依据；也有批评或反对旧制度的，有欲修正旧制度的，有欲另立新制度以代旧制度的，更有甚者主张取消一切制度。各方都提出其理论依据，论证其合理性，于是人们逐渐形成注重理论的习惯，进而产生纯理论的兴趣，至此哲学萌芽了。因此，在冯友兰看来，哲学的发生、子学的兴起，乃是当时社会政治经济制度剧烈变动的必然结果。

在子学时代，诸子群起、百家争鸣的学术局面令人热血沸腾、兴奋不已。然而，这个时代却不久就终结了，其原因何在呢？对此，冯友兰按照唯物史观作出了解释："自春秋时代所开始之政治社会经济的大变动，至汉之

---

① 《三松堂全集》第 1 卷，河南人民出版社 1985 年版，第 230 页。

② 涂又光：《冯友兰〈三松堂全集〉简介》，《光明日报》1986 年 3 月 17 日。

③ 冯友兰：《中国哲学史》，中华书局 1961 年版，第 30 页。

中叶渐停止；此等特殊情形既去，故其时代学术上之特点，即'处士横议'各为其所欲焉以自方之特点，自亦失其存在之根据。"① 汉朝中叶，政治上、社会上的新秩序渐趋稳定，在经济方面，人们也逐渐安于由经济自然趋势而发生的新制度，自春秋时代开始的大过渡时期至此终结；蓬勃一时的思想，也至此衰落。到现代以前，中国的政治经济制度及社会组织皆未有根本变动，故子学时代的思想格局也没有重现。

子学时代终结，经学时代开始，儒学定于一尊。对这一思想变动，冯友兰也从社会经济变动来解析思想变动，作出了合乎唯物史观的解释："自春秋至汉初，一时政治、经济方面，均有根本的变化。然其时无机器之发明，故无可以无限发达之工业，因之亦无可以无限发达之商业。多数人民，仍以农为业，不过昔之为农奴者，今得为自由农民耳。多数人仍为农民，聚其宗族，耕其田畴。故昔日的宗法社会，仍得以保留而未遭大破坏。昔日的礼教制度，一部分仍可适用。人不能脱离环境而存在，天下也没有完全新创的制度。秦汉大一统后，欲另立政治上、社会上各种新制度，也必须任用儒生。这就是儒学得以独尊的原因。归根结底是由于以小农生产为基础的宗法社会的长期存续，儒学才仍能发挥其效用。"②

冯友兰进而分析了思想变动与时代变动的互动关系。他认为，"一时代之哲学与其时代之情势及各方面之思想状况，有互为因果之关系"③。不仅社会存在制约社会意识，社会意识也反作用于社会存在。"一时代之情势及各方面之思想状况，能有影响于一哲学家之哲学。然一哲学家之哲学，亦能有影响于其时代及各方面之思想。换言之，即历史能影响哲学，哲学亦能影响历史。"④ 可见，冯友兰注意到思想与时代之间的互动关系，这说明他心目中的唯物史观具有辩证性质，而没有陷入决定论的误区，这在当时无疑是难能可贵的。

---

① 冯友兰：《中国哲学史》，中华书局 1961 年版，第 41 页。
② 冯友兰：《中国哲学史》，中华书局 1961 年版，第 487 页。
③ 冯友兰：《中国哲学史》，中华书局 1961 年版，第 26 页。
④ 冯友兰：《中国哲学史》，中华书局 1961 年版，第 16 页。

1934—1935 年，冯友兰游历了英、法、苏等国，通过近距离观察和切身的体验，冯先生对社会主义萌生了浓厚的兴趣。欧洲之行使冯友兰的思想受到较大冲击，归国之后他的唯物史观倾向变得空前明朗化。正如郭湛波所言，他"归国后，思想为之大变，代表辩证唯物论的思潮"①。在《秦汉的历史哲学》的讲演中，冯氏依照他所理解的唯物史观对汉代的"三统"、"五德"说作现代的阐释：第一，历史是变的，"没有永远不变的社会制度"；第二，"历史演变乃依非精神的势，唯物史观的看法，以为社会政治等制度是建筑在经济制度上的，实在是一点不错的"。"社会经济制度之成立，人是不能有意为之的，要靠一种生产工具之发明。"第三，"历史中所表现之制度是一套一套的，有某种经济制度，就要有某种社会政治制度。换句话说，有某种物质文明，就要有某种所谓精神文明"。第四，"历史之演变是循环的或进步的，我们把循环及进步的两个观念结合起来，我们就得辩证的观念"。"这前进所遵循之规律，是辩证的。"② 在这里，冯氏对唯物史观的理解融入了辩证法的内容。

在中西文化问题上冯友兰也表现出了唯物史观的倾向。他认为，"中西文化的差异实质上是古今之不同"③。在《新事论》中，他进一步指出，中古与近代的类别实即社会类型的差别，而社会类型的区分又是以经济生产方式为基础的。这样，中西文化差异就可以由工业文明、农业文明一类注重社会经济类型的范畴得到说明，同时也明确了中国文化的出路在于工业化。西方文化代表了一种文化类型，即工业化类型。"有了机器，有了当时所谓实业，整个底社会，在许多方面，自然会有根本变化。"④ 这是因为，"人若有某种生产工具，人只能用某种生产方法；用某种生产方法，只能有某种社会制度；有某种社会制度，只能有某种道德"。显然，冯友兰这里所表述的是唯

---

① 郭湛波：《近五十年中国思想史》之《重版引言》，山东人民出版社 1997 年版，第 154 页。

② 冯友兰：《秦汉历史哲学》，载《三松堂学术文集》，北京大学出版社 1984 年版，第 34—350 页。

③ 冯友兰：《新事论》，载《三松堂全集》第 4 卷，河南人民出版社 1986 年版，第 247 页。

④ 冯友兰：《新事论》，载《三松堂全集》第 4 卷，河南人民出版社 1986 年版，第 275 页。

物史观的基本思想，即生产力决定生产关系，经济基础决定上层建筑，并着力突出了生产力在社会结构系统中的位置。冯友兰又以城乡之别来说明中西文化的不同。在他看来，世界上的民族事实上已经分成两种：其一，经济先进的民族，即所谓"城里人"；其二，经济落后的民族，即所谓"乡下人"。"英美及西欧等国所以取得现在世界中城里人的地位，是因为在经济上它们先有一个大改革。这个大改革即所谓产业革命。这个革命使它们舍弃了以家为本位底生产方法，脱离了以家为本位底经济制度。经过这个革命以后，它们用了以社会为本位底生产方法，行了以社会为本位底经济制度。这个革命引起了政治革命及社会革命。"① 冯友兰还指出，"有一位名公说过一句最精警的话：工业革命的结果，使乡下靠城里，使东方靠西方"。显然，这位名公指的正是马克思，他在《共产党宣言》中有"资产阶级使乡村屈服于城市的统治，正象它使乡村从属于城市一样，使东方从属于西方"之类的话。冯先生直接承受了马克思的这些论断。冯友兰进而说道："有了以家为本位底生产制度，即有以家为本位底社会制度。以此等制度为中心之文化，我们名之为生产家庭化底文化。有了以社会为本位底生产制度，即有以社会为本位底社会制度。以此等制度为中心底文化，我们名之曰生产社会化底文化。"② 这样一来，中西文化的差异被最终归结为生产方式的差异。所谓古今之别，即是处在生产方式的不同发展阶段上。对此，正如陈来所说，"冯友兰通过生产社会化程度把握古今社会类型的区别，并在整体上表现为受马克思历史哲学影响的工业化的文化观"③。其同时代人贺麟也评价说，"《新事论》融贯唯物史观之说以讨论文化问题"。梁漱溟也表达了相同的看法，《新事论》对中西文化不同的解说，"大致是本于唯物史观的"④。郑家栋指出，冯友兰在 30 年代能够写出《中国哲学史》这样一部 20 世纪上半期哲学史研究上的扛鼎之作，

① 冯友兰：《新事论》，载《三松堂全集》第 4 卷，河南人民出版社 1986 年版，第 388—244 页。

② 冯友兰：《新事论》，载《三松堂全集》第 4 卷，河南人民出版社 1986 年版，第 252 页。

③ 陈来：《冯友兰文化观述评》，《学人》第 4 卷。

④ 梁漱溟：《中国文化要义》，路明书店 1949 年版，第 29 页。

能够在中西文化问题上提出精辟见解，的确得益于唯物史观，得益于马克思主义。这一方面说明了马克思主义唯物史观在学术上有不可低估的价值，另一方面也说明了冯友兰运用唯物史观阐释中国传统历史文化的成绩①。

可见，从哲学史观、史学观到文化观，20 世纪 30 年代冯氏学术思想呈现出一种内在一致性，即基本取向是唯物史观的。换言之，唯物史观取向在这一时期的冯氏思想中居于基础地位、主导地位，而并非只是受了一点唯物史观的影响。

在经历了 20 世纪 20 年代后期对唯物史观的初步接受，到 30 年代前期对唯物史观的更深入系统的了解、运用，冯友兰对哲学与时代的关系的理解，可以说基本上是基于唯物史观的原则和方法的。在冯友兰看来，由经济构造（即经济基础）、社会组织、政治制度与生活方式等所组成的时代背景，是哲学史的一个"原素"。就某一个时代而言，哲学"不独是那时代的经济构造之反映，而且也是那时代的社会组织、政治制度以及风俗习惯与生活方式之反映"。就中国哲学史而言，冯友兰认为，"时代背景是组成中国哲学史的一个原素，中国哲学史中历代哲人的哲学便是由它反映而出"。因此，冯友兰明确地把探索时代背景作为研究中国哲学史的"深入一步的方法"②。冯友兰自觉运用唯物史观及其方法论研究中国哲学（史），并从中国哲学史方法论的角度把探索时代背景作为研究中国哲学史的一个方法。从生产力与生产关系、经济基础与上层建筑的关系出发，以经济制度为基础来解释社会政治制度、精神文明及思想观念体系，并把经济构造、社会组织、政治制度、风俗习惯与生活方式等作为哲学的时代背景，由此将探索时代背景作为研究中国哲学史的一个方法，使冯友兰对中国哲学史的研究达到了一个新的阶段。当然，作为非马克思主义者的冯友兰，关于哲学史研究的党性、阶级性、革命性，特别是阶级分析方法，都在他的视野之外。

中华人民共和国成立后，冯友兰先生的哲学立场转变到马克思主义哲学

---

① 郑家栋：《冯友兰哲学思想研讨会述要》，《哲学研究》1995 年第 3 期。

② 冯友兰：《三松堂全集》第 11 卷，河南人民出版社 2000 年版，第 407 页。

唯物主义的立场上来。他在后期所做的中西哲学结合工作，则主要是运用马克思主义哲学的观点和方法，重新清理中国古代哲学遗产，并在传统哲学中为马克思主义哲学在中国生根、发展寻找结合点。他特别重视中国化的马克思主义哲学即毛泽东思想的历史来源问题，20世纪50年代写的《实践论——马列主义底发展与中国传统问题底解决》一文，就探讨了毛泽东的《实践论》和中国传统哲学知行问题的直接渊源关系，也就是说，《实践论》是接着中国传统哲学知行问题讲的。

后来写的《中国哲学史新编》和旧著相比，有个显著特点，就是对中国历代唯物主义哲学家如王充、范缜、刘禹锡、张载、王廷相、王夫之等人的思想作了比较详细的论述，更全面系统地揭示了中国古代哲学思想中的唯物主义的精华和丰富内容，使中国传统哲学朴素唯物论与马克思主义唯物史观做了合理衔接和创造性转化。

张申府、张岱年是融合中西哲学流派实现中国现代哲学转型的两个重要学者。他们力主把重视"解析"的逻辑主义分析哲学与强调"唯物"的马克思主义哲学结合起来，在吸收中国传统哲学精华的基础上，实现中国哲学的现代转型。在20世纪30—40年代的科学主义思潮中，他们标举唯物论科学主义主张而独树一帜。

张申府是中国现代哲学史上"把逻辑主义分析哲学与马克思主义哲学结合起来的第一人"[①]。早在20世纪30年代，张申府就指出："现代世界哲学的主要潮流有二：一为解析，评说逻辑解析；二为唯物，详说辩证唯物。"他进而分析了这两大思路、旨趣迥然相异的思潮成为现代世界哲学的主潮的原因，认为，最根本的一点就在于它们都提倡实事求是的科学方法。"解析的目的在把思想，把言辞，弄清楚，借以见出客观的实在。唯物在承认有客观的实在，而由科学的方法，革命的实践，本着活的态度，以渐渐表现之。""科学的重要犹不仅在它的结果，尤在所谓科学方法。"只有提出了新方法，才能产生新哲学。"现代唯物论的重要本在它是方法，本在它是实践

---

① 张岂之主编：《民国学案》第1卷，湖南教育出版社2005年版，第428页。

的，本在它大有助于实践，本在它大可用的方法，本在它是用来可以大有效验的利器。"① 这种科学方法对于 20 世纪的中国来说是迫切需要的，因为："变动的时代斯生变动的科学。御变动的时代与变动的科学，斯需变动的方法。此现在唯物辩证之法之所以最为贵。"② 正是因为解析和唯物是现代最科学的方法，所以应当融合二者，而建构世界未来"解析的辩证唯物论"哲学。他指出："最近世世界哲学里两个最有生气的主潮是可以合于一的，而且合于一，乃始两益。而且合一，乃合辩证之理。在理想上，将来的世界哲学实应是一种解析的辩证唯物论。"③ 同时，张申府认为中国现代哲学的结构也离不开中国传统哲学，应当把代表西方现代哲学的两大主潮"科学方法"（解析与唯物）与代表中国哲学的思维方式"仁"结合起来，"'仁'与'科学法'，是我认为人类最可宝贵的东西。仁出于东，科学法出于西"④。他认为，仁不仅可以与科学法相通，而且还蕴含科学法所没有的重视生活、追求生命的思想，显示了中国哲学的优点和特点。因此，他理想的新中国哲学是把"解析"、"唯物"与"仁"结合起来并由之能引导中国走向未来的哲学。

在张申府的影响下，张岱年则更进一步，"企图将现代唯物论与逻辑分析方法以及中国哲学的优秀传统结合起来，构造一个'三结合'的体系"⑤。即他所谓的"天人新论"。他不仅通过改造西方现代哲学理论论证唯物论的合理性，而且努力从中国传统哲学中找到现代唯物论在中国生根、发展的结合点。他认为，"中国近三百年来的哲学思想之趋向，更有很多可注意的，即是，这三百年中有创造贡献的哲学家，都是倾向唯物的。这三百年中最伟大卓越的思想家，是王船山、颜习斋、戴东源。在宇宙论都讲唯气或唯器；在知识论及方法论，都重经验及知识之物的基础；在人生论，都讲践形，有为。所谓践形，即充分发挥人的形体，这种观念是注重动、生、人本的。我

① 《张申府学术论文集》，齐鲁书社 1985 年版，第 66—118 页。
② 张申府：《所思》，生活·读书·新知三联书店 1986 年版，第 186 页。
③ 张岂之主编：《民国学案》第 1 卷，湖南教育出版社 2005 年版，第 428 页。
④ 张申府：《所思》，生活·读书·新知三联书店 1986 年版，第 94 页。
⑤ 张岱年：《真与善的探索》，齐鲁书社 1988 年版，第 4 页。

们可以说，这三百年来的哲学思想，实以唯物为主潮。我觉得，现代中国治哲学者，应继续王、颜、戴未竟之绪而更加扩展。王、颜、戴的哲学都不甚成熟，但所走的道路是很对的。新的中国哲学，应顺着这三百年来的趋向而前进"①。显然，在他看来，中国现代哲学应该走唯物论的路线，而现代唯物论的中国化，在吸纳马克思主义唯物论的基础上，继承中国传统唯物论的精华，沿着明清之际唯物论哲学家开辟的方向发展。基于这一思路和理念，中华人民共和国成立后，张岱年正式回归到马克思主义哲学体系上来，并为中国哲学的现代化作出了巨大成绩。

## 四、唯物史观对中国现代哲学体系构建的影响

如前所述，"五四"后出现了传播马克思主义的高潮，并且沿着政治和学术两个方向发展和深入。"中国自一九二七年社会科学风起云涌，辩证唯物论思想大有一日千里之势。"当时介绍唯物辩证法的著作、译著大量出版，马克思主义哲学甚至在大学讲坛都占据了一定的地盘。"五四"时期，根据现实斗争的需要，李大钊对马克思主义的介绍侧重于唯物史观，特别是阶级斗争学说。他强调阶级斗争在社会组织的改造和变动中的作用，认为阶级斗争乃是"改造社会组织的手段"，还力图从社会基本矛盾出发分析中国社会面临的问题。陈独秀也对"唯物史观"、"剩余价值"、"阶级斗争"、"劳工专政"等思想进行了不遗余力的介绍，并在与张东荪、梁启超关于社会主义问题的论战中，较为全面系统地阐发了自己对社会主义的认识，认为"中国不但有讲社会主义底可能，而且有急于讲社会主义底必要"。这一阶段对马克思主义的传播作出巨大贡献的是共产党人李达。李达不仅翻译了大量的马克思主义著作，还写下了被誉为"中国人自己写的第一部马克思主义教科书"——《社会学大纲》，首次系统全面地阐述了马克思主义哲学，对马克思主义的普及和发展产生了极为深远的影响。"30 年代唯物辩证法作为一种

---

① 《张岱年文集》第 1 卷，清华大学出版社 1989 年版，第 221 页。

代表先进思想潮流的方法在思想学术领域被广泛地应用着，并日益与中国社会实践相结合。"① 当时马克思主义哲学、政治经济学、科学社会主义正向学术的各个领域渗透，以马克思主义唯物史观和唯物辩证法为指导的哲学、史学、社会学、经济学等新兴学科也开始建立和发展起来。

可见，20世纪30年代初中国学术思潮的一个显著特征是马克思主义的广泛传播。先是唯物史观风行于世，"唯物史观，象怒潮一样奔腾而入"②。随即唯物辩证法运动又席卷了整个哲学界。"1927年以后，唯物辩证法风靡了全国，其力量之大，为二十二年来的哲学思潮史中所未有。"③ 谭辅之在《最近的中国哲学界》中说："旧哲学虽然仍在某些讲坛上有其势力，但一般的学者，都自动地转变了，而新哲学在有个时期，有些地方，已由民间爬进了大学，甚至在课程上都列有辩证法那样的科目。如果口里不讲几句辩证法或唯物论，一定不受学生欢迎。"就连反对唯物辩证法的张东荪也不得不承认："这几年来坊间出版了不少关于唯物辩证法的书。无论赞成与反对，而唯物辩证法闯入哲学界总可以说是一个事实。"④

哲学界在1930—1936年间进行了"唯物辩证法论战"，又叫"哲学论战"，这在哲学界引起了一场轩然大波。

在哲学研究领域，经由激烈论争，唯物辩证法的方法和学理进一步成为人们致思和著述的工具，运用这一工具来挖掘和研究中国传统辩证法思想就是典型一例。自郭沫若发表《周易的时代背景与精神产生》，发现《周易》的辩证法，接着就有张季同的《先秦哲学中的辩证法》、《秦以后哲学中的辩证法》，李石岑的《老庄的辩证法》、《辩证法是可该的么？——关于宴子一件很古的中国故事》。还有郭湛波的《辩证法研究》里头关于《周易》、《老子》、《庄子》的辩证法研究，都是中国辩证法的探究。此外，还有陈豹隐先生的

① 郭湛波：《近五十年中国思想史》之《重版引言》，山东人民出版社1997年版，第7页。
② 顾颉刚：《战国秦汉间人的造伪与辨伪》，载《古史辨》第7册，上海古籍出版社1981年版，第64页。
③ 艾思奇：《艾思奇文集》第1卷，人民出版社1981年版，第66页。
④ 张东荪：《唯物辩证法之总检讨》，载《唯物辩证法论战》，民友书局1934年版。

《社会科学研究方法论》，也是辩证法在中国有数的著作①。蔡尚思于1934年动笔、1937年脱稿的《中国思想史研究法》，对唯物辩证法情有独钟。他在书中明确地说："辩证唯物论和唯物史观，这是最彻底的唯物论……这种科学方法，创始于卡尔·马克思、恩格斯，实践并发扬于伊里奇·列宁和现今苏政治家、哲学家。""一切玄虚的唯心论、机械的唯物论、平等的二元论、调和的多元论以至无元论，均欠正确……而最广大精微者，却只有辩证法唯物论和唯物史观。"②

最能说明问题的是政治立场上反马克思主义的一些学者，却在学术立场上对唯物史观表示过相当的好感，并承认这一理论的价值。这种政治与学术错位的独特现象③，不仅有力地反衬出唯物史观在当时的巨大影响，而且也显证唯物史观在中国现代哲学体系构建中的主导作用。譬如胡适，尽管他说过"被马克思列宁牵着鼻子走算不得好汉"之类心存轻蔑的话，但在"问题与主义"论战中，他也明白无误地指出："唯物的历史观，指出物质文明与经济组织在人类进化社会史上的重要，在史学上开一个新纪元，替社会学开无数门径，替政治学开许多生路，这都是这种学说所涵意义的表现……这种历史观的真意义是不可埋没的。"④应该说，胡适这个当时马克思主义的反对者对唯物史观于治学的意义之认识是很到位的，用"开一个新纪元"、"开无数门径"、"开许多生路"来赞许唯物史观的影响，这种评估可以说相当有分量。实际上，不仅胡适如此，胡适的追随者和门下也多是如此。如陈衡哲在1924年5月28日曾致信胡适说："你说我反对唯物史观，这是不然的，你但看我的那本《西洋史》，便可以明白，我也是深受这个史观影响的一个人……我承认唯物史观为解释历史的良好工具之

---

① 郭湛波：《近五十年中国思想史》之《重版引言》，山东人民出版社1997年版，第197页。

② 蔡尚思：《中国思想史研究法》，复旦大学出版社2001年版，第9页。

③ 王学典：《现代学术史上的唯物史观——论作为"学术"的马克思主义》，《山东社会科学》2004年第11期。

④ 胡适：《四论问题与主义》，载《胡适精品集》第1册，光明日报出版社1998年版，第356页。

一。"① 至于胡适的弟子顾颉刚的下面这段话，就更是为学界所周知："近年唯物史观风靡一世……他人我不知，我自己决不反对唯物史观。我感觉到研究古史年代，人物事迹，书籍真伪，需用于唯物史观的甚少……至于研究古代思想及制度，则我们不该不取唯物史观为其基本观念。"② 而胡适的其他弟子如罗尔纲、吴晗等人在20世纪30年代中期则早已在唯物史观的影响下从事历史研究了。

在这些人中有两个人可能最为典型：一个是20世纪30年代的冯友兰，另一个则是同一个时期的陶希圣。

冯友兰是一个被时人认为从北伐成功至30年代中期近五十年中国思想之第三阶段的主要代表人物之一。按照郭湛波的说法，这个时代以马克思的唯物史观为主要思潮，而这个时代思想人物可以冯芝生（友兰）、张申府、郭沫若、李达为代表③。《中国哲学史》是冯氏的代表作，而应用唯物史观，当时就被认为是此书的首要特征④。此后的作为《贞元六书》之一的《新事论》，系统而深入地表达了冯氏对社会、历史、文化的观点，而唯物史观构成了他阐发这些问题的基本观念工具。如上所述，冯友兰自如地把文化上的东西之别解释成文化上的古今之异，从而指出中国的农业文明必将为工业文明所取代，所借助的正是唯物史观——这一点至今为人们所称道。而《秦汉的历史哲学》一文则表明冯氏对唯物史观的把握已达到登堂入室的程度，唯物史观在冯氏几乎所有述作中都有体现⑤。无怪乎时人这样期待冯氏："在这风雨如晦的时代中，作我们一个思想的领导者。"⑥ 今天看来，冯友兰这一时期的学术研究无疑是唯物史观派学术史上的重要一页。

与冯友兰一样，陶希圣也被看作是近五十年中国思想之第三阶段即唯物

① 耿云志：《胡适年谱》，《胡适研究论稿》，四川人民出版社1985年版，第397页。
② 罗根泽：《古史辨》第4册，上海古籍出版社1981年版。
③ 参见郭湛波：《近五十年中国思想史》之《重版引言》，山东人民出版社1997年版，第149页。
④ 参见张岱年：《冯著〈中国哲学史〉的内容和读法》，《出版周刊》1935年第4期。
⑤ 陈峰：《20世纪30年代冯友兰学术思想的唯物史观取向》，《史学月刊》2003年第1期。
⑥ 郭湛波：《近五十年中国思想史》之《重版引言》，山东人民出版社1997年版，第169页。

史观阶段的代表人物之一。由于陶偏重于研究社会经济史，所以在这个阶段，他被看作是与郭沫若齐名的中国社会经济史研究的主要代表。郭湛波认为："对中国社会史的研究，以郭沫若、陶希圣二氏成绩为最佳。"[①] 而陶氏在近五十年中国思想史之贡献，在他用唯物史观的方法来研究中国社会史，影响颇大："中国近日用新的科学方法——唯物史观，来研究中国社会史，成绩最著，影响最大，就算陶希圣先生了。"[②] 出版于 1946 年的《当代中国史学》一书认为："研究社会经济史最早的大师，是郭沫若和陶希圣两位先生，事实上也只有他们两位最有成绩。陶希圣先生对于中国社会有极深刻的认识，他的学问很是广博，他应用各种社会科学的政治学经济学的知识来研究中国社会，所以成就最大。虽然他的研究还是草创的，但已替中国社会经济史的研究打下了相当的基础。"[③] 其他的学术史家也都肯定了陶氏作为史观派开山的作用。

　　唯物史观的影响还体现在与各种社会思潮的激烈论战后，因为其自身理论的优越性，逐渐崭露头角，并在学理上树立起了一面鲜艳的旗帜，逐步形成了现代唯物史观指导下的中国现代哲学体系。而且，在中国产生了"完全崭新的文化生力军"，催生了毛泽东、李达、郭沫若、冯友兰等一大批学术巨星，诞生了一批学术成果，其中主要有：毛泽东的《实践论》和《矛盾论》，李达的《社会学大纲》、《中国产业革命概论》、《社会之基础知识》和《民族问题》，艾思奇的《大众哲学》、《新哲学论集》、《思想方法论》和《哲学与生活》，张如心的《无产阶级的哲学》、《辩证法学说概略》、《苏俄哲学潮流概论》和《哲学概论》，沈志远的《现代哲学基本问题》，陈唯实的《通俗辩证法讲话》、《新哲学体系讲话》和《新哲学世界观》，胡绳的《新哲学的人生观》、《辩证法唯物论入门》、《思想方法》和《怎样搞通思想方法》等[④]。"这支生力军在社会科学领域和文学艺术领域中，不论是哲学方面，在经济学方

① 郭湛波：《近五十年中国思想史》之《重版引言》，山东人民出版社 1997 年版，第 244 页。

② 郭湛波：《近五十年中国思想史》之《重版引言》，山东人民出版社 1997 年版，第 179 页。

③ 顾颉刚：《当代中国史学》，辽宁教育出版社 1998 年版，第 91—92 页。

④ 黄见德：《20 世纪西方哲学东渐问题》，湖南教育出版社 1998 年版，第 94—95 页。

面，在政治学方面，在军事学方面，在历史学方面，在文学方面，在艺术方面，都有极大的发展。"①

## 第二节　唯物史观与现代中国史学

20 世纪上半叶中国史学有两变，一是由过去的旧史学变为"新史学"（含史料派史学），另一是由"新史学"演进为真正马克思主义"新"史学。而唯物史观的传入则是中国现代史学的临门一脚，开创了中国史学研究的新局面，诞生了全新而科学的史学理论、方法和丰硕的史学成果，催生了史观与史料并重的中国现代史学，形成了完整的学科体系。经过李大钊、郭沫若、范文澜、吕振羽、翦伯赞、侯外庐等大批研究者的艰辛开拓，创造出具有自身民族特色的马克思主义史学，也形成了丰富的关于马克思主义史学中国化的思想，奠定了中国现代史学的根基和范式。

中国学术观念自近代以来经历着由进化论引进到唯物史观传播的不断更新过程。严复、梁启超、康有为在中国宣传进化论，使资产阶级学术思想在中国得以奠基；而李大钊、陈独秀在"五四"时期宣传唯物史观，则开创了中国马克思主义学术的新局面。关于这一点，学术界形成了比较一致的看法。瞿林东指出："20 世纪中国史学最显著的进步是历史观的进步。"② 他认为，中国史学有悠久的历史，中国史学上的历史观点也在不断地发展、进步。19 世纪末至 20 世纪初，这种历史观点的发展、进步发生了两次重大变革：一次是西方近代进化论的传入，改变了中国人对于历史的看法；另一次是马克思主义唯物史观的传入，在更加深刻的意义上改变了中国人对于历史的看法。关于前者，梁启超、顾颉刚都有论述；关于后者，李大钊、郭沫若、翦伯赞等也各有阐说。由于进化论和唯物史观的引

---

① 《毛泽东选集》第 2 卷，人民出版社 1991 年版，第 697 页。
② 瞿林东：《唯物史观与中国史学发展》，《史学史研究》2002 年第 1 期。

入，尤其是唯物史观的引入，不仅加快了中国史学发展的步伐，而且推动了中国史学的科学化进程。盛邦和总结了这个阶段马克思主义史学成长的过程，并将其划分为三个时期：五四运动时期是它的诞生期；20世纪30年代前后社会史大论战，标志着它进入自己的发育期；延安时代是它的成熟期与发展期。他认为，马克思主义史学看到了进化史观派的内在缺陷——唯心主义，也看到了史料考证史学派的"惟科学主义"的机械性，用辩证唯物主义和历史唯物主义观察历史，为中国历史学打造科学精良的思想武器；它融实证主义与历史主义于一体，含致用与求真为一脉，形成马克思主义史学实事求是的内在境界。它总结既往之经验，瞻望未来之前途。这些内在因素与中国社会现实紧密结合，从而开创出中国史学的新局面，并发展成为中国现代史学的主导潮流①。王东、王兴斌等人则认为，在中国史学的现代性变迁过程中，形成于20世纪二三十年代的马克思主义史学，无论就其范式意义，还是就其实际影响而论，都是其他任何一个史学流派所无法比拟的②。尽管各自论述的视角不同，但学者们都高度一致地认可并肯定了唯物史观对于改造中国旧史学并进而构建中国现代史学体系所发挥的巨大作用。

## 一、西学东渐与"新史学"的崛起

中国学术的近代化是在比较参照中西文化的异同，超越中西对立、体用两橛的思维模式，有选择地吸取和消化西学的前提下所进行的创造性文化重构与熔铸。近代"新史学"的勃兴实际上是中西文化认同融合创新的先例。这种吸收不是单向的，而是全方位的，包括欧美两大洲的英法美德俄以及亚洲的印度日本；融合创新的途径也不是单一的，而是多维的，几乎每一个有

---

① 参见盛邦和：《20世纪上半叶中国史学的流程与流派》，《学术月刊》2005年第5期。

② 参见王东、王兴斌：《二十世纪上半期的中国马克思主义史学》，《历史教学问题》2005年第5期。

成就的学者都有自成一体的融合创新方法。①

自清朝道光咸丰以来，学术上的汉宋调和到"五四"时期的中西融合，中国学术史上出现了一个前所未有的中西古今大冲突大融合的高潮，19世纪末20世纪初勃兴的"新史学"便是这一文化融合背景下的典型产物。1901年，梁启超在《清议报》上发表《中国史叙论》，章太炎发表《中国通史略例》（附于其手校本《訄书·哀清史》），不约而同地倡言撰修一部不同于旧史的新中国通史。1902年，侯士绾译日本浮田和民的《史学原论》（题为《新史学》），系统介绍了西方史学的理论和方法；同年，梁启超在《新民丛报》上发表《新史学》，呼吁"史界革命不起，则吾国不救"②；邓实在《政艺通报》上发表《史学通论》，认为"中国史界革命之风潮不起，则中国永无史矣，无史则无国矣"③；马叙伦在《新世界学报》上发表《史学总论》，提出："中人而有志兴起，诚宜于历史之学，人人辟新而讲求之"④；留日学生汪荣宝根据本史学论著编译发表《史学概论》，介绍西方史学的理论与方法，自称以之为将来中国"新史学之先河"⑤。在此背景下，"新史学"思潮呼之欲出。"新史学"之"新"在于它借鉴了西方（英美德法俄日等）新的史学理论与方法，批判继承了传统的史学理论和方法，在此基础上综合创新而成的史学。20世纪初，西方史学主要有三大流派：一是传统以实证主义为主要方法的叙事式史学；二是以文德尔班、李凯尔特强调主体为思维进路的唯心主义史学，这一流派在20世纪上半叶产生了克罗齐、柯林武德和汤因比等史学大师；三是十月革命后，1925年全苏"马克思主义历史学家协会"成立标志着马克思主义史学流派的诞生。而在东方，特别是在中国，这三大史学流派都有相当程度的反映：胡适、傅斯年、顾颉刚等以自然科学的方法

① 参见薛其林：《"新史学"的勃兴与中西文化的融合创新》，《湖南师范大学学报》1999年第5期。

② 梁启超：《新史学》，《新民丛报》1902年2月8日。

③ 邓实：《史学通论》，《政艺通报》1902年8月18日。

④ 马叙伦：《史学总论》，《新世界学报》1902年9月20日。

⑤ 汪荣宝：《史学概论》，《译书汇编》1902年12月10日。

结合中国传统考据方法进一步强化着实证主义方法；晚年的梁启超以及何炳松、朱谦之、常乃德、雷海宗等人则认同李凯尔特、克罗齐、汤因比等人的史学理论与方法；1924 年李大钊运用马克思主义唯物史观研究历史的《史学要论》出版，在中国树起了马克思主义史学这面旗帜，郭沫若、翦伯赞、侯外庐、范文澜继之而起，成为中坚力量。由此可见，"新史学"是在西方史学流派的影响下创建并随西方史学的演进而演进的，相对于旧史学而言，它具有崭新的内涵：把旧史的帝王通鉴改造而为国民通鉴，融铸旧史的忠孝节义和正统而为爱国、进取、创新的理性精神，变旧史的君权等级思想而为民权平等思想，改造旧史的循环论而为历史进化论，改造旧史的全面铺陈而为新史学的条分缕析。综观 20 世纪的"新史学"，走的完全是一条中西文化相互推助、融会创新的道路。①

## （一）新史学理论的引进与中西融合创新

"新史学"的两大理论建树是以国民中心观取代帝王中心观、以进化论取代循环论。这都是吸收西学而产生的新成果。

第一，以西方民权平等思想为武器，转帝王中心史观为国民中心史观。1903 年，东新出版社署名为"横阳翼天氏"的《中国历史》在首篇总叙"历史之要质"中指出：中国过去"所谓二十四史、资治通鉴等书，皆数千年王家年谱、军人战记，非我国民全部历代竞争进化之国史也。今欲振发国民精神，则必先破坏有史以来之万种腐败范围，别树光华雄美之新历史旗帜，以为我国民族主义先锋"。从而标出了"新史学"的方向和目标。其实，梁启超、严复早就抨击过传统的帝王一姓史，1897 年梁启超就曾指出："历史有君史、有国史、有民史"，西方各国"民史"盛行，而中国各代历史，"不过为一代之主作谱谍"②。严复也批评中国历史体例，"于君主帝王之事，则虽少而必书，于民生风俗之端，则虽大而不载。是故以一群强弱盛衰之故，终

---

① 参见薛其林：《"新史学"的勃兴与中西文化的融合创新》，《湖南师范大学学报》1999 年第 5 期。

② 载《时务报》1907 年 7 月 20 日。

无可稽"①。几乎与此同时，谭嗣同、赵必振、邓实、陈黻宸、曾鲲化、夏曾佑相继发表了完全相同的观点，认为"新史学"应以国民为本位，转古史之帝王一姓史为国民万姓史。在如何撰写民史的问题上，他们认为应当以西方民权平等思想为武器，比照其体例，"一一证以欧美当师法、当修改、当参酌之实际，以补列朝国史所未备"②，"述一群人所以休养生息、同体进化之状，使后之读者，爱其群、善其群之心油然而生焉"③。通过撰写"普通民史"来开启民智，期以救国。1904年，邓实自号为"民史氏"，作《民史总叙》1篇、《民史分叙》12篇，系统诠释了民史的概念、内容，民史与民权的关系，民史与专史的编修等问题，从而把撰写民史推进到具体操作阶段。随着史学思想的改变和史学主体地位的变化，是非观念亦随之大变，对历史事件、历史人物的评价也就大不一样。1902年章太炎的《中国通史略例》就把洪秀全与秦皇汉武并列；1904年刘师培作《中国革命家陈涉传》，将陈涉与孔子等量齐观，指出："如若没有孔子，就不能集学术大成，这教育就不能完全了。如若没有陈涉，就不能起革命风潮，这政治就不能改革了。"把陈涉视为革命家、政治改革的先师，目的是要"教现在的中国人都晓得革命一件事在我们中国从前也是很有人实行的。就是独立自由的字面，也不是外国人创造出来的"。马克思主义史学家则运用唯物史观，从经济构造、社会构造上来解释历史，从而创出民史研究的新境。李大钊的《由经济上解释中国近代思想变动的原因》，郭沫若的《中国古代社会研究》，翦伯赞的《群众、领袖与历史》，范文澜的《中国通史简编》等都是这方面的代表。

第二，以西方进化论为武器，转历史循环论为历史进化论。西方进化论系统传入中国，自然是严复首造其功。实际上严氏的进化论，也是对西学进行取舍综合而有所创新的，严氏是在达尔文生物进化论、斯宾塞的社会达尔文主义以及赫胥黎对进化论进行诠释的基础上构建其进化史观的。自此以后，"物竞天择，适者生存"便成为整个19世纪末20世纪初政治、学术领域共遵

① 严复：《群学肄言·砭愚》，上海文明编译局1903年版。
② 载《政艺通报》1902年10月16日。
③ 载《新民丛报》1902年2月8日。

的规律。康有为首先将西方进化与传统"三世说"相糅合,构建其"公羊三世说",从而在社会学说领域开辟了进化论的新篇。"新史学"则是在进化论的直接影响下兴起的。梁启超在《新史学》中提出"史学之界说",认为:"历史者,叙述人群进化之现象而求其公理公例者也。""是故,善为史者,必研究人群进化之现象,而求其公理公例之所在,于是有所谓历史哲学者出焉。历史与历史哲学虽殊料,要之,苟无哲学之理想者,必不能为良史,有断然也。"主张依据进化论的原理来梳理中国史学,以"三世六别说"取代康有为的"公羊三世说",以示历史演进的规律。不久,他又主张将中国历史具体划分为上世史、中世史、近世史,从而抛弃传统史学不能"综观自有人类以来万数千年之大势,而察其方向之所在"的一治一乱的循环史观。章太炎认为"新史学"一要"熔冶哲理",二要"知古今进化之轨"[1],他参照比较西方史学及社会学,深入思考社会进化的因由,并在此基础上形成其自然和社会历史的演进观,以此来研究中国历史上的种族、职官、语言文字、风俗习惯、学术流变。其《訄书》中从《尊史》到《别录》7篇文章即是这一思想的结晶。刘师培认为编写中国史有必要参考西方史学研究成果,他于1905—1906年出版的《中国历史教科书》即是"参考西籍"来阐明"人群进化之理"的,因此书中在论述政体之异同、种族分合之始末、制度改革之大纲、社会进化之阶段、学术进退之大势诸问题时,贯穿的就是历史进化论。一生著译20多部史作的"新史学派领袖"何炳松,学贯中西,是美国"新史学"代表詹姆斯·哈威·鲁滨逊在中国的传人,在其重要著作《通史新义》中指出:"用进化的眼光来考察历史的变化,把人类历史看成为一个'连续不断的'成长过程。"

如果说"新史学"在近代进化论的影响下而有非凡建树的话,那么20世纪上半叶马克思主义唯物史观的确立,则从根本上改变了"新史学"的面貌,从而使"新史学"真正走上科学化的道路。[2]也只有到这个时候,"新史学"才成为名副其实的"新"的史学。李大钊、郭沫若、翦伯赞、范文澜、

---

① 章太炎:《中国通史略例》,载《章太炎全集》,上海人民出版社1980年版。

② 参见薛其林:《"新史学"的勃兴与中西文化的融合创新》,《湖南师范大学学报》1999年第5期。

侯外庐、吕振羽运用唯物史观，把前人所追寻、探讨的"必然之势"、"必然之理"提高到了科学认识的高度，从而科学地回答了人类社会历史发展进化的规律。他们不仅肯定了历史是进化的，而且回答了历史进化的终极原因——经济的构造。

李大钊率先以马克思主义唯物史观为指导，研究中国历史，开创了中国马克思主义史学研究的崭新道路。1919—1920 年，李大钊先后发表了《我的马克思主义观》、《唯物史观在现代史学上的价值》、《物质变动与道德变动》、《由经济上解释中国近代思想变动的原因》等有关历史科学的论文。1924 年出版《史学要论》，不仅系统地介绍了马克思主义有关唯物史观、剩余价值和阶级斗争学说的基本内容，并初步运用唯物史观指导历史研究。他的贡献主要表现在三个方面：一是系统地介绍唯物史观，为中国马克思主义史学的创立提供了认识、解释历史的科学的思想武器；二是通过深入而系统的马克思主义史学理论研究，开辟了中国马克思主义史学理论研究的道路；三是运用唯物史观的原理对中国古代和近代历史上的某些问题进行了初步探讨，为后来的马克思主义史学家树立了典范。这一切都为 20 世纪 30 年代中国马克思主义史学的正式形成奠定了基石。因此，他是当之无愧的"中国马克思主义史学的奠基人"①。其以唯物史观为指导的学术方法论就贯穿于对唯物史观的宣传和哲学、史学等学术研究的全过程。李大钊指出："历史观本身亦有其历史，其历史亦有一定的倾向。大体言之，由神权的历史观进而为人生的历史观，由精神的历史观进而为物质的历史观，由个人的历史观进而为社会的历史观，由退落的或循环的历史观进而为进步的历史观……神权的、精神的、个人的、退落的或循环的历史观可称为旧史观，而人生的、物质的、社会的、进步的历史观则可称为新史观。"②他反复阐述了"历史非从经济关系上说明不可"的基本原理，在《唯物史观在现代史学上的价值》一文中指出："在社会构造内限制社会阶级和社会生活各种表现的变化，最后

---

① 张书学：《中国近代史学思潮研究》，湖南教育出版社 1998 年版，第 367 页。
② 《李大钊史学论集》，河北人民出版社 1984 年版，第 70 页。

的原因，实是经济的。"[1] 在《史学与哲学》一文中指出："马克思的唯物史观是历史观的一种。他以社会上、历史上种种现象之所以发生，其原动力皆在于经济。"[2] 认为："凡一时代，经济上若发生了变动，思想上也必发生变动。"[3] 正是基于这一认识的飞跃，李大钊在对传统思想的批判上便自觉地由进化史观转到唯物史观上来[4]。郭沫若在《中国古代社会研究》中，则以唯物史观为"向导"和指南，从分析生产工具和生产关系入手，揭示了中国从远古到近代的社会经历过原始共产制、奴隶制、封建制和资本制几种生产方式的更替，第一次提出了中国历史的体系。尽管这一体系存在明显的不足[5]，但它的提出无疑代表了中国史学发展的新阶段。吕振羽的《简明中国通史》以唯物史观为指导，从生产工具演进、经济发展状况、生产关系变动的角度分析中国各个历史时期的政治制度和政权变更以及文化意识形态的变化等，胡绳把这一著作当作"学术中国化"的"丰美果实"之一，并认为它为中国学术的健康发展"开辟了一个新的方向"[6]。翦伯赞在谈到人类历史演进的一般规律或统一性问题时，就明确认定马克思所说的"亚细亚的、古代的、封建的、现代资产阶级的生产方式"等社会形态的演进过程是人类历史进化的一般规律[7]。侯外庐从社会史角度切入研究思想史的方法，既是他学术上的成功之处，也是他本人一直引以为正确的方法。

"新史学"由达尔文的社会进化论而演绎出进化史观，以此来取代传统的循环史观；由马克思主义的传入而推导出唯物史观，以此来取代进化史观，前波后浪相互推助，构成了现代史学的繁荣与进步。1945 年，顾颉刚在其著作《当代中国史学》的"引论"中论述民国以来中国史学的进步时，总结了五个方面的原因，其中第二个方面即强调了进化史观和唯物

---

① 《李大钊文集》（下），人民出版社 1984 年版，第 360 页。

② 《李大钊文集》（下），人民出版社 1984 年版，第 364 页。

③ 《李大钊文集》（下），人民出版社 1984 年版，第 177 页。

④ 参见张书学：《中国现代史学思潮研究》，湖南教育出版社 1998 年版，第 389 页。

⑤ 参见林甘泉、黄烈：《郭沫若与中国史学》，中国社会科学出版社 1992 年版，第 80 页。

⑥ 胡绳：《近五年间中国历史研究的成绩》，《新文化半月刊》1946 年第 2 卷第 5 期。

⑦ 翦伯赞：《历史哲学教程·序》，河北教育出版社 2000 年版，第 2、3 页。

史观的重要性。他说："第二是西洋的新史观的输入。过去认为历史是退步的，愈古的愈好，愈到后世愈不行；到了新史观输入以后，人们才知道历史是进化的，后世的文明远过于古代，这整个改变了国人对于历史的观念。如：古史传说的怀疑，各种史实的新解释，都是史观革命的表演。还有自从所谓'唯物史观'输入后，更使过去政治中心的历史变成经济社会中心的历史，虽然这方面的成绩还少，然也不能不说是一种进步。"显然，顾氏把"史观革命的表演"、"进步"归结于"新史观的输入"和"唯物史观的输入"，无疑肯定了西学的引进与中西融合创新对中国史学的巨大贡献。

### （二）新史学方法的引进与中西融合创新

自 19 世纪末严复传播英国经验论与归纳法，史学新方法便开始萌生。梁启超发表《培根学说》、《笛卡尔学说》、《近代文明初祖二大家之学说》、《论学术势力左右世界》等，认为西方近代与上古、中古的主要差别是思维方法和世界观的差别，而培根的经验归纳法和笛卡尔的演绎推理法是西方近代文明的基础，因而主张运用西方近代的"科学方法"改造传统的方法，建立起新的方法论。王国维则站在世界的学术高度提出"能动化合"说，这就是他著名的"学无中西无新旧"之说。他认为，近世以来，中西文化的交流融汇、互摄共进已成必然之势，"外界之势力之影响于学术，岂不大哉！""人如轮，大道如轨，东海西海，此心此理。"① 首先，王国维尖锐批评当时弥漫于学术界的"中国自中国、西洋自西洋"的因循固陋之习；指出，忽视吸纳异域文化的优长处，正是中国学术衰弊的根本原因，而会通中西之学，实行互补共助化旧出新，才是中国学术的前途所在。他说："余谓中西之学，盛则俱盛，衰则俱衰，风气既开，互相推助。且居今日之世，讲今日之学，未有西学不兴而中学能兴者，亦未有中学不兴而西学能兴者。"②"异日发明光

---

①　王国维：《论近年之学术界》，载《王国维遗书》第 5 册，上海书店 2011 年版。

②　王国维：《论近年之学术界》，载《王国维遗书》第 5 册，上海书店 2011 年版。

大我国之学术者，必在精通世界学术之人，而不在一孔之陋儒。"① 其"学无中西"，实质是要打破中西轸域，要求"学贯中西"，主张既吸取西学严密的分析方法，也吸取西学思辨的综合方法；既实证分析（Specification），又理论概括（Generalization），从而使传统学术达自觉（Self-consciousness）之地位。其次，王国维针对传统学术内部师承家法门户壁立、今古相仇、汉宋不容的弊端，倡导"自由研究"，提出"学无新旧"之说。他指出："今日之时代，已入研究自由之时代，而非教权专制之时代。"②"凡事物必尽其真，而道理必求其是"，号召人们用科学的精神对待古人的学说，不"尚古"；用历史的态度处理这些材料，不"蔑古"。他本人正是以"自由研究"、"博稽众说，而唯真理是从"的学术精神，不断有所创获，由"新发见"之甲骨文创立"新学问"，成为"新史学的开山"③。最后，化合中西，发明"二重证据法"。所谓"二重证据法"，即"取地下之实物与纸上之遗文互相释证"，亦即中国传统史家的"目验"与叔本华所谓"以概念比较直观"④ 的"化合"。正如王国维所说，这一方法"虽有类于乾嘉诸老，而实非乾嘉诸老所能范围。其疑古也，不仅抉其理之所难符，而必寻其伪之所自出；其创新也，不仅罗其证之所应有，而必通其类例之所在。此有得于西欧学术精湛锦密之助也"⑤。王国维"学无中西无新旧"的博洽态度、"求实"和"会通"的治学精神、"颇开一生面"的"二重证据法"都是成就一代大师巨子的方法和门径。溥仪曾指出："新旧论学不免多偏，能会其通者国维一人而已。"⑥ 刘梦溪也曾指出："中西、古今、新旧的轸域是王国维率先起来打破的。"⑦ 王国维的这套

① 《静安文集·奏定经学科大学文学科大学章程书后》，载《王国维先生遗书》，上海古籍出版社1983年版。

② 《静安文集·奏定经学科大学文学科大学章程书后》，载《王国维先生遗书》，上海古籍出版社1983年版。

③ 郭沫若：《十批判书》，群益出版社1948年版，第4页。

④ ［德］叔本华：《作为意志和表象的世界》，石冲白译，商务印书馆1982年版。

⑤ 王哲安：《海宁王静安先生遗书·序》，长沙商务印书馆1940（民国二十九年）年版。

⑥ 金梁：《瓜圃丛刊续录续编》，1924—1928年（民国十三至十七年）铅印本。

⑦ 刘梦溪：《王国维与中国现代学术的奠立》，《学人》第10期。

方法深刻启迪了 20 世纪成长起来的一大批新史家，因此他被视为中国现代实证主义史学的领导人物。郭沫若赞扬王国维留下的知识遗产，就"好像一座崔巍的楼阁，在几千年来的旧学的城垒上，灿然放出了一段异样的光辉"①。梁启超认为："先生贡献于学术之伟绩"，"实空前绝业"，都"卓然能自成一家言"（载《王静安先生纪念专号·序》）。陈寅恪认为，他对"中国近代学术界最主要"的贡献，即在"转移一时之风气，而示来者以轨则"②。胡适是 20 世纪中国史学转型期"方法论"的倡导最力者。他的最大贡献是提倡"方法的自觉"和鼓吹"科学方法"。从 1916 年的《诗三百篇言字解》到 1959 年的《中国哲学里的科学精神与方法》，他一生共撰写了近 100 万字注重"新的思想方法"的文章，这在当时的中国抑或世界都是不多见的。他结合杜威的实验主义和乾嘉考据方法而提出一套具有"范式"意义的治史方法原则和具体的技术处理方法，在中国史坛盛行了十几年，影响、改变了几乎一代学人的史学观念，为实证主义史学的兴起与发展奠定了理论和方法上的基础。胡适并不只是简单地被动地接受西方的实验主义方法，而是努力寻找二者的恰切接合点，因为他深知："如果那新文化被看作是从外国输入的，并且因民族生存的外在需要而被强加于它的"，那么，它就"决不会感到自在"③。通过仔细比较，认为乾嘉考据学的主要内容是文字学、训诂学、校勘学、考订学，其基本方法和观念是：第一，"研究古书，并不是不许人有独立的见解，但是每立一种新见解，必须有物理的证据"；第二，汉学家的"证据"完全是"例证"，即举例为证；第三，"举例作证是归纳的方法"；第四，"汉学家的归纳手续不是完全被动的，是很能用'假设'的"。他由此得出结论：认为乾嘉考据方法与杜威实验主义的"科学方法论"相通，于是融合二者而提出"大胆假设"和"小心求证"的创见。在此基础上进而提出要用"平等的眼光"、"中立的眼光"来审视史料、

---

① 郭沫若：《中国古代社会研究·自序》，上海联合书店 1930 年版，第 4 页。

② 陈寅恪：《王静安先生遗书序》，载《金明馆丛稿二编》，上海古籍出版社 1980 年版，第 319 页。

③ 胡适：《先秦名学史》，学林出版社 1983 年版，第 4、7 页。

评判历史，"各还他一个本来面目"①。胡适所强调的"大胆假设，小心求证"的实验主义方法，一方面迎合时代对新思想新文化的需求，另一方面则为传统考据方法注入了现代科学实证的因子；既表现出对传统成见的科学怀疑精神，又反映了近代实验科学的"言必有据"、"无证不信"的客观态度。这无疑是中国人在方法论上突破传统思维模式的创新。"疑古学派"的创始人顾颉刚先生"内感民族文化之衰颓，外受世界学术之激荡"，远承郑樵、姚际恒、崔述等人"其世愈后则其传闻愈繁"、"世益晚则其采择益杂"的批判思想，以及晚清公羊学派托古改制和新学伪经的大胆假设，近效胡适、钱玄同的"宁可疑而过，不可信而过"、"宁可疑古而失之，不可信古而失之"的思想，外采杜威的实验主义方法而创立其"层累地造成中国古史"观。他认为：第一，"时代愈后，传说的古史期愈长"；第二，"时代愈后，传说中的中心人物愈放愈大"；第三，"我们在这上，即不能知道某一件事的真确的状况，但可以知道某一件事在传说中的最早的状况"②。进而提出了"打破""民族出于一元"、"地域向来一统"、"古史人化"、"古代为黄金世界"观念的四条考古史原则和古史中存在的"帝系种族偶像"、"王制政治偶像"、"道统伦理偶像"、"经学学术偶像"的四种偶像说③，以此展开其疑古工作。其具体的方法是：第一，采纳胡适的"历史的态度"的"历史演进方法"，主要有四个操作程序：（1）把每一件事的种种传说，依先后出现的秩序排列起来；（2）研究这件事在每一个时代有什么样的传说；（3）研究这件事的渐渐演进：由简单变为复杂，由陋野变为雅驯，由地方的（局部的）变为全国的，由神变为人，由神话变为史事，由寓言变为事实；（4）遇可能时，解释每一次演变的原因。第二，接受杜威、胡适的"实验的方法"并结合乾嘉考据方法，提出更为科学、实用的"用证据修改假设"的方法。他认为中国传统学术争论

---

① 胡适：《国学季刊》发刊宣言，《国学季刊》1923年第1期。

② 顾颉刚：《与钱玄同先生论古史》，转引自张岂之主编：《民国学案》第2卷，湖南教育出版社2005年版，第399页。

③ 顾颉刚：《顾颉刚古史论文集》第1册，转引自张岂之主编：《民国学案》第2卷，湖南教育出版社2005年版，第400—402页。

"是主观的争霸而不是客观的研究"，主张学术史当"舍主奴之见，屏家学之习"、"是非兼收，争论并列"、"重证据"、"重然否"，其目的在"止于至真"[见《古史辨》（第1、5、2册）]。也就是说，疑古仅是手段，目的是把"真的历史"、"实在的历史"展示出来。顾氏运用这一观点和方法创建了"古史辨派"，相继出版了七大册、收文350篇、计325万字的考据学著作《古史辨》。胡适称之为："替中国史学界开辟了一个新纪元"，傅斯年称其学说为"史学的中央题目"[1]，郭沫若认为"的确是个卓识"[2]。傅斯年、陈寅恪结合西方比较语言学方法与中国传统的治学方法，提出了一系列富有创见的治史方法。傅斯年以尼布尔、兰克为代表的"语言考证学派"切入史学，通过史料比较法，借鉴自然科学的知识和方法构建其"科学史学派"体系。陈寅恪游学日、德、法、美、瑞士23年，主修历史学和古文字学，通晓英、法、德、日、俄、蒙、藏、满、梵、巴利、波斯、突厥、西夏、拉丁、希腊等17种语言[3]，以语言比较方法来"解释文句"与"讨论问题"，其突出的方法是"诗史互证"，由此托出史学研究的新景。何炳松、朱谦之虽与上述王、顾、傅、陈等实证主义史家不同，是相对主义史学家，但在融合中西构建自己的史学体系的史学方法方面则是一致的。何炳松综合美国史家鲁滨逊、德国史家伯伦汉、法国史家朗格诺瓦和瑟诺博斯的史学理论和方法，得出史学是"纯粹主观的学问"的结论[4]。他认为："历史底目的，在于明白现在的状况，改良现在的社会，当以将来为球门，不当以过去为标准。"[5]朱谦之则主张"在历史哲学上将黑格尔与孔德结合"，"在生命哲学上将黑格尔与柏格森、克罗齐结合"，并据此构建其"综合的生命的历史哲学"。他还依据克罗齐"一切真的历史都是现代史"的理论，倡导"现代史学运动"[6]。

---

① 《傅斯年全集》第4册，湖南教育出版社2003年版，第256页。

② 郭沫若：《中国古代社会研究》，上海联合书店1930年版，第22页。

③ 许冠三：《新史学九十年》（上），（中国）香港中文大学出版社1986年版，第236页。

④ 何炳松：《历史研究法》，商务印书馆1927年版，第5页。

⑤ 何炳松：《新史学导言》，《史地丛刊》1992年第2卷第1期。

⑥ 张书学：《中国现代史学思潮研究》，湖南教育出版社1998年版，第307页。

不论科学实证主义史家还是相对主义史家，在构建其规模宏大的新史学体系上都几乎不约而同地采用西方形式逻辑。但治史不仅要采用形式逻辑，更重要的是要用辩证逻辑，要在形式逻辑的基础上运用辩证逻辑，在辩证逻辑的指引下运用形式逻辑。马克思主义史学就是在辩证逻辑即唯物辩证法与历史辩证法的指引下创立起来的新史学体系。李大钊是这一体系的奠基人，郭沫若则是领路人和旗手，吕振羽、翦伯赞在 20 世纪 30 年代社会史论战中捍卫了历史唯物论的史学原则，40 年代侯外庐、范文澜的著述则标志马克思主义史学开始走向成熟，并居于史学思潮的主导地位①。

大体说来，中国的马克思主义史学思潮具有以下特点：第一，坚信历史完全可以成为一门科学。李大钊指出："自有马氏的唯物史观，才把历史学提到与自然科学同等的地位。"②唯物史观之所以是科学的史观，就在于它"主张以经济为中心考察社会的变革的缘故，因为经济关系能如自然科学发现因果律"③。第二，主张理论和史料的结合。李大钊指出："历史理论和历史记述，都是一样要紧，史学家固宜努力以求记述历史的整理，同时亦不可不努力于历史理论研求。"④第三，主张科学性和革命性的统一。科学性，即对历史真相的揭示和历史发展规律的发现；革命性，即是用科学的结论指导人生，认清现实，预测未来。强调史学的现实功用，是马克思主义史学的一个显著特征。

应该指出，中国现代"新史学"思潮并不是像西方近代史学思潮那样，是经过充分的发展并有规律的依次演进的，而是几乎同时产生，并且是你中有我，我中有你，并不是壁垒森严的绝对对立物。事实上，各种思潮、各种流派都不能不面对历史学科学化的背景和主观与客观、史料与理论、求真与致用等问题的困惑，因而在中西融合化旧出新的大背景下，它们之间也存在着互相汇通与融合的特点和趋向。就思潮而言，马克思主义史学曾受到实证

---

① 参见张书学：《中国现代史学思潮研究》，湖南教育出版社 1998 年版，第 37 页。
② 《李大钊选集》，人民出版社 1959 年版，第 294 页。
③ 李大钊：《史学要论》，北京师范大学史学研究所 1980 年版，第 5 页。
④ 《李大钊文集》（下），人民出版社 1984 年版，第 728 页。

主义史学的影响，以何炳松、朱谦之为代表的相对主义史学也吸收了实证主义史学和马克思主义史学的特点；就个人而言，胡适、梁启超、何炳松、朱谦之、钱穆等都是一身几任的人物。

## 二、唯物史观开创史学研究的新局面

中国近代史学经过 80 年的发展历程：它由鸦片战争前后肇始，取得突破传统史学旧格局的历史性跃进；以后从 19 世纪 60 年代至 90 年代，由于中西文化的交流推动，突出地宣传"历史必变"和"变法"的思想，直接介绍西方制度文化，为维新变法运动提供了借鉴。康有为的《新学伪经考》、《孔子改制考》无疑是借古变今的"旧瓶新酒"，认为，"凡天地教主，无不改制立法也"①。这在史观上灌注的无疑是进化论和变法维新思想。因此，梁启超形容《新学伪经考》为当时"思想界一大飓风"，赞誉《孔子改制考》为晚清思想界的"火山大喷火"。② 钱基博在评论近代中国新文学流派时曾指出："论今文学之流别：有开通俗之文言者，曰康有为、梁启超。有创逻辑之古文者，曰严复、章士钊。有倡白话之诗文者，曰胡适。五人之中，康有为辈行最先，名亦极高；三十年来国内政治学术之剧变，罔不以有为前驱。而文章之革新，亦自有为启其机括焉。"③ 戊戌前后至 20 世纪初期，西方近代进化论在国内迅速传播，成为国人观察历史和民族前途的指导思想，并在史学理论和通史撰述上结出硕果，宣告了严格意义上"近代史学"的诞生。同时革命派人物在运用历史知识宣传革命思想方面也有突出的成就。至民国初年，虽然政治环境十分恶劣，但由于近代史学在观点上、方法上、史料上经过长时间的积累，蓄积了有力的势头，因而在史学研究和历史观点上都引人注目地创辟了新的局面，预示着中国史学将跨入新的时代。

---

① 康有为：《孔子改制考》，转引自张岂之主编：《民国学案》第 3 卷，湖南教育出版社 2005 年版，第 24 页。

② 张岂之主编：《民国学案》第 3 卷，湖南教育出版社 2005 年版，第 14 页。

③ 张岂之主编：《民国学案》第 3 卷，湖南教育出版社 2005 年版，第 13 页。

而唯物史观的传入则是中国现代史学的临门一脚，催生了现代史学，形成了完整的学科体系。

如前所述，20 世纪史学有两变，一是由过去的旧史学变为"新史学"（含史料派史学），另一是由"新史学"演进为真正马克思主义"新"史学。两者激荡澎湃造就了中国现代史学的勃兴。这两"新"的共性特征是在西学东渐的背景下对古今中西学术思想的融合创新；这两"新"的区别，则主要体现在史学观的差异上。

"新史学"的倡导涌现出了冲锋陷阵的勇士（梁启超等），"史料派"（亦称"新历史考证学派"）造就了一批严谨求真的大师（王国维、顾颉刚、傅斯年等）。他们活跃于 20 世纪上半叶的中国史坛，推动并且深化了中国史学现代化的发展历程。

王国维一生学术旨趣多变，最先爱慕西洋文化，尤喜德国哲学、美学与伦理学，鉴于"可爱者不可信，可信者不可爱"的认知，于 1905 年开始尽弃欧西新学，改治经史考证之学，并以地上、地下史料相互验证的"二重证据法"闻名学术界。王国维总结清朝三百年学术后指出："我朝三百年间，学术三变：国初一变也，乾嘉一变也，道咸以降一变也……故国初之学大，乾嘉之学精，道咸以降之学新。"[1] 认为，"古来新学问起，大都由于新发见"[2]。鉴于疑古与信古之纠结，而创设"二重证据法"："研究中国古史为最纠纷之问题。上古之事传说与史实混而不分，史实之中固不免有所缘饰，与传说无异，而传说之中亦往往有史实为之素地，二者不易区别，此世界各国之所同也。"中国学术史上即有信古、疑古而导致的弊端，"吾辈生于今日，幸于纸上之材料外，更得地下之新材料。由此种材料，我辈固得据以补正纸上之材料，亦得证明古书之某部分全为实录，即百家不雅驯之言，亦不无表示一面之事实，此二重证据法，惟在今日始得为之，虽古书之未得证明

---

① 王国维：《学术与经世》，转引自张岂之主编：《民国学案》第 3 卷，湖南教育出版社 2005 年版，第 338—339 页。

② 王国维：《学术与新资料》，转引自张岂之主编：《民国学案》第 3 卷，湖南教育出版社 2005 年版，第 340 页。

者，不能加以否定，而其已得证明者，不能加以肯定，可断言也"①。王国维的"二重证据法"奠定了他在 20 世纪初新史学中的标杆地位。

顾颉刚于 1923 年发表《与钱玄同先生论古史书》一文，提出"层累地造成的中国古史观"而闻名一时。他认为，第一，时代愈后，传说的古史期愈长；第二，时代愈后，传说中的中心人物愈放大；第三，人们不能知道某一件事的确切的状况，但可以知道某一件事在传说中的最早状况。此论一出，即引发了中国现代史学史上的一场古史大辩论。顾颉刚对于长期以来史学界信史伪史混杂的现状，提出了区分信史与伪史的四个标准："（一）打破民族出于一元的观念……（二）打破地域向来一统的观念……（三）打破古史人化的观念……（四）打破古代为黄金世界的观念……"②顾颉刚的这些理论观点既重重地打击了中国传统史学理论，又为中国现代史学的构建作出了重大贡献。③顾颉刚还从三个方面比较了 20 世纪前半期同 19 世纪后半期中国史学发生变化的原因："第一是西洋的科学的治史方法的输入"，"第二是西洋的新史观的输入"，"第三是新史料的发现"。顾颉刚于 1947 年出版的《当代中国史学》，在讲到"新史观的输入"时认为："过去人认为历史是退步的，愈古的愈好，愈到后世愈不行；到了新史观输入以后，人们才知道历史是进化的，后世的文明远过于古代，这整个改变了国人对于历史的观念。如古史传说的怀疑，各种史实的新解释，都是史观革命的表演。还有自从所谓'唯物史观'输入以后，更使过去政治中心的历史变为经济社会中心的历史，虽然这方面的成绩还少，然也不能不说是一种进步。"

傅斯年早年毕业于德国柏林大学哲学院，主要研究语言文字、比较考据学，1927 年出任中山大学教授，创设语言历史研究所，次年创办《历史语言研究所集刊》，主张"考史而著史"，成为中国现代"史料学派"的创始

---

①　王国维：《信古、疑古与二重证据法》，转引自张岂之主编：《民国学案》第 3 卷，湖南教育出版社 2005 年版，第 351—352 页。

②　顾颉刚：《顾颉刚古史论文集》第 1 册，转引自张岂之主编：《民国学案》第 3 卷，湖南教育出版社 2005 年版，第 400—402 页。

③　参见张岂之主编：《民国学案》第 2 卷，湖南教育出版社 2005 年版，第 395 页。

人。傅斯年的学术贡献集中体现在两个方面：其一是系统地指出了中国学术思想界长期存在的基本谬误："一、中国学术，以学为单位者至少，以人为单位者转多，前者谓之科学，后者谓之家学……二、中国学人，不以个性之存在，而以为人奴隶为其神圣之天职……三、中国学人，不认时间之存在，不察形势之转移……四、中国学人，每不解分工原理……五、中国学人，好谈致用，其结果乃至一无所用。六、凡治学术，必有用以为学之器；学之得失，惟器之良劣足赖。七、中国学术思想界中，实有一种无形而有形之间架，到处应用。于是千篇一面，一同而无不同，故无处能切合也。"① 其二是有关治史和整理史料的方法："整理史料的方法，只是比较不同的史料。一、直接史料与间接史料……二、官家的记载与民间的记载……三、本国的记载对外国的记载……四、近人的记载对远人的记载……五、不经意的记载对经意的记载……六、本事对旁涉……七、直说与隐喻……八、口说的史料对著文的史料……"②

第一阶段"新史学"理论研究的开展，本身就是巨大的成就，在推动中国史学的现代化，以及激发爱国心、改造现实社会上起到关键性的作用，为第二阶段马克思主义唯物史观影响下的中国现代史学的构建做了铺垫，尽管在 20 世纪 20 年代思想界"史观派"与"史料派"之间展开过激烈的争论，但两者同属于新史学的阵营，而与旧史学相区别。因为，新史学与旧史学相比，具有"知有群体"、"知有国家"、"知有今务"、"知有理想"与"能别裁"、"能创作"的重要特征。相反，中国封建史学的弊病正是"四不知"与"二不能"③。

但是，"新史学"的理论研究缺陷也是相当明显的：第一，"新史学"初起之际，理论上显得粗糙，激情有余而冷静深刻的分析不足，致使后来往往

---

① 傅斯年：《中国学术思想界之基本误谬》，转引自张岂之主编：《民国学案》第 2 卷，湖南教育出版社 2005 年版，第 493 页。

② 傅斯年：《史学方法导论》，转引自张岂之主编：《民国学案》第 2 卷，湖南教育出版社 2005 年版，第 498—499 页。

③ 梁启超：《新史学》，载《饮冰室合集·文集》第 1 册，中华书局 1989 年版。

发生摇摆甚至倒退。第二，许多具体的论述也很不到位，概念模糊或认识讹误。第三，出现以史料学代替历史学的倾向（如傅斯年主张"近代的历史学只是史料学"）。第四，"新史学"理论源于域外史学理论的影响，或直接引进域外史学理论，由于理解不深、研究不够，难免生搬硬套①。第五，新史学尽管最初具有开启民智、转变观念的作用，但却不能解决当时中国社会存在的现实问题。所以马克思主义史学代之而起，就成了一种历史的必然。因此，唯物史观的传入、马克思主义史学的兴起开创了中国史学的全新局面。

这种新局面可以从两个方面获得解读：一是唯物史观替代进化史观（新史学）成为史学研究的主要思想；另一是史学界由 20 世纪 20—30 年代"史观派"与史料派两种治史模式并存，发展到 40 年代唯物史观为主的模式，以至史料派的大师如顾颉刚等和政治上反对马克思主义的学者如陶希圣等纷纷采用唯物史观来从事学术研究，形成了唯物史观一枝独秀的局面。

可见，"20 世纪中国史学最显著的进步，是历史观的进步。输入进化论，是一大进步；输入唯物史观，是更大的进步"②。这一进步体现在唯物史观特有的理论内涵与特色上。

第一，研究宏观、整体的历史，把握历史演进、发展的规律。唯物史观是关于整个社会运动规律的科学，它从哲学的角度为中国学者提供了一个认识人类社会历史发展变化的世界观。世界是物质的，物质是变化的，且相互联系，社会历史也是如此。社会历史的变化是有规律的，由低到高呈现出不同的社会形态。在此理论基础上，又衍生出历史是什么、谁是历史的创造者、历史动力如何、历史规律、历史认识论以及史学功用等一系列史学的基本理论问题。

唯物史观要求研究全部历史，也可以说是要研究整体的历史。一部史学史，至少是一部中国史学史告诉我们，对人类社会历史作有系统的和整体的研究，这是从唯物史观传入中国以后才逐步发展起来的一种新的史学意识。

---

① 参见张文生：《中国百年间史学理论研究的回顾与反思》，《南开学报》（哲学社会科学版）2004 年第 2 期。

② 瞿林东：《唯物史观与中国史学发展》，《史学史研究》2002 年第 1 期。

当然，以往的史学也都不同程度地涉及社会历史的各个方面，但是对经济、政治、军事、文化、民族、中外关系等，作有系统的、整体的、科学的把握，确是得益于唯物史观基本原理的启示和指导。

唯物史观告诉人们，人类社会的历史是一个自然发展过程，因而是有规律可循的。尽管中国学人在这方面作了许多可贵的探索，历史上的史学大师如司马迁等，着意于"通古今之变"、"成一家之言"，不断探讨社会治乱之"理"、朝代兴亡之"势"，力图揭示社会变迁之"道"。但还是停留在一朝一代、一家一姓及官宦士大夫身上，从而限制了人们对社会历史规律的认识。唯物史观把人类社会历史看作是一个由低级到高级的自然发展过程，揭示生产力和生产关系的发展，以及阶级划分和阶级斗争的演变、发展对社会历史的影响，社会历史呈现出不同的阶段性特点，从而揭示出人们认识历史发展规律的方法论原则，从而使人们认识历史发展规律成为可能。

李大钊认为，唯物史观是马克思主义整个体系的理论基础，唯物史观是社会科学中的最大成果，只有以唯物史观的观点为指导，才能科学地解释历史。他说："从来的史学家，欲单从社会的上层说明社会的变革，而不顾社会的基址；那样非从经济关系上说明不可。"[1]"马克思所以主张以经济为中心考察社会变革的原故，因为经济关系能如自然科学发见因果律。这样子遂把历史学提到科学的地位。"[2] 所以唯物史观的创立，实为史学界开创了一个新纪元。基于这一认识，李大钊倡导运用唯物史观改作中国旧的历史，进行史学革命。他把唯物史观概括为两个要点："其一是说人类社会生产关系的总和，构成社会经济的结构。这是一切社会的基础构造。一切社会上政治的、法制的、伦理的、哲学的，简单说，凡是精神上的构造，都是随着经济的构造变化而变化。"[3] 这就是我们今天所说的经济基础决定上层建筑的原理。李大钊一再说明："唯物史观的要领，在认识经济的构造对于其他社会

---

① 《李大钊文集》（下），人民出版社 1984 年版，第 715 页。
② 《李大钊文集》（下），人民出版社 1984 年版，第 716 页。
③ 《李大钊文集》（下），人民出版社 1984 年版，第 59 页。

学上现象，是最重要的；更认经济现象的进路，是有不可抗性的。"①"其二是说生产力与社会组织有密切的关系。生产力一有变动，社会组织必须随着他变动。"② 并且强调指出："物质生产力"是社会发展的最高动因。

按照唯物史观这一理论，马克思主义史学家成功地编纂了几部中国通史方面的著作。吕振羽的《简明中国通史》和范文澜的《中国通史简编》是中国最早出版的马克思主义中国通史著作，为中国马克思主义史学的发展打下了基础，廓清了道路。吕振羽的《简明中国通史》上卷最早于1941年出版，1948年又出版了下卷，中华人民共和国成立后又曾多次再版。这部中国通史体现了"学术中国化"的特点，在中国马克思主义史学中具有重要的地位。全书从史前时期一直论述至鸦片战争，将传说中的图腾社会、尧舜禹时期的氏族社会、西周封建社会乃至秦汉以来的各个封建王朝，皆包含其中，涉及经济、政治、文化、军事、外交等各个领域，尤其注意对生产工具演进、经济发展状况以及生产关系变动的讨论，并在此基础上分析各时期政治制度和政权组织架构的变更和意识形态领域的变化。这些都体现了鲜明的唯物史观的特色，被称之为"学术中国化"的"最丰美的果实"③。范文澜在运用唯物史观讲授《中国经学史的演变》课程和撰写《关于上古历史阶段》论文的基础上，主持编写了《中国通史简编》（1941年），该书被誉为"第一本以唯物史观为指导而编写的完整的中国通史"，影响极其深远。《中国通史简编》在认真研究各个时代的生产力与生产关系、上层建筑与经济基础的关系之后，力求对中国历史的发展变化作出科学的解释。该书不仅根据马克思的社会形态理论，勾画出中国历史的发展阶段，而且还根据中国历史的具体情况，突出了中国历史的特殊性和个别性。其特点是：第一，肯定劳动人民创造历史，否定了旧史书以帝王将相为历史主角的观点；第二，以阶级斗争理论为历史基本线索，凸显农民起义反压迫反掠夺的革命传统；第三，运用社会发展规律，以五种社会形态理论为基础划分中国历史阶段；第四，文笔流

---

① 《李大钊文集》（下），人民出版社1984年版，第52页。

② 《李大钊文集》（下），人民出版社1984年版，第59页。

③ 胡绳：《近五年间中国历史研究的成绩》，《新文化半月刊》1946年第2卷第5期。

畅洗练，有着中国古代史家"文史兼通"的优点。①《中国通史简编》出版后，多次修订再版。

除了上述吕振羽、范文澜的两部中国通史著作之外，华岗的《社会发展史纲》（1940年）、邓初民的《中国社会史教程》（1942年）、翦伯赞的《中国史纲》（1943年）以及吴泽的《中国历史简编》（1945年）等，也都对马克思主义中国通史体系的发展与完善作出了重要的贡献。

侯外庐认为马克思主义唯物史观是解剖中国历史和中国思想史的有力武器。正是运用这一"有力武器"，侯外庐在中国马克思主义史学理论和中国思想史研究方面取得了巨大的成就。着眼于"纵通"和"横通"，侯外庐对中国的思想文化进程，从殷周之际到鸦片战争前夕，作了完整而深入的论述，建立起马克思主义的中国思想史体系。对此成就，郭沫若给予了高度评价："对于研究思想史问题，侯外庐的能力是很强的。除了古代思想史一著作外，出于侯外庐的手笔的还有一部《中国近世思想学说史》的巨著，侯外庐在这一方面的成就是非常伟大的。"② 侯外庐的学术成就集中体现在中国古代思想史、近世思想史和中国思想通史三个领域；其治学方法一是把握马克思主义唯物辩证法尤其是唯物史观的精髓，二是结合中国历史尤其是思想史的具体情况予以具体分析，三是发扬"学贵自得，亦贵自省"③ 的科学探索和学术批判精神。他在《中国古代思想学说史》的自序中，就曾提出一系列如何解决思想史研究中存在的问题，即"社会历史的演进与社会思潮的发展，关系何在？人类的新旧范畴与思想的具体变革，结合何存？人类思想自身的过程与一时代学说的个别形成，环链何系？学派同化与学派批判相反相成，其间吸收排斥，脉络何分？学说理想与思想术语，表面恒常掩蔽着内容，其间主观客观，背向何定？方法论犹剪尺，世界观犹灯塔，现实的裁成与远景的仰慕恒常相为矛盾，其间何者从属何者主导，何以为断？"归纳而言，就是这样几个问题：第一，社会历史阶段的演进与思想史阶段的演进，存在着

---

① 转引自张岂之主编：《民国学案》第2卷，湖南教育出版社2005年版，第379页。

② 《郭沫若研究学会编》，载《郭沫若研究》第二辑，文化艺术出版社1986年版，第347页。

③ 《侯外庐史学论文选集》（上），人民出版社1987年版，第19页。

什么关系。第二，思想史、哲学史出现的范畴、概念，同它所代表的具体思想，在历史发展的过程中，有怎样的先后不同。范畴，往往掩盖着思想实质，如何分清主观思想与客观范畴之间的区别。第三，人类思想的发展与某一时代个别思想学说的形成，其间有什么关系。第四，各学派之间的相互批判与吸收，如何分析究明其条理。第五，世界观与方法论相关联，但是有时也会出现矛盾，如何明确其间的主导与从属的关系。这些原则和方法就是侯外庐学术研究"所遵循的科学的规范"①。他对于这些问题的解答，体现在他的整个研究过程中和他的一系列著作中，从中就可以看出他的治学路径和致思倾向。他在《侯外庐史学论文选集》自序中对此作了进一步的阐述，形成了他一整套研究思想史的方法论，其基本原则体现了马克思主义唯物史观的精髓，即实事求是，一切从实际出发，历史和逻辑相统一。

第二，研究、评价历史既要唯物，又要辩证。唯物史观一方面要求人们从经济入手、从物质利益入手揭示人类社会历史发展的根本原因；另一方面，要辩证地看到政治、意识对经济的影响，承认政治制度、法律制度、思想文化、道德风尚等对经济社会发展的重大作用。尽管中国传统史学有重视经济的思想，如司马迁《史记》中的《平准书》和《货殖列传》、班固《汉书》的《食货志》、杜佑《通典》的《食货典》等，但还都处于朴素唯物主义的地步。只有在唯物史观的传入以后，人们的历史观念才产生了质的飞跃，经济、政治、文化相互间的关系及其在社会历史进程中的作用，才真正得到合理的解释。

李大钊认为，要考察马克思的社会主义学说就要从他的唯物史观出发。接着他指出，马克思的经济学说与唯物史观也是密切相关的。马克思的《资本论》"彻头彻尾以他那特有的历史观作基础"。离开了唯物史观就没有《资本论》，也不能理解《资本论》。在《唯物史观在现代史学上的价值》（1920 年）一文中，李大钊批评了"历史的宗教的解释"和"历史的政治的解释"，进而阐明了"历史的唯物的解释"，认为："这种历史的解释方法不求其原因于

---

① 侯外庐：《韧的追求》，生活·读书·新知三联书店 1985 年版，第 267 页。

心的势力，而求之于物的势力，因为心的变动常是为物的环境所支配。"他批评唯物史观以前的历史观"只能看出一部分的真理而未能窥其全体"，而唯物史观的目的"是为得到全部的真实"。

李大钊以唯物史观为指导先后撰写了《史学要论》、《史学思想史》、《史观》、《唯物史观在现代史学上的价值》、《桑西门的历史观》、《孔道西的历史观》、《由经济上解释中国近代思想变动的原因》、《平民政治与工人政治》、《俄罗斯研究》、《由纵的组织向横的组织》、《物质变动与道德变动》、《青春》、《今与古》、《今》等系列著作和论文①。在这些著作和论文中，他比较成功地尝试和运用了新的史观和新的方法。

首先，从生产力与生产关系、上层建筑与经济基础的方法来分析研究社会和历史。李大钊认为：社会物质生产方式是社会发展的决定因素，人民"生产衣食的方法"是决定社会发展的关键，"经济的要件是历史上唯一的物质要件"（《我的马克思主义观》）。虽然其他物质条件，如人口、地理环境，对社会发展有影响，但它不是社会发展的决定因素。他还认为，推动经济活动以及社会生活方式变动的内在原因是生产力与生产关系的矛盾、经济基础与上层建筑的矛盾。他提出，物质的生产力是社会发展的"最高动因"，生产力一有变动，社会组织必须随着它变动，这时作为上层建筑的法律等也发生变动。

在研究社会思想的演进和变化上，李大钊由经济入手，提出了不少精辟的见解。李大钊写了《由经济上解释中国近代思想变动的原因》、《原始社会于文字书契上之唯物的反映》、《"五一" May Day 运动史》、《中国古代经济思想之特点》、《胶济铁路略史》、《土地与农民》、《大英帝国主义者侵略中国史》、《孙中山先生在中国民族革命史上之位置》等 10 余篇文章，从中国原始社会直到中国近代社会，对一些重要问题都有所涉及，在许多领域以及研究方法方面都可谓开中国马克思主义史学研究之先河。例如，他首次以唯物史观为指导，由社会经济入手研究社会思想变化，深刻揭示了中国传统儒家

---

① 郭湛波：《近五十年中国思想史》，山东人民出版社 1997 年版，第 111 页。

思想的本质及其在封建社会长期赖以存在的社会经济基础和必将被摧毁的历史必然性，从而把中国思想史研究推向了一个新阶段，开启了科学的中国思想研究之先河。在《物质变动与道德变动》一文中首先指出，道德的基础"就是自然，就是物质，就是生活的要求。简单一句话，道德就是适应社会生活的要求之社会的本能"①。这便从"本原"上解决了道德的基础问题。而物质就是指社会经济而言。他根据马克思主义的经济基础与上层建筑的原理指出：人类社会一切精神的构造都是表层构造②，只有物质的经济的构造是这些表层构造的基础构造。"所以思想、主义、哲学、宗教、道德、法制等等不能限制经济变化物质变化，而物质和经济可以决定思想、主义、哲学、宗教、道德、法制等等。"③一切思想乃至风俗习惯都是随着经济的变动而变动。"什么圣道，什么王法，什么纲常，什么名教，都可以随着生活的变动、社会的要求，而有所变革，且是必然的变革。"④根据唯物史观的这一原理，李大钊在《新青年》第7卷第2号上又发表了《由经济上解释中国近代思想变动的原因》一文，对中国近代社会的"经济的构造"进行了分析和研究，并对儒家伦理道德之所以能够支配中国人心长达2000年之久的原因，作了科学的解释。他认为，中国自古以来就是以农业立国，大家族制度在中国特别发达。"中国的大家族制度，就是中国的农业经济组织，就是中国二千年来社会的基础构造。一切政治、法度、伦理、道德、学术、思想、风俗、习惯，都建筑在大家族制度上作他的表层构造。"⑤并且他还认为，中国一切的风俗、礼教、政法、伦理等，"都以大家族制度为基础，而以孔子主义为其全结晶体"⑥。"孔子的学说所以能支配中国人心有二千余年的原故，不是他的学说本身具有绝大的权威，永久不变的真理，配作中国人的'万世师表'，

---

① 《李大钊文集》（下），人民出版社1984年版，第138页。

② 李大钊所谓的"社会的表面构造"就是"社会的上层建筑"，转引自冯友兰：《中国现代哲学史》，广东人民出版社1999年版，第114页。

③ 《李大钊文集》（下），人民出版社1984年版，第139页。

④ 《李大钊文集》（下），人民出版社1984年版，第151页。

⑤ 《李大钊文集》（下），人民出版社1984年版，第178页。

⑥ 《李大钊文集》（下），人民出版社1984年版，第182页。

因他是适应中国二千余年来未曾变动的农业经济组织反映出来的产物，因他是中国大家族制度上的表层构造，因为经济上有他的基础。这样相沿下来，中国的学术思想，都与那静沉沉的农村生活相照映，停滞在静止的状态中，呈出一种死寂的现象。"① 这便从经济制度上抓住了封建道德问题的症结所在。

一旦经济基础发生变动，建于其上的上层建筑和社会意识形态就必然发生变动。李大钊指出："凡一时代，经济上若发生了变动，思想上也必发生变动。换句话说，就是经济的变动，是思想变动的重要原因。"② 因此，要彻底变革旧的占据统治地位的文化因素，就必须从根本上推翻它赖以存在的经济制度不可，并由此推导出"古今之社会不同，古今之道德自异"的结论。可见，由经济入手来研究思想史的方法是十分科学的。

其次，李大钊从共性与个性、普遍性与特殊性入手来研究中国社会问题的方法。他在深刻理解共性与个性的关系含义的基础上，致力于探寻中国与世界的共性以及中国社会的个性特征。他在《中国的社会主义与世界的资本主义》一文中说："要问中国今日是否已具实现社会主义的经济条件，须先问世界今日是否已具实现社会主义的倾向的条件，因为中国的经济情形，实未能超出世界经济势力之外。……所以今日在中国想发展实业，非由纯粹生产者组织政府，以铲除国内的掠夺阶级，抵抗此世界的资本主义，依社会主义的组织经营实业不可。"③ 他认为，要实行社会主义，发展实业，"先要有一个共同趋向的理想、主义"④。这个"理想、主义"就是马克思主义。他说："我们看现代世界各国社会主义有统一之倾向，大体的方向群趋于马克思主义。"⑤ 可见，以马克思主义为指导，实现社会主义，从事社会主义建设，这是李大钊对于中国与世界共性的认识。而另一方面，李大钊说："夫此倾向

---

① 《李大钊文集》（下），人民出版社 1984 年版，第 179 页。
② 《李大钊文集》（下），人民出版社 1984 年版，第 177 页。
③ 《李大钊文集》（下），人民出版社 1984 年版，第 455 页。
④ 《李大钊文集》（下），人民出版社 1984 年版，第 32 页。
⑤ 《李大钊文集》（下），人民出版社 1984 年版，第 429 页。

固吾辈所直知，然各国所有的特色亦岂可忽略。"① 他认为"中国现在的特殊情形由来两种：一种是外来的压迫，即受国际帝国主义、资本主义的支配；一种是国内武人军阀的压迫"②。由于身受双重压迫，中国"一般平民间接受资本主义经济组织的压迫，较各国直接受资本主义压迫的劳动阶级尤其苦痛"③。谈到中国社会主义的前景时，李大钊清醒地认识到："因各地、各时之情形不同，务求其适合者行之，遂发生共性与特性结合的一种新制度（共性是普遍者，特性是随时随地不同者），故中国将来发生之时，必与美、德、俄……有异。"④ 李大钊这种既重视共性又重视个性，强调"共性与特性相结合"的思想，在 20 世纪 40 年代被郭沫若、侯外庐等马克思主义史学家继承发扬，并对中国社会历史的发展规律进行了具体、深入的研究。

李大钊还力图从理论与方法、个别和一般的辩证关系出发建立科学的历史学。在论述"历史记述"与"历史理论"的关系时，李大钊指出："个个事实的考证，实为一般理论研究的必要的材料。必个个事实的考察，比较的充分施行；而后关于普遍理法的发见，始能比较的明确。有确实基础的一般理论，必于特殊事实的研究有充分的理论的准备始能构成。"⑤ 而历史理论形成后，"于记述历史的研究，亦能示之以轨律，俾得有所准绳，其裨益亦非浅鲜"⑥。总之，"历史理论和历史记述，都是一样紧要。史学家固宜努力以求记述历史的整理，同时亦不可不努力于历史理论研求"⑦。这就说明事实、材料和理论、个别和一般对于历史研究都是同等重要、不可偏废的。他批评当时流行于学界的只强调事实的、材料的、个别的考证而反对理论的概括和总结的实证主义方法，指出实证主义史学家只"努力为关于事实的考证，而其考证，亦只为以欲明此特殊事例的本身为目的的考证，并非以此为究明

① 《李大钊文集》（下），人民出版社 1984 年版，第 429 页。
② 《李大钊文集》（下），人民出版社 1984 年版，第 576 页。
③ 《李大钊文集》（下），人民出版社 1984 年版，第 454 页。
④ 《李大钊文集》（下），人民出版社 1984 年版，第 376 页。
⑤ 《李大钊文集》（下），人民出版社 1984 年版，第 728 页。
⑥ 《李大钊文集》（下），人民出版社 1984 年版，第 729 页。
⑦ 《李大钊文集》（下），人民出版社 1984 年版，第 728 页。

一般性质、理法的手段的考证"①，这种研究工作实际上是把科学拒之门外。由此，他认为建立科学的史学更应重视理论的建设："史学家固不是仅以精查特殊史实而确定之、整理之，即为毕生能事；须进一步，而于史实间探求其理法。""史学的目的，不仅在考证特殊史实，同时更宜为一般的理论研究。"② 接着，李大钊严格区分了历史理论和历史研究方法：历史理论是说明社会历史现象的一般性质、形式、规律的学问；历史研究方法是说明怎样去研究学问的对象的性质、形式和规律的方法，它包括交代历史学的材料都是些什么？怎样去搜集、编制、整理？又怎样从材料和事实中去考察一般的规律？历史研究方法还可以包括历史编纂法，即说明怎样依学术的方法去编著史书，怎样绘制图表等。总之，"历史研究法是教人应依如何的次第方法去作史学研究的阶梯学问，是史学的辅助。历史理论则非别的学问的辅助与预备，实为构成广义的史学的最要部分"③。这里，李大钊相对突出了理论的重要性，但需要指出的是，他也忽视了理论与方法之间的必然联系，而且把二者视为主辅的关系也明显不合情理。

再次，从普遍联系、变化发展的观点和方法入手提出不同于传统的史学观和史学方法。基于宇宙一切事物都是相关的、彼此联系的整体这样一个前提出发，李大钊提出了他的两个"新史观的方法"："一是历史的现象是变易的，连贯的，一是观察历史要得到全部的真相。"④ 他从概念出发，在区分"历史"与"历史记录"的基础上提出了"活的历史"与"死的历史"两个范畴。他指出，传统史学所谓"历史就是史籍"的观点实际上是"死的历史"部分，还不是变动不居的历史整体。作为整体的历史是"人类生活的行程，是人类生活的联续，是人类生活的变迁，是人类生活的传演，是有生命的东西，是活的东西，是进步的东西，是发展的东西，是周流变动的东西"（《史学要论》）。因此，研究历史应研究人类生活的历史。他认为历史有其客观规

① 《李大钊文集》（下），人民出版社 1984 年版，第 728 页。
② 《李大钊史学论集》，河北人民出版社 1984 年版，第 208—212 页。
③ 《李大钊文集》（下），人民出版社 1984 年版，第 725 页。
④ 郭湛波：《近五十年中国思想史》，山东人民出版社 1997 年版，第 117 页。

律。他批判了把历史看作个别的、孤立的现象的观点，强调要把人类社会的历史"看作一个整体的、互为因果、互有连锁的东西去考察"（《史学要论》）。这无疑是符合唯物辩证法有关普遍联系和变化发展的观点的。

最后，李大钊从主体与客体的关系出发要求建立客观真实的历史学。李大钊十分重视史家在历史解喻中的主体认识作用，并由此提出了"实在的事实"与"历史的事实"两个概念。所谓"实在的事实"，是指客观历史的事实；所谓"历史的事实"，则是指"解喻中的事实"。他说，历史的发展中，"有实在的事实，有历史的事实：实在的事实，虽是一趟过去，不可复返的。但是吾人对于那个事实的解喻，是生动无已的，随时变迁的，这样子成了那个历史的事实。所谓历史的事实，便是解喻中的事实。解喻是活的，是含有进步性的；所以历史的事实，亦是活的，含有进步性的。只有充分的纪录，不算历史的真实；必有充分的解喻，才算历史的真实"①。这就是说，客观的真实的那个"实在的事实"，是一去不复返的；经过历史学家之手的"历史事实"则是经过主体"解喻"之后的事实，它是与"实在的事实"有距离的，是变动的——因为主体和主体之"解喻"都是"活的"、变动的。在主体的变动的"历史的事实"与客体的不变的"实在的事实"存在差距的前提下，我们还去强调"充分的纪录"以求"历史的真实"，实际上是不可能实现的。与其这样，还不如发挥主体的认识和解喻作用，以进步的历史观的"解喻"而去接近"历史的真实"。因此，史家的职责不在于记述历史的内容，而在于给历史的内容以科学的解释。正是在此基础上，李大钊要求以科学进步的历史观对旧历史进行"改作"和"重作"。在《史观》中李大钊充分表明了他的脱胎于唯物史观的"新史观"的愿望："依据人生的史观重作的历史，补正了依据神权的史观作成的历史不少；依据社会的史观重作的历史，补正了依据个人的史观作成的历史不少；依据物质的史观重作的历史，补正了依据精神的史观作成的历史不少；依据进步的史观重作的历史，补正了依据退落的或循环的史观作成的历史不少。"以此为起点，他提出了"历史记述"与

① 《李大钊文集》（下），人民出版社1984年版，第742页。

"历史理论"两个概念，以及与之相应的史学的两大任务：为"历史记述"计，史学的第一任务是"整理事实，寻找它的真确的证据"；为"历史理论"计，史学的第二任务是"理解事实，寻出它进步的真理"。[①] 李大钊的这一思想深深地启发了后主义史学家，郭沫若在《中国古代社会研究》中，就以唯物史观为"向导"，对旧史学进行大胆"批判"，从而建立起古史新体系。

李大钊是马克思主义唯物论和辩证法理论在我国的第一传播者，在他的影响下，许多进步青年走上了马克思主义道路。他对马克思主义的理解虽然还是初步的，但与同时代的其他人相比，他的理论则最为深刻。20世纪30年代出版的《近五十年中国思想史》一书曾指出："李（大钊）先生是研究历史最有成绩的人，也是唯物史观最彻底最先倡导的人；今日中国辩证法，唯物论，唯物史观的思想这样澎湃，可说都是先生立其基，导其先河；先生可为先知先觉，其思想之影响及重要可以知矣。""总之，李先生是近五十年中国思想史上第一流的思想家。他的思想之深切，一贯，远非他人所可比及。一方面破坏旧思想，一方面建设有体系的新思想……先生虽然早死，而先生之学说思想日益发展而广大。"[②]

翦伯赞的《历史哲学教程》、《历史发展的合法则性》就是运用唯物史观的原理来阐明历史发展的规律性的著述，《历史的关联性》则阐明了历史事件在时空观、主客观上的辩证关系，《历史的实践性》则强调了实践性的重要价值。在《对处理若干历史问题的初步意见》一文中[③]，翦伯赞运用唯物史观辩证分析了用发展的观点看问题、用全面的观点看问题、如何对待历史上的人民群众与杰出人物、政治经济与文化关系处理问题、政治与学术的关系问题等系列理论问题。他指出："用发展的观点看历史，这是我们写历史的原则，但历史的发展不是直线上升，它'常常以跳跃和曲折前进，如果必须处处跟着它，那就不仅必须注意许多无关重要的材料，并且必须常常打断思维进程。'（恩格斯，《论卡尔·马克思著〈政治经济学批判〉》一书）应该

---

① 《李大钊文集》（下），人民出版社1984年版，第678页。

② 郭湛波：《近五十年中国思想史》，山东人民出版社1997年版，第117—125页。

③ 翦伯赞：《对处理若干历史问题的初步意见》，《光明日报》1961年12月22日。

摆脱那些起扰乱作用的偶然性的史实，把历史纳入向前发展的长流中，显示它的发展倾向。""全面看问题是我们写历史的原则，但不等于没有重点，要透过重点显示出历史的全貌。""人民群众是历史的主人，这是我们写历史的基本原则。但这条原则并不排除个别的杰出人物在历史上所起的一定的作用。在写历史的时候，要着重地写人民群众，也要写个别的历史人物，包括帝王将相在内。""要歌颂劳动人民，但历史家不是诗人，除了歌颂以外，还要指出他们的历史局限性，指出他们在生产中的保守性和落后性。""反对王朝体系是反对帝王为中心的思想体系，不是从历史上涂掉王朝和皇帝。王朝和皇帝是历史的存在，是不应该涂掉的，用不着涂掉的，也是涂不掉的。""对于这些杰出的个人，要按照他们对历史所起的作用和对历史所做的贡献的大小给他们应有的历史地位和恰如其分的评价，不要依据简单的阶级成分一律加以否定，或者在肯定以后，马上又加以否定。""一个历史人物之有无力量，伟大与不伟大，也不是完全依靠他自己的天才与特性，而是看他是否代表着人民大众的一般要求，是否为了实现大众的一般要求而领导这一行动。""经济是历史的骨干，这是我们写历史的原则。但这个原则并不排除政治和文化艺术。经济是历史的骨骼，政治是历史的血肉，文化艺术是历史的灵魂。要写出一部有骨骼有血肉有灵魂的历史，不要把历史写成一个软体动物，或者写成一个无灵魂、无生命的东西。"[①] 可以说，翦伯赞的《对处理若干历史问题的初步意见》是一篇关于史学理论和实践具有科学真理性见地的文献，闪耀出马克思主义唯物史观的理论光辉。

　　侯外庐是运用唯物辩证法的高手。在思想史和社会史的研究中，侯外庐用得最多的便是矛盾方法，阶级分析方法和唯物与唯心分析方法是贯穿其中的主线，对矛盾的复杂性和多样性的分析研究是其方法中最具价值的地方。从社会经济基础入手分析思想意识的诸形态，做到社会史与思想史紧密关联、历史与逻辑高度统一。首先，运用阶级分析方法揭示春秋时期儒、墨两派的学术分野，为思想史研究提供了一个范例。其次，侯外庐运用矛盾的

---

① 转引自张岂之主编：《民国学案》第2卷，湖南教育出版社2005年版，第571—575页。

复杂性和多样性的原理来揭示中国封建社会的品级结构。他不仅看到了阶级社会里的两个对立的阶级，而且也看到了统治阶级内部不同阶层的矛盾性以及矛盾着的阶层之间的同一性和斗争性。例如，他依据占有财产和权力的原则，将封建地主阶级划分为皇族地主、豪族地主（又称为品级性地主）和庶族地主（又称为非品级性地主），他认为地主阶级里的这三个阶层是一种三角关系，有时互相支持，有时则彼此对抗。但无论是豪族还是庶族，都拥护皇权，这是他们一致的地方。豪族与庶族彼此势力之消长，即矛盾运动，在很大程度上影响到封建社会不同时期政治、经济以及思想文化的走向。最后，运用矛盾的复杂性和多样性、同一性和斗争性的原理来揭示学派之间的既排斥又吸收、既互为水火又相融合的复杂演进关系。在侯外庐看来，相互对立的学派可以反映出双方政治上的对立，这种对立有时带有阶级对立的性质；也可能并不反映二者在政治上的对立，而只是同一思想体系的某个环节上的差异（如宋明道学中程朱理学和陆王心学就带有这种性质）；也可以反映出哲学上唯物主义与唯心主义的对立，或者唯心主义阵营内部客观唯心论与主观唯心论的对立；也可以反映出思想上的"正宗"与"异端"的对立；也可以反映出学术文化思想本身的不同形式和不同学风的对立（如汉学和宋学、今文经学和古文经学的对立）等。相互对立的学派在各自批判对方的过程中往往又或多或少地吸收对方的思想来丰富自己。有些彼此对立的学派经过长期的相互批判而又相互吸收，最后趋于融合。最典型的例子就是始于先秦时代的儒、法斗争，到汉武帝时期则演变而成儒、法合流。可见，学派融合与学派批判相辅相成，乃是思想史上带规律性的现象。由思想史上"正统"与"异端"这对矛盾出发，侯外庐加强了对封建社会思想史中的异端思想的研究，重点在于表彰中国思想史上的唯物论优良传统；由此发掘出了一大批历来不受人重视的反传统的"异端"思想家，如王充、王符、仲长统、范缜等。正是由于侯外庐等人的提倡，这些思想家的思想才被人们所认识，其历史地位才得到空前的提高。在这一点上也表现了马克思主义的中国思想史研究与其他学者的中国思想史研究的根本不同之处。总之，侯外庐的《中国思想通史》全面地论述了中国历史各阶段的思想发展，揭示了各个学派之间的对立与融合，反映人类思想史和人类思维的矛盾的复杂性和多样性。

第三，历史的主体、历史前进的动力是人民群众。中国历史上很早就有民本思想的传统。《左传》里就记录了很多重人轻神、重民敬德的思想言论，如《左传·桓公六年》就记录了随国贤者季梁的言论："夫民，神之主也。是以圣王先成民而后致力于神。"《左传·庄公十四年》记录了周臣史嚚的言论："吾闻之，国将兴，听于民；将亡，听于神。神，聪明正直而一者也，依人而行。"司马迁的《史记》大量记载了许多下层人物，并将他们置位于历史事件的中心，如佣工出身的陈涉发难成王，布衣出身的刘邦取得天下，出身下层建立了显赫功业的萧何、周勃、灌婴、曹参、陈平、韩信、樊哙等，还写出了《陈涉世家》这样的千古名篇。一些史家也一再强调"水能载舟，亦能覆舟"的道理，明清时期史学中的重民思想有了更大的发展。到了清末随着西学东渐，中国的思想家和史学家则将中国的民本思想与西方自文艺复兴以来的人权自由思想高度结合起来，如严复在介绍进化论的同时，还着重介绍了西方的天赋人权论，主张批判君权，伸张民权。这些都是宝贵的思想遗产。

但是，这样的思想传统发展到更高、更理性的阶段，也只有在唯物史观传入中国以后才有可能。唯物史观明确标举群众史观，鲜明地提出和肯定了人民群众对于推动历史发展的巨大作用。

从历史和现实的变革中，李大钊清醒地理解了马克思主义关于人民群众是历史的创造者的理论，他说："民众的势力，是现代社会上一切构造的唯一基础。"由此出发，提出知识阶级应与劳工阶级打成一片。他批评唯心史观、英雄史观，倡导史学革命。他说："人类的真实历史，不是少数人的历史。""历史的纯正的主位，是这些群众，绝不是几个伟人。"① 在《唯物史观在现代史学上的价值》、《史学要论》等著作中，对康德、黑格尔等西方哲学家及中国古代的"英雄史观"论者进行了详细的分析和批判，指出："中国自古昔圣哲，即习为托古之说，以自矜重：孔孟之徒，言必称尧舜；老庄之

---

① 《李大钊文集》下卷，人民出版社 1984 年版，第 330 页。

徒，言必称黄帝；墨翟之徒，言必称大禹；许行之徒，言必称神农。此风既倡，后世逸高歌，诗人梦想，大抵慨念黄、农、虞、夏、无怀、葛天的黄金时代……而中国哲学家的历史观，遂全为循环的、伟人的历史观所结晶。"① 他尖锐地指出，英雄史观、退落史观、神权史观对人类精神的影响是极其恶劣的，它们把人民大众全弄到麻木不仁的状态："既已认定自己境遇的困苦，都是天命所确定的，都是超越自己所能辖治的范围以外的势力所左右的，那么以自己的势力企图自救，便是至极愚妄的事，只有出于忍受的一途，对于现存的秩序，不发生疑问，设若发生疑问，不但丧失了他现在的平安，并且丧失了他将来的快乐。他不但要服从，还要祈祷，还要在杀他的人手上接吻。这个样子，那些永据高位握有权势的人，才能平平安安地常享特殊的权利，并且有增加这些权利的机会，而一般人民，将永沉在物质道德的卑屈地位。"② 李大钊因此反复强调人民群众是创造历史的真正动力，并一再告诫人们："我们要晓得一切过去的历史，都要靠我们本身具有的人力创造出来的，不是那个伟人圣人给我们造的，亦不是上帝赐予我们。将来的历史，亦还是如此。现在已是我们世界的平民的时代了。我们应该自觉我们的势力，赶快联合起来，应我们生活上的需要，创造一种世界的平民的新历史。"③"我们应该告诉他们，只有工农、民众自己团结起来，才是他们得到生活安定的唯一出路。"④ 与此同时，他也注意到历史上杰出人物的作用。他说："我们固然不迷信英雄、伟人、圣人、王者，说历史是他们创造的，寻历史变动的原因于一二个人的生活经历，说他们的思想与事业有旋转乾坤的伟力；但我们亦要就一二个人的言行经历，考察那时造成他们的思想或事业的社会的背景。"⑤"吾人浏览史乘，读到英雄豪杰为国家为民族舍身效命以为牺牲的地方，亦能认识出来这一班所谓英雄所谓豪杰的人

---

① 《李大钊文集》下卷，人民出版社 1984 年版，第 723 页。
② 《李大钊文集》下卷，人民出版社 1984 年版，第 764—765 页。
③ 《李大钊文集》下卷，人民出版社 1984 年版，第 365 页。
④ 《李大钊文集》下卷，人民出版社 1984 年版，第 874 页。
⑤ 《李大钊文集》下卷，人民出版社 1984 年版，第 723 页。

物，并非有与常人有何殊异，只是他们感觉到这社会的要求敏锐些，想要满足这社会的要求的情绪热烈些，所以挺身而起为社会献身，在历史上留下可歌可哭的悲剧、壮剧。"①

在唯物史观的影响下，史学界产生了李大钊的《民彝与政治》（1916 年）、翦伯赞的《群众、领袖与历史》（1939 年）这样的鸿文，揭示出人民群众在历史进程中的伟大创造作用，得出了"历史上之事件……离于众庶则无英雄，离于众意总积则英雄无势力"的合理结论。李大钊发表《由经济上解释中国近代思想变动的原因》，通过分析近代"经济的构造"，科学地回答了孔门道德长期居于统治地位的原因。李大钊指出："古者政治上之神器在于宗彝，今者政治上之神器在于民彝。宗彝可窃，而民彝不可窃也；宗彝可迁，而民彝不可迁也。然则民彝者，悬于智照则为形上之道，应于事务则为形下之器，虚之则为心里之澄，实之则为逻辑之用也。兹世文明先进之国民，莫不争求适宜之政治，以信其民彝，彰其民彝。吾民于此，其当鼓勇奋力，以趋从此时代之精神，而求此适宜之政治也，亦奚容疑。"②

郭沫若在《中国古代社会研究》中，以唯物史观为"向导"，从分析生产工具和生产关系入手，揭示了中国从远古到近代几种生产方式的更替，在评价历史人物时坚持"人民本位"。"人民本位"的思想，最早见于郭沫若1921 年发表的《我国思想史上之澎湃城》一文，文中说："我国传统的政治思想，可知素以人民为本位，而以博爱博利为标准。"③ 但他明确提出要以"人民本位"的标准来衡量历史人物，则是在 20 世纪 40 年代。郭沫若在《历史人物》的自序中说，他对历史人物的研究"主要是凭自己的好恶"，"好恶的标准是什么呢？一句话归宗：人民本位！"④ 在《十批判书》的"后记"中

---

① 《李大钊文集》下卷，人民出版社 1984 年版，第 764—765 页。

② 李大钊：《民彝与政治》，转引自张岂之主编：《民国学案》第 1 卷，湖南教育出版社2005 年版，第 273 页。

③ 郭沫若：《我国思想史上之澎湃城》，载《学艺杂志》，转引自张书学：《中国现代史学思潮研究》，湖南教育出版社 1998 年版，第 406 页。

④ 《历史人物·序》，载《郭沫若全集·历史编》第 4 卷，人民出版社 1982 年版，第 3 页。

也说:"批评古人,我想一定要同法官断狱一样,须得十分周详,然后才不致有所冤曲。法官是依据法律来判决是非曲直的,我呢是依据道理。道理是什么呢? 便是以人民为本位的这种思想,合乎这种道理的便是善,反之便是恶。"① 郭沫若在对先秦诸子的研究中,基本上是遵循着这一原则和方法的。他对孔、墨的评价截然相反,就是因为"孔子的立场是顺乎时代的潮流,同情人民解放的,而墨子则和他相反"②。在郭沫若看来,春秋时代是奴隶制崩溃和封建制兴起的时代,在这"公家腐败,私门前进的时代,孔子是扶助私门而墨子是袒护公家的"③。孔子支持乱党,而墨子则反对乱党。"乱党是什么? 在当时都要算是比较能够代表民意的新兴势力。"④ 郭沫若从"人民本位"思想出发,对历史上农民起义的领导者和组织者如李自成、李岩等,在学术、文化上有重要贡献的如孔子、公孙尼子、惠施等,在民族统一上作出贡献的如殷纣王、秦始皇等,以及富有民族气节和献身改革的如屈原、吴起、郑成功、王安石等,都作了比较深入的研究和评价。郭沫若把历史人物放在历史发展过程的广阔背景上,以其言行对历史发展所起的作用为准绳来加以全面衡量,正确评判其功过是非,特别是对那些长期蒙受不白之冤的历史人物予以昭雪,做了大量的"翻案"文章,所以为历史人物翻案便构成了郭沫若研究历史人物的显著特点。如 20 世纪 40 年代他在《论曹植》一文中为曹丕翻案,反对传统的"抑丕扬植"的做法,认为曹丕在政治上比曹植"高明得多",在政治家的风度上胜过其父曹操;曹丕还是"文艺批评的初祖","他的诗辞始终是守着民俗化的路线的"。而曹植在文学史上的地位,"一大半是封建意识凑成了他",因为要忠君,就恨篡了汉位的曹操、曹丕⑤。这可以说是精辟之论。1944 年,郭沫若发表著名的《甲申三百年祭》,站在人民的立场,惋惜明末农民起义,要求吸取其失败的教训。毛泽东大为赞赏,称之为

---

① 郭沫若:《十批判书》,群益出版社 1948 年版,第 423 页。

② 郭沫若:《十批判书》,群益出版社 1948 年版,第 73 页。

③ 郭沫若:《十批判书》,群益出版社 1948 年版,第 420 页。

④ 郭沫若:《十批判书》,群益出版社 1948 年版,第 67 页。

⑤ 张书学:《中国现代史学思潮研究》,湖南教育出版社 1998 年版,第 407 页。

"大有益于中国人民"的"史论"。① 在郭沫若的倡导下，从"人民本位"出发进行阶级分析的唯物辩证法的方法就成为了以后马克思主义史学派的一条基本的原则和方法。

翦伯赞在1939年再版的《历史哲学教程》中以"群众、领袖与历史"一文作为"再版序言"，不仅高扬国民史观，而且辩证地指明了人民大众与英雄人物在历史上的辩证作用关系，一方面肯定"群众在历史创造中的作用之伟大"，另一方面也要充分认识到"作为群众领导者的个人在历史创造中的重要"。翦伯赞明确标举"人民群众是历史的主人，这是我们写历史的基本原则"，认为，"只有群众力量的兴起，才能执行任何一个历史的行动。群众的力量与行动，是一切过去以及未来的历史行动决定的力量"②。范文澜则以农民为主角来撰写其《中国通史简编》。

总之，唯物史观史学取得了巨大成绩，影响巨大。一是广大史学工作者自觉学习与运用唯物史观，并在它的指导下进行历史研究，取得了巨大的成绩。在历史理论研究方面，唯物史观的经济分析、生产力与生产关系、经济基础与上层建筑、阶级与阶级斗争、人民群众的主体作用、社会形态理论等。例如，范文澜在《论中国封建社会长期延续的原因》中，就明确标举唯物史观的理论，从中国封建社会农业生产力的延续发展、从中国封建社会生产关系对生产力的破坏、从工业生产力发展的迟缓三个方面，来分析中国封建社会长期延续的原因。这些成果一方面做到了把唯物史观的普遍原理与中国历史实际相结合，另一方面也注重研究中国历史发展的规律和特点，为丰富唯物史观理论宝库作出了贡献。二是史学界出现了健康、积极向上的学术风气。这主要表现在：对一些重大的学术与理论问题，展开了生动有益的批评。如古史分期、社会发展形态、阶级斗争、农民起义、历史人物评价、近代史分期等问题的讨论，都非常热烈，持续时间很长。唯物史观的科学性不仅深深地影响着马克思主义史家，也深刻影响了一些并不信仰

---

① 《毛泽东书信选集》，人民出版社1983年版，第241页。

② 翦伯赞：《群众、领袖与历史》，载《历史哲学教程》之《再版代序》，转引自张岂之主编：《民国学案》第2卷，湖南教育出版社2005年版，第575页。

马克思主义的史家。

## 三、唯物史观催生了丰硕的现代史学成果

顾颉刚曾经指出:"中国史学进步最迅速的时期,是五四运动以后到抗战以前的二十年中。这短短的一个时期,使中国的史学,由破坏的进步进展到建设的进步,由笼统的研究,进展到分门的精密的研究,新面目层出不穷,或由专门而发展到通俗,或由普通而发展到专门;其门类之多,人才之众,都超出于其他各种学术之上。"[①]盛邦和曾经把中国现代(20 世纪上半叶)史学概括为"五个流程"、"三大流派"。[②]"五个流程"即国粹史学(章太炎、刘师培、黄节等)、实证史学(王国维、陈寅恪、罗振玉等)、"五四"史学(顾颉刚、傅斯年等)、抗战史学(钱穆、陈垣等)与马克思主义史学(李大钊、郭沫若、范文澜、吕振羽、翦伯赞等)。"三大流派"即文化民族主义史学("东方文化派"、"人生观派"、"本位文化派"等是其主要流派,梁启超、王国维、陈寅恪、陈垣、梁漱溟、张君劢、钱穆等是其代表人物)、文化批判主义史学(这个流派有傅斯年的史料学派与顾颉刚的古史辨派)与马克思主义史学。他认为,批判史学与民族史学,分别代表的是中国文化学派中的中学派与西学派。这两派,前者只讲"心灵",淡漠理性,后者单说"制度",忽略"精神";前者陷入了唯心主义的泥沼,变成一味崇古的"玄学鬼",后者落入"科学"主义的窠臼,成为照搬西方的"搬运工"。两者观点对立,各不相让。史学思潮来自社会思潮,历史期待着新的史学引领,一个崭新的史学流派——马克思主义史学终于登坛挂帅,引导中国历史大船驶向新的前程。中国马克思主义史学构成中国现代史学的主流,把中国史学提升到现代意义的最高平台。马克思主义史学既看到了民族史学家的内在缺陷——唯心主义,也看到了批判史学"科学主义"的机械性,用辩证唯物主义和历史唯

---

① 顾颉刚:《当代中国史学·引论》,辽宁教育出版社 1998 年版。
② 盛邦和:《20 世纪上半叶中国史学的流程与流派》,《学术月刊》2005 年第 5 期。

物主义观察历史，为中国历史学打造科学精良的思想武器。它融科学性与批判性于一体，涵致用与求真为一脉；它追求历史的真实，既寻求历史本来之"实"，又探求历史本质之"真"，形成马克思主义史学实事求是的内在境界。它总结既往之经验，瞻望未来之前途。它既是剖析家，又是重构家；既是病相报告家，又是预言家；它主导中国现代史学发展的方向实属必然。因此，马克思主义史学终成主流，乃中国现代社会思潮发展的必然结果。

中国马克思主义史学思潮繁盛于 20 世纪 20 年代中期，以李大钊所著《史学要论》一书的出版为标志。此书讨论了什么是历史、什么是历史学、历史学的系统、史学在科学中的位置、史学与其相关学问的关系、现代史学的研究以及于人生态度的影响等关于史学的重大问题。他的《史学思想史讲义》是我国最早用唯物史观总结西方史学发展历程的西方史学理论研究的专著。李大钊还倡导运用唯物史观重新阐释中国旧的历史，进行史学革命。他认为："实在的事实是一成不变的，而历史事实的知识则是随时变动的……历史观是随时变化的，是生动无已的，是含有进步性的。同一史实，一人的解释与他人的解释不同，一时代的解释与他时代的解释不同，甚至同一人也，对于同一史实的解释，昨日的见解与今日的见解不同。此无他，事实是死的，一成不变的，而解释是活的，与时俱进的。"[①]"一切的历史，不但不怕随时改作，并且都要随时改作，改作的历史，比以前的必较近真。"[②]"根据新史观、新史料，把旧历史一一改作，是现代史学者的责任。"[③] 李大钊是我国自觉运用唯物史观批判封建复古思潮的第一人。在《物质变动与道德变动》一文中，李大钊以大量的事实论证了宗教、哲学、风俗、习惯、道德、政策、主义等都是由社会经济基础决定的，都是随经济基础的变化而变化的。"道德既是社会的本能，那就适应生活的变动，随着社会的需要，因时因地而有变动，一代圣贤的经训格言，断断不是万世不变的法则。什么圣道，什么王法，什么纲常，什么名教，都可以随着生活的变动、社会的要

---

①　《李大钊文集》下卷，人民出版社 1984 年版，第 266—267 页。

②　《李大钊文集》下卷，人民出版社 1984 年版，第 719 页。

③　《李大钊文集》下卷，人民出版社 1984 年版，第 268 页。

求，而有所变革，且是必然的变革……新道德既是随着生活的状态和社会的需求发生的，就是随着物质的变动而变动的，那么物质是开新，物质若是复旧，道德亦必跟着复旧。因为物质与精神原是一体，断无自相矛盾、自相背驰的道理。可是宇宙进化的大路，只是一个健行不息的长流，只有前进，没有反顾；只有开新，没有复旧：有时旧的毁灭，新的再兴。这只是重生，只是再造，也断断不能说是复旧。物质上、道德上，均没有复旧的道理！"① 可见，李大钊在我国史学界率先树起了以新的唯物史观为武器进行无产阶级史学革命的大旗。②

20 世纪三四十年代，随着社会史论争的展开，马克思主义史学思潮迅速发展。

首先是郭沫若的《中国古代社会研究》的出版，在中国开辟了人们以唯物史观认识中国历史的道路，推动马克思主义史学理论的研究走向深入。郭沫若在 1924 年后，逐步转变为一个马克思主义者，1925 年他翻译了河上肇的《社会组织与社会革命》一书，发表了《穷汉的穷谈》、《共产与共管》、《马克思进文庙》、《新国家的创造》、《由经济斗争到政治斗争》等文章。通过翻译，郭沫若对马克思主义唯物史观有了较深的理解，他当时写道："我译完此书所得的教益不浅呢！……这本书的译出在我一生中形成一个转换的时期，把我从半眠状态里唤醒了的是它，把我从歧路的彷徨里引出了的是它。"③"辩证唯物论给了我精神上的启蒙，我从学习着使用这个钥匙，才认真把人生和学问上无门关参破了。我才真正明白了做人和做学问的意义。"④ 他坚信："辩证唯物论是人类的思维对于自然观察上所获得的最高的成就。"⑤ 是"解决世局的唯一的针路"⑥。同时，他又指出："要使这种新思想

① 《李大钊文集》下卷，人民出版社 1984 年版，第 63 页。
② 参见薛其林：《李大钊传播唯物史观的巨大贡献——纪念李大钊先生逝世 80 周年》，《船山学刊》2007 年第 2 期。
③ 《沫若文集》第 10 卷，人民文学出版社 1959 年版。
④ 郭沫若：《十批判书》，群益出版社 1948 年版，第 408 页。
⑤ 《革命春秋》，人民文学出版社 1982 年版，第 311—312 页。
⑥ 《沫若文集》第 10 卷，人民文学出版社 1959 年版，第 145 页。

真正地得到广泛的接受，必须熟练地善于使用这种方法，而使它中国化。使得一般的，尤其有成见的中国人，要感觉着这并不是外来的异物，而是广泛应用的真理。"①1928 年郭沫若避难日本，居日十年期间，研究了马克思主义哲学、政治经济学和历史学，翻译了马克思的《政治经济学批判》、《德意志意识形态》等著述，发表了《周易的时代背景与精神生产》、《周易的构成时代》、《先秦天道观之进展》、《社会发展阶段的新认识——至于论究"亚细亚的生产方式"》、《责问胡适——由当前文化动态说到儒家》等论文，出版了《中国古代社会研究》、《甲骨文字研究》等专著。1944 年后出版了《青铜时代》、《十批判书》等著述，发表了《甲申三百年祭》、《论古代社会》、《关于古代社会研究答客难》、《由周代农事诗论到周代社会》等论文。郭沫若的《中国古代社会研究》1930 年由上海联合书店出版，是运用唯物史观研究中国古代历史的代表作，也是构建中国现代史学体系的奠基作。在书中他指出："人类社会的发展是以经济基础的发展为前提，而人类经济的发展却依他的工具的发展为前提。""生产的方式发生了变革，经济的基础也就发展到了更新的阶段。经济的基础发展到了更新的一个阶段，整个的社会也就必然地形成了一个更新的关系，更新的组织。周室东迁的前后，我们中国的社会是由奴隶制变为真正的封建制度的时期。此时，阶级意识觉醒，旧家族破产，新有产者勃兴。""物质的生产力是一切社会现象的基础。""一部工艺史便是人类社会进化的轨迹。人类进化史的初期由石器时代而金石并用时代而青铜时代而铁器时代，这已经是既明的事实。"② 这些史论和观点反映出郭沫若已能娴熟地运用唯物史观来分析历史问题了，是马克思主义新史学的开拓者。如果说李大钊是中国马克思主义唯物史观的奠基人，那么，郭沫若则无疑是自觉运用唯物史观系统研究中国历史的开拓者。③ 吕振羽、翦伯赞、侯外庐、

---

① 郭沫若：《革命春秋》，人民文学出版社 1982 年版，第 311—312 页。

② 郭沫若：《中国古代社会研究》，转引自张岂之主编：《民国学案》第 2 卷，湖南教育出版社 2005 年版，第 371—373 页。

③ 参见薛其林：《民国时期学术研究方法论》，湖南人民出版社 2002 年版，第 277—278 页。

尹达、董作宾等学者都公认郭沫若在中国马克思主义史学发展中的"旗手"地位，认为，"唯物史观派是郭沫若的《中国古代社会研究》领导起来的"①。

如前所述，陶希圣运用唯物史观研究社会经济史，被看作是与郭沫若齐名的中国社会经济史研究的主要代表。② 时人郭湛波称赞道："中国近日用新的科学方法——唯物史观，来研究中国社会史，成绩最著，影响最大，就算陶希圣先生了。"③ 顾颉刚更是认为："研究社会经济史最早的大师，是郭沫若和陶希圣两位先生，事实上也只有他们两位最有成绩。陶希圣先生对于中国社会有极深刻的认识，他的学问很是广博，他应用各种社会科学的政治学经济学的知识来研究中国社会，所以成就最大。虽然他的研究还是草创的，但已替中国社会经济史的研究打下了相当的基础。"④

其次是中国社会史论战的充分展开，有利推动了马克思主义史学思潮的发展。中国社会史论战是 20 世纪 30 年代学术界关于中国社会性质论战的进一步深入和扩大，是围绕中国古代社会分期这个主题的论战。论战的中心是中国古代有没有奴隶社会以及中国封建社会的发生、发展及其特点等问题，实质是关于人类社会历史在其发展过程中是否存在着普遍的客观规律，马克思主义关于社会发展阶段的学说是否适用于中国历史发展状况的问题。这场论战涉及社会上的各个阶级和阶层，有以"新思潮派"为代表的中国共产党的理论工作者如王学文、吴亮平等和马克思主义史学家如郭沫若、吕振羽、翦伯赞等；有以陶希圣、梅思平为代表的国民党"新生命派"；有以严灵峰、任曙、刘仁静为代表的从共产党分离出来的托派分子；有以胡秋原为代表的"自由"马克思主义者。以郭沫若、吕振羽为代表的马克思主义者，坚持唯物史观与中国社会实际相结合的正确方向，批驳了资产阶级学者所散布的种种谬论，确立了唯物史观在中国革命和历史科学研究中的理论指导地位，有

---

① 董作宾：《中国古代文化的认识》，转引自张书学：《中国现代史学思潮研究》，湖南教育出版社 1998 年版，第 393 页。

② 参见郭湛波：《近五十年中国思想史》，山东人民出版社 1997 年版，第 244 页。

③ 郭湛波：《近五十年中国思想史》，山东人民出版社 1997 年版，第 179 页。

④ 顾颉刚：《当代中国史学》，辽宁教育出版社 1998 年版，第 91—92 页。

力地推动了唯物史观在中国传播与发展的历史进程。郭沫若认为胡适等所进行的对"国故"的"整理"，包括对罗振玉、王国维等所作的"整理"，"有重新'批判'"的必要，并提出："我们的'批判'有异于他们的'整理'。'整理'的究极目标是在'实事求是'，我们的'批判'精神是要在'实事之中求其所以是'。'整理'的方法所能做到的是'知其然'，我们的'批判'精神是要'知其所以然'。'整理'自是'批判'过程所必经的一步，然而它不能成为我们所应该局限的一步。"比李大钊更进一步，郭沫若认为"整理"本身需要理论的指导，"谈'国故'的夫子们哟！你们除饱读戴东原、王念孙、章学诚之外，也应该要知道有 Marx、Engels 的著书，没有唯物辩证论的观念，连'国故'都不好让你轻谈"①。这里，既明确标举考据派、实证派之"整理"与唯物辩证法之"批判"的区别，又表明唯物史观是从事学术研究的前提和要件。有学者认为，"不管人们是否真正接受、信仰马克思主义，但马克思主义唯物史观是人们依赖的重要理论工具，是当时的史学界最具号召力的学说，它为史学研究提供了崭新的视角。正是初步地接触了马克思主义唯物史观，学者们才有可能对亚细亚生产方式，中国是否有独特的发展路径，中国是否经历奴隶社会，中国历史的发展规律等重大理论问题进行前所未有的深入讨论，人们的视野才得以开阔。"②"中国社会史论战的最大特点，便是参战的诸位先生都以掌握马克思主义方法论自命"③，"这一群一群的热心的'唯物的历史家'，各人尽量地运用他们的聪明才智，开始将马克思恩格斯、列宁的伟大的发明，应用于中国社会之史的发展的研究中"④。史学家何兹全在回顾这场论战时深有感触地说："当时，上海出现很多小书店，争着出版辩证法，唯物观，唯物史观的书，我是这些书的贪婪的读者。"⑤ 对

---

① 郭沫若：《中国古代社会研究·自序》，上海新文艺出版社 1952 年版，第 92 页。

② 罗新慧：《〈读书杂志〉与社会史论战》，《史学研究》2003 年第 2 期。

③ 金灿然：《中国历史学的简单回顾与展望》（续），转引自张书学：《中国现代史学思潮研究》，湖南教育出版社 1998 年版，第 93 页。

④ 翦伯赞：《殷代奴隶社会研究之批判》，转引自张书学：《中国现代史学思潮研究》，湖南教育出版社 1998 年版，第 93 页。

⑤ 何兹全：《我所经历的 20 世纪中国社会史研究》，《史学理论研究》2003 年第 2 期。

于"唯物史观在 30 年代初像怒潮一样奔腾而入"①的学术奇观,以致政治上、学术上都反马克思主义的胡适也不得不承认:"唯物的历史观,指出物质文明与经济组织在人类进化社会史上的重要,在史学上开一个新纪元,替社会学开无数门径,替政治学开许多生路,这都是这种学说所涵意义的表现……这种历史观的真意义是不可埋没的。"②

最后是以唯物史观为指导,在通史、社会史、思想史等领域,产生了一批马克思主义史学著作,形成了马克思主义史学研究的范式,显示出了中国史学的新的活力。1938 年翦伯赞出版了《历史哲学教程》一书,对"历史发展的合法则性"、"历史的关联性"、"历史的实践性"、"历史的适应性"、"关于中国社会形势发展史问题"作了一一阐述。此后,侯外庐的《中国社会史导论》、吕振羽的《中国社会史诸问题》、吴玉章的《中国历史教程叙论》、华岗的《研究中国历史的钥匙》和《怎样研究中国历史》、吴泽的《中国历史研究法》等论著,都对历史学的性质、历史学怎样成为科学、研究历史的意义以及历史学的方法等理论问题进行了深入的探讨。毛泽东出于中国革命的需要,对历史与历史学理论作出了许多论述,影响极其巨大。从《史学要论》到《历史哲学教程》,这是马克思主义史学思潮在理论形态上的重要发展③。

此外,李大钊出版了《民彝与政治》(1916 年)、《唯物史观在现代史学上的价值》(1920 年),范文澜出版了《中国通史简编》(1941 年、1942 年)、《中国近代史》(1947 年),翦伯赞出版了《群众、领袖与历史》(1939 年)、《中国史论集》(1943 年)、《中国史纲》第一卷(1943 年)、《史料与史学》(1946 年)、《当代中国史学引论》(1947 年)、《中国史纲》第二卷(1947 年),郭沫若出版了《青铜时代》(1945 年)、《十批判书》(1945 年),吕振羽出版了《中国

---

① 顾颉刚:《战国秦汉间人的造伪与辨伪》,载《古史辨》第 7 册,上海古籍出版社 1981 年版,第 64 页。

② 胡适:《四论问题与主义》,《胡适精品集》第 1 册,光明日报出版社 1998 年版,第 356 页。

③ 参见瞿林东:《二十世纪的中国史学》(下),《历史教学》2000 年第 5 期。

政治思想史》（1937 年）、《中国社会史诸问题》（1942 年）、《简明中国通史》（生活书店，1941 年；光华书店，1948 年），侯外庐出版了《中国古典社会史论》（1943 年）、《中国古代思想学说史》（1944 年）、《中国近世思想学说史》（1944年、1945 年）、《苏联历史学界诸问题解答》（1945 年）、《中国古代社会史》（1948 年），何干之出版了《中国社会性质问题论战》和《中国社会史论战》（1937 年），华岗出版了《中华民族解放运动史》（1940 年），尹达出版了《中国原始社会》（1943 年），吴泽出版了《中国历史简编》（1945 年），说明中国马克思主义史学和中国现代史学体系已初具规模。

在唯物史观的影响下，当时的学术界出现了中国农民战争史研究、经济史研究（食货）、中国社会结构形态研究（如历史分期等）、历史翻案研究（如历史人物、事件）的热潮。

## 四、成为全新而科学的史学理论与方法

李大钊概括了马克思主义唯物史观的特点：一是唯物史观之所以是科学的史观，二是史论结合的典范，三是科学性和革命性统一彰显史学的现实功用。他指出："自有马氏的唯物史观，才把历史学提到与自然科学同等的地位。"[1] 唯物史观之所以是科学的史观，就在于它"主张以经济为中心考察社会变革的缘故，因为经济关系能如自然科学发现因果律"[2]。王学典先生全面总结了唯物史观史学的特征和学术史意义，就唯物史观派的史学特征而言：注重经济因素在历史变迁中的作用、把生产力的作用视作社会变动的最后之因，是这一学派的第一个特征；追求跨学科研究，致力于社会学、经济学、人类学等在史学领域里的引进，是其第二个特征；这一学派的第三个特征，是更同情历史上的"小人物"和普通百姓的遭遇与处境，主张写"从下向上看"的历史；而特别喜爱研究历史上的大规模变动，注意在历史的大关节、大转

---

[1]　《李大钊选集》，人民出版社 1962 年版，第 294 页。
[2]　李大钊：《史学要论》，北京师范大学史学研究所 1980 年版，第 5 页。

折点上下功夫，则是这一学派的第四个特征。①

就唯物史观派的学术史意义而言，则主要表现为以下五个方面：从学术理念上看，唯物史观派特别强调史学与生活、时代、社会的联系，特别注重释放史学在历史创造中的作用。从历史理念上看，亦即从研究对象的取舍上看，唯物史观派更注重经济因素在历史进程和历史变迁中的作用，把生产工具、生产力的变迁视作社会变动的最后之因，从这一思路出发，此学派以及整个史学界展开了对经济史的广泛而深入的研究。例如，郭沫若撰写的《中国古代社会研究》，依据的理念就是："人类社会的发展是以经济基础的发展为前提，而人类经济的发展却依他的工具的发展为前提。"②从治史路数的取向上看，唯物史观派追求跨学科研究，致力于社会学、经济学、人类学等在史学领域里的引进。从价值立场的选择上看，唯物史观派更同情历史上的"小人物"和普通百姓，对历史上反复发生的推翻旧的社会形态的革命尤为关注。从学术嗜好上看，唯物史观派这一学术共同体特别喜爱研究历史上的大规模社会变动，殷周之际、春秋战国之际、秦汉之际、魏晋之际、明清之际这些历史上大关节、大转折点的历史事件都能得到相对透彻的清理③。

唯物史观是一种科学理论，具有顽强的生命力。它对于中国史学的理论指导意义可以概括为：主张以整体的历史观念进行研究；主张人类历史是有规律可循的一个发展过程；主张以辩证的观点看待历史发展与史学研究工作；主张人民群众在推动人类社会历史的发展进程中具有巨大作用；坚持经济基础对上层建筑具有决定性的作用，同时认为上层建筑对经济基础具有重要的反作用。通过这样几个基本点，唯物史观奠定了中国马克思主义史学的理论基础，深化了对中国历史发展规律的认识。

第一，五形态结构理论。唯物史观关于社会历史结构的一个重要理论和

---

① 参见王学典、陈峰：《20世纪唯物史观派史学的学术史意义》，《东岳论丛》2002年第2期。

② 郭沫若：《中国古代社会研究》，转引自张岂之主编：《民国学案》第2卷，湖南教育出版社2005年版，第371页。

③ 参见王学典、陈峰：《20世纪唯物史观派史学的学术史意义》，《东岳论丛》2002年第2期。

框架就是"五形态结构"。1846年马克思写作《德意志意识形态》一书时就已经有了五种所有制形式的构想。马克思后来又在《共产党宣言》、《雇佣劳动与资本》中都讲到奴隶制社会、封建制社会和资本主义社会，如果加上原始社会和共产主义社会，也就是五种所有制形式。恩格斯在《家庭、私有制和国家的起源》中明确地指出人类历史发展经历了五个阶段——原始氏族社会、古代奴隶制社会、中世纪农奴制社会、近代雇佣劳动制（资本主义）社会、未来的共产主义社会。1897年，列宁在为波格丹诺夫《经济学简明教程》写的书评中讲，政治经济学应该这样来叙述经济发展的各个时期，即原始氏族共产主义时期、奴隶制时期、封建主义和行会时期、资本主义时期。1919年，列宁在《论国家》的演讲中明确主张"五种社会形态说"。1938年9月，苏联发布了以《论辩证唯物主义和历史唯物主义》为理论基础的《联共（布）党史简明教程》，在这本书的论述中，五种社会形态成为绝对的历史理论，被认为"是一百年来全世界共产主义运动的最高的综合和总结，是理论和实际结合的典型"，成为当时中国马克思主义者学习、研究马克思主义理论的中心材料，而"五种社会形态说"成为理论界阐述中国乃至世界历史演进规律的基本法则。

中国的马克思主义史学家在研究历史时都自觉地运用这一结构理论来从事中国历史研究。这主要体现在通史和断代史的撰写上。范文澜的《中国通史简编》其中的一个特点就是："运用社会发展规律，以五种社会形态理论为基础划分中国历史。"① 翦伯赞早年倾心于康德、黑格尔的形式逻辑，后在美国系统研读了西方经济学，自接触了马克思主义思想，阅读了《反杜林论》、《家庭、私有制和国家的起源》、《共产党宣言》之后，开始皈依马克思主义唯物史观，1928年开始运用唯物史观研究中国社会和历史。其1941—1946年间撰写的《中国史纲》（第一卷、第二卷、第三卷）就是运用唯物史观总结中国历史发展规律的通史著作，被誉为"人的历史，真的历史"②。

---

① 转引自张岂之主编：《民国学案》第2卷，湖南教育出版社2005年版，第379页。

② 《新华日报》1944年6月19日。

1928 年，郭沫若从自己熟悉的思想文化方面入手，写出了第一篇运用历史唯物主义分析中国古代社会的论文《周易的时代背景和精神生活》。同年，他又写出了《诗书时代的社会变革与其思想上的反映》与《中国社会之历史的发展阶段》等文，通过对《易》、《诗》、《书》所提供的第一手资料的分析，探索周代社会，并对中国社会历史的发展作了一个"鸟瞰"式的概说，得出了中国古代也先后经过了原始共产制社会、奴隶制社会和封建社会等几个阶段，走着世界上大多数国家所走过的道路的结论。在《中国古代社会研究》中郭沫若认为："人类社会的发展是以经济基础的发展为前提，而人类经济的发展却依他的工具的发展为前提。中国历史是在商代才开幕，商代的产业是以牧畜为本位，商代和商代以前都是原始公社社会。铁器的发现在周初便急剧地把农业发达了起来，周初的局面被后人粉饰出来虽然很像一个极盛的封建时代，事实上它还是被四围的氏族社会的民族围绕着的比较早进步了的一个奴隶制的社会。周室东迁以后，中国的社会才由奴隶制逐渐转入了真正的封建制。后来在秦统一了天下以后，在名目上虽然是菲封建而为郡县，其实中国的封建制度一直到最近百年都是很岿然的存在着的。"[①]

第二，物质经济分析方法。千百年来，在唯心主义历史观的影响下，人们在对各种社会历史现象的研究中，首先注意到政治暴力事件，其次重视的是思想、文化和宗教的变迁与发展；而经济事实则被当作文化史的附属因素被偶尔提及。直到 17 世纪下半叶，才在英国出现作为独立学科的政治经济学。古典政治经济学为人们研究资本主义经济规律、揭露资本主义剥削的秘密和创立剩余价值学说，提供了有益的思想资料，对马克思主义政治经济学的形成，进而对科学社会主义理论的产生，有着奠基性的影响。唯物史观明确指出了人类整个社会生活、政治生活、精神生活的基础，归根到底是物质生产状况。马克思的鸿篇巨著《资本论》，就是从物质生产逻辑和资本逻辑出发来考察资本主义社会的。

---

① 郭沫若：《中国古代社会研究》，转引自张岂之主编：《民国学案》第 2 卷，湖南教育出版社 2005 年版，第 371 页。

　　李大钊认为，"历史不是僵石，不是枯骨，不是故纸，不是陈编，乃是亘过去、现在、未来、永世生存的人类全生命"①。他批评道："从来的历史家欲单从上层上说明社会的变革即历史而不顾基址，那样的方法，不能真正理解历史。上层的变革，全靠经济基础的变动，故历史非从经济关系上说明不可。"②李大钊写的《由经济上解释中国近代思想变动的原因》、《物质变动与道德变动》、《原始社会于文字书契上之唯物的反映》、《"五一"May Day运动史》、《中国古代经济思想之特点》、《胶济铁路略史》、《土地与农民》、《大英帝国主义者侵略中国史》、《孙中山先生在中国民族革命史上之位置》等文章，就是以唯物史观为指导，运用物质经济分析方法，由社会经济入手研究社会思想的演进与变化的代表作。李大钊指出："唯物史观的要领，在认识经济的构造对于其他社会学上现象，是最重要的；更认经济现象的进路，是有不可抗性的。"③"凡一时代，经济上若发生了变动，思想上也必发生变动。换句话说，就是经济的变动，是思想变动的重要原因。"④

　　第三，阶级分析方法。马克思主义阶级分析方法强调以生产资料的占有关系和分配方式作为划分阶级和阶层的重要依据。马克思指出："无论是发现现代社会有阶级存在或发现各阶级间的斗争，都不是我的功劳。在我以前很久，资产阶级历史编撰学家已经叙述过阶级斗争的历史发展，资产阶级的经济学家也对各个阶级作过经济的分析。"⑤马克思在前辈思想家的基础上将阶级分析理论置于唯物史观的立场上，是矛盾分析法在社会领域具体运用的重要成果。恩格斯指出："在每个历史地出现的社会中，产品分配以及和它相伴随的社会之划分为阶级或等级，是由生产什么、怎样生产以及怎样交换产品来决定的。"⑥列宁指出："所谓阶级，就是这样一些大的集团，这些集

① 《李大钊文集》（下），人民出版社1984年版，第264—265页。
② 《李大钊文集》（下），人民出版社1984年版，第346页。
③ 《李大钊文集》（下），人民出版社1984年版，第52页。
④ 《李大钊文集》（下），人民出版社1984年版，第177页。
⑤ 《马克思恩格斯选集》第4卷，人民出版社1995年版，第547页。
⑥ 《马克思恩格斯选集》第3卷，人民出版社1995年版，第617页。

团在历史上一定的社会生产体系中所处的地位不同，同生产资料的关系（这种关系大部分是在法律上明文规定了的）不同，在社会劳动组织中所起的作用不同，因而取得归自己支配的那份社会财富的方式和多寡也不同。"①"必须牢牢把握住社会阶级划分的事实，阶级统治形式改变的事实，把它作为基本的指导线索，并用这个观点去分析一切社会问题，即经济、政治、精神和宗教等等问题。"②列宁进一步强调"区分各阶级的基本标志，是它们在社会生产中所处的地位，也就是它们对生产资料的关系。占有某一部分社会生产资料，将其用于私人经济，用于目的在出售产品的经济，——这就是现代社会中的一个阶级（资产阶级）同失去生产资料、出卖自己劳动力的无产阶级的基本区别"③。关于阶层的划分，马克思和恩格斯在《共产党宣言》中明确指出："在过去的各个历史时代，我们几乎到处都可以看到社会完全划分为各个不同的等级，看到社会地位分成多种多样的层次……几乎在每一阶级内部又有一些特殊的阶层。"④

从经济基础出发，运用物质利益和经济地位进行阶级划分和阶级分析，阶级分析方法包括阶级构成、阶级矛盾和阶级斗争，是唯物史观解剖历史的重要工具。这同样为中国的史学工作者提供了透视中国社会现实和历史的强有力的理论武器。毛泽东运用马克思主义的阶级分析方法，以中国通史的宏观视野，总结出了颇具中国特色的唯物史观的历史动力论学说——"农民革命动力论"。这是马克思主义的阶级斗争学说中国化的具体历史形态，是对唯物史观的运用和创造性发展。毛泽东从《共产党宣言》、《阶级斗争》、《社会主义史》三部著作中，深刻体悟"人类自有史以来就有阶级斗争，阶级斗争是社会发展的原动力"，并坦言"初步地得到认识问题的方法论"。⑤毛泽东 1925 年撰写的《中国社会各阶级分析》一文，就是用马克思主义的阶级

---

① 《列宁选集》第 4 卷，人民出版社 1995 年版，第 11 页。
② 《列宁选集》第 4 卷，人民出版社 1995 年版，第 30 页。
③ 《列宁全集》第 7 卷，人民出版社 1986 年版，第 30 页。
④ 《马克思恩格斯选集》第 1 卷，人民出版社 1995 年版，第 272—273 页。
⑤ 《毛泽东文集》第 2 卷，人民出版社 1993 年版，第 378—379 页。

分析方法分析中国社会探讨革命策略的重要文献，也是毛泽东的新民主主义革命理论形成的发端之作。毛泽东从当时革命所面临的首要问题入手，确立了划分阶级的标准，进而逐层剖析中国社会各阶级的特点，最后得出了中国革命所应采取的正确策略。毛泽东的阶级分析方法是将马克思主义的阶级学说由理论转变为方法的最佳范例。

范文澜 1946 年出版的《中国近代史》，明确运用"阶级斗争论是研究历史的基本线索"、"历史的主人是劳动人民"等观点，系统叙述了中国近代沦为半殖民地半封建社会的具体过程，揭露了国际帝国主义与本国人民、本国统治阶级与劳动人民的阶级对立的具体情形，突出展示了近代中国人民反抗外来侵略与阶级压迫的斗争精神。①

第四，阶级斗争史观。列宁说："所谓阶级，就是这样一些集团，这些集团在历史上一定社会生产体系中所处的地位不同，生产资料的关系（这些关系大部分是在法律上明文规定了的）不同——在社会劳动组织中所起的作用不同，因而领得自己所支配的那份社会财富的方式和多寡也不同。所谓阶级，就是这样一些集团，由于它们在一定社会经济结构中所处的地位不同，其中一个集团能够占有另一个集团的劳动。"② 恩格斯说："《宣言》中始终贯彻的基本思想，即每一历史时代的经济生产以及必然由此产生的社会结构，是该时代政治的和精神的历史的基础；因此（从原始土地公有制解体以来）全部历史都是阶级斗争的历史，即社会发展各个阶段上被剥削阶级和剥削阶级之间、被统治阶级和统治阶级之间斗争的历史。"③ 可见，人类社会自有阶级以来，由于私有财产的存在，各阶级在社会经济结构中所处地位的差异，而相应有统治阶级和被统治阶级、剥削阶级与被剥削阶级，因此阶级斗争是贯穿阶级社会历史的一条主线。《共产党宣言》一书中开宗明义地说："到目前为止的一切社会的历史都是阶级斗争的历史。"④ 可见，阶级斗争史观是唯

---

① 参见张岂之主编：《民国学案》第 2 卷，湖南教育出版社 2005 年版，第 380 页。

② 《列宁全集》第 29 卷，人民出版社 1972 年版，第 382—383 页。

③ 《马克思恩格斯选集》第 1 卷，人民出版社 1995 年版，第 252 页。

④ 《马克思恩格斯选集》第 1 卷，人民出版社 1995 年版，第 172 页。

物史观的基本观点之一。

20 世纪初的中国学者对马克思主义的阶级斗争史观做过宣传，认为"阶级分等与阶级斗争是由社会之经济生活产出"，"自原始共产时代之后，人类已自分为经济阶级，所以一切历史已成为阶级斗争之历史"①。陈独秀于 1920 年 11 月 7 日，在上海创办了秘密刊物《共产党》月刊。他在第一期上发表文章，则明确宣告了通过阶级斗争夺取政权的奋斗目标："我们只有用阶级战争的手段，打倒一切资本阶级，从他们手抢夺来政权；并且用劳动专政的制度，拥护劳动者底政权，建设劳动者的国家以至于无国家，使资本阶级永远不至发生。"②

阶级分析和阶级斗争成了毛泽东终身服膺的指导思想。1941 年毛泽东在延安的一个讲话中说："记得我在 1920 年，第一次看了考茨基著的《阶级斗争》，陈望道翻译的《共产党宣言》，和一个英国人作的《社会主义史》，我才知道人类自有史以来就有阶级斗争，阶级斗争是社会发展的原动力，初步地得到认识问题的方法论。""我只取了它四个字：'阶级斗争'，老老实实地来开始研究实际的阶级斗争。"③《中国社会各阶级分析》就是这一思想的理论结晶。1958 年 12 月，毛泽东在读《三国志集解》卷八《魏书·张鲁传》时，写下如此批语："中国从秦末陈涉大泽乡（徐州附近）群众暴动起，到清末义和拳运动止，二千年中，大规模的农民革命运动，几乎没有停止过，同全世界一样，中国的历史，就是一部阶级斗争史。"④因此，从某种意义上说，毛泽东也开了以马克思主义阶级斗争观点研究中国历史的先河。

第五，群众史观。马克思主义唯物史观产生之前，人们在历史观上往往有一个重大的缺陷，就是看不到人民群众的活动对推动历史、创造历史、决定历史发展方向所起的巨大作用，"帝王中心论"、"英雄史观"流行，个人或少数人的作用被无限夸大，人民群众成了个人或少数人实现其主观意志的

---

① 林云陔：《阶级斗争之研究》，《建设》1920 年第 2 卷第 6 号。
② 《陈独秀选集》，天津人民出版社 1990 年版，第 129 页。
③ 《毛泽东文集》第 2 卷，人民出版社 1993 年版，第 378—379 页。
④ 《毛泽东读文史古籍批语集》，中央文献出版社 1993 年版，第 151 页。

工具。唯物史观彻底扭转了这种错误的看法，充分肯定了人民群众是社会物质财富的创造者、社会精神财富的创造者和推动社会变革的根本力量的历史地位。马克思在《神圣家族》中写道："历史上的活动和思想都是'群众'的思想和活动"，"历史活动是群众的事业，随着历史活动的深入，必将是群众队伍的扩大"。非常明确地表述了人民群众是历史主体的思想。列宁指出："以往的理论从来忽视居民群众的活动，只有历史唯物主义才第一次使我们能以自然科学的精确性去研究群众生活的社会条件以及这些条件的变更。"①

在中国，传统的历史观是"帝皇史观"、"英雄史观"，"新史学"兴起后，在转"君史"为"民史"方面迈出了第一步，但没有达到唯物史观的高度。真正对人民群众的地位、作用做出正确的认识也还是在唯物史观传入中国之后才成为事实。李大钊在谈到旧史学与现代史学的区别时指出："从前的历史，专记述王公世爵纪功耀武的事"，而唯物史观指导下的史学，"不是一种供权势阶级愚民的工具，乃是一种社会进化的研究"。因此，人们需要的是"一种世界的平民的新历史"②。陈独秀于 1920 年 9 月发表《谈政治》一文，批评无政府主义者的主张，认为要达到理想社会必须对政治实行彻底改造，劳动阶级应该改造统治阶级的国家、政治和法律，"用革命的手段建设劳动阶级的国家"，此为"现代社会的第一需要"③。

郭沫若的《中国古代社会研究》一书，对下层民众历史的关注已初露端倪，考察下层民众的生存景况。1945 年 5 月，郭沫若在所写的《十批判书·后记》中说："批评古人，我想一定要同法官断狱一样，须得十分周详，然后才不致有所冤屈。法官是依据法律来判决是非曲直的，我呢是依据道理。道理是什么呢？便是以人民为本位的这种思想。合乎这种道理的便是善，反之便是恶。"④1947 年 7 月，在《历史人物·序》里又直截了当地说：评价历史人物"主要凭自己的好恶"，"我的好恶标准是什么呢？一句话归宗：

①　《列宁选集》第 2 卷，人民出版社 1995 年版，第 425 页。

②　李大钊：《唯物史观在现代史学上的价值》，《新青年》1920 年第 8 卷第 4 期。

③　《陈独秀选集》，天津人民出版社 1990 年版，第 129 页。

④　《郭沫若全集·历史编》第 2 卷，人民出版社 1982 年版，第 482 页。

人民本位"①。

什么是"人民本位"呢？从郭沫若对历史人物的评述中可以看出，"人民本位"，有人民立场、人民利益、人民拥护、人民思想等多方面的含意。范文澜的《中国通史简编》中，以社会民众为历史著述的中心，已表现得十分突出。他认为，人们需要的是"一部真实的中国人民的历史"②。这部通史花费大量笔墨描写下层民众的生活状态，尤其对农民起义、农民的反抗活动记述颇详。有关秦末、两汉、隋末、唐末、元末、明末等历次大规模起义都予以专门记载，勾画出在历史上的非常时期中农民阶层的思想言行。吕振羽的《简明中国通史》与范著相类，对民众历史特别注目。他自己申明："我的基本精神，在把人民历史的面貌复现出来。"③

如何看待人民群众在历史上的作用，是毛泽东历史观的又一个根本性问题。毛泽东通过一生的革命实践深信："人民，只有人民，才是创造世界历史的动力。"④1940 年前后，毛泽东先后发表了《〈共产党人〉发刊词》、《中国革命和中国共产党》、《新民主主义论》等著作，从比较完整的理论形态上进一步系统论述了农民在中国革命中的地位和党的阶级政策，从而标志着毛泽东以农民为主体的人民史观已经形成。解放战争时期，毛泽东说："决定战争胜败的是人民，而不是一两件新式武器。""从长远的观点看问题，真正强大的力量不是属于反动派，而是属于人民。"⑤

第六，关注现实社会。马克思主义作为一种以实践性为本质特征的理论学说，从实践中产生，在实践中发展，以改变现实世界为目的，并且不断被新的实践所补充、修正和完善。实践性是马克思主义哲学最重要的特点和理论品质。指导社会实践、服务现实，强调史学与生活、时代和社会的联系，注重释放史学在历史创造中的作用，是唯物史观的强大生命力所在。马

① 《郭沫若全集·历史编》第 4 卷，人民出版社 1982 年版，第 3 页。
② 中国历史研究会编：《中国通史简编》，华东人民出版社 1952 年版。
③ 吕振羽：《简明中国通史》，人民出版社 1959 年版。
④ 《毛泽东选集》第 3 卷，人民出版社 1991 年版，第 1031 页。
⑤ 《毛泽东选集》第 4 卷，人民出版社 1991 年版，第 1195 页。

克思说过，理论在一个国家实现的程度总是决定于理论满足这个国家需要的程度。唯物史观这一理论武器对于阶级矛盾、民族矛盾深重的近代中国社会而言尤为重要。从梁启超在《新史学》中说的"史界革命不起，则吾国遂不可救"，"悠悠万事，惟此为大"，到顾颉刚创办《禹贡》半月刊、《边疆》周刊，撰写《中华民族是一个》，以及李大钊在《史学要论》中阐述"现代史学的研究及于人生态度的影响"等等，可以证明，在近现代中国不论属于何种史学思潮，其主要倾向都是明确宣称史学应当关注社会、关注现实。其中马克思主义史学对此尤为看重，长达十年之久的"社会史论战"就是一个突出表征。唯物史观史学通过大量论述证明中国社会是半殖民地半封建的性质，从而为中国共产党有关革命的性质、任务、对象、动力、前途等政策的提出提供了强有力的理论武器。第二个突出表征就是抗战时期对于法西斯主义侵略史观的批判。抗战爆发以后，为配合全民族抗战这一新的形势，马克思主义史学界把主要精力放在批判法西斯主义的侵略史观和弘扬中华民族优秀的文化传统与爱国主义精神等方面。1937 年，日本法西斯主义文人秋泽修二抛出了长达 400 多页的《东洋哲学史》。不久，他又出版了《支那社会构成》一书。在这两本书里，秋泽修二极尽歪曲中国社会历史之能事，认定中国社会具有"亚细亚的停滞性"，鼓吹"皇军的武力"是打破中国社会"停滞性"的根本途径，公然为日本帝国主义的侵华战争制造舆论。为了抨击日本法西斯主义文人对中国历史的歪曲，揭示中国历史发展的规律，吕振羽、李达、邓拓、华岗、王亚南、吴泽、罗克汀、蒙达坦等进步学者纷纷发表文章，对秋泽修二"中国历史的根本性格"是"停滞的"、"循环的"和"倒退的"等论调予以系统的驳斥。这场批判运动是中国人民反抗日本法西斯主义侵略战争的重要组成部分，它不仅有力地驳斥了法西斯主义御用文人借历史科学之名贩卖其侵略扩张主义的谰言，挫败了侵略者从文化上征服中国的企图，而且给抗战中的中国人民以坚定的民族自信心，为反侵略战争的胜利作出了应有的贡献。正像德里克在分析社会史论战与中国马克思主义史学的起源问题时所说的那样："对于（中国的）马克思主义史学家来说，历史既不是一种消遣，也不仅是一项学术事业；而是具有明显的功能性和实践性。马克思主义者之所以急切地想了解过去，是因为他们渴望去塑造现代社会的命运，而他们相信现代社会发展动力的秘密就存在于过往的历史进程之中。"①可以说，中国民族民主革命的伟大实践和中国现代史学体系的构建，都充分彰显了唯物史观的实践功能和强大生命力。

### 五、确立起史观与史料并重的现代史学体系

马克思主义唯物史观是在批判、继承古今学术理论与方法上的创新。在运用这一指导思想和方法进行学术研究时，当然也存在一个批判、吸收、借鉴、融合与创新的问题。这也是马克思主义唯物史观的基本要求。20 世纪20—30 年代，唯物史观派一味强调马克思主义理论的方法论指导意义，表现出对其他理论和方法的排斥；40 年代，则表现出一种包容、借鉴和融合创新的理性精神。②

在 20 世纪 20—30 年代中国马克思主义史学建立的最初阶段，缘于接受唯物史观进行中国历史研究的尝试还刚刚开始、中国社会史论战中的社会背景和学术背景等复杂因素，中国马克思主义史学在各个方面存在着一些问题，主要表现为两个方面：一是由于误解（理解不全、不系统）而导致的"修正、割裂、歪曲"唯物史观的现象；另一是过分强调唯物史观的服务现实的政治功能，而相应忽视其学术功能，所导致的教条化和公式化、轻视史料与考证的缺失。这是 20 世纪 20—30 年代马克思主义史学幼稚和不成熟的表现。

针对第一个不足，翦伯赞所撰写的《历史哲学教程》（1938 年）的一个目的，就是批评当时存在的"对史的唯物论之修正、割裂、歪曲"等种种现象，阐述了如何正确理解和运用唯物史观的基本原理的重要性。他强调指出："我所以特别提出历史哲学的问题，因为无论何种研究，除去必须从实

---

① ［美］阿里夫·德里克：《革命与历史：中国马克思主义历史学的起源，1919—1937》，翁贺凯译，江苏人民出版社 2005 年版，第 3 页。

② 参见薛其林：《民国时期学术研究方法论》，湖南人民出版社 2002 年版，第 280 页。

践的基础上，还必须要依从正确的方法论，然后才能开始把握其正确性。历史哲学的任务，便是在从一切错综复杂的历史事变中去认识人类社会之各个历史阶段的发生、发展与转化的规律性，没有正确的哲学做研究的工具，便无从下手。"翦伯赞的这些话，强调了全面正确理解唯物史观的问题。

针对第二个不足，20 世纪 40 年代的中国马克思主义史学家对此进行了积极的反思和纠正，而且还从理论上论述了史料及考证方法在历史研究中的重要性，阐述了理论观点与材料方法间的辩证关系，极大地促进了马克思主义史学的中国化和学术研究的中国化，标志着马克思主义史学已由不成熟走向成熟。

郭沫若在 20 世纪 30 年代基于强调马克思主义唯物史观的理论价值和指导地位，对胡适、罗振玉、王国维等人对"国故"的"整理"持以批判和否定的态度，"谈'国故'的夫子们哟！你们除饱读戴东原、王念孙、章学诚之外，也应该要知道有 Marx、Engels 的著书，没有唯物辩证论的观念，连'国故'都不好让你轻谈"①。这种忽视继承与创新、借鉴与发展、轻材料重理论的非此即彼的两种思维方式，自然反映出了早期马克思主义学者的幼稚。这一幼稚病在 40 年代的学术研究中得以克服。随着研究的深入，对材料的要求越来越多、越来越严格，郭沫若就开始注意到史料与理论的同等重要性，原先偏重理论轻视史料的态度得以改变，在学术方法上开始注意吸收、借鉴其他方法，并开始意识到马克思主义关于继承与创新的辩证关系理论的重要性并予以正确对待。反映在学术研究中，对旧式学者和同时代学者的理论与方法由原先的排斥转为自觉的研究分析并予以合理的借鉴与吸收，其中尤其以对实证主义史学方法及其成就的吸收借鉴最多。史家中，郭沫若最推重王国维和罗振玉，对他们在甲骨文等方面研究的成就给予了很高的评价。他在《中国古代社会研究》中说：中国之旧学"自有罗王二氏考释甲骨之业而另辟一新纪元"②；在 40 年代出版的《十批判书》中又进一步指出：

---

① 郭沫若：《中国古代社会研究·自序》，上海新文艺出版社 1952 年版。
② 郭沫若：《中国古代社会研究》，上海新文艺出版社 1952 年版，第 225 页。

"卜辞的研究主要感谢王国维,是他首先由卜辞中把殷代的先公先王剔发了出来,使《史记·殷本纪》和《帝王纪》等书所传王统得到了物证,并且改正了它们的讹传","掘发了三千年来所久被埋没的秘密"。因此,如果"我们要说殷墟的发现是新史学的开端,王国维的业绩是新史学的开山,那是丝毫也不算过分的"①。在《历史人物》中郭沫若指出:王罗二氏的"甲骨文字的研究,殷周金文的研究,汉晋竹简和封泥等的研究,是划时代的工作"②。其次,郭沫若在中国古代社会研究上的一些新发现,也大都是在王、罗二氏的有关研究成果的基础上进行的。如最初的"殷代是原始公社末期,周代是奴隶社会的开始"的古史观,就是利用了王氏的《殷周制度论》等成果。对于以顾颉刚为首的古史辨派在史料辨伪方面做出的成绩,郭沫若也一再加以褒扬。他说:原先他在"耳食之余"曾对古史辨派的观点加以嘲笑,后来在读了《古史辨》第一册后,觉得"顾颉刚的'层累地造成的古史',的确是个卓识","在旧史料中凡作伪之点大体是被他道破了"。③20世纪40年代他又说:"研究中国古代,大家所最感受痛苦的是仅有一些材料却都是真伪难分,时代混沌,不能作为真正科学研究的素材。"而"关于文献上的辨伪工作,自前清的乾嘉学派以至最近的'古史辨'派",虽然"不能说已经做到了毫无问题的止境",却是做得"相当透彻"的了。④ 对于胡适的学术观点及其方法,郭沫若也给予了较以前更为正肯的评价,认为胡适"以商民族为石器时代,当向甲骨文字里去寻史料;以周秦楚为铜器时代,当求之于金文与诗"的观点"都可算是卓识"。⑤ 最后,把实证学派重视材料、强调求真的方法运用于自己的学术研究中,并取得了巨大的成果。例如,在撰写《十批判书》、《青铜时代》时,他就强调以"史学家的态度"、"科学家的态度"

---

① 郭沫若:《十批判书》,群益出版社1948年版,第4页。

② 郭沫若:《历史人物》,海燕书店1947年版,第166页。

③ 郭沫若:《中国古代社会研究》附录《三版书后》,上海新文艺出版社1952年版,第22页。

④ 郭沫若:《十批判书》,群益出版社1948年版,第2页。

⑤ 郭沫若:《中国古代社会研究》附录《三版书后》,上海新文艺出版社1952年版,第20页。

还历史一个"本来面目",① 反对"用主观的见解去任意加以解释"②,认为"一切凸面镜、凹面镜、乱反射镜的投影都是歪曲"③。在谈到《十批判书》如何重视材料时,他说:"秦汉以前的材料,差不多被我彻底剿翻了。考古学上的、文献学上的、文字学、音韵学、因明学,就我所能涉猎的范围内,我都作了尽可能的准备和耕耘。"④

郭沫若在回顾自己早期的马克思主义史学研究时曾说:"我的初期的研究方法,毫无讳言,是犯了公式主义的毛病。我是差不多死死地把唯物史观的公式,往古代的公式上套,而我所据的资料,又是那么有问题的东西。我这样所得出的结论,不仅不能够赢得自信,而且资料的不正确,还可以影响到方法上的不正确。"⑤ 正因为郭沫若一方面批判继承中国丰富的史学遗产,另一方面又坚持运用马克思主义理论和方法建设新史学,才取得了巨大的成就,成为中国马克思主义史学的一代大师。

中国社会史论战是马克思主义史学发展的一个重要契机,通过这场论战,马克思主义史学派扩大了自己的影响。总结论战的得失,翦伯赞认为:"这些社会史的战士,不但是史料的搜集不够,而且对社会科学的素养也不够。"⑥ 侯外庐指出论战存在的不足之一是"公式对公式,教条对教条,很少以中国的史料做基本立脚点"⑦,"不少论者缺乏足以信证的史料作为基本的立足点,往往在材料的年代或真伪方面发生错误"⑧。这些失误与不足,就学术层面而言,反映了年轻的马克思主义史学派的不成熟。

社会史论战之后的中国马克思主义史学家,已经认识到了史料整理对于

① 郭沫若:《青铜时代·后记》,载《郭沫若全集·历史编》第1卷,人民出版社1982年版,第612页。

② 郭沫若:《十批判书》,群益出版社1948年版,第412页。

③ 郭沫若:《青铜时代·后记》,载《郭沫若全集·历史编》第1卷,人民出版社1982年版,第617页。

④ 郭沫若:《十批判书》,群益出版社1948年版,第410页。

⑤ 郭沫若:《沫若文集》(八),人民出版社1958年版,第339页。

⑥ 翦伯赞:《历史哲学教程》,河北教育出版社2000年版,第54页。

⑦ 侯外庐:《韧的追求》,生活·读书·新知三联书店1985年版,第115页。

⑧ 侯外庐:《韧的追求》,生活·读书·新知三联书店1985年版,第225页。

马克思主义史学建设的重要性。吕振羽说:"从'九一八'到'七七'这一时期,我们对中国社会史的研究,一方面应用新的科学方法的史料整理工作,业已开始,特别是郭沫若先生已经作出了相当的贡献;一方面从或试图从严谨的正确方法的基础上对中国历史的具体的系统的研究——不同程度地复现活生生的历史的具体性和体现出他的规律性——的著作,已相继产生。"①

进入20世纪40年代,马克思主义史学在反思的基础上有了显著发展。此时,马克思主义史学家一方面在具体研究中更为注重对史料的搜集和考证方法的使用,另一方面开始从理论上强调史料及考证方法对马克思主义史学研究的重要意义。

翦伯赞特别注意史料与史学的问题。他曾指出:"不钻进史料中去,不能研究历史;从史料中跑不出来,也不算懂得历史。"② 很形象地说出了对于史料应采取的辩证态度。1946年他出版了《史料与史学》一书,再次强调史料在历史研究中的地位和作用。

1946年侯外庐完成《中国古代社会史》,他自序该书时说,近十年来在研究中国古代史的过程中主要做了三个方面的工作:首先是确定亚细亚生产方法的概念;"二是中国古文献学上的考释,关于这部工作,著者在主要材料方面亦弄出些头绪,而前我为斯学的王国维、郭沫若二先生是我的老师;三是理论与史料的结合说明……"③ 后两项均与史料有直接关系。他说:"我研究中国古代社会的第二个步骤,主张谨守着考证辨伪的一套法宝,想要得出断案,必得遵守前人考据学方面的成果,并更进一步订正其假说……科学重证据,证据不足或不当,没有不陷于闭门造车之意度的。而且,古书文字,有一定的指路,决不能以近人的眼光去望文生义,古人造字有时候字面上和现代文一样,而实际上则意义上刚相反。今文家常犯的毛病就是'托古','影古涉今',而实事求是的研究,则要远乎此道,尤其治古代史,不

①　吕振羽:《中国社会史诸问题》,生活·读书·新知三联书店1961年版,第4页。
②　翦伯赞:《史料与史学》,北京大学出版社1985年版,第60页。
③　侯外庐:《中国古代社会史·自序》,新知书店1948年版。

能一丝一毫来眩染，所谓差之毫厘，谬以千里。"①侯外庐不仅强调文献材料和地下出土材料的使用，而且指出要"谨守"和"遵守"前人的考证辨伪方法和成果。

在中国古代社会史和古代思想史研究领域，侯外庐就当时学术界存在的不顾史料和事实只顾自己依据的理论和方法"附会"、"比拟"等"虚幻的想象与无根据的推断"等学风作出严肃的批评。首先，他指出了当时学术界存在的不良研究方法和学风："过去研究中国思想史者有许多缺点，有因爱好某一学派而个人是非其间的，有以古人名词术语而附会现代科学为能事者，有以思想形式之接近而比拟西欧学说，从而夸张中国文化者，有以历史发展的社会成分，轻易为古人描画脸谱者，有以研究重点不同，执其一偏而概论全般思想发展的脉络者，有以主观主张而托古以为重言者，凡此皆失科学研究的态度。"②接着他指明了"科学研究的态度"和正确的方法：第一，必须以文献学为基础，做好史料整理、考辨工作；第二，必须用科学方法分析古人用语的特殊含义，不能望文生义。因为诸子百家的术语、概念及其理论观点，不仅与今人不同，它们相互之间也各有不同，即使是同一个范畴，各家所述含义也不尽一致。因此，研究先秦思想必须由表及里，由外部分析进入其内部含义的理解，尽量做到具体问题具体分析，历史主义地阐述各家各派的真正思想内涵及其相互关系。明确要求把实事求是的原则和方法运用到对每一个具体问题的研究当中去。何兆武在对侯外庐的史学学术及方法做出客观公正评价的基础上，认为他是一个真正的马克思主义史学家："我以为以侯先生的博学宏识和体大思精，确实是我国当代一派主要历史学思潮的当之无愧的奠基人。侯先生是一个真正的马克思主义者。我这里所谓真正的马克思主义者并非是说，别人都是假马克思主义者；而是说侯先生是真正力图以马克思本人的思想和路数来理解马克思并研究历史的，而其他大多数历史学家却是以自己的思想和路数来理解马克思并研究历史的。马克思主义不是中

---

① 侯外庐：《中国古代社会史·自序》，新知书店 1948 年版。
② 侯外庐：《韧的追求》，生活·读书·新知三联书店 1985 年版，第 265 页。

国土生土长的东西，而是一种舶来品。大凡一种外来思想在和本土文化相接触、相影响、相渗透、相结合的过程中，总不免出现两种情况：一种是以本土现状为本位进行改造，但既然被中国化了之后，即不可能再是纯粹原来的精神和面貌了；另一种则是根据原来的准则加以应用，强调其普遍的有效性，从而保存了原装的纯粹性。前一种史学家往往号称反对西方中心主义，却念念不忘以西方历史作为标准尺度来衡量中国的历史；我以为侯先生是属于后一种历史学家的，这类史家为数较少，却真正能从世界历史的背景和角度来观察中国的历史。""先生给我最大的启发是：他总是把一种思想首先而且在根本上看作是一种历史现实的产物，而不单纯是前人思想的产儿；他研究思想史绝不是从思想到思想，更不是把思想当作第一位的东西。这一观点是真正马克思主义的，即存在决定意识而不是意识决定存在。旧时代讲思想史的，总是从理论本身出发，前一个理论家所遗留下来的问题就由后一位理论家来解决；这样就一步一步地把人送上了七重天。新时代有不少人沿着这个方向走得更远了，干脆认为思想是决定一切的，历史就是沿着人的思想所开辟的航道前进的。此外，侯先生对辩证法的理解基率上也是马克思主义的（有时虽也不免偏离），即矛盾双方是由对立斗争而达到更高一级的统一。"①

华岗于 1945 年撰写的《中国历史的翻案》一书中，阐述了对史料的认识："史料不够或不能自由运用，固无从着手研究；有了史料，而不能加以科学的检讨，即对于史料真伪和时代性，如不能检讨清楚，也和缺乏史料一样，甚至还更危险。因为缺乏史料，至多得不出结论而已；而史料不正确，会得出错误的结论，这样的结论，比没有更为有害。"② 这是对史料本身的鉴别与运用提出了更高的要求。

可见，20 世纪 40 年代的马克思主义史学家已经有意识地在他们的历史研究中加强对材料的搜集、分析和考证，这对于在社会史论战中出现的重理

---

① 何兆武：《〈历史理性批判散论〉自序》，载《何兆武学术文化随笔》，中国青年出版社 1998 年版，第 300—301 页。

② 华岗：《中国历史的翻案》，人民出版社 1981 年版，第 13 页。

论轻材料的弊端是一个有力的纠正，对于运用唯物史观指导下的中国历史研究是一个极大的促进。

不仅如此，他们还从理论上论述了史料及考证方法在历史研究中的重要性，阐述了理论观点与材料方法间的辩证关系，强调史料与史观并重。认为，历史考证学不应该仅仅是"材料的汇集、归纳、辨证"，它的作用还应该是"用相互关联的眼光去审察各种史料"，并且"汲取科学历史观"。这样的见解，的确比坚持"史学就是史料学"的观点要显得更为全面。可见，到 20 世纪 40 年代，马克思主义史学不仅走出了自身不成熟的阶段，而且也超越了史料学派的局限。影响所及，乃至占史学半壁江山的史料派的学术地位也受到了冲击，即使是傅斯年、顾颉刚等人，也都不得不正视唯物史观派的存在，甚至视史料考证是"下学"，视唯物史观派为"上达"。尽管傅斯年等人依然强调史学就是史料学，但是 20 世纪 40 年代前后将理论和观点结合于史学研究中去，已经成为不容忽视的史学发展趋向。这些理论与观点包括唯物史观，也包括其他一些西方的历史哲学和史学理论，其中当以唯物史观的影响最为明显。由此显证马克思主义史学在当时史学界的主导地位。

综上所述，20 世纪上半叶，李大钊、郭沫若、范文澜、吕振羽、翦伯赞、侯外庐等大批研究者经过艰辛开拓，创造出具有自身民族特色的马克思主义史学，也形成了丰富的关于马克思主义史学中国化的思想：其一，将唯物史观理论与中国历史研究的具体实践相结合，使马克思主义史学实践化；其二，在吸收中华民族优秀文化遗产的基础上，实现马克思主义史学的本土化；其三，采取中国民众喜闻乐见的民族形式和通俗化语言，达到马克思主义史学的大众化。可以说，他们的努力和成就为中国现代史学立定了根基和范式，开拓出了中国现代史学研究的新境界，初步建立了中国现代史学体系，标志着马克思主义唯物史观指导下的中国现代史学的形成。正如侯外庐所说：这一时期的学术研究，"中国学人已经超出了仅仅仿效西欧的语言之阶段了，他们自己会活用自己的语言而讲解自己的历史与思潮了。从前他们讲问题在执笔时总是先看取欧美和日本的足迹，而现在却不同了。他们在自己土壤上无所顾虑地能够自己使用新的方法，掘发自己民族的文化传统了"①。

## 第三节　唯物史观与现代文学艺术

文学以人为描写中心，人的性格、行为、心理、思想和情感以及人与人、人与自然的关系，向来是文学描写的基本内容。在这个意义上，人们可以称文学为"人学"。文学的发展不但反映人类社会的发展，还反映不同时代人的心灵、人的精神世界的发展，反映人性的历史变化。由于 20 世纪科学主义和人文主义思潮传入我国，其中包括实证主义和系统论、信息论、控制论、符号学以及形式主义、结构主义、后结构主义，也包括人性论、人道主义和生命哲学、心理分析学说、存在主义，等等；还出现了新历史主义和种种美学新著。这一切不仅影响到人们的文学观念的发展和变化，也不同程度地影响到文学理论的研究和文学创作。文学史观是研究文学史的基本指导思想。在众多思潮当中，唯物史观对现代文学和文学史的影响是最大的。因为，迄今为止还没有什么史观会比辩证唯物史观更能够整体地合规律地说明人类历史的发展。

唯物史观的主要思想可以概括如下：它首先尊重历史事实及其客观性，在指出人民是历史的创造者的同时，也指出杰出的个人对历史发展可能起较大的作用，历史的发展是由众多合力的交互作用促成的；而人要生存和发展，便必须首先解决如何生产满足自身生存和延续后代所需要的物质产品，然后才能谈到精神产品的生产，因此由人类社会的生产力和相应的生产关系构成的一定经济基础在影响历史发展的诸多因素中便起着决定性的作用，而反映它的社会上层建筑的意识形态虽然各有历史的作用包括反作用于经济基础，但归根结底它们的性质、形态和作用仍受到经济基础的制约；而一定的经济基础当然又与一定的自然生态环境和人类历史发展阶段相关；自有阶级

---

① 侯外庐：《中国古代思想学说史》之《自序》与《再版序言》，重庆文风书店 1944 年版。

社会以来，历史的发展又与阶级斗争分不开；与历史发展和阶级斗争密切相关，唯物史观提出了文艺为人民大众服务的思想，强调文艺的主体是人民群众。在唯物史观的指导下，20世纪上半叶，中国文艺事业发生了巨大的改变和转型，新的文艺创作形式、题材、风格和语言不断涌现，真正显示了文学的民族形式和中国风格，体现了人民大众文学的旺盛生命力，奠定了20世纪中国文艺的范式。

## 一、唯物史观文艺理论在中国传播发展的阶段

马克思主义文艺理论在中国的传播与接受，几乎与马克思主义学说在中国的传播与接受同步。马克思恩格斯关于文艺阶级性、文艺倾向性的观点开始在中国传播。而马克思主义经典作家的文艺论著在中国的传播与研究，则是俄国十月革命胜利以后的事。回顾中国现代对马克思主义文艺理论的传播与接受，经历了三途并行向一途独进，三足鼎立向一家称雄的转移，体现了中国选择马克思主义文艺思想的历史必然性[1]。

马克思主义文艺理论在中国的传播，主要是通过三条途径进入的：第一条途径是欧洲，第二条途径是日本，第三条途径是苏联。其中，欧洲路线偏重于原理，即唯物史观政治经济学理论等，日本路线偏重于学术术语和概念，苏俄路线偏重于党性、阶级性等政党理论和国家理论。由于中国社会的现实情境使得中国接受马克思主义更走的是一条苏俄似的革命道路，政治的成分更为浓厚。

19世纪末到20世纪初，"诞生于西方的马克思主义经过日本、西欧、苏联三条途径，从东、西、北三个方向大规模地传入中国，形成了一个群星灿烂的马克思主义思想运动"[2]。但是，到了20世纪30年代中期以后，马克

---

① 参见季水河：《马克思主义文艺理论在中国的传播与发展》，《湖南师范大学学报》2005年第1期。

② 钟家栋、王世根主编：《20世纪：马克思主义在中国》，上海人民出版社1998年版，第76页。

思主义文艺理论的传播途径发生了巨大变化,过去的三途并行转向了一途独进。从 20 世纪 30 年代末至 50 年代以前,中国的马克思主义学说和马克思主义文艺理论著作,几乎都是从俄文译本翻译成中文的,或者是从俄国人编辑出版的德文本译成中文的。

马克思主义文艺理论传入中国大致经历了三个阶段:第一阶段是在"五四"前后,这时中国的马克思主义文艺思想是以列宁主义文艺思想的形式出现的。目前,在国内见到的最早的列宁论文艺的译介文章是 1925 年 2 月 12 日《民国日报·觉悟》上的《托尔斯泰与当代工人运动》。并且 20 年代对列宁文艺思想的大量译介是基于当时文艺界的"革命文学"的大讨论而展开的。20 年代开始流行,到 1927 年后唯物史观在中国社会开始真正被接受并流行。第二阶段是在 20 世纪 30 年代前后,马克思恩格斯本人的文艺思想。最早的马克思文艺思想的汉译,是刊登于 1930 年 1 月 1 日《萌芽月刊》创刊号上的《艺术形成之社会的前提条件》,这是马克思《〈政治经济学批判〉导言》的节译。阿里夫·德里克(Arif Dirlik,1940—2017)认为,1927 年"社会史"论战后,马克思主义作为中国史学中也许最有活力和刺激性的趋势而迅速显露出来,这一时期唯物史观才在中国真正确立起了它的意义和价值①。也正是在 1928 年,马克思主义和唯物史观理论在"革命文艺"论战中被运用于文学批评中,并凸显出它特有的实践性品格和理论张力。1930年后,由于左翼文艺运动的蓬勃兴起,文艺理论和文学批评中的唯物史观理论被普遍运用。第三阶段是在 20 世纪 40 年代后,唯物史观在延安和解放区文艺领域的地位逐步提升,并直接促成了延安文艺座谈会上毛泽东文艺思想的诞生。由于当时中国社会的现实面临的困境,唯物史观的传播和运用基本上体现了"现实优先原则"。集中到文学领域,针对马克思主义理论的运用更多的是集中在文艺理论方面,而文艺理论研究则集中在历史唯物主义和辩证唯物主义。周扬、胡风、毛泽东等人则借助唯物史观来建构中国的马克思

---

① 参见〔美〕阿里夫·德里克:《革命与历史:中国马克思主义历史学的起源,1919—1937》,翁贺凯译,江苏人民出版社 2005 年版。

主义文艺理论体系。

### （一）第一阶段："五四"前后

20 世纪初期中国文学中的马克思主义理论和唯物史观话语尚处于萌芽阶段①。"当'五四'时期李大钊等人把马克思主义学说介绍到中国来的时候，实际上也就同时奠定了中国马克思主义文艺理论发展的基础；这也就是说，李大钊的《我的马克思主义观》一文，不仅为马克思主义基本原理在中国的最早传播开辟了道路，而且也为马克思主义文艺思想在中国的萌生揭开了崭新的史页，为马克思主义文艺理论在中国的发展铺下了最初的基石。"

陈独秀在《文学革命论》中提出的写实文学、国民文学、社会文学的精神内涵，也正是马克思主义文艺理论所要求的，故两者有相通之处，这种相通的重要性在于，它为马克思主义文艺理论传入中国并进一步中国形态化，做好了准备。没有陈独秀的文学革命的努力，马克思主义文艺理论来到中国的时间也许要推迟。

陈独秀强调文学的"人民"性。他在《文学革命论》中要求："推倒雕琢的阿谀的贵族文学，建设平易的抒情的国民文学"；"推倒陈腐的铺张的古典文学，建设新鲜的立诚的写实文学"；"推倒迂晦的艰涩的山林文学，建设明了的通俗的社会文学"。②《文学革命论》直接开启了人民文学的序幕，简直就是一篇政治革命的宣言。这是 20 世纪我国文学的最鲜明的标志和最辉

---

①　关于马克思主义文艺理论在中国萌芽的时限问题，有着不同的说法。张毕来 1955 年编写的《中国新文学史纲》最早对这个问题作出了明确回答："初步的马克思主义文艺理论，最早是在共产党人主编的《中国青年》上出现的，时间是在一九二三、一九二四两年间，主要作者是邓中夏、恽代英、萧楚女等。"王太顺认为，"当'五四'时期李大钊等人把马克思主义学说介绍到中国来的时候，实际上也就同时奠定了中国马克思主义文艺理论发展的基础；这也就是说，李大钊的《我的马克思主义观》一文，不仅为马克思主义基本原理在中国的最早传播开辟了道路，而且也为马克思主义文艺思想在中国的萌生揭开了崭新的史页，为马克思主义文艺理论在中国的发展铺下了最初的基石。"（见王太顺：《关于马克思主义文艺思想在中国萌芽的问题》一文，载王太顺等：《马克思主义文艺理论研究》第 1 卷，文化艺术出版社 1982 年版，第 414—415 页。）

②　陈独秀：《文学革命论》，载《中国现代文学史参考资料》第 1 卷，高等教育出版社 1959 年版，第 21 页。

煌的成绩。他说："今欲革新政治，势不得不革新盘踞于运用此政治者精神界之文学，使吾人不张目以观世界社会文学之趋势及时代之精神。日夜埋头故纸堆中，所目注心营者，不越帝王、鬼怪、神仙与夫个人之穷通利达，以此而求革新文学、革新政治，是缚手足而敌孟责也。"陈独秀之对文艺的地位和作用的认识，我们认为，既符合当时普遍地将文艺看成救世药方的思潮，也与马克思主义的文艺意识形态性和社会政治性相一致。

陈独秀的后期诗歌创作，代表了以马克思主义文艺思想为指导的无产阶级现代文学的先声。陈独秀创作过少量诗歌，前期写古体诗，或抒怀，或赠答，或悼友，充满士大夫气息。后期风格一变，用自由体形式写社会内容，跳出个人圈子，转向对社会的关注。在这些诗作中，有一个现象引人注意，那就是描写与歌颂"劳工"。如《丁巳除夕歌》（1918 年）用对比手法，写富人享乐与穷人贫困，爱憎分明。试看《答半农的诗》（1919 年）："我不会造屋，我的弟兄们造给我住；我不会缝衣，我的衣是姊妹们做的；我不会种田，弟兄们做米给我吃；我走路太慢，弟兄们造了车船把我送到远方；我不会画画，许多弟兄姊妹们写了画了挂在我的壁上；有时倦了，姊妹们便弹琴唱歌叫我舒畅；有时病了，弟兄们便替我开下药方；假若没有他们，我要受何等苦况！"[①] 从物质生产到精神创造，给予劳动人民一曲深情的颂歌。翻开几千年中国文学史，有谁给了劳动人民如此全面又深切的赞美？单凭这一点，就可认为这是随后而来的"劳工神圣"大合唱的前奏曲，是现代文学的春天到来之际的一声春雷。

这一时期，把唯物史观运用于文艺领域的研究方面，瞿秋白是杰出的代表。在马克思主义普遍真理同中国革命具体实践相结合的伟大事业中，瞿秋白在文艺领域所做的工作是一个重要的组成部分。自 1919 年至 1935 年，瞿秋白除了翻译和撰写了不少影响重大的马克思主义哲学、政治学、社会学著述外，还大量译介了马克思主义文艺理论著作和外国文学作品：如托尔斯泰的小说《三死》，普希金的长诗《茨冈》，卢那察尔斯基的剧本《解放了的堂吉诃德》，

---

① 《二十世纪俄罗斯革命》，《每周评论》1919 年 4 月 20 日。

高尔基的散文诗《海燕》，伊凡诺夫的小说《铁甲车》，《高尔基创作选集》，《高尔基文集》，《现实——马克思主义文艺论文集》，《托尔斯泰短篇小说集》等；撰写了《艺术与人生》、《俄国文学史》（与蒋光慈合作）、《普洛大众文艺的现实问题》、《大众文艺问题》、《再论大众文艺答止敬》、《文艺的自由与文学家的不自由》、《非政治主义》、《马克思文艺论的断篇后记》等作品。

如何使文艺为中国革命服务，这是瞿秋白文艺理论的出发点。他牢牢掌握住历史唯物主义关于社会存在与社会意识、经济基础与上层建筑辩证关系的基本原理，并以此用来分析和阐明文艺与生活、文艺与政治等文艺理论中的重大问题。他在批评胡秋原关于"自由人"口号的错误时指出："文艺现象是和一切社会现象联系着的，它虽然是所谓意识形态的表现，是上层建筑之中最高的一层，它虽然不能够决定社会制度的变更，他虽然结算起来始终也是被生产力的状态和阶级关系所规定的，——可是，艺术能够回转去影响社会生活，在相当的程度之内促进或者阻碍阶级斗争的发展，稍微变动这种斗争的形势，加强或者削弱某一阶级的力量。"[1] 在这里，他正确地指出文艺属于上层建筑中的意识形态部分，是社会意识。它受经济基础，受社会存在所决定，是第二性的。但同时，它又能够反作用于经济基础，反作用于社会存在。这样，就深刻地揭示了文艺的本质特征，确定了文艺在整个社会系统中的地位和作用。这段论述可以说是瞿秋白文艺理论的总纲。在这个基础上，他深入论述了文艺与生活、文艺与政治的关系。

他运用唯物史观理论分析了文艺与社会生活的紧密关系，认为文艺来源于生活，是生活的反映，并指明了当时中国文学热点、文化热点出现的深刻社会根源。瞿秋白指出："然而文学只是社会的反映，文学家只是社会的喉舌。只有因社会的变动，而后影响于思想，因思想的变化，而后影响于文学。"[2] 文艺是对生活的反映，因而，任何一种文学形式、文艺思潮的根

① 瞿秋白：《文艺的自由和文学家的不自由》，载《瞿秋白选集》，四川文艺出版社 2010 年版。

② 瞿秋白：《〈俄罗斯名家短篇小说集〉序》，载《俄罗斯名家短篇小说集》，耿匡、沈颖等翻译，北京新中国杂志社 1920 年版。

源，都必须到社会生活中去寻找。他说："因为社会的不安，人生的痛苦而有悲观的文学，亦如人因为伤感而哭泣，文学家的笔杆是人类的情感所寄之处。俄国因为政治上、经济上的变动影响于社会人生，思想就随之而变，萦回推荡，一直到现在，而有他的特殊文学。就是欧美文学从来古典主义，浪漫主义，写实主义，象征主义间的变化，又何尝不是如此。"据此，他指出了创造新文学是时代赋予的历史使命："不是因为我们要改造社会而创造新文学，而是因为社会使我们不得不创造新文学。"① 所以，中国新文学是对中国社会生活的反映，新文学的建设必须立足于中国社会生活，适合于中国的国情。他指出，他之所以介绍俄国的文学，是因为"俄国的国情，很有与中国相似的地方"②。早在1920年，瞿秋白就如此准确地运用唯物史观于文艺研究中，提出了创造新文学，借鉴外国的文艺成果，必须从中国的国情出发的观点，这确实是十分难得的见解。由此可见，由于坚持用唯物史观作为指导，在五四运动时期，他代表着在如何对待中外文化及其相互关系问题上的正确意见。同样，如何看待国外文艺思潮在国内引起的反响？当时国内形成的研究俄罗斯文学热潮的原因是什么？对于这些问题，瞿秋白不是到文学家或读者群众的主观性中去寻找解答，而是用唯物史观去发掘出深藏于中国社会生活中的根源："而在中国这样黑暗悲惨的社会里，人都想在生活的现状里开辟一条新道路，听着俄国旧社会崩裂的声浪，真是空谷足音，不由得不动心。因此大家都要来讨论研究俄国。于是俄国文学就成了中国文学家的目标。"③

同时，他辩证地分析了文艺对于社会生活所具有的职能和使命。他说："一切阶级的文艺却不但反映着生活，并且还在影响着生活。"④ 他认为文艺

---

① 瞿秋白：《〈俄罗斯名家短篇小说集〉序》，载《俄罗斯名家短篇小说集》，耿匡、沈颖等翻译，北京新中国杂志社1920年版。

② 瞿秋白：《〈俄罗斯名家短篇小说集〉序》，载《俄罗斯名家短篇小说集》，耿匡、沈颖等翻译，北京新中国杂志社1920年版。

③ 瞿秋白：《〈俄罗斯名家短篇小说集〉序》，载《俄罗斯名家短篇小说集》，耿匡、沈颖等翻译，北京新中国杂志社1920年版。

④ 瞿秋白：《文艺的自由和文学家的不自由》，载《俄罗斯名家短篇小说集》，耿匡、沈颖等翻译，北京新中国杂志社1920年版。

总是在一定程度上促进或阻碍社会的发展。而且，文艺的这种作用在社会变革的时期表现得尤为明显，每一次社会改革之前，都要有一场包括文艺在内的思想革命为之开辟道路。不仅如此，他还批判了那种认为文艺能够创造或阻止生活的错误观点，自觉地抵制了在文艺与生活的关系问题上的唯心主义倾向。可见，瞿秋白既从社会存在决定社会意识的历史唯物主义基本观点出发，详尽地论证了文艺来源于生活的思想；又运用社会意识反作用于社会存在的历史辩证法思想，正确地阐明了文艺干预生活的观点。这样，他就全面地坚持了唯物史观在文艺与生活关系问题上的基本立场。

关于文艺与政治的关系，他认为文艺与社会的关系在阶级社会里具体表现为文艺与阶级的关系，而这种关系也就是文艺与政治的关系。因为，文艺反映生活，而阶级社会的生活具有阶级的内容。所以，文艺必然要反映一定的阶级关系，文艺家也必定是某一阶级的代言人。这样，文艺对社会生活的影响，也往往通过文艺在阶级斗争中的作用表现出来。瞿秋白提出，每一个文学家"都是某一阶级的意识形态的代表"，"而事实上，著作家和批评家，有意的无意的反映着某一阶级的生活，因此也就赞助着某一阶级的斗争"[1]。

瞿秋白不仅从一般意识形态的角度来论述文艺与生活、文艺与政治的关系，而且还运用唯物史观，深入剖析了文艺自身的特殊性，进一步探讨了文艺内部诸要素各自的地位、作用及其内在联系。他认为，文艺作为一种特殊的意识形态，有着自身特殊的规律。只有充分注意到这种规律，才能更好地发挥文艺在革命斗争中的战斗作用。瞿秋白尖锐地斥责了那种"不了解文艺的特殊任务在于'用形象去思索'"，"要求文学家无条件的把政治论文抄进文艺作品里去"[2]的错误观点，尖锐地批评了那种在文艺创作中曲解文艺与政治的关系的"脸谱主义"、"公式主义"的倾向，认为这种观点

---

[1]　瞿秋白：《文艺的自由和文学家的不自由》，载《瞿秋白选集》，四川文艺出版社2010年版。

[2]　瞿秋白：《文艺的自由和文学家的不自由》，载《瞿秋白选集》，四川文艺出版社2010年版。

"实际上取消了文艺，放弃了文艺的特殊工具"①。他明确地主张文艺的艺术性与阶级性相统一，艺术性与战斗性相一致，战斗性寓于艺术性之中，认为文艺反映生活，就是"要能够发露真正的社会动力和历史的阶级的冲突，而不要只是些主观的淋漓尽致的演说"②。而要做到这一点，文艺就要采取"客观的现实主义"的态度，要敢于揭示生活自身的矛盾。只有这样，文艺才能够服人，才具有说服力，因而也才能实现自己特定的职能和作用。当然"客观的现实主义的文学，同样是有政治的立场的——不管作家自己是否有意的表现这种立场"③。但是，政治立场的"这种倾向应当从作品的本身里面表现出来"④。文艺真实地反映了生活的本质，揭示了社会生活内在的发展趋势，这样的作品就有利于无产阶级，因为无产阶级的利益和要求总是同社会生活的客观发展趋势相一致的。瞿秋白认为，文艺真正反映生活，就是要反映生活的本质，揭示出社会生活内在的矛盾，展现社会生活发展的趋势。作品的政治倾向，必须是通过作品本身真实地展示了社会生活的本质而表现出来，而不是附加在作品身上的东西。由此出发，他还指出了文艺反映生活的特殊形式——文艺是用形象来反映生活的。他强调文艺的生命力还在于"写出典型化的个性"和"个性化的典型"⑤。"还要表现典型的环境之中的典型的性格。"只有真正注意到了文艺的特殊性，加强了作品的艺术性，才能使文艺具有战斗力，使它在影响生活、干预生活的过程中，在阶级斗争中发挥有效的作用。

　　瞿秋白从文艺与生活、文艺与政治的关系中，逻辑地引申出了文艺

---

　　① 瞿秋白：《文艺的自由和文学家的不自由》，载《瞿秋白选集》，四川文艺出版社 2010 年版。

　　② 瞿秋白：《文艺的自由和文学家的不自由》，载《瞿秋白选集》，四川文艺出版社 2010 年版。

　　③ 瞿秋白：《文艺的自由和文学家的不自由》，载《瞿秋白选集》，四川文艺出版社 2010 年版。

　　④ 瞿秋白：《文艺的自由和文学家的不自由》，载《瞿秋白选集》，四川文艺出版社 2010 年版。

　　⑤ 瞿秋白：《文艺的自由和文学家的不自由》，载《瞿秋白选集》，四川文艺出版社 2010 年版。

与大众的关系问题。他认为，无产阶级文艺要影响社会生活，要在阶级斗争中发挥战斗作用，就必须为大众服务，因为大众是社会生活和革命实践的主体。所以，"普洛文艺应当是民众的"①。而文艺要为大众服务，就必须变为大众乐于接受的东西，否则就不能起到教育和组织大众的作用。这就迫切地提出了文艺大众化的问题。可见，瞿秋白关于文艺大众化的思想，是唯物史观关于人民群众是历史的创造者的原理在中国革命历史条件下的具体化。他强调指出，要把"大众文艺运动和新的文学革命联系起来"（《再论大众文艺答止敬》），并且把文艺大众化问题提到"无产阶级文艺运动的中心问题"、无产阶级"争取文艺革命的领导权的具体任务"（《欧化文艺》）的高度上来理解。他认为，文艺要大众化，"革命的作家要向群众去学习"，要掌握大众的语言，要体验和了解群众的生活，要在感情上和人民大众相通。为此，文艺作品还必须采用为群众所喜闻乐见的表现形式。

怎样正确评价一个作家，这也是文艺理论中的重要问题。瞿秋白根据他在文艺与生活、文艺与政治等问题上的历史唯物主义的回答，坚持把作家放到具体的历史环境中，与社会生活和政治斗争紧密结合而进行具体的实事求是的分析和评价。其中，对鲁迅的评价就是典型。瞿秋白是在中国现代文学评论史上，第一个对鲁迅作了较为全面且基本上符合实际的评价的人。他的《〈鲁迅杂感选集〉序言》一文，紧密结合时代的特点，对鲁迅的思想、艺术以及发展道路，进行了正确的分析和评价。如何正确说明鲁迅的思想是怎样从进化论向阶级论飞跃，怎样由一个民主主义者变成为一个共产主义者，这是对鲁迅进行评价中的重要问题。对于这个问题，瞿秋白同样坚持从中国当时社会生活的疾风暴雨中去发现鲁迅思想飞跃的原因。他指出："大革命的失败震动了鲁迅，使鲁迅看清了许许多多的事态。正是这期间鲁迅的思想反映着一般被蹂躏被侮辱被欺骗的人们的彷徨和愤激，他才从进化论最终的走到了阶级论，从进取的争求解放的个性主义进到了战斗的改造世界的集体主

---

① 瞿秋白：《普洛大众文艺的现实问题》，载《瞿秋白选集》，四川文艺出版社 2010 年版。

义。"① 正是上述因素，鲁迅才能够"从进化论进到阶级论，从士绅阶级的逆子贰臣进到无产阶级和劳动群众的真正友人，以至于战士"②。此外，瞿秋白还运用唯物史观探讨了作家的政治立场同作品的社会效果的关系以及怎样批判继承文艺遗产等问题。

总之，他不仅能够运用唯物史观的关于社会存在决定社会意识等原理，对文艺与生活、文艺与政治等问题作出一般性说明，而且已经深入探讨了文艺内部的结构、要素及要素之间的关系等一系列问题。在 20 世纪二三十年代，瞿秋白运用唯物史观来探讨中国革命的文艺问题，不仅在一定程度上丰富和发展了历史唯物主义关于社会意识形态的理论，而且表明他运用唯物史观解决文艺问题已经达到了一个较高的水平。

### （二）第二阶段：20 世纪 30 年代前后

"左联"前后译介马克思主义文艺论著方面所走过的道路值得我们认真思考与研究。当时的不少具有影响的刊物，如《拓荒者》、《萌芽月刊》、《现代》、《译文》、《文艺研究》、《文艺群众》、《朝花旬刊》、《巴尔底山》、《十字街头》、《北斗》等，都以大量的篇幅登载了马克思列宁主义文艺论著的译文、研究文章，以及我国作家以马克思主义观点写的文艺论文。例如，陆侃如在1933 年《读书杂志》第 3 卷第 6 期上发表了他从法文转译的恩格斯《致玛·哈克奈斯女士书》；1933 年 9 月，在《现代》第 3 卷第 6 期上发表了鲁迅的《关于翻译》一文，其中有从日文节译的恩格斯致考茨基的信中关于文艺在资本主义制度下的历史使命的一段话；1934 年 12 月 16 日，《译文》第 1 卷第 4期则发表了胡风从日文转译的这封信的全文；1935 年 11 月，《文艺群众》第3 期发表了易卓译的马克思、恩格斯分别就济金根致拉萨尔的信，以及恩格斯致保·恩斯特的信。此外，郭沫若也曾从日文转译过《神圣家族》等的有关章节。与译介马克思、恩格斯的原著相比，这一时期更多的还是译介苏俄

---

① 瞿秋白：《〈鲁迅杂感选集〉·序言》，青光书局 1933 年版。
② 瞿秋白：《〈鲁迅杂感选集〉·序言》，青光书局 1933 年版。

马克思主义的文艺理论专著，其中有鲁迅译卢那察尔斯基的《艺术论》和普列汉诺夫的《艺术论》、冯雪峰译普列汉诺夫的《艺术与社会生活》和沃罗夫斯基的《社会的作家论》；1932 年至 1933 年，瞿秋白根据俄文本翻译了马克思、恩格斯、列宁、拉法格、普列汉诺夫等人的文艺论著。此后，鲁迅亲自将这些译著编辑成书，以《海上述林》为题，于 1936 年正式出版。这一时期还出版了不少马克思主义文艺理论丛书，其中有上海水沫书店和光华书局出版的冯雪峰主编的《科学的艺术论丛书》、水沫书店出版的《马克思主义文艺论丛》、神州国光社出版的《唯物史观艺术论丛》等。这一时期译介马克思主义文艺论著的工作，总的趋势也是先间接，再逐步走向直接，除少量译介了经典作家著作外，大量的还是将马克思主义的文艺理论家们如梅林、拉法格、李卜克内西、普列汉诺夫、高尔基、卢那察尔斯基、沃罗夫斯基、法捷耶夫、弗里契、藏原惟仁等人的文艺论著引介到了中国。这些论著一方面为正在寻求解放的中国无产阶级文艺战士提供了重要的理论武库，另一方面也带来了一些负面的作用，如"左联"所执行的"左"倾路线在理论上与此不无关系。

鲁迅早期（1898—1927）在政治上是革命民主主义，与此相适应，他在哲学上主要倾向于进化论。鲁迅后期（1927—1936）在政治上从革命民主主义转变为马克思主义，与此相适应，他在哲学上从主要信仰进化论转变为相信唯物史观。鲁迅从进化论转向唯物史观以后，在他的著作中系统地深刻地传播了马克思主义的唯物史观，并把唯物史观与中国实际和优秀传统结合起来，使唯物史观中国化。

20 世纪初，鲁迅弃医从文，在日本东京开始提倡文艺运动，翻译北欧和东欧被压迫民族的作品，并与弟弟周作人合作翻译出版了《域外小说集》，撰写了《文化偏至论》、《摩罗诗力说》等提倡反抗和独立精神的论文。1911 年他撰写了第一篇短篇小说《怀旧》。1918 年新文化运动兴起之后，陆续撰写和发表了系列小说、论文和杂文，其中最具代表性的是在文学史上具有划时代意义的《狂人日记》和反封建思想的革命文学《呐喊》、《彷徨》。20 年代早期开始系统研究和讲授中国小说史，出版了影响巨大的《中国小说史略》，同时译介和讲授《苦闷的象征》、《出了象牙之塔》等文艺理论作品；
20 年代晚期开始讲授中国文学史和中国小说史，完成了《汉文学史纲要》
和《朝花夕拾》散文集。1927 年之后，集中精力研究文艺理论和文艺现实
问题，发表了《革命时代的文学》、《文艺与政治的歧途》、《关于知识阶级》
等著名演讲，撰写了《文学与革命》、《文学的阶级性》等文章、八本杂文集
和《故事新编》，编译了《近世界短篇小说集》，这些作品标志着鲁迅思想
上的巨大飞跃："从进化论进到阶级论，从士绅阶级的逆子贰臣进到无产阶
级和劳动群众的真正友人，以至于战士。"①30 年代后，鲁迅作为"左翼作家
联盟"的核心，开始探讨文艺与大众化问题，运用唯物史观发表了《门外文
谈》等作品。期间与挚友瞿秋白一起探讨创作问题、翻译问题、杂感问题、
文学史问题、文艺与大众化问题，为马克思主义文艺理论的阐释及其中国化
作出了重要贡献。毛泽东在《新民主主义论》中高度评价说："鲁迅是中国
文化革命的主将，他不但是伟大的文学家，而且是伟大的思想家和伟大的革
命家。"

这种价值主要体现在以下方面：

第一，用马克思主义的阶级论反对抽象的人性论，阐明在阶级社会里，
作家、文艺作品、读者都具有一定的阶级属性，每个人都不能离开其所处
的时代和阶级地位，那种超越政治、超越阶级、超越现实的所谓纯人性文
艺是不存在的。20 世纪 30 年代梁实秋等人鼓吹文艺是超阶级的，文艺是
表现人性的。梁实秋在他的《文学是有阶级性的吗?》一文（《坟·灯下漫
笔》）中认为，文学没有国界，更没有阶级的界限，资本家和劳动者有不同
的地方，但"他们的人性并没有两样"。"文学就是表现这最基本的人性的
艺术"，无产者文学理论的错误，就在于"把阶级的束缚加在文学上面"。
作家的阶级属性和他的作品没有什么关系。"文学家就是一个比别人感情丰
富感觉敏锐想象发达艺术完美的人。他是属于资产阶级或无产阶级，这于
他的作品有什么关系……我们估量文学的性质与价值，是只就文学作品本

---

① 瞿秋白：《〈鲁迅杂感选集〉·序言》，青光书局 1933 年版。

身立论，不能连累到作者的阶级和身份。"文学不能当作宣传品，"我们不能承认宣传式的文字便是文学"，等等。鲁迅对梁实秋的上述观点，逐一作了深刻的分析、批判。鲁迅指出，作家的阶级属性与其作品有密切关系，"托尔斯泰正因为出身贵族，旧性荡涤不尽，所以只同情于贫民而不主张阶级斗争"。鲁迅指出，"在阶级社会里，文学家虽自以为'自由'，自以为超了阶级"，其实他的作品"终受本阶级的阶级意识所支配"。"宣传式的文字"当然不就是文学，但"凡文艺必有所宣传"①。"即使是从前的人，那诗文完全超出于政治的所谓'田园诗人'，'山林诗人'，是没有的。完全超出于人世间的，也是没有的。既然是超出于世，则当然连诗文也没有。诗文也是人事，既有诗，就可以知道于世事未能忘情。"② 针对当时主张超阶级、超政治"第三种人"的观点，鲁迅指出："生在有阶级的社会里而要做超阶级的作家，生在战斗的时代而要离开战斗而独立，生在现在而要做给与将来的作品，这样的人，实在也是一个心造的幻影，在现实世界是没有的。""所以虽是'第三种人'，却还是一定超不出阶级的……作品里又岂能摆脱阶级的利害……而且也跳不过现在的。"③ 一个作家、艺术家，一个文艺作品远离其所处的时代和阶级，其人性何从谈起，人性论又何以凸显。为什么会产生阶级性？如何准确地理解阶级性呢？鲁迅说："在我自己，是以为若据性格感情等都受'支配于经济'（也可以说根据于经济组织或依存于经济组织）之说，则这些就一定都带着阶级性。但是'都带'，而非'只有'。"④ 这是说，阶级性植根于经济；人们的性格感情等"都带"阶级性，但不是"只有"阶级性。这既用唯物史观解释阶级性，又反对了抽象的人性论和把阶级性绝对化、简单化的抽象做法。可见鲁迅不仅树立了鲜明的阶级观点，而且有科学的正确的阶级观点。

第二，比较突出的群众观点。鲁迅早年本来就同农民群众和知识分子等

---

① 鲁迅：《二心集·"硬译"与"文学的阶级性"》，人民文学出版社 1973 年版。

② 鲁迅：《魏晋风度及文章与药及酒之关系》，载《而已集》，漓江出版社 2001 年版。

③ 鲁迅：《南腔北调集·论"第三种人"》，载《南腔北调集》，人民文学出版社 1980 年版。

④ 鲁迅：《三闲集·文学的阶级性》，载《三闲集》，人民文学出版社 1952 年版。

有比较密切的联系，到了晚年更具有鲜明的群众观点。他用唯物史观阐明人民群众在创造历史中的作用，反对中国传统的天命史观、圣贤史观。他说："一切文物，都是历来的无名氏所逐渐的造成。建筑，烹饪，渔猎，耕作，无不如此；医药也如此。"① 他对那种以为"各种智识，一定出于圣贤，或者至少是学者之口；连火和草药发明应用，也和民众无缘，全由古圣王一手包办"② 的历史唯心论作了有力的批驳：一方面指出人民大众即使是"目不识丁"的文盲，"其实也并不如读书人所推想的那么愚蠢。他们是要智识，要新的智识，要学习，能摄取的。当然，如果满口新语法，新名词，他们是什么也不懂；但逐渐的检必要的灌输进去，他们却会接受；那消化的力量，也许还赛过成见更多的读书人"。③ 肯定人民大众能够接受、掌握、消化知识，甚至要胜过知识分子。另一方面，鲁迅也指出觉悟的知识分子在历史发展中的作用。他说："由历史所指示，凡有改革，最初，总是觉悟的知识者的任务。但这些知识者，却必须有研究，能思索，有决断，而且有毅力。他也用权，却不是骗人，他利导，却并非迎合。他不看轻自己，以为是大家的戏子，也不看轻别人，当作自己的娄罗。他只是大众中的一个人，我想，这才可以做大众的事业。"④ 这是说，改革、革命总是由觉悟的知识分子首先发难，觉悟的知识分子和人民大众相结合，才能实现改革、革命；但觉悟的知识分子必须具备各种优秀的品格，才能做人民大众的事业。鲁迅在这里既唯物地解决了历史观中的"心与物"、"群众与个人"之间的关系，又提出了为大众服务的人们所必须具备的各种优良品格。

第三，用唯物史观研究文学与美学。他说："文学与社会之关系，先是它敏感的描写社会。倘有力，便又一转而影响社会，使有变革……艺术的真实非即历史上的真实，我们是听到过的，因为后者须有其事，而创作则可以

① 鲁迅：《南腔北调集·经验》，载《南腔北调集》，人民文学出版社1980年版。
② 鲁迅：《花边文学·知了世界》，上海联华书局1936年版。
③ 鲁迅：《门外文谈》，转引自张岂之主编：《民国学案》第4卷，湖南教育出版社2005年版，第102—103页。
④ 鲁迅：《且介亭杂文·门外文谈》，人民文学出版社1973年版。

缀合，抒写，只要逼真，不必实有其事也。然而他所据以缀合，抒写者，何一非社会上的存在。"① 这是运用唯物史观关于社会存在和社会意识关系的观点，正确地解决了社会和文学的关系，在存在（社会）与意识（文学）的关系上坚持了辩证唯物论与唯物史观。鲁迅用唯物史观研究美学，对美与美感的起源、对审美活动和艺术创作、对形象思维和典型化、对艺术的意境等，进行了科学的阐述，为创立中国的马克思主义美学作出了重要的贡献。他翻译了卢那察尔斯基的《艺术论》、《文艺与批判》，以及普列汉诺夫的《艺术论》。他同意普列汉诺夫关于劳动先于艺术产生的观点，并且认为："蒲列汉诺夫之所究明，是社会人之看事物和现象，最初是从功利底观点的，到后来才移到审美底观点去。在一切人类所以为美的东西，就是于他有用——于为了生存而和自然以及别的社会人生的斗争上有着意义的东西。功用由理性而被认识。但美则凭直感底能力而被认识。享乐着美的时候，虽然几乎并不想到功用，但可由科学底分析而被发现。所以美底享乐的特殊性，即在那直接性。然而美底愉快的根柢里，倘不伏着功用，那事物也就不见美了。并非人为美而存在，乃是美为人而存在的。"② 这是说，美与美感起源于客观，"并非人为美而存在，乃是美为人而存在"，审美活动、艺术创造，不是超功利的，不是无所为而为的，而是功利的，为人生的，艺术的功利性是可以通过科学的分析而发现的。这就坚持了唯物主义的现实主义的美学观点，反对了唯心主义的形式主义美学观点，并有力地论证了"艺术是为了人生"的观点。

　　总之，无产阶级革命文学运动(亦称左翼文学运动）代表着新文学从"人的文学"到"革命文学"的转型。对这一时期文学创作起着重大影响的有两个因素：一是社会、历史的巨大变动，中国革命的历程已由"五四"时期的思想革命转向这一时期的社会变革所引起的社会革命。二是"五四"是个性解放的时代，已经开始进入社会解放的时代，并随之引起了人的思维方式的变化，使人从对人的个人价值和人生意义的思考转向对社会性质及其发展趋

---

① 《鲁迅全集》，人民文学出版社 1981 年版。

② 鲁迅：《〈艺术论〉译本序》，载《二心集》，人民文学出版社 1973 年版。

向的探求，从而有一大批的"新人"充实了文学队伍。

### （三）第三个阶段：20 世纪 40 年代后

1942 年，在延安文艺座谈会上，毛泽东曾不止一次地指出，人们所需要的理论家，是真正能够将马克思主义普遍真理与中国革命具体实践相结合的理论家。他丝毫不避讳这一革命的"功利目的"，并且他本人正是这样一位卓越的理论家。他的文艺思想一方面是对马克思列宁主义在中国的继承，另一方面又是他运用马克思列宁主义的基本立场、观点、方法观察中国社会，观察中国文艺现状，解决中国文艺运动实际发生的种种问题所得出的新的结论。1942 年，在延安文艺座谈会上，毛泽东在总结发言时说："我们讨论问题，应当从实际出发，不是从定义出发，如果我们按照教科书，找到什么是文学，什么是艺术的定义，然后按照它们来规定今天文艺运动的方针，来评判今天所发生的各种见解和争论，这种方法是不正确的。我们是马克思主义者，马克思主义叫我们看问题不要从抽象的定义出发，而要从客观存在的事实出发，从分析这些事实中找出方针、政策、办法来。我们现在讨论文艺工作也应该这样做。"[①] 严格地说，毛泽东更多的是从创作理论的角度继承和发展了列宁的有关文艺思想。他一方面强调作家要深入生活，深入火热的斗争这个创作的唯一源泉，去观察、体验、研究、分析一切人，一切群众，一切生动的生活形式和斗争形式，一切文学和艺术的原始材料，并在此基础上去进行自己的创造；另一方面，他又要求革命的文艺工作者花大力气、下大功夫去实现"立足点"的转移，从而在自己的创作中自觉而且充分地表现出无产阶级以及除极少数人在外的整个中华民族的共同思想、情感、利益和要求，充分体现出自己作为民族的、阶级的工具的价值和作用。尽管在那个特定的革命战争年代及以后，毛泽东并没有像列宁那样明确地提出必须保证作家有个人创造和个人爱好的广阔天地，有思想和幻想、形式和内容的广阔天地，而是把作家的主体意识更多地理解为个性和社会群体性，主要是民族

---

① 《毛泽东论文艺》，人民文学出版社 1992 年版，第 40—41 页。

性和阶级性的有机和辩证的结合，并以此为基础，提出了一系列重要的文论观点，但就本质而言，他还是沿着列宁的文艺思想，按照以创作的主客体关系为基本框架和思路的理论模式继承和发展。

首先，《在延安文艺座谈会上的讲话》（以下简称《讲话》）运用唯物史观强调了文艺工作要深入群众、深入生活、深入实际，强调作家、艺术家和作品要有民众情怀，能够解决民众和社会现实需求。在提出文艺为什么人的问题之后，毛泽东不仅直截了当地回答了"文艺为了群众"的命题，而且进一步阐明了"文艺如何为了群众"的根本问题。毛泽东指出，在文艺为什么人的问题上，早在19世纪40年代的马克思主义者就已经解决了，到了列宁时期则阐述得更为完整和清晰。恩格斯当年就十分赞赏进步作家对"下层等级"的民众"生活、命运、欢乐和痛苦"的描写，称之为"时代的旗帜"。[1]19世纪80年代，恩格斯非常关心反映工人运动的作品，认为工人阶级的斗争生活，"应当在现实主义领域内占有自己的地位"[2]。1915年，列宁发表了重要著作《党的组织和党的文学》，明确提出文学要为"千千万万劳动人民服务"。他说："这将是自由的文学，因为它不是为饱食终日的贵妇人服务，不是为百无聊赖、胖得发愁的'几万上等人'服务，而是为千千万万劳动人民服务，为这些国家的精华、国家的力量、国家的未来服务。"[3]十月革命以后，列宁进一步发挥了这个思想："艺术是属于人民的。它必须在广大劳动群众的底层有其最深厚的根基。它必须为这些群众所了解和爱好。它必须结合这些群众的感情、思想和意志，并提高他们。它必须在群众中间唤起艺术家，并使他们得到发展。"专业作家要"经常把工人和农民放在眼前"[4]，为他们创作真正伟大的艺术作品。

五四新文化运动以来，恩格斯和列宁的相关论述虽然在二三十年代被介绍到中国来，但在实践中文艺为什么人的问题并未得到真正解决。"五四"

---

① 《马克思恩格斯全集》第1卷，人民出版社1979年版，第594页。

② 《马克思恩格斯选集》第4卷，人民出版社1995年版，第462页。

③ 《列宁选集》第1卷，人民出版社1995年版，第650页。

④ 《列宁论文学与艺术》第2卷，人民出版社1983年版，第912、916页。

初期的一些作家有过"平民文学"、"民众文学"的主张，后来也提出了文艺属于工农大众的口号，并开展过多次文艺大众化的讨论，反映了文艺工作者立场和认识的转变和提高。但最初所谓的"平民"、"民众"，实际上还局限于城市小资产阶级及其知识分子范围；文艺大众化也仅仅理解为作品语言与表现形式的通俗化；革命作家虽也写过一些反映工农斗争生活的比较好的作品，但由于客观历史条件的限制，也由于作家主观思想上的弱点，文艺与工农结合的问题并未被真正提上日程。不少左翼作者"各方面都表现出小资产阶级的思想感情，但却错误地把这些思想感情认做了无产阶级的思想感情"①。1941 年前后延安文艺界暴露出的许多问题，正是"五四"以来这些弱点在新的历史条件下的集中表现。因此，毛泽东强调指出："为什么人的问题，是一个根本的问题，原则的问题"，"必须明确地彻底地解决它"。为此毛泽东具体诠释了文艺为人民大众服务，首要地要为工农兵知"四种人"服务："我们的文艺，第一是为工人的，这是领导革命的阶级。第二是为农民的，他们是革命中最广大最坚决的同盟军。第三是为武装起来了的工人农民即八路军、新四军和其他人民武装队伍的，这是革命战争的主力。第四是为城市小资产阶级劳动群众和知识分子的，他们也是革命的同盟者，他们是能够长期地和我们合作的。这四种人，就是中华民族的最大部分，就是最广大的人民大众。""我们主张文艺为工农兵服务，当然不是说文艺作品只能写工农兵"，不能写其他人②。在革命发展的各个历史时期，由于革命任务的不同，参加革命的阶级力量不同，文艺服务对象的范围就会有新的变化，除了工农兵之外，凡是一切赞成、拥护和参加革命与建设事业的阶级、阶层、社会集团和分子，都应当是文艺的服务对象、工作对象；至于描写对象，当然更不应该有什么限制。但是，我们"主要的力量应该放在哪里，必须弄清楚，不然就不可能反映出这个伟大的时代，不可能反映出创造这个伟大时代

---

① 周扬编：《马克思主义与文艺·序言》，解放社出版 1949 年版。

② 周恩来：《在中华全国文学艺术工作者代表大会上的政治报告》，载《中华全国文学艺术工作者代表大会纪念文集》，新华书店印行 1950 年版，第 28 页。

的伟大劳动人民"①。可以说，为人民大众，为工农兵，这是毛泽东同志历来考虑文化问题的一个基本出发点。从这个基本点出发的文艺才是真正的人民文艺、革命文艺；具有"新鲜活泼的、为中国老百姓所喜闻乐见的中国作风和中国气派"的文艺作品，才是中国现代新文艺学的正确方向。

其次，《讲话》运用唯物史观辩证地阐明了正确处理文艺与政治、文艺创作的真实性与倾向性的关系问题。毛泽东在肯定了"五四"以来革命文艺的重要成绩和"伟大贡献"的基础上，指明了在文艺与政治关系的问题上一度出现的两种错误倾向：一种是托洛茨基在二十年代提出的所谓文艺创作是"下意识的过程"、"艺术和政论往往不是一元的"②、无产阶级文艺"决不会存在"③等荒谬主张；另一种是忽视文艺的特征对政治作出机械狭窄的理解，以致把文艺为政治服务只是当成宣传某项政治措施，或图解某项具体政策。毛泽东同志既批判了托洛茨基的文艺与政治的二元论，也注意防止和反对某些简单化、庸俗化的倾向。毛泽东同志指出："在现在世界上，一切文化或文学艺术都是属于一定的阶级，属于一定的政治路线的。为艺术的艺术，超阶级的艺术，和政治并行或互相独立的艺术，实际上是不存在的。无产阶级的文学艺术是无产阶级整个革命事业的一部分，如同列宁所说，是整个革命机器中的'齿轮和螺丝钉'。"这里揭示的，正是文艺不能脱离政治，必然要为一定的政治服务的客观规律。文艺是一种社会意识形态，是在一定的经济基础上产生并为一定的基础服务的，但由于它是"更高的即更远离物质经济基础的意识形态"④，要为基础服务往往需要经过政治做中间环节。政治"是经济的集中的表现"⑤，"只有经过政治，阶级和群众的需要才能集中地表现

---

① 周恩来：《在中华全国文学艺术工作者代表大会上的政治报告》，载《中华全国文学艺术工作者代表大会纪念文集》，新华书店印行 1950 年版，第 28 页。

② 引自托洛茨基 1924 年 5 月 9 日在联共（布）中央召开的党的文艺政策讨论会上的发言。译文可参阅鲁迅译的《文艺政策》一书，载《鲁迅译文集》第 6 卷，人民文学出版社 1958 年版。

③ 托洛茨基：《文学与革命》一书的《引言》。该书中译本作为"未名丛刊"之十三，出版于 1928 年 2 月。

④ 《马克思恩格斯选集》第 4 卷，人民出版社 1995 年版，第 253 页。

⑤ 《毛泽东选集》第 2 卷，人民出版社 1991 年版，第 664 页。

出来"。因此，革命的文艺工作者应该把文艺为无产阶级政治服务作为一种
自觉的要求。与此同时，为了防止把文艺与政治的关系庸俗化，毛泽东同志
又特意指出："我们所说的文艺服从于政治，这政治是指阶级的政治、群众
的政治，不是所谓少数政治家的政治。"无产阶级政治与资产阶级政治是有
原则区别的。真正的无产阶级政治，总是代表人民的根本利益，并符合客观
的生活真实的；违背人民利益、违反生活真实的政治，绝不会是无产阶级的
政治。革命的文艺家，既应该以高度的自觉服务于无产阶级政治，也应该有
高度的勇气抵制和反对资产阶级政治。即使无产阶级政治家，也不能保证自
己在任何时候总是正确的，也难免有发生错误的时候。因此，应该把文艺为
无产阶级政治服务的问题和文艺必须真实地反映生活的问题联系起来，在重
视生活真实的基础上求得文艺作品的政治性与真实性的统一。毛泽东强调指
明了"无产阶级政治家同腐朽了的资产阶级政治家的原则区别"，指明了无
产阶级的政治性与文艺的真实性的完全一致，他说："革命的政治家们，懂
得革命的政治科学或政治艺术的政治专家们，他们只是千千万万的群众政治
家的领袖，他们的任务在于把群众政治家的意见集中起来，加以提炼，再使
之回到群众中去，为群众所接受，所实践，而不是闭门造车，自作聪明，只
此一家，别无分店的那种贵族式的所谓政治家——这是无产阶级政治家同腐
朽了的资产阶级政治家的原则区别。正因为这样，我们的文艺的政治性和真
实性才能够完全一致。不认识这一点，把无产阶级的政治和政治家庸俗化，
是不对的。"因此，作为无产阶级革命事业的一个组成部分的革命文艺，只
有为一定革命时期的革命任务服务，才会有正确的方向和道路，才能有效地
发挥它的战斗作用。

要有效发挥文艺为政治服务的功能，首要的是要充分尊重文艺的特点。
文艺是通过自己的特殊规律来为政治服务的。取消文艺的特殊规律，也就取
消了为政治服务本身。毛泽东指出："政治并不等于艺术，一般的宇宙观也
并不等于艺术创作和艺术批评的方法"，"马克思主义只能包括而不能代替文
艺创作中的现实主义"，"学习马克思主义，是要我们用辩证唯物论和历史唯
物论的观点去观察世界，观察社会，观察文学艺术，并不是要我们在文学艺

术作品中写哲学讲义"。如果以为政治上正确就可以不遵循艺术规律，那是一种极端幼稚糊涂因而也极端有害的想法。而且，艺术的特点并不仅仅是一种结果，它贯穿于创作的全过程，渗透进作品的形式和内容。艺术的独特性并不仅仅在于表现形式，同样还在于它的内容。因此，政治和艺术的统一并不只意味着政治内容找到相应的艺术形式去表现，还要求艺术家从生活中熔炼出能体现自己的政治倾向、美学理想的艺术内容。这里，重要的问题在于如何依据艺术的特殊规律去探求生活，把政治内容真正融化、渗透、改铸为艺术内容，而且这个过程又必须十分自然，来不得半点强制和做作。在毛泽东同志看来，"缺乏艺术性的艺术品，无论政治上怎样进步，也是没有力量的。因此，我们既反对政治观点错误的艺术品，也反对只有正确的政治观点而没有艺术力量的所谓'标语口号式'的倾向。我们应该进行文艺问题上的两条战线斗争"。所有这些都显示了毛泽东同志关于文艺与政治关系的思想是异常丰富而全面的。这些思想对于哺育我国革命文艺的健康成长和构建中国现代文艺学，具有不可估量的作用。

与文艺和政治的关系问题相联系，《讲话》还阐释了文艺批评的基本原则和标准的问题。毛泽东认为，文艺批评是"文艺界的主要斗争方法之一"，"文艺批评应该发展"。他指出："文艺批评有两个标准，一个是政治标准，一个是艺术标准。"在抗日战争时期，"按照政治标准来说，一切利于抗日和团结的，鼓励群众同心同德的，反对倒退、促成进步的东西，便都是好的；而一切不利于抗日和团结的，鼓动群众离心离德的，反对进步、拉着人们倒退的东西，便都是坏的"。"按着艺术标准来说，一切艺术性较高的，是好的，或较好的；艺术性较低的，则是坏的，或较坏的。"根据文艺史上出现过的无数事实，毛泽东同志科学地概括出这样一条规律："任何阶级社会中的任何阶级，总是以政治标准放在第一位，以艺术标准放在第二位的。"资产阶级和其他剥削阶级的一些文艺家出于种种原因，也曾标榜"艺术至上"或"艺术第一"，而实际上，他们衡量艺术作品也还总是有意无意、或明或暗地把自己的政治思想标准放在首位。"无产阶级对于过去时代的文学艺术作品，也必须首先检查它们对待人民的态度如何，在历史上有无进步意义，而分别采取不同态度。"政治和艺术是两个不同的概念，它们表现在一个作品中既有联系又有区别，既不能割裂又不能互相代替。坚持政治标准第一，绝不意味着可以轻视艺术标准；坚持政治标准第一，绝非"政治标准唯一"。毛泽东同志指出："我们的要求则是政治和艺术的统一，内容和形式的统一，革命的政治内容和尽可能完美的艺术形式的统一。"这就不仅对文艺创作提出了要求，而且也为文艺批评指出了着眼点和归宿点。文艺批评只有既注意政治标准又注意艺术标准，把政治性和艺术性结合起来，从政治和艺术统一的观点上去评价作品，才能得出科学的符合实际情况的结论。毛泽东同志的这些论述充实和发展了马克思主义的文艺批评理论。

最后，《讲话》运用唯物史观科学地阐明了建设中国现代新型的无产阶级文艺学的途径和方法。毛泽东由文艺为人民大众服务这个基本点出发，进一步阐述了文艺的普及与提高的辩证关系，进一步阐述了如何紧密结合文艺创作的规律和特点，文艺作家转变思想感情和紧靠社会生活源泉来丰富和发展无产阶级文艺的关键问题。"我们的文艺，既然基本上是为工农兵，那末所谓普及，也就是向工农兵普及，所谓提高，也就是从工农兵提高。""不是把工农兵提到封建阶级、资产阶级、小资产阶级知识分子的'高度'去，而是沿着工农兵自己前进的方向去提高。""我们的提高，是在普及基础上的提高，我们的普及，是在提高指导下的普及。"文艺作品"都是一定的社会生活在人类头脑中的反映的产物。革命的文艺，则是人民生活在革命作家头脑中的反映的产物"。无产阶级文艺的建设和发展，既有赖于"革命作家头脑"这个主观条件，也有赖于"人民生活"源泉这个客观条件。只有解决好作家思想感情的转变和社会生活源泉的获取这两个方面的关键问题，"我们才能有真正为工农兵的文艺，真正无产阶级的文艺"。而"深入工农兵群众、深入实际斗争"，正是解决这两个关键问题的根本途径和方法。那么，文艺作家如何转变思想感情呢？"我们知识分子出身的文艺工作者，要使自己的作品为群众所欢迎，就得把自己的思想感情来一个变化，来一番改造。""我们的文艺工作者的思想感情和工农兵大众的思想感情打成一片。"文艺作家如何获取充足的生活源泉和创作源泉呢？"中国的革命的文学家艺术家，有出息的文学家艺术家，必须到群众中去，必须长期地无条件地全心全意地到工农兵群众中去，到火热的斗争中去，到唯一的最广大最丰富的源泉中去，观察、体验、研究、分析一切人，一切阶级，一切群众，一切生动的生活形式和斗争形式，一切文学和艺术的原始材料，然后才有可能进入创作过程。"可见，"深入工农兵群众、深入实际斗争"，是把思想改造和获得创作源泉统一起来的有效途径，是中国现代新型文艺学生长、发展的最有力抓手。

毛泽东同志是伟大的马克思主义者，也是杰出的马克思主义文艺理论家，他在领导中国人民跟国内外敌人进行艰苦卓绝斗争的同时，还对革命文化和文艺问题给予了极大的关心和注意。从历史的情况看，《讲话》发表前后的延安文艺正是中国新文学自觉追求民族化的"伟大的创始"阶段。抗战爆发后，从全国各地来到延安的作家们在抗日民主根据地这样一个民主自由的政治环境中，第一次同我们民族的主体——农民进行"对话"，民间文学以其独特的魅力和价值给现代文学的民族化以新的推动力，然而作家们在寻找接近人民、为群众喜闻乐见的文学内容和形式时，也在处理文学的时代潮流、民族传统、作家个性等基本课题上发生着种种困惑。毛泽东的《讲话》正是在这样一个历史时刻，第一次用马克思主义观点系统总结了五四新文化运动以来的历史经验，完整地确立了无产阶级革命文艺路线，明确提出了人民生活是"一切文学艺术的取之不尽、用之不竭的唯一的源泉"，作家"和新的群众时代相结合"等文学新课题，从而直接指导了延安作家们如何把自己创作的"根"深深扎在民族文化土壤与人民生活源泉之中，使得中国现代文学的面貌焕然一新。就这一意义而言，中国新文学史上的"寻根"正是从这里开始的。毛泽东在《讲话》中发出了"中国的革命的文学家艺术家，有出息的文学家艺术家，必须到群众中去，必须长期地无条件地全心全意地到工农兵群众中去，到火热的斗争中去"的历史性召唤，强调文艺工作者要在思想情感上同工农兵群众"打成一片"，要把"了解人、熟悉人"作为"第一位工作"，要设身处地去体验"新的人物、新的世界"，要经过长期的感情磨炼。这些都是在总结五四新文化运动以来，尤其是左翼文艺运动中作家世界观转变的经验教训后，更深刻揭示出的产生新文艺作品的根本途径。它的提出极大地启发了作家去思索自己创作的根如何深扎于人民群众现实生活的土壤之中。一大批作家心悦诚服地接受了这一真理并付之于实践，他们的创作也由此走到了一个新的起点。

一些作家由此转变观念，自觉扎根于人民群众的现实生活，尤其是农村的风俗生活之中，从而滋生旺盛的创作欲望。如毛泽东所称赞的"昨日文小姐、今日武将军"的丁玲，正是由于积极投身群众生活，才有了后来的《太阳照在桑干河上》的作品；正是因为以一个普通战士、劳动者的姿态，从民间吸取人生智慧、大众情感、方言土话、艺术灵感，才有了周立波的《暴风骤雨》这部具有平易质朴、开阔刚健的风格作品。《讲话》的精神催生了赵树理、孙犁、艾青、何其芳等一大批无产阶级的作家。贴近农村、贴近农民、贴近抗战现实的新秧歌运动和农村戏剧运动、新的文艺创作形式、新的文艺风格和语言不断涌现，真正显示了文学的民族形式和中国风格，体现了人民、大众文学的旺盛生命力。

郭沫若在历史剧作方面留下了许多脍炙人口的作品，如《棠棣之花》、《屈原》、《虎符》、《孔雀胆》、《南冠草》等。这些作品文字优美，寓意深刻，尽管岁月流逝，但今天读来仍给人以美的享受、人生的启示，再次感受到那个时代轰轰烈烈的斗争、生活。这是因为作者在创作时以唯物史观、人民本位思想作指导，所以，作品经得起时代的考验，一直深受人民喜爱。

在唯物史观的指导下，郭沫若认为文学应该走出象牙塔，直接为火热的时代生活、阶级斗争服务。他说："时代所要求的文学是表明同情于无产阶级的社会主义的写实主义的文学"，"文学家要把自己的生活坚实起来……应该到兵间去，工厂去，革命的旋涡中去"。(《革命与文学》)在日益尖锐的阶级斗争中，郭沫若看到人民群众的作用，他日益感受到了"人民一致觉悟起来，一致联合起来，全世界是在我们手中呢！"(《写在三个叛逆女性后面》)从此，郭沫若在其作品中越发注意以反映人民革命、斗争以及人民群众在历史进步发展过程中的作用、力量为内容，同时，塑造了一大批闪耀着人民性光芒的人物，如聂政、蝉娟等。

20世纪40年代郭沫若则明确提出了"人民本位"的文艺创作思想。

1945年四五月间，他所写的《人民的文艺》一文中直言："今天是人民的世纪，人人是主人，处理政治事务的人只是人民的公仆。一切价值都颠倒过来，凡是以前说高的都要说低。文学家在自己意识的文坛地位上则更应该充分地化除个人本位的观点。"在这里所谓人民本位的思想，首先是指歌颂人民在历史上的创造力和地位，其次是指对于那些历史人物要看他们对待人民的态度如何，以此作为评判好恶的标准。郭沫若的人民本位思想在指导历史剧创作方面主要体现在题材选择、人物形象塑造和历史人物的评价三个方面。

第一，创作题材的选择。在进行历史剧题材的选择上，郭沫若一贯选择群众熟悉的内容和时代斗争迫切需要的内容，主张文学作品要以唤醒民众，团结、鼓舞民众的斗志为目的。他在《戏剧与民主》一文中这样说："文艺的生命是植根在民众里面，文艺脱离民众，它便要失掉它的生命。""任何文艺作品，凡是与下层生活脱离的，便都是歪僻的东西。文艺作品的价值和它与人民生活的距离成反比，距离愈大，价值愈低；距离愈小，价值愈大。"而"戏剧，尤其是话剧，应该是最民众的东西，它是为民众开花，为民众结实，始于民众，终于民众的"。为实践这一思想，抗战时期郭沫若创作的如《屈原》等六部历史剧都取材于老百姓最熟悉的故事。

第二，人物形象的塑造。郭沫若非但注意刻画英雄人物的光辉形象，而且还着力描绘出觉悟后焕发蓬勃斗志的民众形象，热烈讴歌人民的力量。在《棠棣之花》中，通过聂政、聂姜、酒家女的英雄业绩，深深地激发了人民的义愤和正义感，他们要"杀死没良心的狗官"，最后和群众一起把聂政、聂姜、春姑三位英雄的尸体抬上山去安葬，唱着"踏着他们的血迹前进，去破灭那奴隶枷锁，把主人翁唤起，快快团结一致，高举解放的大旗"的激昂歌曲，投身到壮丽的事业中去。这一故事的描述，歌颂了觉醒后民众的伟大力量，给读者无比的鼓舞。正因为郭沫若以人民本位思想作指导进行史剧创作，所以，在他的作品中勾画出了一个个焕发人民性光芒的人物，特别是在抗战时期创作的六部著名史剧，不但掀起了全国话剧、史剧创作的高潮，而且给当时处在民族危机空前严峻情况下的人民以无比的鼓舞、希望和勇气。所以，毛泽东在1944年11月给郭沫若的亲笔信中说：

"你的史论、史剧有大益于中国人民，只嫌其少，不嫌其多，精神决不会白费，希望继续努力。"

第三，历史人物的评价。郭沫若在《关于目前历史研究中的几个问题》一文中说："对历史人物的评价，如同其他地方的研究一样，应该根据辩证唯物主义和历史唯物主义的原理来研究。"[1] 他还进一步论述道，研究历史人物："我的好、恶标准是什么呢？一句话归宗：人民本位！我就在这个人民本位的标准下边从事研究，也从事创作。"[2] 由于这样的理论指导，郭若沫认为对帝王将相等剥削阶级的代表人物在历史上的作用不能简单加以否定，一笔抹煞，他说："有些帝王，如秦始皇、汉武帝、唐太宗，甚至康熙、乾隆等对民族、对经济、对教化等方面的发展在当时是有过贡献的，我们应该给以一定的地位。"[3] 这种思想在他解放后创作的翻案剧《蔡文姬》、《武则天》中，表现得非常充分。

## 二、中国现代马克思主义文艺学学术体系的构建

除了上述代表人物外，还有大量的文艺作家运用唯物史观创作出了大量的文艺作品，初步构建起了中国现代文艺学学科体系，集中表征出 20 世纪上半叶唯物史观影响下马克思主义文艺创作的繁荣与成熟。

刘半农作为现代新文学家，在"五四"时期即参与了革新文学运动，继胡适的《文学改良刍议》、陈独秀的《文学革命论》之后，发表了《我之文学改良观》和《诗与小说精神上之革新》，阐述了有关改革散文、韵文、诗歌、小说、戏剧等方面的意见，突出强调文学语言的通俗易懂。他创作的白话诗、无韵诗等新诗语言明快，颇受群众喜爱，代表性的有收集在《扬鞭集》和《瓦釜集》里的《学徒苦》、《卖萝卜人》、《叫我如何不想她》等。他还开创了研究民间文学的先河。

---

① 《郭沫若全集·历史编》第 3 卷，人民出版社 1982 年版，第 486 页。

② 《郭沫若文集》第 12 卷，人民文学出版社 1959 年版，第 325 页。

③ 《郭沫若全集·历史编》第 4 卷，人民出版社 1982 年版，第 3 页。

郭绍虞作为现代古典文学研究家，1921 年与郑振铎、沈雁冰、叶绍钧等 11 位进步作家发起成立了"文学研究会"，倡导"以研究介绍世界文学、整理中国旧文学、创造新文学为宗旨"，积极研究中国古典文学，创作新诗和散文。他撰写和出版的《中国文学批评史》开创了中国文学批评史之先河，郭绍虞是中国文学批评史学科的真正奠基者。在该书中他指出："文学是一种艺术，文学批评则是一种学术。"但两者"都是离不开社会，离不开人生的"①。

作为中国现代著名作家、人民艺术家，老舍在 20 世纪 20 年代的中国文坛开始崭露头角，其作品以关注、表现下层民众的疾苦为特征。30 年代创作的《月牙儿》叙述母女两代沦为暗娼，《我这一辈子》诉说下级警察的坎坷经历。在《骆驼祥子》中，以农村来到城市拉车的祥子个人的毁灭，写出一场沉痛的社会悲剧。把城市底层暗无天日的生活引进现代文学的艺术世界，是老舍的一大建树。《骆驼祥子》是他个人也是中国现代文学史的重要作品。40 年代创作的《四世同堂》刻画深受传统观念束缚的市井平民，在民族生死存亡关头的内心冲突，于苦难中升腾起来的觉醒和抗争，成为抗战文艺的重要作品。50 年代初创作的话剧《龙须沟》通过大杂院几户人家的悲欢离合，写出了历尽沧桑的北京和备尝艰辛的城市贫民正在发生的天翻地覆的变化，是献给新中国的一曲颂歌。《龙须沟》是老舍创作新的里程碑，他因此获得"人民艺术家"的荣誉称号。

作为中国现代著名作家，巴金从 20 世纪 20 年代发表充满青春冲动力的《灭亡》到 30 年代影响卓著的《激流三部曲》、《爱情的三部曲》，再到 40 年代创作巅峰时期的《憩园》、《寒夜》，以真实的笔调描写了中国现代社会各个阶层的生活状况，反映出了特殊年代人的苦闷、叛逆和反抗封建势力的"家国"情怀。当时的很多青年都是因为读了巴金的作品，受他的影响，投奔延安，投身革命事业的。

吴宓作为学衡派的代表，在诗歌和文学理论上作出了巨大成绩，是世界

---

① 张岂之主编：《民国学案·郭绍虞学案》第 4 卷，湖南教育出版社 2005 年版，第 274、263 页。

文学、中西比较文学的开创者,他将西方名著与中国的《红楼梦》进行比较研究,开辟了红学研究的新途径。在讨论和评价贵族派文学与平民派文学的高低时,他无疑是推崇平民派文学的。他说:"西儒谓诗文有二体,其一谓之贵族派文学,其二谓之平民派文学。由贵族而趋平民派,实为进化之公例。而诗文之最佳者,其理最真,其情最挚,其词最显,然其动人最广且深,此则必属诸平民派也。"①

茅盾作为现代著名文学家,自"五四"时期开始即致力于文学理论研究和外国文学作品的评价。1927年大革命失败后开始创作小说,他从苏联文学的成就中认识到了文学工作的方向。1928年,他完成了反映社会生活的三部曲《幻灭》、《动摇》和《追求》,接着完成了《欧洲大战与文学》、《虹》、《中国神话研究 ABC》、《近代文学面面观》等著作。1930—1937年是其文学创作的黄金期,大量优秀作品问世,如《子夜》、《林家铺子》以及农村三部曲《春蚕》、《秋收》、《残冬》,还有研究西洋文学的著作如《西洋文学通论》、《希腊文学 ABC》、《北欧神话 ABC》等。1942年,撰写了长篇小说《霜叶红似二月花》,1943年出版了著名的散文集《白杨礼赞》,翻译了苏联巴浦林科的《复仇的火焰》。茅盾分析了中国文学不能健全发展的三个原因:"一,没有明确的文学观与文学之不独立;二,迷古非今;三,不曾清确地认识文学须以表现人生为首务,须有个性。"②关于作家如何创作的问题上,茅盾指出:"一个作家不但对于社会科学应有全部的透彻的知识,并且能够懂得,并且运用那社会科学的生命素——唯物辩证法;并且以这辩证法为工具,去从繁复的社会现象中分析出它的规律和动向;并且最后,要用形象的言语、艺术的手腕来表现社会现象的各方面,从这些现象中指示出未来的途径。所以一部作品在产生时必须具备两个必要条件:(一)社会现象全部的(非片面的)认识。(二)感情地去影响读者的艺术手腕。两者缺

---

① 张岂之主编:《民国学案·吴宓学案》第 4 卷,湖南教育出版社 2005 年版,第 301 页。

② 茅盾:《中国文学不能健全发展之原因》,转引自张岂之主编:《民国学案》第 4 卷,湖南教育出版社 2005 年版,第 349 页。

一，便不能成为一部有价值的作品。"① 关于无产阶级艺术和革命文学的问题上，他强调从范畴出发来加以区分："第一，无产阶级艺术并非即是描写无产阶级生活的艺术之谓，所以和旧有的农民艺术是有极大的分别的。第二，无产阶级艺术非即所谓革命的艺术，故凡对于资产阶级表示极端之憎恨者，未必准是无产阶级艺术。怎么叫做革命文学呢？浅言之，即凡含有反抗传统思想的文学作品都可以称为革命文学。……第三，无产阶级艺术又非旧有的社会主义文学。……（旧有）的社会主义文学的作者大都是资产阶级社会的知识阶级……他们的主义是个人主义。""无产阶级艺术至少须是：（一）没有农民所有的家族主义与宗教思想；（二）没有兵士所有的憎恨资产阶级个人的心理；（三）没有知识阶级所有的个人自由主义。"认为，革命文学与旧有的社会主义文学的一个缺陷就是"失却了阶级斗争的高贵意义"，而流入狭隘的人身憎恨。"因为阶级斗争的利刃所指向的，不是资产阶级的个人，而是资产阶级所造成的社会制度；不是对于个人品性的问题，而是他在阶级的地位的问题。"因此，茅盾认为真正的无产阶级艺术和无产阶级作家就要克服上述缺陷，切切实实地贯彻唯物史观有关阶级斗争的高贵意义，而且要"了解各时代的著作，应该承认前代艺术是一份可贵的遗产"②。这里茅盾不仅科学地运用唯物史观诠释了无产阶级艺术与革命艺术和旧有无产阶级艺术的区别，而且科学地运用唯物史观阐明了艺术继承与创新的逻辑关系。在此基础上，茅盾还阐述了文艺的时代性与创作的辩证过程，他认为："文艺作家以表现时代为其任务，要而言之，亦无非表现时代的特征，亦无非表现从今天到明天这一战斗的过程中所有最典型的狂澜伏流方生方灭及必兴必废而已。""一个文艺作家在观察，选材，构思之际，是要经过这样一个过程的，即当其开设，是由具体到抽象，由表象到概念，而后复由抽象回到具体，由概念回到表象，在这回归之后，才是创作

---

① 茅盾：《〈地泉〉读后感》，转引自《民国学案》第 4 卷，湖南教育出版社 2005 年版，第 349 页。

② 茅盾：《论无产阶级艺术》，转引自张岂之主编：《民国学案》第 4 卷，湖南教育出版社 2005 年版，第 350—353 页。

活动的开始。"①

　　曹靖华是在瞿秋白、鲁迅的指导下成长起来的现代文学翻译家，他怀抱开拓和建设现代新文艺的志向，先后翻译了苏联十月革命的文艺作品，如绥拉菲莫维奇的《铁流》、高尔基的《一月九日》、《苏联作家七人集》、阿·托尔斯泰的《十月革命给了我一切》、契诃夫的《三姊妹》以及《我是劳动人民的儿子》、《保卫察里津》等，主编了《苏联文艺丛书》，撰写了大量有关文艺理论的序文、跋文以及前言、后记。关于文艺与群众的问题，他说："《铁流》是群众袭击的诗歌。作者不但是旧文学形式和传统的破坏者，而且是真正的群众革命倾向的诗人。他不用什么崇高的神韵，而歌咏了粗暴的勇敢的人。……它是被践踏者争取自由解放的光芒万丈的火炬。"② 关于中国文艺的新任务问题，他说："文艺的新任务是，克服和根绝人们意识中的资本主义残余，为提高社会主义意识水平而奋斗。……只有明确地认清文艺与社会政治思想，以及文艺与社会道德的直接联系的那些专家们，才能完成这一任务。"③ 关于文艺与人民的问题，他说："苏联文学教育劳动人民，组织劳动人民，为消灭一切剥削制度而斗争。……苏联文学是以人民利益为利益的。"④ 关于文艺与政治的问题，他说："文艺要为政治服务，为人民服务。这是鲁迅的崇高品德，也是我们文艺工作者最好的典范。"⑤

　　作为中国现代有影响的散文家、诗人，朱自清在 20 世纪 40 年代开始创作立场发生了巨大转变，克服了早期的超阶级观点，获得了人民意识，出版的《标准与尺度》、《语文拾零》等著述着眼于人民和民主而有了现实

---

　　① 茅盾：《谈技巧、生活、思想及其他》，转引自张岂之主编：《民国学案》第 4 卷，湖南教育出版社 2005 年版，第 360—361 页。

　　② 曹靖华：《〈铁流〉一九三八年版后记》，转引自张岂之主编：《民国学案》第 4 卷，湖南教育出版社 2005 年版，第 396 页。

　　③ 曹靖华：《〈旅伴〉校者序》，转引自张岂之主编：《民国学案》第 4 卷，湖南教育出版社 2005 年版，第 397 页。

　　④ 曹靖华：《谈苏联文学》，转引自张岂之主编：《民国学案》第 4 卷，湖南教育出版社 2005 年版，第 402 页。

　　⑤ 曹靖华：《谈谈学习鲁迅》，转引自张岂之主编：《民国学案》第 4 卷，湖南教育出版社 2005 年版，第 406 页。

意义和斗争精神。他指出历来有两种知识分子："一种向上爬，为统治者帮闲；一种向下去，为人民服务。"① 在《新诗的进步》一文中指出，尽管旧诗里就有叙述民间疾苦的诗，"可是新诗人的立场不同，不是从上层往下看，是与劳苦的人站在一层而代他们说话"②。认为郑振铎《插图本中国文学史》的价值和意义就体现在他"着眼在'时代与民众'以及外来的文学的影响上"③。

　　作为中国现代著名作家、文学评论家、文学史家，郑振铎主编了我国现代新文学运动中的第一个新诗刊物《诗》（月刊），创办了第一个儿童文学专刊《儿童世界》（周刊），他力主文学改革创新，在《文学旬刊》和《小说月报》上发表了大量文学评论文章，与封建复古的"载道派"文学和庸俗低级的"逍遥派"文学做坚决的斗争，批评新文学阵营中"为艺术而艺术"的文学主张，倡导为人生的现实主义文学，提出了革命的"血和泪的文学"口号，成为与茅盾齐名的文艺评论家。在《新文学观的建设》一文中指出，我们要改造中国的旧文学，建设中国的新文学，就要尽力廓清和打破"娱乐派的文学观"和"传道派的文学观"："娱乐派的文学观，是使文学堕落，使文学失其天真，使文学陷溺于金钱之阱的重要原因；传道派的文学观，则是使文学干枯失泽，使文学陷于教训的桎梏中，使文学之树不能充分成长的主要原因。"④ 建设中国的新文学，"我们所需要的是血的文学，泪的文学，不是'雍容尔雅''吟风啸月'的冷血的产品。"⑤ 这里郑振铎无疑凸显了唯物史观有关人民本位和阶级斗争的文学观。他称赞《水浒》是我国文学史上的光荣

---

　　① 张岂之主编：《民国学案》第 4 卷，湖南教育出版社 2005 年版，第 507 页。

　　② 朱自清：《新诗的进步》，转引自张岂之主编：《民国学案》第 4 卷，湖南教育出版社 2005 年版，第 526 页。

　　③ 朱自清：《什么是中国文学史的主潮》，转引自张岂之主编：《民国学案》第 4 卷，湖南教育出版社 2005 年版，第 535 页。

　　④ 郑振铎：《新文学观的建设》，转引自张岂之主编：《民国学案》第 4 卷，湖南教育出版社 2005 年版，第 556 页。

　　⑤ 郑振铎：《血和泪的文学》，转引自张岂之主编：《民国学案》第 4 卷，湖南教育出版社 2005 年版，第 558 页。

与骄傲，因为，"《水浒》是在宋元讲史的基础上更进一步的东西，是把人民所喜爱的英雄写在文字上并给以灵魂血肉，形成一部具有现代意义的小说"。他在关于中国文学史的分期问题的研究上强调不能违反马克思列宁主义的真理，要求正确运用唯物史观的立场观点来展开研究。因此，他把半封建半殖民地时期（1840—1849）的文学作为中国文学史的"近代期"单独划分出来，因为这个时期，"时间虽只有一百十年，却产生许多大作家和许多大作品来。他们和以前若干时代的文学具有不同的作风与思想感情"①。

作为中国现代著名诗人、古典文学家和民主斗士，闻一多在 1923 年出版了第一部诗集《红烛》，奠定了他在中国现代新诗发展史上的地位；1928年出版了第二部诗集《死水》，彰显了他对祖国的挚爱与对黑暗现实的憎恨。他对郭沫若的诗集《女神》给予了礼赞："若讲新诗，郭沫若君的诗才配称诗呢，不独艺术上他的作品与旧诗词相去甚远，最要紧的是他的精神完全是时代的精神——20 世纪的时代精神。有人讲文艺作品是时代的产儿，《女神》真不愧为时代的一个肖子。"认为《女神》是真正中国现代意义上的新诗，是"中西艺术结婚后产生的宁馨儿"②。在关于新诗创作形式上，闻一多要求新诗要有"音乐的美（音节），绘画的美（词藻），并且还有建筑的美（节的匀称和句的均齐）"③。闻一多真实贯彻文艺来源于生活的创作思想，认为"没有民主运动的实践，一定创造不出民主主义的作品"④，他的文艺作品都是这一思想的真实反映。

作为中国现代著名文学家、戏剧家和革命文学的代表，阿英 1927 年在上海发起成立著名文学社团"太阳社"，主编《太阳月刊》，提出"革命

---

① 郑振铎：《中国文学史的分期问题》，转引自张岂之主编：《民国学案》第 4 卷，湖南教育出版社 2005 年版，第 561 页。

② 闻一多：《女神之时代精神》，转引自张岂之主编：《民国学案》第 4 卷，湖南教育出版社 2005 年版，第 566 页。

③ 闻一多：《新诗的艺术性（格律）》，转引自张岂之主编：《民国学案》第 4 卷，湖南教育出版社 2005 年版，第 567 页。

④ 闻一多：《论文艺的民主问题》，转引自张岂之主编：《民国学案》第 4 卷，湖南教育出版社 2005 年版，第 573 页。

文学"口号，积极倡导无产阶级革命文学。1929年阿英著《力的文艺》，介绍评论大仲马、普希金、高尔基等外国著名作家的作品，同年出版了《作品论》。1930年相继出版《现代文学读本》、《现代中国文学作家》、《文艺批评集》，介绍、评论包括茅盾、叶绍钧、高尔基等在内的中外著名无产阶级作家及其作品，积极倡导无产阶级革命文学。1937年，响应"国防文学"的口号，阿英选编出版了《中国最佳独幕剧集》，作为战斗的现实主义作品，洋溢着可贵的民族性和时代感，因而风行一时。1938年，阿英编辑出版了反映中国工农红军长征艰苦斗争生活的《西行漫画》，起到了鼓舞士气和振奋人心的巨大作用。延安文艺座谈会之后，阿英编创了著名的历史剧《李闯王》，影响一时。阿英的作品特色体现在：第一，站在无产阶级基层民众的立场，创作民众需要的无产阶级革命文学。"《白华》的第一个使命，是站在人道主义的立场上，反对统治阶级的对民众的一切压迫与屠杀；第二个使命，是站在和平的立场上，反对第二次的帝国主义的世界大战，反对国内的军阀的割据的混战；第三个使命，是站在全人类的解放立场上，做着彻底的'打倒帝国主义'的运动；第四个使命，是站在被压迫的大多数的民众的立场上，追寻为大多数人的利益而革命的真精神，努力不断的做着'民权运动'。我们的态度就是如此。"① 第二，突出的文艺大众化思想。"文学大众化的理由和目的，是要使新兴阶级的文学运动，当然也就是政治运动深入于群众之中。一面利用旧的，大众所理解的形式，一面不断发展代替它的新的形式。在新旧的各样的形式之中，去描写斗争的生活，发扬大众的阶级意识，唤醒他们起来革命。要利用一切他们所能理解的形式，去完成宣传、鼓动以及组织群众的任务。"②"报告文学是最新的形式的文学，是具有着无限的鼓动效果的形式。""要做优秀的报告文学者，要生活现实的报告者，非据有毫不歪曲报告的意志，强烈的社会

---

① 阿英：《我们的态度》，转引自张岂之主编：《民国学案》第4卷，湖南教育出版社2005年版，第613页。

② 阿英：《大众文艺与文艺大众化》，转引自张岂之主编：《民国学案》第4卷，湖南教育出版社2005年版，第613页。

的感情，以及企图和被压迫者紧密的连结的努力的三个条件不可。"①强调抗战时期的文学急需解决文学形式的通俗化问题，"以适应前方战士及伤兵医院"②。第三，强调文学的时代性、现实性和战斗精神。"鲁迅的'杂感文'应该是小品文的主体之一，特殊的富于战斗的意义。……表现在杂感里面的鲁迅个人的思想，约略的可以分作四点来说。第一，是清醒的现实主义……第二，是'韧'的战斗。第三，是反自由主义……第四，是反虚伪精神。……我觉着鲁迅对中国文坛、中国青年最大的贡献，最主要的是反映他的创作和杂感里的不断发展的一种苦斗的毫不妥协的精神。"③"没有斗争就没有戏剧，斗争的开展构成了剧情的开展。"④基于上述立场和观点，阿英批判了以张恨水为代表的鸳鸯蝴蝶派作家的作品，"其小说与其是小说，不如说是'胡话'，这'胡话'正表示了封建余孽以及一部分小市民层的'自我陶醉'的本色。"⑤

作为新文化运动早期重要的诗人、散文家，俞平伯早年即"浮慕新学，向往民主"，为唤起民众而奔走呼号，是白话诗和白话文的积极倡导者和实践者。他1923年出版的第一部诗集《冬夜》，是继郭沫若的《女神》和胡适的《尝试集》之后的中国现代最早的诗集。俞平伯站在平民立场上，走诗歌创作的大众化之路。在《诗的进化的还原论》一文中，他批评了"诗是贵族的"、"诗为诗而存在"、"艺术是为艺术而存在"的观点，阐述了诗要为平民而写的观点："现今的文艺的确是贵族的，但这个事实不仅可以改变，而且应当改变。"强调要"创造民众化的诗"："若要判断诗的好坏，第一要明白

---

① 阿英：《上海事变与报告文学》，转引自张岂之主编：《民国学案》第4卷，湖南教育出版社2005年版，第614页。

② 阿英：《抗战期间的文学》，转引自张岂之主编：《民国学案》第4卷，湖南教育出版社2005年版，第623页。

③ 阿英：《现代十六家小品》，转引自张岂之主编：《民国学案》第4卷，湖南教育出版社2005年版，第621页。

④ 阿英：《关于平剧〈孔雀胆〉——论如何再度改编》，转引自张岂之主编：《民国学案》第4卷，湖南教育出版社2005年版，第624页。

⑤ 阿英：《现代中国文学论》，转引自张岂之主编：《民国学案》第4卷，湖南教育出版社2005年版，第614—615页。

诗的性质，诗人对于一切的态度。""好的诗的效用是能深刻地感多数人向善的。""诗人自然是民众的老师，但他自己却向民间找老师去！""故我深信诗不但是在第一意义底下是平民的，即在第二意义底下也应当是平民的。""平民性是诗主要素质，贵族的色彩是后来加上去的，太浓厚了，有碍于诗的普遍性。""平民的诗和通俗的诗根本上是二而一的。""新诗不但是材料须探取平民的生活、民间的传说、故事，并且风格也要是平民的方好。"①俞平伯还是著名的散文家，他运用唯物史观原理精辟地阐述了文学的性质和反映论问题。他认为，文学作品是"人化的自然"，它"既不纯是主观，也不纯是客观，是把客观的实相，从主观上映射出来"②。这一思想渗透于他的代表作《红楼梦辨》中。

作为中国现代著名文艺理论家、诗人、翻译家，胡风在 20 世纪 30 年代发表了大量理论文章，"形成了以实践论和反映论为基础的、社会学和美学统一的、注重'主观战斗精神'的现实主义文艺理论体系"③。胡风是中国现代马克思主义文艺学体系建立的核心人物。1936 年胡风在鲁迅的指导下，主编了影响巨大的《海燕》、《七月》等进步文艺刊物。在《人民大众向文学要求什么？》一文中，胡风提出了"民族革命战争的大众文学"口号。在 20 世纪三四十年代，胡风的文艺评论及理论著作主要有《文艺笔谈》、《文学与生活》、《密云期风习小记》、《民族战争与文艺性格》、《论民族形式问题》、《在混乱里面》、《逆流的日子》、《为了明天》、《论现实主义的路》等九个论文集，解放后结集出版了《胡风评论集》。胡风运用唯物史观对文艺系列理论问题做了阐述。第一，关于文学的典型问题。胡风指出："文学创作工作的中心是人，即所谓'文学的典型'，也就是恩格斯所说的典型环境里面的典型性格。典型的创造过程，叫综合或艺术的概括。一个典型，是一个具体的活生生的人物，但本质上具有群体特征。包含几种意义：一、兼有普遍性和

---

① 俞平伯：《诗的进化的还原论》，转引自张岂之主编：《民国学案》第 4 卷，湖南教育出版社 2005 年版，第 688—691 页。

② 张岂之主编：《民国学案》第 4 卷，湖南教育出版社 2005 年版，第 681 页。

③ 张岂之主编：《民国学案》第 4 卷，湖南教育出版社 2005 年版，第 715 页。

特殊性；二、从特定社会群体抽出共同的特征；三、综合有一定的历史的界限；四、是这个人物所由来的社会的相互关系之反映；五、'时代的预言者'的艺术概括能力。"① 第二，关于文艺与生活的问题。胡风认为，"文艺是从生活中产生出来的……更深一步说，艺术的根源是劳动。艺术活动是统一在劳动里面：创造'艺术品'的人同时也就是劳动的人，艺术活动的动机直接从劳动中得来的"。"文艺是反映生活的。文艺的内容是从实际生活取来，它底内容以及表现那内容的形式都是被实际生活决定的。""文艺站在比生活更高的地方，能够真实地反映出生活的脉搏的作品，才是好的，伟大的。……文艺作品所表现的东西须是作家从生活里提炼出来，和作家主观活动起了化学作用以后的结果，它能够把生活向前推进。自然主义的和公式主义的倾向是和文艺大道相隔很远的。""现在文艺创作主题的方向是能够反映民族革命战争时期底生活样相。第一，这是革命文学运动的一个发展；第二，它所依据的基础理解是社会主义的现实主义……一切要求都要通过作家的创作过程，其源泉只有在现实生活里汲取，蓄积。"② "一篇批评或一个批评家的出发点，那最基本的东西是实践的生活立场，是化成了生活知识和感应能力的对于现实人生的新的愿望。具有和时代脉搏合拍的感应能力，是批评家最本质的基础，最健康的胚型。"③ 第三，关于文艺的现实性、人民性和大众化问题。胡风认为，"五四以来，形成了文学的主流是现实主义的文学，人民大众的反帝要求一直流贯在新文学的主题里面，'九一八'后，民族危机更加迫急，这个历史阶段向文学提出反映它的性质的要求，供给了新的美学的基础，因而能够描写这个文学本身的性质的应该是一个新的口号——民族革命战争的大众文学。这个口号所依据的是动的现实主义的方法，同时含有积极的浪漫主义的一面。……'九一八'后创作成果所开辟的道路，用思想力宏

---

① 胡风：《什么是"典型"和"类型"》，转引自张岂之主编：《民国学案》第 4 卷，湖南教育出版社 2005 年版，第 720 页。

② 胡风：《文学与生活》，转引自张岂之主编：《民国学案》第 4 卷，湖南教育出版社 2005 年版，第 720—721 页。

③ 胡风：《人生·文艺·文艺批评》，转引自张岂之主编：《民国学案》第 4 卷，湖南教育出版社 2005 年版，第 728 页。

大的巨篇也用效果敏快的小型作品来回答人民大众的要求"①。"文艺思想所要求的是广大人民,特别是劳苦人民的负担、潜力、觉醒和愿望。民族形式的提出,正是为了提高创作方法上的追求去反映这样的现实,但主观主义和客观主义分别把这解释为'形式'和'技巧'。""整风运动,发展到文艺思想上面,首先加强或改造主观的思想立场。正视现实主义自己阵营里两个坚强的倾向:一、主观公式主义;二、客观主义。主观公式主义是从脱离了现实而来的,因而歪曲了现实。……客观主义是从对现实的局部性和表面性的屈服,或漂浮在那上面而来的,因而使现实虚伪化了。"②"现实主义是唯物主义认识论(也是方法论)在艺术认识上(也是艺术方法上)的特殊方式。……通过艺术特征真正反映了历史真实的才叫做现实主义,可以分析到现实主义的不足是由于怎样的阶级根源、政治成见或思想成见代表了怎样的阶级意识。但作为一个范畴,现实主义就是文艺上的唯物主义认识论。""社会主义现实主义所要求的真实性和人民性是在历史必然性的革命发展('新生的动向')中反映出来的(虽然不一定都在直接的斗争背景上面),它的先进人物成为代表历史要求的行动家、斗士、社会的改造者了。"③"列宁提出文艺中的党性原则正是保护了以人民性为生命的文学('自由的文学')不受歪曲地通过实践为党的斗争服务的,是为了保证人民性,保证现实主义的。我们的现实主义,是在政治纲领的领导下面从事斗争的现实主义,它立脚在党性的要求上面,以'直觉能动性'为生命。""艺术问题中心环节是一个实践问题,只能是生活实践和创作实践的统一的实践。"④"'大众化'的口号是为了达到五四新文艺由市民阶级把它底领导权交给它底继承者这个目标的战

---

① 胡风:《人民大众向文学要求什么?》,转引自张岂之主编:《民国学案》第4卷,湖南教育出版社2005年版,第722页。

② 胡风:《论现实主义的路》,转引自张岂之主编:《民国学案》第4卷,湖南教育出版社2005年版,第729—730页。

③ 胡风:《关于几年来文艺实践情况的报告》,转引自张岂之主编:《民国学案》第4卷,湖南教育出版社2005年版,第730—731页。

④ 胡风:《关于几年来文艺实践情况的报告》,转引自张岂之主编:《民国学案》第4卷,湖南教育出版社2005年版,第731—732页。

略方向之一。其内容是，一方面是为劳动人民的，另一方面是被劳动人民所享有的……文艺大众化的发展过程，汇合着五四以来的新的现实主义理论的发展（社会主义现实主义）和进步的创作活动所累积起来的艺术的认识方法得当发展。这三方面的内在的关联就形成了五四新文艺传统，现实主义的传统。"① 关于文学与政治的关系问题。胡风指出，"凭着阶级的本能，和天才的感受，和艰苦的斗争，高尔基把无产阶级革命和社会主义的成功加进了世界文学历史里面。不但是反映人类生活的文学没有被人类生活本身揭开，而且使它有力地推动生活前进，证明了文学和政治的完全统一"②。最后，胡风在评价五四运动以来中国文学的成就时，肯定了文学革命的巨大成绩，认为是具有进步意义、代表文学前进方向的新兴文艺。"以市民为盟主的中国人民大众的五四文学革命运动，正是市民社会突起了以后的、累积了几百年的、世界进步文艺传统底一个新拓的文艺支流。是在民主要求的观点上，和封建传统反抗的各种倾向的现实主义（以及浪漫主义）文艺；在民族解放的观点上，争取独立解放的弱小民族文艺；在肯定劳动人民的观点上，想挣脱工钱奴隶底命运的、自然生长的新兴文艺。"③

作为中国现代马克思主义文艺理论的杰出代表，冯雪峰于 20 世纪 20 年代即开始介绍和研究苏联文学和马克思主义文艺理论，1928 年开始翻译出版《新俄的文艺政策》、《作家论》、《艺术之社会的基础》、《艺术与社会生活》、《文学评论》等马克思主义文艺论著，强调用"马克思主义的 X 光线""去照澈现存文学的一切"④。30 年代，他与鲁迅、冯乃超、夏衍等发起成立中国左翼作家联盟，撰写了《我们同志的死和走狗们的卑劣》、《常识与阶级性》、《关于"第三种文学"的倾向与理论》等文章，批判了"新月派"、"自

---

① 胡风：《论民族形式问题》，转引自张岂之主编：《民国学案》第 4 卷，湖南教育出版社 2005 年版，第 725 页。

② 胡风：《高尔基在世界文学史上加上了什么？》，转引自张岂之主编：《民国学案》第 4 卷，湖南教育出版社 2005 年版，第 724 页。

③ 胡风：《论民族形式问题》，转引自张岂之主编：《民国学案》第 4 卷，湖南教育出版社 2005 年版，第 726 页。

④ 张岂之主编：《民国学案》第 4 卷，湖南教育出版社 2005 年版，第 781 页。

由人"与"第三种人"的错误文艺观，积极参加文艺大众化的讨论。由他起草的《中国无产阶级革命文学的新任务》推动了中国左翼文艺运动的健康发展。他还与鲁迅、胡风、茅盾一起提出了"民族革命战争的大众文学"口号，发表了《对于文学运动几个问题的意见》，批判了"文学理论上的机械观点"，抓住了革命文学论争以来在文艺界长期存在的致命弱点。40年代是冯雪峰文艺创作的丰收期，先后出版了《过来的时代》、《论民主革命的文艺运动》、《雪峰文集》等文艺论著，总结了革命文艺运动的经验教训，探讨了现实主义文艺理论的根本问题，对文艺与生活、政治与艺术、客观与主观、世界观与创作方法、作家与人民、民族文学与世界文学等系列文艺问题发表了精辟的见解。第一，关于艺术大众化问题。冯雪峰认为，"'艺术大众化'这口号的根本任务，是配合着整个政治和文化的情势，在解决着现在很迫切的两个问题的：一方面是迫不及待的革命（抗战）的大众宣传，一方面又是艺术向更高阶段的发展。……'艺术大众化'的具体任务：（一）大众可能理解或经过解释而能大体地理解的抗战的艺术作品的创造，即所谓先进的革命艺术之大众的改造；（二）在大众中文化生活和艺术生活的组织——包括大众的文化启发及文化水平的提高。（三）大众的报告文学或通讯员运动，即大众写作的扶持与教育。……制作好的有力的抗战大众宣传作品是一个中心任务。……先进的革命艺术与大众艺术运动的汇合及在汇合中的改造十分必要"①。第二，关于文艺与政治的关系问题。冯雪峰认为，"文艺和政治的关系，是文艺和生活关系的根本形态。文艺和政治的联系……主要地是要看那作品所发生的社会的、政治的意义和效果"②。第三，关于"五四"以来的革命文艺运动的经验与教训问题。冯雪峰认为，"五四"以来的革命文艺运动的经验，首先体现在"革命文学传统"上，"'五四'以来的革命的新文艺，全面地看，那基本实现是民主主义的革命思想，就它的中心或主潮说，是通

---

① 冯雪峰：《关于"艺术大众化"》，转引自张岂之主编：《民国学案》第4卷，湖南教育出版社2005年版，第784—785页。

② 冯雪峰：《文艺与政治》，转引自张岂之主编：《民国学案》第4卷，湖南教育出版社2005年版，第787页。

过了无产阶级的科学的历史观和社会革命论的民主主义的革命思想。……这就造成了所谓五四革命文学传统，或革命现实主义文学传统"。"思想斗争、统一战线、大众化都是内含在民主主义的革命思想里面的东西，而现实主义就是总结着也开拓着这些。""五四"以来的革命文艺运动的教训，则主要体现在机械唯物论和教条主义上，"什么是主要错误？左倾机械唯物论和教条主义的影响及错误是很大的。反映在文艺上：第一，使文艺与政治的斗争的结合变成了机械的结合；第二，运动路线上和文艺批评上的所谓宗派主义或关门主义的倾向。思想上的右退状态、革命宿命论和客观主义是创作和创作态度上的主要错误表现，现在存在而不应再继续的创作倾向是公式主义和经验主义"。认为现实主义在当时的创作实践上存在两个问题："第一是关于人民力的反映或追求问题……第二是大众化的创作实践和民族形式的创造。"①第四，关于鲁迅的文学成就问题。冯雪峰指出："鲁迅先生借文学而为民族和大众作战，造成了他在中国思想史和文学史上的特殊地位。他在文学上独特的特色，第一，他独创了'杂感'这尖锐的政论性的文艺形式；第二，他的现实主义是历史的真实和民族的爱的统一和韧战主义；第三，抱着艺术的大众主义，肯定着中国文学之'大众化'的出路。"②"他的文学作品，是思想的诗，政治的诗，强有力的生活的概括的诗。"③鲁迅的创作"前期是革命现实主义，后期是社会主义现实主义"。这一创作的特征是："一、现实主义精神；二、以唯物辩证法为自己对于现实的认识方法的根本；三、典型化原则，并且和党性原则相结合。"④第五，关于艺术创造中的"典型"塑造问题。冯雪峰认为，"典型艺术的社会生产法则，却更重要地在指明着一个根本问

---

① 冯雪峰：《论民主革命的文艺运动》，转引自张岂之主编：《民国学案》第4卷，湖南教育出版社2005年版，第788—789页。

② 冯雪峰：《鲁迅与中国民族及文学上的鲁迅主义》，转引自张岂之主编：《民国学案》第4卷，湖南教育出版社2005年版，第792页。

③ 冯雪峰：《思想的才能与文学的才能》，转引自张岂之主编：《民国学案》第4卷，湖南教育出版社2005年版，第793页。

④ 冯雪峰：《论通俗》，转引自张岂之主编：《民国学案》第4卷，湖南教育出版社2005年版，第791页。

题，就是：典型之社会的、世界的、历史的矛盾性。……典型的精子倘若不是以社会的、世界的、历史的和矛盾的斗争中吸收来，也不是放在这种矛盾的斗争中去孕育、展开和锻炼，那么典型就不能获得巨大的生命。伟大的典型艺术都有伟大的思想性和明确的历史性，而且思想力越大，历史性越明确，则这艺术的价值越高，越久"①。"我们的中心任务，就是根据实际生活，把其中的矛盾和斗争加以典型化，创造出各种各样的人物形象。"②

作为中国现代著名文艺理论家、鲁迅艺术学院院长，周扬早期就开始系统地介绍马克思主义文艺理论，20世纪30年代他撰写的《关于社会主义现实主义和革命浪漫主义》一文，是中国最早介绍苏联社会主义现实主义创作方法的文章。他编写的《马克思主义与文艺》一书，比较系统地介绍了马克思经典作家对文艺各种问题的论述；撰写的《到底是谁不要真理、不要文艺?》、《文学的真实性》等文章，系统地批判了"文艺自由论"及苏汶、胡秋原等"第三种人"的文学主张。在《论现阶段的文学》一文中，提出了"国防文学"的口号。1942年延安文艺座谈会之后，他撰写了《王实味的文艺观与我们的文艺观》，批判托派文艺理论；撰写了《表现新的群众的时代》，倡导新秧歌运动。这些文章系统宣传了马克思主义文艺思想和毛泽东的文艺思想，为建设中国现代文艺学和人民文艺事业发挥了重要作用，其突出贡献主要表现在：第一，关于文学大众化问题。周扬指出："大众文学的内容应该是什么呢? 不管题材的复杂性，我们的主要任务应该是描写革命的普罗列特利亚（无产阶级——引者注）的斗争生活。……这需要完全新的典型的革命作家；他不是旁观者，而是实际斗争的积极参加者，他不是隔离大众，关起门来写作品，而是一面参加着大众的革命斗争，一面创造着给大众服务的作品。他的立场是阶级的，党派的，因为他懂得'对于现实的深刻的客观的认识是在正确的党的评价的基础上找出它的艺术的表现，这就是所谓

---

① 冯雪峰：《论典型的创造》，转引自张岂之主编：《民国学案》第4卷，湖南教育出版社2005年版，第785—786页。

② 冯雪峰：《关于创作和批评》，转引自张岂之主编：《民国学案》第4卷，湖南教育出版社2005年版，第791页。

阶级斗争的客观主义'。只有这样，他才能产生真正革命的大众作品，他才能在他的作品中表现出'活人'，而不至陷于概念主义。""文学大众化的主要任务，自然是在提高大众的文化水准，组织大众，鼓动大众。……我们一方面要对这些封建的毒害斗争，而一方面必须暂时利用大众文学的旧形式，来创造革命的大众文学。……所以我们要暂时利用根深蒂固的盘踞在大众文艺生活里的小调、唱本、说书等等的旧形式，来迅速的组织和鼓动大众，同时要提高教育和文化的一般水准，使劳苦大众一步一步的接近真正的伟大的艺术。"① 第二，关于文艺创作与自由问题。周扬指出："我承认客观真理的存在，但我们反对超党派的客观主义。无产阶级的阶级性，党派性，不但不妨碍无产阶级对于客观真理的认识，而且可以加强它对于客观真理的认识的可能。……自由主义的创作理论的本质是甚么呢？……就是要文学脱离无产阶级而自由。但真正'自由'了吗？当然没有！……把自己裹在'自由主义'的外套里面，戴着艺术的王冠，资产阶级的作家们是怎样巧妙的而又拙劣的隐藏着他们对于他们自己的阶级的服务。"② 第三，关于文学的真实性与阶级性问题。周扬指出："文学的真实性到底是什么——它是否可以超阶级、超党派，是否可以和政治的'正确'对立；以及怎样才能获得最大限度的真实性，换言之，就是从怎样的立场，用怎样的方法，才能获得对于客观真实之最正确的反映和认识，这些问题，我们和苏汶先生却有原则上不同的意见。""在阶级社会中，认识的主体，既如上面所说，是社会的、阶级的存在，则他对于社会现实的认识，不管他有多么锐利的眼光，就不能不受着他的阶级条件所限制的认识，每个作家都是戴着他自己阶级的眼镜去看现实的。……所以，文学的'真实'问题，决不单是作家的才能、手腕、力量、技术的问题，也不单是苏汶先生所说的'艺术家的良心''诚恳的态度'等等的问题，而根本上是与作家自身的阶级立场有着重大关系的问题，是明明

---

① 周扬：《关于文学大众化》，转引自张岂之主编：《民国学案》第 4 卷，湖南教育出版社 2005 年版，第 830—831 页。

② 周扬：《到底是谁不要真理、不要文艺?》，转引自张岂之主编：《民国学案》第 4 卷，湖南教育出版社 2005 年版，第 831—832 页。

白白的了。""所以，关于政治与文学的二元论的看法是不能够存在的。我们要在无产阶级的阶级斗争的实践中看出文学和政治之辩证法的统一，并在统一中看出差和现阶段的政治的指导的地位。"①"马克思主义主张艺术服从政治，就是把这个被掩盖的、不自觉的、无政府状态的变成公开的、自觉的、有计划性的关系，把艺术从剥削者压迫者的支配影响下解放出来，以与被剥削者被压迫者的利害相结合，以便有力的和剥削者的艺术相对抗。所以要艺术服从政治，就是要求艺术表现无产阶级的政治方向和利害，要求艺术表现党性。在组织关系上说，就是要求高吗艺术家服从高吗的组织。王实味却把艺术与政治的原则的关系割裂开来。……他只说一个抽象的'人'，而不把人分成阶级的类别。他所讲的人性……也是一般资产阶级历来用以骗人的捕风捉影的抽象观念。"② 第四，关于"社会主义的现实主义文学"与"革命浪漫主义的文学"问题。周扬指出："虽然艺术的创造是和作家的世界观不能分开的，但假如忽视了艺术的特殊性，把艺术对于政治，对于意识形态的复杂而曲折的依存关系看成是直线的，单纯的，换言之，就是把创作方法的问题直线还原为全部世界观的问题，却是一个决定的错误。""'革命的浪漫主义'不是和'社会主义的现实主义'对立的，也不是和'社会主义的现实主义'并立的，而是一个可以包括在'社会主义的现实主义'里面的，使'社会主义的现实主义'更加丰富和发展的正当的必要的要素。在这一点上，'革命的浪漫主义'才有它的至大的意义；也正就是在这一点上，'革命的浪漫主义'和古典的资产阶级的浪漫主义乃至'揭起革命的小资产阶级文学的旗帜'的所谓'革命的浪漫蒂克'没有任何共同之点。"③"文学的认识是通过感性的形象的，艺术家必须从现实，从生活的本身中吸取活生生的形象。所以文学和现实之间的关联就格外直接和紧密。""没有对现实的研究和渗透，单是世

① 周扬：《文学的真实性》，转引自张岂之主编：《民国学案》第 4 卷，湖南教育出版社 2005 年版，第 831—832 页。

② 周扬：《王实味的文艺观与我们的文艺观》，转引自张岂之主编：《民国学案》第 4 卷，湖南教育出版社 2005 年版，第 848—849 页。

③ 周扬：《关于"社会主义的现实主义与革命的浪漫主义"——"唯物辩证法的创作方法"之否定》，转引自张岂之主编：《民国学案》第 4 卷，湖南教育出版社 2005 年版，第 834—835 页。

界观的成熟的程度，是不能够创造出艺术来的，这是自明的事。作品的公式化、概念化会破坏现实主义的艺术。""新的现实主义不但不拒绝，而且需要以浪漫主义为它的本质的一面。""作家是借形象的手段去表现客观的真理的，而形象又是必须从现实中，从生活中去吸取。没有实际生活的经验就绝写不出真实的艺术作品。作家必须到实际生活中去体验。""有了生活，不一定就能写出作品；作品中写了生活，也还不一定就是好的作品。因为文学的任务，不只是在如实地描写生活，而且是在说出关于生活的真理。""艺术和生活的关系就是如此。要能'入'，又要能'出'，这正是一个微妙的辩证的关系。""做一个作家……更重要的，是要有认识生活、表现生活的能力。"③ 第五，关于国防文学问题。周扬指出："民族革命的统一战线的现实基础非徐行先生之辈所能抹杀，民族革命的统一战线的主张正是从现实出发又依据最先进的理论和策略的一种现实变革的主张。向国防文学要求最进步的现实主义的作品是正当的，……国防文学运动是一个文学上的民族统一战线的运动。""国防文学就是配合目前这个形势而提出的一个文学上的口号。它号召一切站在民族战线上的作家，不问他们所属的阶层，他们的思想和流派，都来创造抗敌救国的艺术作品，把文学上反帝反封建的运动集中到抗敌反汉奸的总流。"⑤

作为中国新文化运动的开拓者、中国现代戏剧的奠基人，曹禺的作品从《雷雨》到《北京人》的创作过程，反映的正是中国社会转型时期新世界逐步战胜锁闭世界的过程。《雷雨》是封闭式的代表作，而后的《日出》、《原野》

---

① 周扬：《现实主义试论》，转引自张岂之主编：《民国学案》第 4 卷，湖南教育出版社 2005 年版，第 839—841 页。

② 周扬：《新的现实与文学的新的任务》，转引自张岂之主编：《民国学案》第 4 卷，湖南教育出版社 2005 年版，第 841 页。

③ 周扬：《文学与生活漫谈（之一）》，转引自张岂之主编：《民国学案》第 4 卷，湖南教育出版社 2005 年版，第 845—846 页。

④ 周扬：《关于国防文学——略评徐行先生的〈国防文学反对论〉》，转引自张岂之主编：《民国学案》第 4 卷，湖南教育出版社 2005 年版，第 835—836 页。

⑤ 周扬：《现阶段的文学》，转引自张岂之主编：《民国学案》第 4 卷，湖南教育出版社 2005 年版，第 836 页。

则开始体现在封闭世界缝隙中寻找新世界的创作倾向，反映出作者的进步思想观念。

作为中国现代著名剧作家、革命戏剧和电影运动的组织者和领导者，夏衍早年即开始接触马克思主义，1927年加入中国共产党，从事工人运动。1929年，以沈端先之名翻译、出版了高尔基的名著《母亲》。同年，在上海发起组织成立艺术剧社，在中国话剧运动史上首次提出了"普罗列特利亚戏剧"（无产阶级戏剧）的口号，阐明戏剧为革命服务、与民众相结合的艺术主张，强调戏剧的阶级意识。①20世纪30年代发起组织了中国左翼作家联盟，开始组织领导中国左翼电影运动。他先后创作、编写了《狂流》、《春蚕》、《脂粉市场》、《赛金花》、《都会一角》、《中秋月》、《自由魂》（又名《秋瑾传》）等电影剧本和话剧，撰写了报告文学的典范之作《包身工》。中华人民共和国成立后，夏衍先后改编了《祝福》、《林家铺子》、《革命家庭》、《烈火中永生》等剧本，是中国现代文艺的杰出代表，真正的人民艺术家。在艺术的人民性和大众化问题上，夏衍尖锐地批评了20世纪二三十年代脱离中国人民大众的从西洋输入的话剧风格，认为这种所谓"新的"戏剧，不过模仿了代表着金元帝国主义之艺术形态的好莱坞电影的作风，"表现在这种'新的'戏剧里的生活、思想、言语、动作，都是和生活在半殖民地半封建的中国现实中的勤劳大众没有血肉相关"②。在文艺的时代性和现实性问题上，夏衍的艺术创作及其作品无一不是为着人民大众和中华民族的解放事业的。在《〈历史与讽谕〉——给演出者的一封私信》中，夏衍首先指出："构成历史的各种动因，是复杂而错综的，我们不能将历史的诸种动因固定化和一样化起来，我们该到历史的流动过程里，去把握历史事象的发展。"接着他阐述了讽刺文学的艺术价值即在如何直面社会现实，"只要立脚在和现实矛盾的发展相对应的一个现实的根据上面，那么即使在方法上取了夸张、空想、拟

---

① 参见闫玮、张同俭：《新编中国现代文学》，载《文学史系列书籍合集》第3辑。

② 夏衍：《戏剧抗战三年间》，转引自张岂之主编：《民国学案》第4卷，湖南教育出版社2005年版，第705页。

态，乃至浪漫架空的手法，在效果上依旧可以对观众给以真实的感动"①。

"田汉就是一部中国现代戏剧史"。"五四"以来，在我国现代戏剧发展的每一个主要阶段中，包括 20 世纪 20 年代的"多元"自由时期，30 年代的左翼激进时期，40 年代的弘扬民族精神时期等，都有田汉作为"先驱者"和"探求者"领导着一批人团结奋进的业绩。三幕剧《名优之死》完成于 1929 年，它是田汉剧作由唯美倾向转向现实主义的一块界碑。它的情节完整，结构合理，但不再以漂泊流浪为冲突内容。所以它一扫早期剧作感伤、低沉的情绪和高度唯美的内容，把情节和人物设置在中国社会的深厚的基础上。田汉"转向"后的创作追求是以寻找政治与艺术的结合的道路为主的，这就意味着他必须摒弃以前创作上的那一味以抒发小知识分子感伤与苦闷的浪漫情调，代之以工农大众的思想感情。他先后加入中国自由运动大同盟、"左联"、"剧联"，并担任"剧联"领导工作。他为"剧联"领导的剧团写了《梅雨》、《一九三二年的月光曲》、《洪水》、《乱钟》、《暴风雨中的七个女性》等许多剧本，它们大多取材于现实斗争，渗透了作者强烈的政治热情，在观众和读者中产生了积极的影响。但不得不承认，其中的有些作品政治说教严重，对于人物的性格也缺乏深入的开掘和生动的表现。不仅如此，田汉从事艺术创造的领域非常广阔，话剧、戏曲、电影、新诗、歌词、旧体诗词、音乐、书法等，他无不涉足。他的《义勇军进行曲》、《毕业歌》充满革命激情，具有广泛的社会影响。田汉不愧是一位杰出的人民歌手和人民艺术家。

作为中国现代著名音乐家、中国无产阶级革命音乐的先驱，聂耳创作了《义勇军进行曲》、《大路歌》、《码头工人》、《新女性》、《毕业歌》、《飞花歌》、《铁蹄下的歌女》、《卖报歌》、《梅娘曲》等四十一首音乐作品，发表了《黎锦晖的"芭蕉叶上诗"》、《中国歌舞短论》等十五篇战斗性的音乐论文和《时代青年》等三部电影剧本（生前未出版）。他的音乐创作具有鲜明的时代感、

---

① 夏衍：《〈历史与讽谕〉——给演出者的一封私信》，转引自张岂之主编：《民国学案》第4卷，湖南教育出版社 2005 年版，第 700—701 页。

严肃的思想性、高昂的民族精神和卓越的艺术创造性。

聂耳早在 1932 年写的《中国歌舞短论》中就针对当时一些不健康的歌舞提出了批评，他说："我们所需的不是软豆腐，而是真刀真枪的硬功夫。"[①]对这种涣散大众斗志的"软豆腐"式的"柔美的大众音乐"及其代表作家进行批评[②]，是人民大众抗战救亡的需要，是中华民族生死攸关的大事。人民大众对早已被历史所抛弃的这些"柔美的大众音乐"是并不赞赏的，就连曾写过这类歌曲的作曲家，在民族解放斗争的感召下，后来也断然改变了自己的创作道路，写出了受到大众欢迎的《长城谣》、《流亡三部曲》之二、之三的《离家》、《上前线》等著名歌曲。

作为"人民音乐家"，冼星海的作品具有鲜明的民族特色，为人民大众所接受和喜爱。直言"我有我的人格、良心，不是钱能买的。我的音乐，要献给祖国，献给劳动人民大众，为挽救民族危机服务"。先后创作了《救国军歌》、《战歌》、《保卫卢沟桥》、《游击军歌》、《在太行山上》、《到敌人后方去》、《生产大合唱》、《九一八大合唱》、《三八妇女节歌》、《打倒汪精卫》、《民族解放》、《神圣之战》、《满江红》、《中国狂想曲》等大量歌曲。发表了《聂耳——中国新兴音乐的创造者》、《论中国音乐的民族形式》、《民歌与中国新兴音乐》等许多音乐论文，论述中国新音乐发展的历史经验及大众化和民族形式等问题。为进步影片《夜半歌声》、《壮志凌云》、《青年进行曲》，话剧《太平天国》、《日出》、《复活》、《大雷雨》等谱曲。由他谱曲的《黄河大合唱》，气势磅礴，将时代精神、民族气魄与大众艺术形式紧密结合，成为反映中华民族解放运动的音乐史诗。周总理也为冼星海题词："为抗战发出怒吼，为大众谱出心声！"

作为中国现代著名音乐教育家、作曲家和音乐理论家，黄自明确提出了建立"民族化的新音乐"的口号，编写了《音乐史》及《和声学》两部

---

[①]　《聂耳全集》下卷，文化艺术出版社 1985 年版，第 48 页。

[②]　如黎锦晖、刘雪庵、陈歌辛等人，其代表性的作品有《桃花江》、《蔷薇处处开》、《何日君再来》、《三轮车上的小姐》等，这些作品远离现实的革命主题，歌唱爱情、个人命运和日常生活，音调轻柔流丽优美抒情，易于上口流传。

论著。他的代表作《抗敌歌》、《旗正飘飘》、《九一八》、《热血》等反映了 20 世纪 30 年代中国人民日益觉醒的民族意识和无比高涨的爱国热情，《养蚕》、《牛》、《谁养我》、《淮南民谣》等则唱出了为劳动人民疾苦鸣不平和渴望停止内战团结御侮的心声。为民族、为民众、为现实服务的艺术路径一目了然。

中国现代著名的音乐美学家和作曲家青主创作了《大江东去》、《我住长江头》、《红满枝》、《赤日炎炎似火烧》等独唱曲，出版了《清歌集》、《音境》两本艺术歌曲集，撰写了《乐话》、《音乐通论》等音乐论著，奠定了中国现代音乐美学的第一人的地位。

作为我国音乐史上杰出的民间音乐家，阿炳在音乐上博采众长，广纳群技，把对痛苦生活的感受，全部通过音乐反映出来。一生共创作和演出了 270 多首民间乐曲，他最著名的曲目是二胡独奏《二泉映月》、《听松》、《寒春风曲》，琵琶曲《大浪淘沙》、《龙船》、《昭君出塞》等。他的音乐作品渗透着传统音乐的精髓，透露出一种来自人民底层的健康而深沉的气息，情真意切，扣人心弦，充满着强烈的艺术感染力。

作为现代著名的美学家和诗人，宗白华深受李大钊、王光祈、田汉的影响，在《新诗略谈》一文中指出："新诗的创造，是用自然的形式，自然的音节，表写天真的诗意与天真的诗境。新诗人的养成，是有'新诗人人格'的创造，新艺术的练习；写出健全的、活泼的、代表性的、人民性的新诗。"①

作为中国现代介绍和研究西方美学的代表和中国现代美学的奠基人，朱光潜经过近 30 年的探索，把马克思主义的实践论引入美学，与克罗齐的美学观相区别，其《生产劳动与人对世界的艺术掌握——马克思主义美学的实践观点》一文正面提出了实践论美学观，确立了中国现代美学思想。

以中国现代第一位漫画家而著称的丰子恺，主张艺术必须大众化、现实化，反对"为艺术的艺术"，其画风将浪漫主义与现实主义结合起来，"其作

---

① 宗白华：《新诗略谈》，转引自张岂之主编：《民国学案》第 4 卷，湖南教育出版社 2005 年版，第 426 页。

品不仅为文人所器重，更为劳苦大众所喜爱"①。

## 三、中国现代马克思主义文艺理论的影响与地位

唯物史观的创立，在文艺学和美学上也是一次壮丽的日出②。它彻底突破了从变动着的思想中去解释历史和带有历史因素事物的局囿，人类艺术和审美的历史"破天荒第一次被安置在它的真正基础上"，从此，"一切历史现象都可以用最简单的方法来说明，而每一历史时期的观念和思想也可以极其简单地由这一时期的生活的经济条件以及由这些条件决定的社会关系和政治关系来说明"③。也就是说，每一历史时代主要的经济生产方式与交换方式及其所必然决定的社会结构，是该时代政治的和智慧的历史所赖以确立的基础，并且只有从这一基础出发，这一历史才能得到说明。④这样，文学理论、美学理论也像其他人文社会学科一样，迎来了实现革命性变革的机遇。人们有理由说，这一历史观对于文艺学、美学的价值，如同它对于其他人文社会学科一样，正是由于剔除了其中的唯心论和形而上学的成分，才使人透过现象看到了研究对象背后的本真面貌，看到了研究对象内在的运动规律，才校正了许多传统的、虚幻的、片面的观念，从而使文艺学、美学有可能成为科学。

第一，中国文艺理论由三足鼎立到一枝独秀。20世纪初期，特别是"五四"时期，中国文艺理论界出现了流派纷呈的繁荣景象，形成了马克思主义文艺理论、西方文艺理论、中国古代文艺理论三足鼎立的局面，这种局面一直维持到20世纪30年代中期。马克思主义文艺理论自20世纪初进入中国后就在中国扎根，到20世纪30年代，马克思主义文艺理论在中国的传播与研究已成蓬勃之势。同时，中国还涌现出了李大钊、陈独秀、瞿秋白、

---

① 张岂之主编：《民国学案》第4卷，湖南教育出版社2005年版，第487页。
② 参见董学文：《唯物史观与文学科学》，《新乡师范高等专科学校学报》2002年第3期。
③ 《马克思恩格斯选集》第3卷，人民出版社1972年版，第41页。
④ 参见《马克思恩格斯全集》第21卷，人民出版社1965年版，第408页。

鲁迅等一大批马克思主义文学批评家。马克思主义文艺理论、西方文艺理论、中国古代文艺理论三足鼎立的局面，到 20 世纪 30 年代后期发生了突变。20 世纪 30 年代末，马克思主义文艺理论开始超越西方文艺理论和中国古代文艺理论而异军突起，到 20 世纪 40 年代，马克思主义文艺理论几乎达到了一家称雄的地位。为什么会发生这种突转呢？其主要原因有以下三个方面。

一是马克思主义文艺理论自身的优越性。首先，它具有普遍针对性。马克思主义文艺理论，对文艺问题有着全面探讨，从生活到文艺、从创作到欣赏、从生产到消费、从环境描写到人物塑造等，都有比较精辟的论述，也更能全面地阐明文艺问题。其次，它具有综合创新性。马克思主义文艺理论，坚持综合辩证的观点，在对待传统时，从批判走向继承，在对待其他流派时，在碰撞中实现融合，从而增强了它自身的包容性，并比其他理论流派更富有生命力。最后，它具有现实关怀性。马克思主义文艺理论，既关心文学的"文学性"，又关心文学的社会性，还关心文学的人性，它将文学视为一种关注社会、关注人、关注社会解放和人的解放的一种审美意识形态。可以说，马克思主义文艺理论也是一种人的解放理论，因而也更容易引起广泛的共鸣。

二是马克思主义文艺理论与中国儒家文化的契合性。马克思主义文艺理论密切关注现实世界、现实生活以及人对现实的审美关系；十分重视人民在历史活动中的地位，要求文艺坚持人民性方向；特别强调共产主义的理想和人的解放，突出文艺的理想性。而中国传统文化精神，特别是儒学文化精神，也具有关注现实、体现民本、追求大同的价值取向。可以说，马克思主义文艺理论所体现的基本精神，与中国儒家文化精神是相契合的，马克思主义文艺理论传入中国，"被中国人民所接受，有其历史和文化的必然。马克思主义的共产主义理想与儒家对大同世界的向往有着契合关系；马克思主义对现实世界之真实性的肯定，对现实社会生活、群众性历史活动的极大关注，也与儒学的人文价值有着契合关系"①。

---

① 崔龙水、马振铎主编：《马克思主义与儒学》，当代中国出版社 1996 年版，第 6 页。

　　三是马克思主义文艺理论与中国现实需要相适应。"理论在一个国家的实现程度，取决于理论满足于这个国家的需要的程度。"[①] 由于西方现代文艺理论过分专注于文本而忽略文艺与现实之间的联系，渐渐地与中国现实疏离；由于中国古代文艺理论研究缺少体系性与现代转换性，也渐渐地从现实中退隐。而马克思主义文艺理论却以其鲜明的现实性、强烈的革命性、极大的未来指向性介入到中国现实社会中，与中国社会生活的联系越来越紧密，对中国文化的指导作用越来越明显，其生命力越来越旺盛。可以认为，"马克思主义文艺思想在中国的传播，一开始就与中国社会文化意识形态领域的尖锐复杂的阶级斗争结合在一起，并对中国革命文艺运动起着指导作用"[②]。到 20 世纪 30 年代末，不仅马克思主义文艺理论在中国的传播越来越广泛，而且还在中国生了根，开了花，结了果，产生了一大批中国马克思主义文艺理论家和中国马克思主义文艺理论著作，马克思主义文艺理论在中国取得了一家称雄的地位，成了指导中国文艺运动的主导思想。

　　第二，促进了中国化马克思主义文艺理论的产生与发展。中国早期的马克思主义文艺理论的传播者，也是马克思主义文艺理论的接受者，更是马克思主义文艺理论的实践者。在 20 世纪中国文艺理论史上，李大钊、瞿秋白、鲁迅等一批人在翻译、传播马克思主义文艺理论的同时，还自觉地运用马克思主义文艺观分析中国文艺问题，指导中国文艺实践。李大钊关于物质的经济的构造是人类一切精神的构造的基础构造、文学的笔墨能美术地描写历史事实、新文学应导以平民主义的旗帜并使一般劳工所了解等观点，预示了马克思主义文艺理论在中国的萌芽。瞿秋白已自觉地运用马克思主义的科学方法来研究文艺问题，论述文学与生活的关系，指导文艺实践，开始了中国马克思主义文艺理论的建设。鲁迅的文艺思想已确立了物质决定精神生活，论述了天才生长于民众，阐释了文艺起源于劳动，分析了艺术真实与生活真实的关系以及艺术典型的创造方法等，都涉及了马克思主义文艺理论的观点

---

　　① 《马克思恩格斯选集》第 1 卷，人民出版社 1972 年版，第 10 页。

　　② 李衍柱、林宝全、潘必新主编：《马克思主义文艺思想的发展与传播》，广西师范大学出版社 1995 年版，第 423 页。

与命题，对中国化马克思主义文艺理论的建设作出了重要贡献。事实证明，"马克思主义文艺思想在中国的传播和发展过程，是一个马克思主义普遍真理与中国社会实际相结合、与文艺实际相结合的过程，是一个马克思主义文艺理论中国化的过程"①，即中国化马克思主义文艺理论的产生与发展过程。

第三，推动了中国文学理论批评的整体转型。其一，思维方式的转型。中国古代文学理论批评，其思维方式主要是感悟性的，接近于艺术思维。而中国现代文学理论批评，其思维方式已转向了思辨性，完全属于理论思维。其二，表达方式的转型。中国古代文学理论批评，其表达方式是评点性的，往往是兴之所致的即兴表达。而中国现代文学理论批评的表达方式已转向了论述式，是通过概念、推理、判断的方式进行表达的。其三，批评方向的转变。中国古代文学理论批评基本上是文人的自说自话或相互应和，更多的是个人情绪的表达。而中国现代文学理论批评，其批评方向转向了社会理论家们表达的多是阶层、集团，乃至整个社会的意见。中国现代文学理论批评的整体转型孕育于王国维，得益于西方近代哲学和文学理论的影响，开始于李大钊、陈独秀等人，完成于瞿秋白、鲁迅、胡风、周扬、冯雪峰等人。而这些开始者和完成者，也是马克思主义文艺理论在中国的翻译者、传播者和中国马克思主义文艺理论的建设者。他们将马克思主义文艺理论的立场、观点、方法运用于中国现代文学理论研究和文学批评实践，推动了中国文学理论批评的整体转型。在这个意义上，也可以说是马克思主义文艺理论推动了中国文学理论批评的整体转型。

第四，影响了中国文艺的发展方向。马克思主义文艺理论中的文艺对象论是一种人民方向论，它要求文艺反映无产者、反映千千万万劳苦大众的生活并为无产者、为千千万万劳苦大众服务。马克思主义文艺理论传入中国，对中国文学的发展产生了巨大影响。其中，最显著的标志就是改变了中国文艺的发展方向，使中国古代为封建地主阶级服务的文艺转向了现代为人民大

---

① 李衍柱、林宝全、潘必新主编：《马克思主义文艺思想的发展与传播》，广西师范大学出版社 1995 年版，第 417 页。

众服务的文艺。毛泽东为工农兵服务的文艺思想，无疑是马克思主义文艺理论人民方向论的中国化结果。

可以说，马克思主义文艺理论的传播打破了"文以载道"的文学模式，适应时代变革和民族解放的要求，文学开始走出象牙塔，走上现实社会，关注的对象由帝王将相、才子佳人转移到普通民众。"启蒙的基本任务和政治实践的时代中心环节，规定了 20 世纪中国文学以'改造民族的灵魂'为自己的总主题，因而思想性始终是对文学最重要的要求，顺便也左右了对艺术形式、语言结构、表现手法的基本要求。"[①] 这里所说的思想性的一个最重要、影响中国社会最深的方面就是马克思主义文艺理论，尤其是唯物史观的理论和方法；而唯物史观的理论和方法中，最为突出的就是物质利益、阶级斗争、群众史观等理论和方法，是影响这个时期文艺发展的重要的思想。可以说，马克思主义文学成为了当时学术界的一种"显学"。

## 四、中国现代马克思主义文艺理论研究的特色

第一，阶级斗争论。用马克思主义的阶级论反对抽象的人性论，阐明在阶级社会里，作家、文艺作品、读者都具有一定的阶级属性，每个人都不能离开其所处的时代和阶级地位。在阶级矛盾、阶级斗争十分尖锐复杂的中国社会，以鲁迅为代表的无产阶级文艺工作者标举唯物史观的阶级论，批判梁实秋等资产阶级的腐朽的"艺术至上"论。直至 1928 年明确提出和倡导无产阶级革命文学。鲁迅对梁实秋"作家的阶级属性和他的作品没有什么关系"的观点，逐一作了深刻的分析、批判。鲁迅指出，作家的阶级属性与其作品有密切关系，"托尔斯泰正因为出身贵族，旧性荡涤不尽，所以只同情于贫民而不主张阶级斗争"。鲁迅指出，"在阶级社会里，文学家虽自以为'自由'，自以为超了阶级"，其实他的作品，"终受本阶级的阶级意识所支配"。

---

① 钱理群、黄子平、陈平原：《二十世纪中国文学三人谈·漫说文化》，北京大学出版社 2004 年版，第 18 页。

"宣传式的文字"当然不就是文学，但"凡文艺必有所宣传"①。"即使是从前的人，那诗文完全超出于政治的所谓'田园诗人'，'山林诗人'，是没有的。完全超出于人世间的，也是没有的。既然是超出于世，则当然连诗文也没有。诗文也是人事，既有诗，就可以知道于世事未能忘情。"②针对当时主张超阶级、超政治"第三种人"的观点，鲁迅指出："生在有阶级的社会里而要做超阶级的作家，生在战斗的时代而要离开战斗而独立，生在现在而要给与将来的作品，这样的人，实在也是一个心造的幻影，在现实世界是没有的。""所以虽是'第三种人'，却还是一定超不出阶级的……作品里又岂能摆脱阶级的利害……而且也跳不过现在的"③。一个作家、艺术家，一个文艺作品远离其所处的时代和阶级，其人性何从谈起，人性论又何以凸显。为什么会产生阶级性？如何准确地理解阶级性呢？鲁迅说："在我自己，是以为若据性格感情等都受'支配于经济'（也可以说根据于经济组织或依存于经济组织）之说，则这些就一定都带着阶级性。但是'都带'，而非'只有'。"④这是说，阶级性植根于经济；人们的性格感情等"都带"阶级性，但不是"只有"阶级性。这既用唯物史观解释阶级性，又反对了抽象的人性论和把阶级性绝对化、简单化。可见鲁迅不仅树立了鲜明的阶级观点，而且有科学的正确的阶级观点。

第二，人民文学论。人民群众的地位与作用始终是马克思恩格斯关注的重点和归宿。就文学而言，尽管他们的理论著作并没有提出人民文学的概念和范畴，但他们提出的唯物史观的一个重要内容就是凸显人民群众的主体地位。在其经济学和政治学的研究中，始终渗透着一种深刻的民本论思想。《资本论》揭开了笼罩在"资本"上面的神秘面纱，从民生的角度解读了资本运行的基本规律，从而揭示出资本主义社会的种种矛盾；《共产党宣言》作为无产阶级政党的纲领性文件，其根本出发点和最终目的依然是广大人民群众

① 鲁迅：《二心集·"硬译"与"文学的阶级性"》，人民文学出版社1973年版。
② 鲁迅：《魏晋风度及文章与药及酒之关系》，载《而已集》，漓江出版社2001年版。
③ 鲁迅：《南腔北调集·论"第三种人"》，人民文学出版社1980年版。
④ 鲁迅：《三闲集·文学的阶级性》，载《三闲集》，人民文学出版社1952年版。

即无产阶级的彻底解放。在他们的著作中，"无产者"在一定程度上就是"人民"的代名词，认为人民群众是历史的真正创造者。因此，我们说马克思恩格斯的思想观念中始终渗透的是"人民"意识。这是唯物史观的基本出发点和必然归宿。列宁是一个把马克思的"人民"观念灵活运用于革命实践和文学批评实践的革命领袖，他在一系列的论著中充分肯定了"千百万人民群众的革命斗争"是历史的创造力量。在评价列夫·托尔斯泰的系列论文中，列宁说托尔斯泰是俄国最广大的农奴情绪的体现者。而且在列宁那里对于文学的"人民性"有了比较清晰的表述。他在论述党的文学时指出："这将是自由的写作，因为它不是为饱食终日的贵妇人服务，不是为百无聊赖、胖得发愁的'几万上等人'服务，而是为千千万万劳动人民服务，为这些国家的精华、国家的力量、国家的未来服务。"① 这里列宁实际上已将人民文学的内涵丰富化了，表征文学"人民性"的思想臻于完备。马克思主义在中国的传播，不仅揭开了中国民主革命的崭新的一页，而且为中国新文化运动（包括新文学运动）注入了新的思想内容。李大钊、陈独秀、瞿秋白等思想精英，在积极宣传马克思主义的同时，也把文学作为新文化运动中宣传新思想、新学说的有力武器，从唯物史观出发，阐明文学的阶级属性，主张文学要为民主革命服务，要求文学反映劳动人民的生活，强调革命文学家要投身革命实践，在此基础上适时提出了"革命文学"的主张，从而在中国散播了马克思主义文艺理论的种子。"鲁迅开创了历史唯物主义文学研究的新范式，并且主张文学研究应积极接入社会；郭沫若运用'革命文学'理论，研究了历史上革命时代的革命文学，强调人民本位，开辟了《诗经》研究的新境界；郑振铎从经济视角研究元代文学，是运用历史唯物主义研究文学的成功范例……这一时期唯物史观的文学研究扎实前进，终于成为一种成熟的研究模式。毛泽东的文学思想，是马克思主义文艺学的典范。"②

　　在唯物史观的影响下，人们的视野开阔了，关注、研究的对象和主体发

---

① 《列宁论文学与艺术》，人民文学出版社 1983 年版，第 98 页。

② 张胜利：《现代性追求与民族性建构——马克思主义视域下的中国古代文学研究》，复旦大学博士学位论文，2007 年。

生了转换，不再专注于帝王将相、才子佳人，而是把目光投注到广大社会基层民众身上。陈独秀 1918 年写的《丁巳除夕歌》，1919 年写的《答半农的诗》，是现代文艺学的一束报春花，直接开启了后来"劳工神圣"的前奏曲。1928年，陈独秀的《文学革命论》从文学的"人民性"入手，突出强调了"写实文学"、"国民文学"、"社会文学"的精神内涵，直接开启了人民文学的序幕，标志着中国现代文学艺术理论的转型和确立。鲁迅是运用唯物史观研究文学与美学的最典型代表，不仅科学地回答了历史观中的"心与物"、"群众与个人"之间的关系，而且指明了觉悟的知识分子只有和人民大众相结合才能实现改革、革命的鲜明观点。1942 年 5 月，毛泽东《在延安文艺座谈会上的讲话》中明确提出了"文艺应该为人民服务"的思想，明确提出了人民生活是"一切文学艺术的取之不尽、用之不竭的唯一的源泉"，发出了"中国的革命的文学家艺术家，有出息的文学家艺术家，必须到群众中去，必须长期地无条件地全心全意地到工农兵群众中去，到火热的斗争中去"的历史性召唤。《讲话》是马克思主义文艺理论中国化和创建中国新文艺学的临门一脚，直接促成了毛泽东文艺思想的诞生。周扬、胡风等开始借助唯物史观来建构中国的马克思主义文艺理论体系，郭沫若、丁玲、周立波、赵树理、孙犁、艾青、何其芳等一大批作家由此转变观念，自觉扎根于人民群众的现实生活，创作出了《太阳照在桑干河上》、《暴风骤雨》等大量富于大众情感、方言土话、艺术灵感的优秀作品，真正显示了文学的民族形式和中国风格，体现了大众文学的旺盛生命力。随着延安鲁迅艺术文学院的成立和大批人民艺术家、文化活动家的产生，中国现代文艺学的面貌得以焕然一新。

20 世纪 30 年代到 40 年代的中国音乐，之所以被称赞为"雄壮的大众音乐"①，一是因为这种雄壮风格的大众音乐从正面表现了那个火红的战斗的革命年代，是时代的强音，推动了民族解放的伟大斗争；二是因为它是人民大众的音乐，唤起民众唱出了大众的呼声。因此，对整个 20 世纪中国当代音乐的发展进程产生了极其深刻而巨大的影响。

---

① 冯光钰：《中国现代音乐史研究与唯物史观》，《人民音乐》1992 年第 1 期。

第三，物质利益论。马克思主义文艺理论的哲学出发点是唯物论思想，由此生发出马克思主义的文学反映论。这《在延安文艺座谈会上的讲话》中很清晰地表述出来："作为观念形态的文艺作品，都是一定的社会生活在人类头脑中的反映的产物。……人民生活中本来存在着文学艺术原料的矿藏，这是自然形态的东西，是粗糙的东西，但也是最生动、最丰富、最基本的东西；在这点上说，他们使一切文学艺术相形见绌，它们是一切文学艺术取之不尽，用之不竭的唯一源泉。"在同一篇讲话中，毛泽东还强调了艺术反映社会生活与一般的意识反映物质作用的不同："文艺作品反映出来的生活却可以而且应该比普通的实际生活更高，更强烈，更有集中性，更典型，更理想，因此就更带有普遍性。"[1]

第四，社会现实论。马克思在《关于费尔巴哈的提纲》中指出："哲学家们只是用不同的方式解释世界，问题在于改变世界。"唯物史观最重要的理论特征就是鲜明的实践性和鲜活的现实性。毛泽东指出："马克思列宁主义的普遍真理一经和中国革命的具体实践相结合，就使中国革命的面目为之一新。"唯物史观指导下的文学艺术具有鲜明的阶级性、强烈的革命功利目的和具体的实践精神。陈独秀曾直言不讳地指出："本来没有推之万世而皆准的真理，学说之所以可贵，不过因为它能救济一社会、一时代弊害昭著的思想或制度。我们评价一种学说有没有输入我们社会底价值应该看我们的社会有没有用他救济弊害的需要，输入学说若不以需要为标准，以旧为标准，是把学说弄成了废物，以新为标准，是把学说弄成了装饰品。"[2]"文学是一种审美意识形式的语言艺术生产，其历史是它的最终能指，也是它的最终所指。文学理论与时代、历史、思想与政治是不能脱离干系的"。[3] 特里·伊格尔顿指出："现代文学理论的历史是我们这个时代政治和思想意识历史的一部分。""文学理论并不是一种依靠自身的理性探究的对象，而是用来观察

---

[1] 《毛泽东选集》（合订一卷本），人民出版社 1964 年版，第 862—863 页。

[2] 《陈独秀文章选编》中卷，生活·读书·新知三联书店 1984 年版，第 25 页。

[3] 董学文：《新时期文学理论研究的基本经验》，《高校理论战线》2008 年第 10 期。

我们时代历史的一种特殊的观点。"①20 世纪初期，中国社会一个突出的特点是急剧变革和转型，各种学说的生命力如何，完全取决于其服务现实的功能。这一时期的理论家们都极为关注文艺的政治功能、宣传教育功能，与当时中国的阶级斗争的尖锐复杂形势、特点分不开，是由当时的中国国情所决定的。为了适应现实斗争的需要，马克思主义文艺理论一经传入中国，便走上了一条"中国化"的道路。瞿秋白从文艺为中国革命服务的基点出发，系统诠释了文艺与生活、文艺与政治的关系，提出了文艺大众化的命题。强调运用唯物史观，结合中国国情来创造中国新文学，强调把"大众文艺运动和新的文学革命联系起来"。毛泽东提出了"古为今用"、服务现实的要求。鲁迅系统诠释了"艺术是为了人生"的观点，为创立中国的马克思主义美学作出了重要的贡献。1937 年七七事变后中国抗日战争全面爆发，在世界反法西斯的背景中，现实影响了中国文艺界，经过"国防文学"与"民族革命战争的大众文学"的论争，文艺界于 1936 年 10 月发表了《文艺界同人为团结御侮与言论自由宣言》，这标志着文艺界统一战线的初步形成。1938 年 3 月 27 日，中华全国文艺界抗敌协会（以下简称"文协"）成立，标志着文艺界民族统一战线的正式建立。文协"提出文艺工作者的任务是要更千百倍的努力为呼叫抗战而创作"。从 1937 年日寇入侵后，此种倾向在文学创作中愈演愈烈。这集中体现在对梁实秋有关抗战与文学的讲话的批判上。梁实秋在其主编的《中央日报》副刊《平明》的《编者的话》中提出："现在抗战高于一切，所以有人一下笔就忘不了抗战。我的意见稍为不同于抗战有关的材料，我们最为欢迎，但是与抗战无关的材料，只要真实流畅，也是好的，不必勉强把抗战截搭上去。至于空洞的'抗战八股'，那是对谁都没有益处的。"② 梁实秋的这段话以及他在 1938 年 12 月 6 日《中央日报》上发表的《"与抗战无关"》的文章及言论引起文坛的批评。罗荪的《"与抗战无关"》指出："在今日的

---

① ［英］特里·伊格尔顿：《当代西方文学理论》，王逢振译，中国社会科学出版社 1988 年版，第 281 页。

② 梁实秋：《编者的话》，《"中央"日报》1938 年 12 月 1 日。

中国，想找‘与抗战无关’的材料，纵然不是奇迹，也真是超等天才了。"①
宋之的发表《谈"抗战八股"》指出："不管是在前线流血，还是在后方'乱爱'，
都不能说与抗战无关。所以我们中国人，现在所写的文字，都与抗战有关，
是当然的事。"② 罗荪在 1938 年 12 月 11 日的《国民公报》上发表《再论"与
抗战无关"》，他说："我以为，如果硬要找'与抗战无关'的材料，就必须
先抹杀了'抗战'躲到与抗战无关的地方去。然而可惜的是这'地方'在中
国是没有的……中国是没有与抗战无关的地方的。"巴人发表《展开文艺领
域中反个人主义斗争》③、张天翼发表《论"无关"抗战的题材》④ 等文章，都
对梁实秋的"与抗战无关论"提出了批评。这些批评充分体现了文艺为抗战
服务的时代主旨。以聂耳、冼星海等为代表的艺术家，他们的音乐创作坚持
了现实主义传统，从革命发展的需要出发真实地反映时代脉搏的跳动，毫不
隐海音乐艺术的革命功利主义。在此前提下，音乐家充分发挥了独创性和能
动性，创作出了一大批"主旋律"清晰，而艺术风格又多样变化的作品。20
世纪 30 年代形成三种音乐流派，一是聂耳、冼星海的革命音乐道路，一是
黄自、青主的艺术道路，一是阿炳的民间音乐道路。其实，"三种路向，无
一不是为现实服务的"⑤。从黄自 1931—1937 年的音乐活动中可以看出，他
在"九一八"和"一·二八"事变后，怀着强烈的爱国热情，积极参加抗日
救亡歌曲的创作，《抗敌歌》（1931 年）、《赠前敌将士》（1932 年）、《九一八》
（1933 年）、《旗正飘飘》（1933 年）、《睡狮》（1935 年）、《热血歌》（1937 年）等，
都是他这个时期的代表作。黄自以自己的创作实践说明了他重视音乐的社会
作用，与时代命运是联系在一起的，并不是走的"为艺术而艺术"的道路。
阿炳之所以成为我国音乐史上杰出的民间音乐家，正因为他的二胡曲《二泉
映月》、《听松》、《寒春风曲》，琵琶曲《昭君出塞》、《大浪淘沙》和《龙船》，

---

① 罗荪：《"与抗战无关"》，《大公报》1938 年 12 月 1 日。
② 宋之的：《谈"抗战八股"》，《抗战文艺》1938 年第 3 卷第 2 期。
③ 巴人：《展开文艺领域中反个人主义斗争》，《文艺战线》1939 年 4 月 16 日。
④ 张天翼：《论"无关"抗战的题材》，《文学月报》1940 年第 1 卷第 6 期。
⑤ 冯光珏：《中国现代音乐史研究与唯物史观》，《人民音乐》1992 年第 1 期。

代表的是民间音乐艺人对那个悲惨时代和下层民众的心声，反映那个黑暗时代下民众的悲惨命运。这些歌曲音乐作品担负着"在争取民族独立和解放这一斗争中完成它唤醒民众、激动民众、组织民众的神圣任务"①。

几十年来的音乐创作实践证明，这条道路既是革命的也是艺术的，表现出音乐家根植于人民生活之中，运用多种音乐形式风格和体裁，真实地反映了人民大众的斗争和生活，雄辩地证明了"唯有到生活中去，才能创作出时代要求的歌曲"的观点。

总之，唯物史观的传播，尤其是物质利益、阶级分析和群众史观理论和方法的运用，打破了"文以载道"的传统文艺模式，适应了时代变革和民族解放的要求，文学开始走出象牙塔，走上现实社会，关注的对象由帝王将相、才子佳人转移到普通民众。创作的形式、语言风格、表现手法更加鲜活具体，感受更加亲切自在。人民文学、人民戏剧、人民音乐、人民美术一时风起云涌，蔚为壮观。

---

① 《吕骥文选》上集，人民音乐出版社 1988 年版，第 7 页。

# 第五章　唯物史观与中国现代社会科学学术体系构建

如上章所述，唯物史观的创立，不仅是科学社会主义的理论基石，也是人类哲学社会科学发展史上的里程碑。这一理论引进到中国后，即产生了深远的影响，在中国社会转型和中国现代社会科学学术体系的构建过程中发挥了巨大的指导作用。

## 第一节　唯物史观与现代政治学

中国现代政治学是在民国初年西学东渐的进程中开始构建成形的，其源流主要是欧陆政治学、英美政治学和马克思主义政治学。由于唯物史观的广泛传播和巨大影响，加上中国现实政治的需要，马克思主义政治学在与其他西方各种政治学流派的论战、诘难中发展起来，并逐渐居于主导地位，成为中国现代政治学强有力的生力军。

应该指出的是，马克思主义政治哲学与政治经济学、唯物史观是密切相关的。"马克思在创立自己的哲学时，就是以对政治哲学特别是黑格尔法哲学的考察为中介建构起唯物史观的，而他关于社会生活的全部哲学考察，一直都是在规范性的道义尺度和认知性的真理尺度的相互结合中进行的。在他的社会理论中，这两个尺度既相互关联、相互交叉，又不能相互取代。在此意义上，他的唯物史观即政治哲学，他的政治哲学即唯物史观，虽然二者因核心问题的差异而形成了考察社会生活的不同方式和进路。"① 可见，马克思主义政治学的基石就是唯物史观。其实，马克思本人在《〈政治经济学批判〉序言》中就明确表示，唯物史观是在研究政治经济学之后"我所得到的"②。正是在对政治哲学进行研究的过程中，马克思看到了市民社会对于国家的决定意义，而且由市民社会他还进一步地看到了经济的决定作用。于是便有了"经济基础决定上层建筑"这一唯物史观重大思想的问世，从而也就有了唯物主义在历史领域内的重大突破，同时，也在政治学层面实现了对资产阶级法权和国家观念的超越。

中国的马克思主义政治学大体上可以分为学理派和实践派两派，邓初民、傅宇芳等人属于前者，陈独秀、李大钊、毛泽东等人属于后者，恽代英、瞿秋白则介于二者之间。适应现实斗争的需要，本土政治学者在现代学科意识的驱使下，以唯物史观为指导，以人类社会有关阶级、政党、民族、国家、革命等政治现象、政治关系、政治结构、政治活动为基本研究内容，以唯物辩证法和阶级分析法等为基本研究方法，构建起了中国现代政治学体系。

政治学主要是通过对人类社会政治制度和人类政治行为的研究，来探讨和发现人类社会政治演进发展的规律，并由此设计出有效的政治运行制度。现代政治学在西方就有两大派系：其一是欧陆政治学，该学派把政治学放在法学门类之下，表现为国家学、国法学；其二是英美政治学，把政治学当作独立的学科，采用实证主义的方法。中国尽管历史悠久，但专门研究政治学的完整而富有体系的成果不多，独立的政治学相对还是一个空白。③ 直到鸦片战争之后，才开启了从器物、制度到思想层面向西方寻求治国真理的序幕，人们开始主动了解和思考西方的政治思想和政治制度，并在此基础上建构自己的政治学体系。

---

① 王新生：《唯物史观与政治哲学》，《哲学研究》2007 年第 8 期。
② 《马克思恩格斯选集》第 2 卷，人民出版社 1995 年版，第 32 页。
③ 参见俞可平：《中国政治学百年回眸》，《人民日报》2000 年 12 月 18 日。

## 一、西学东渐与中国现代政治学的兴起

传统学术的现代转型和现代学科体系的建立，政治学就具有标本价值。从 19 世纪 60 年代至 90 年代，由于中西文化交流推动，严复、何启、胡礼垣、马建忠、郑观应、薛福成等早期维新派，把西方的议会制度、三权分立思想介绍到中国。其中，严复是中国近代史上第一个比较系统的介绍西方资产阶级政治学说的思想家。他翻译了《天演论》、《法意》、《群己权界论》等著作，介绍和提倡君主立宪制。"百日维新"失败后，梁启超开始着力引介西方政治学。他"广罗政学理论"，把古希腊到 19 世纪西方各种政治学说介绍到中国，并极力推崇孟德斯鸠的"三权分立"、卢梭的主权在民等欧洲近代政治学说。资产阶级革命派的《译书汇编》，就以翻译欧美与日本的政法名著而著称。新文化运动前后，民主政治、社会主义、无政府主义、工团主义等西方政治学诸流派，更是踏浪而来，泛滥国中。①

俞可平的《中国政治学百年回眸》总结了晚清以来的中国政治学，认为："作为一门独立学科的政治学，在我国产生于清末民初，肇始于译介西方近代政治学著作……1899 年，京师大学堂正式设立了仕学馆，它事实上是现代大学里政治学系或行政管理系的前身。1903 年，京师大学堂首次开设了'政治科'，这是中国大学设立的第一门政治学课程"②。又认为，"民国初年是我国政治学的活跃时期，作为一门独立学科的中国政治学就是在这个时期基本形成的"。这体现在以下几个方面：第一，政治学在大学成为一门独立的社会科学学科。民国后陆续兴办的综合性大学大多设有政治学系科，据统计到 1948 年在当时全国的一百余所大学中已有四十多所大学设立了政治学系。第二，开始出现从事政治学研究的专业学者，涌现出了一批著名的政治学家，如浦薛凤、钱端升、萧公权、邓初民等。第三，出版了一批中国学者撰写的政治学专门著作，如高一涵的《政治学纲要》，钱端升的《中国战时

---

① 参见王兴波：《学术与政治——以钱端升为个案研究》，华中师范大学硕士学位论文，2006 年。

② 俞可平：《中国政治学百年回眸》，《人民日报》2000 年 12 月 18 日。

地方政府》、《民国政制史》，邓初民的《新政治学大纲》，萧公权的《中国政治思想史》等。第四，政治学专门人才开始逐渐为社会所接受和重视，一些政治学者成为著名的政治活动家和政府的决策参谋，直接将政治学运用于社会实践。第五，全国性政治学术团体成立。1932 年，我国第一个全国性的专业政治学会——"中国政治学会"在南京成立。

20 世纪初，中国社会动荡，特别是五四运动的影响，促使人们关注社会政治问题，尤其是留学生。

这一时期，归国留学生主要来自美国、日本，而日本政治学有两个派系，一是以东京帝国大学为代表的"德意志流"政治学，另一是以早稻田大学为代表的英美实证主义政治学。两派中，前者的影响更大，后者的不少学者还受到前者的影响。彼时日本的这种状况，影响到在日本留学的中国学者，所以造成了日后中国政治学两派并存的局面：（1）德国政治学影响的阶段。如法国学者巴斯蒂的《中国近代国家观念溯源——关于伯伦知理〈国家论〉的翻译》① 一文通过文本追踪，揭示了梁启超思想与德国政治学的关系，并认为德国政治学经由梁启超等清末知识分子的传播而影响到中国现代思想，以及毛泽东等早期的马克思主义者。传播欧陆政治学的中介主要是日本。"各国法政之学，派别不同，各有系统……我国各项法规多取则于日本，而日本实导源于德国。"②（2）英美政治学影响的阶段。辛亥革命后，美国政治学在中国的影响扩大，归国留学生模仿美国政治学会在北京成立了中华政治学会，研究中国社会政治问题。这时，美国已取代日本成为中国留学生学习政治学的首选之地，经过日本输入的以国家学为代表的德国政治学在中国的地位逐渐衰落。1913 年 1 月，教育部公布的《大学规程令》将法科分为法律学、政治学、经济学三门。到 1932 年，全国已有近 30 所大学设立了政治学系 ③。20 世纪 20 年代后，中国的大学大多

---

① 参见 [法] 巴斯蒂：《中国近代国家观念溯源——关于伯伦知理〈国家论〉的翻译》，《近代史研究》1997 年第 4 期。

② 《大清教育新法令》（续编）第 6 编，政学社石印本，1911 年，第 11—12 页。

③ 参见孙宏云：《中国现代政治学的展开：清华政治学系的早期发展（一九二六至一九三七）》，生活·读书·新知三联书店 2005 年版，第 77 页。

模仿美国设立独立的政治学系，教材、课程、教学方式也与美国大体一致。

开办政治系的大学以北大、清华、南开、武汉大学最为知名。政治学的代表人物主要有钱端升、萧公权、周鲠生、李剑农、张忠绂、张奚若、蒲薛凤等。出版的著述有：蒲薛凤的《西洋近代政治思潮》（商务印书馆1939年版）、《中国战时学术》（正中书局1946年版），收录于中央大学政治学系程仰之教授的《七年来之政治学》（所谓"七年"系指抗战七年），杨幼炯的《当代中国政治学》（上海胜利出版公司1947年版），杨玉清的《最近三十年中国政治学》等。与中国政治思想相关的著述主要有：陶希圣的《中国政治思想史》（新生命出版社1932年版）、陈安仁的《中国政治思想史大纲》（商务印书馆1932年版）、谢无量的《古代政治思想研究》（商务印书馆1923年版）、嵇文甫的《先秦诸子政治社会思想述要》（北京女师大《学术季刊》1932年第1期）、梁启超的《先秦政治思想史》（商务印书馆1923年版）、李麦麦的《中国古代政治哲学批判》（新生命书局1933年版）、刘麟生的《中国政治思想史》（商务印书馆1934年版）、吕振羽的《中国政治思想史》（黎明书局1937年版）、杨幼炯的《中国政治思想史》（商务印书馆1937年版）、萧公权的《中国政治思想史》（"国立编译馆"1945年重庆初版）等。

关于这些著述的价值，萧公权曾经作出评价："有的是在时代风潮之中生吞活剥马克思学说，硬套到中国史解释之上，有的是取材泛滥无所归，举凡社会史、政治史、经济史均在讨论范围内，故虽名《政治思想史》，实际上则内容至为庞杂，主题不彰。"[1] 这里批评的两种情形，前者的典型是李麦麦，后者的典型为陶希圣。

## 二、唯物史观传播与马克思主义政治学的构建

中国现代政治学的起步和发展除了受到上述两个派系的影响外，同时也

---

[1]　孙宏云：《中国现代政治学的展开：清华政治学系的早期发展（一九二六至一九三七）》，生活·读书·新知三联书店2005年版，第163页。

受到经由俄国传入的马克思主义唯物史观的影响，马克思主义政治学由此兴起。

从19世纪60年代至90年代，由于中西文化的交流推动，突出地宣传"历史必变"和"变法"的思想，直接介绍西方制度文化，为维新变法运动提供了借鉴；戊戌前后至20世纪初年，西方近代进化论在国内迅速传播，成为国人观察历史和民族前途的指导思想；至民国初年，虽然政治环境十分恶劣，但随着唯物史观的传播，运用唯物史观分析现实政治的新局面开始出现。1919年4月6日，《每周评论》刊载了《共产党宣言》的摘译文章，介绍了马克思主义政党理论、国家学说以及通过革命导致无产阶级专政的思想。陈独秀撰写了《革命与制度》一文，认为："革命不是别的，只是新旧制度交替的一种手段。"[1] 在《马克思学说》这篇文章中，陈独秀还专门论述了"劳工专政"问题，认为："劳动阶级第一步事业就是必须握得政权"，"劳动阶级革命，第一步就是使他们跑上权力阶级的地位"。[2]1919年5月，《新青年》"马克思研究号"，发表了李大钊的《我的马克思主义观》一文，系统地介绍了唯物史观、政治经济学和科学社会主义这三个重要组成部分，并强调指出："与他（马克思）的唯物史观很有密切关系的，还有那阶级竞争说。"[3]1919年7月6日，李大钊在《每周评论》第29号上发表了《阶级竞争与互助》一文，专门解释和阐述了马克思的阶级斗争学说，以消除当时社会对阶级斗争学说的误解以及对阶级斗争的恐惧。

20世纪20年代起，有人开始运用马克思主义理论来构造新型的政治学，如瞿秋白、张太雷、恽代英等人分别在上海大学、中央军事政治学校和广州农民运动讲习所主讲《社会科学概论》、《政治学》、《政治学概论》。1920年，邓初民著的《政治科学大纲》运用马克思主义原理，建立了新型"政治学之说明体系"，甚至还打出了"马克思主义政治学"的旗号，并把批评的矛头

---

[1] 陈独秀：《独秀文存》，安徽人民出版社1987年版，第620页。

[2] 林代昭、潘国华编：《马克思主义在中国——从影响的传入到传播》（下），清华大学出版社1983年版，第409页。

[3] 《李大钊全集》第3卷，河北教育出版社1999年版，第233—234页。

指向当时占主导地位的英美政治学，亦即所谓的"资产阶级政治学"①。当时李麦麦、吕振羽、嵇文甫等明显采用唯物史观和阶级斗争学说来撰写政治思想史。清华政治学研究会经常邀请学界名人演讲，其中，有李大钊演讲政治与政党问题、高一涵演讲共产主义的历史、张君劢演讲马克思政治论与中华民国之建设问题等。赵宝煦在《中国政治学百年历程》一文中，概述了自19世纪末到20世纪末中国政治学所走过的百年历程，系统阐述了"西方政治学"与马克思主义理论的异同关系②。

关于马克思主义有没有完整的政治学体系，学术界一直有不同看法。日本著名政治学家蜡山政道认为"马克思主义并没有政治学，而只有国家论"③。但无论是肯定还是否定，都应当承认这样的事实，即马克思主义经典作家所写的关于政治的著作大多是特定历史事件和特定环境下的产物，至少在形式上，他们没有系统地建立有关政治学的理论，但却提出了不少独特的政治原理。历来所谓的"马克思主义政治学"，要么泛指马克思主义的政治理论或政治观点，要么是指马克思主义的政治理论体系，但是这种理论体系一般是后人从构成马克思主义主体的各种片断材料中创建或重建的，不存在一种现成的、原生形态的、体系化的"马克思主义政治学"。正因为它是后人重建的，因此所谓"马克思主义政治学"就有各种各样的解释文本。事实上，现代社会科学的分科理念乃是19世纪晚期才开始发达起来的，在马克思提出政治理论的时候，他不可能像后来要建立马克思主义政治学的人那样有明确的学科理念与使命。从此一现实出发，马克思主义政治学一说是可以成立的。

我认为，马克思主义政治学在中国可以分为学理派和实践派。尽管两者

---

① 孙宏云：《中国现代政治学的展开：清华政治学系的早期发展（一九二六至一九三七）》，生活·读书·新知三联书店2005年版，第4—5页。

② 参见赵宝煦：《中国政治学百年历程》，《东南学术》2000年第2期。

③ ［日］蜡山政道：《马克思主义政治学批判》，原载香港《时代批评》1961年2月1日，转引自［日］五来欣造：《现代政治学》，陈鹏仁译，（中国台北）水牛图书出版事业有限公司1994年版，第143页。

不能截然分开，但为了方便研究，把他们分开来加以讨论。邓初民、傅宇芳等人属于前者，陈独秀、李大钊、毛泽东等人则属于后者，恽代英、瞿秋白则介于二者之间。

### 三、唯物史观指导下的政治学学理派

就理论学派而言，关于马克思主义政治学的理论解释可以参看由密利本德著、黄子郁译的《马克思主义与政治学》（商务印书馆 1984 年版），王沪宁主编的《政治的逻辑——马克思主义政治学原理》（上海人民出版社 1994年版）。

在中国现代政治学发展谱系中，马克思主义政治学学理派是在与以经验论为基础的实证主义政治学的对抗、诘难中发展起来的，而且是一个具有巨大影响的流派。

"五四"之后，马克思主义在中国得到进一步传播。1920 年后，有人开始用马克思主义观点编译和讲授政治学。1924 年夏天，瞿秋白在上海学生联合会组织的夏令讲习会上讲《社会科学概论》，就是用马克思主义的观点来解释政治原理的。同年 11 月 26 日至 29 日，张太雷在上海《民国日报》副刊《觉悟》上以"马克思政治学"为题连续发表了列宁《国家与革命》一书的第一章译文。1926 年，恽代英在黄埔军校讲授《政治学概论》，也是运用马克思主义的阶级观点和社会发展理论。恽代英编的《政治学概论》（1926年 9 月）曾作为中央军事政治学校政治讲义丛刊第五种印行 [1]。不过，在中国最早以马克思主义的观点和方法系统地阐述政治学的性质、概念、研究方法，以及阶级、政党、民族、国家等政治现象的，可能要算邓初民。曾任中国政治学会副会长、上海市政治学会会长的石啸冲认为"中国社联"开创的中国马克思主义政治学研究，是从邓初民开始的 [2]。有学者认为邓初民是"中

---

① 参见《恽代英文集》下卷，人民出版社 1984 年版，第 856—875 页。

② 上海市哲学社会科学学会联合会编：《中国社会科学家联盟成立 55 周年纪念专辑》，上海社会科学院出版社 1986 年版，第 77—79 页。

国现代马克思主义新型政治学体系的创建者"①。1927 年，邓初民由武汉来到上海，在暨南大学和上海法政学院任教。任教期间他编著了《政治科学大纲》，1929 年由昆仑书店出版。1932 年，邓初民又编著了《政治学》（化名"田原"，亦即《新政治科学大纲》），由新时代出版社出版。这两部著作深入研究马克思主义政治学，阐述政治与政治学的本质，把阶级、国家、政府、政党、革命规定为政治学的研究范畴，提出了著名的政治学"五论"，阐述了政治学的研究方法，确立了政治学在社会科学中的地位，建立了新型的政治学体系，是中国现代较早运用马克思主义观点与方法撰写的两部政治学原理著作。20 世纪 40 年代中期，邓初民在重庆撰写出版了《民主的理论与实践》、《世界民主政治的新趋势》两部著作，对民主政治作了历史的、具体的考察，提出了"新型的民主政治"这一崭新的时代命题，阐述了抗日战争胜利后特定历史阶段中国民主政治的本质和趋势，为马克思主义政治学的中国化和实践化作出了开拓性的贡献。1949 年，香港智源书局出版了邓初民的《中国政治问题》，该书对新民主主义的政治理论做了全面系统的阐述，表达了对召开新政治协商会议、建立民主统一战线的期盼。

1932 年，傅宇芳著的《马克思主义政治学教程》由上海长城书店印行，公开打出"马克思主义政治学"的旗号。在 1930 年后的最初几年中，运用唯物史观和阶级理论撰写的政治学概论之类的著作还有周绍张的《政治学体系》（上海丰垦书店 1933 年 2 月初版，1935 年 10 月再版）、高振青的《新政治学大纲》（上海社会经济学会 1930 年 12 月初版，1932 年 10 月再版）等。

运用唯物史观编著政治学的风气在 20 世纪 30 年代初的兴起，是北伐战争后唯物史观风行的一种表现。郭湛波在《近五十年中国思想史》中依据马克思主义的社会阶段划分理论及其相关概念将甲午战争后近五十年的中国思想划分为三个"段落"。其中，第三个"段落"自"北伐成功"至他撰写这本书时的 1935 年前后。他对这个阶段的思想有如下概括："这个时代的思想……是由工业资本社会自身的矛盾，所产生的社会思想。代表这个时代思

---

① 张岂之主编：《民国学案》第 5 卷，湖南教育出版社 2005 年版，第 494 页。

想人物可以冯芝生、张申府、郭沫若、李达为代表；这个时代的特征，以马克思体系的辩证唯物论为主要思潮，来反对第二个段落的思想学说，如《读书杂志》、《二十世纪》，都可以代表这个时代的精神。如叶青的《胡适批判》、《张东荪批判》，李季的《评胡适中国哲学史大纲》，郭沫若的《中国古代社会研究》，都是这时代下的产物。"①30 年代关于中国社会史和社会性质的论战，无论是论战的哪一方，所使用的话语和方法都是马克思主义的。《独立评论》上一位署名为"圣羽"的"旁观者"说，"近年来唯物史的研讨颇为活跃"，并"呈一面倒之势"②。当时唯物史观在学术思想界的势力和影响是不可低估的，连身居史学界主流的顾颉刚在 1933 年初也已明显感觉到"近年唯物史观风靡一世"的强烈冲击③。

那些运用马克思主义理论与观点尤其是阶级观点写成的政治学，都认为政治主要是阶级关系的表现。恽代英说："自有历史（有阶级制度）以来，政治总是统治阶级（压迫阶级）之治术（治理被压迫阶级之术）……到没有阶级的时代（自由社会），政治则成为全民治理自己事务之术——所谓全民政治。"④ 邓初民说："一阶级对于其他阶级之强力的支配的活动与现象，即是所谓政治活动与政治现象。这种政治现象，便是政治学所要研究的唯一对象。以政治现象为研究对象，用科学的方法达到从混沌政治现象中抽出因果关系法则的目的之学，便是政治学。"⑤ 傅宇芳说："人类社会经济关系中，因一阶级对于其他阶级为要保障其经济上社会上站在支配地位，而由此社会经济的自然矛盾现象中产生出来的，超越于社会关系之上的有组织的权力之统治的表现，便是'政治'。""政治关系的实质，乃是人类经济关系在发展过程中将社会关系分裂为对立的阶级关系的时候，那在经济上社会上占优越

---

① 郭湛波：《近五十年中国思想史》，山东人民出版社 1997 年版，第 148—149 页。
② 张太原：《〈独立评论〉与二十世纪三十年代的政治思潮》，北京师范大学博士学位论文，2002 年。
③ 《古史辨》第四册《顾序》，载顾颉刚：《我与古史辨》，上海文艺出版社 2001 年版，第 158—159 页。
④ 《恽代英文集》（下卷），人民出版社 1984 年版，第 856—875 页。
⑤ 邓初民：《政治科学大纲》，中国社会科学出版社 1984 年版，第 23 页。

地位的阶级对于被榨取阶级或被支配阶级的一种有组织有权力的统治关系。"他进而认为，国际政治的内容"不外是世界上国际布尔乔亚氾对于世界上国际普罗列塔利亚特之剥削和统治及帝国主义的强大民族对弱小民族之榨取和统治的表现而已"①。

　　说政治现象主要是阶级支配与被支配关系的表现，乃是基于马克思主义关于经济基础与上层建筑的理论。邓初民说："社会阶级，是人们在生产过程中的社会成员之分配，生产工具之分配，因而是生产物之分配所决定的在社会里面各自立于同一关系之集团——总而言之，即是由生产关系所决定的在社会里面各自立于同一关系之集团。""整个的社会，只是两大部分（下部基础与上层建筑）的合成，而表现于人类生活的，只是三种过程——社会的生活过程，政治的生活过程，精神的生活过程。""所谓社会的生活过程，就是以生产关系社会组织为中心而经营的人与人之间关系的生活……在社会构成之中，占'基础'的地位……所谓政治的生活过程，就是以政治制度及法律制度为中心而经营的生活过程。因而政治的生活过程，在社会构成之中，占'上层建筑之一'的地位，显现出来的，就是种种的法律生活，政治生活，即是一种统治形态。所谓精神的生活过程，就是以社会的意识形态为中心而经营的生活过程。因而精神的生活过程，在社会构成之中，是占'上层建筑之二'的地位。这种意识形态，细分起来，则有法制上的意识形态，政治上的意识形态，宗教上的意识形态，艺术上的意识形态，哲学上的意识形态等等。法制上的意识形态，便凝结为法律学；政治上的意识形态，便凝结为政治学；其他的意识形态也各自凝结而为各种科学。而这些科学，自然是要受社会的'下部基础'及'上层建筑之一'所规定的。"②

　　上述邓初民的观点不仅说明了政治现象的阶级本质，也指出了社会现象的阶级本质，而这些都是根源于经济基础决定论的因果法则。由于认为在社会生活、政治生活和精神生活中存在着因果法则，于是很自然就从逻

---

　　① 傅宇芳：《马克思主义政治学教程》，上海长城书店 1932 年版，第 11 页。

　　② 邓初民：《政治科学大纲》，中国社会科学出版社 1984 年版，第 7 页。

辑上推出一切政治学都是阶级意识的产物的结论。邓初民说："意识形态或所谓科学，一面为社会'基础'及其'上层建筑之一'所规定，所制约；一面又能支配人类生活……这是一般意识形态的性质，也便是政治学的性质。"①

此外，邓初民还运用唯物史观阐述了政党、民族、宪法、国家等政治学概念。其中，在讨论政党问题时，他指出："政党是全阶级中之最进步最努力最有远见之一部分，为其全阶级的总利益而斗争的组织。党员的活动，党的纪律，民主集中主义，党的基础，党团，以上五项，为每一个党组织的根本原则，既具备党的要素与组织原则的一个政党，便是最能指导斗争的政党，便是在政治斗争中很有力量的政党。政党是指导斗争的，它本身就是一个斗争的组织。所以它的任务，就在于能运用种种斗争方式，从理论的斗争到武装的斗争以至于国家的斗争，而达到无国家无政党无阶级无斗争以至于无矛盾的新社会。"②在讨论政治统治与宪法问题时，他指出："政治统制便是行于社会里面之一种强力的支配。这种强力的支配一定表现于国家。无论何种的政治统制之形态，都是靠两根支柱来维持的：一是强力，二是法律。强力作用于内部，法律则表现于形式。而所谓一般的政治统制的组织大纲的法律，更是由于它维系着一个全面的政治统制，这便是宪法。宪法是一个与普通法律不同而为近代的某一个阶级所要求的有意识的自觉的特别制定的一种一国的根本法律。"③在讨论民主政治与新型民主政治问题时，他指出："研究民主政治，如果要作具体的考察，首先就要研究古代奴隶社会的民主政治，中世纪封建社会的民主政治，近代资本主义社会的民主政治，苏联社会主义社会的民主政治之间的各自不同的社会阶层及其政党力量的对比，各自不同的社会意识(学术思想)及其社会生活各方面。""中国的民主政治……即新型的民主政治。新型的民主政权，是革命的反法西斯反侵略的各阶级各

---

① 邓初民：《政治科学大纲》，中国社会科学出版社1984年版，第19页。

② 邓初民：《政治科学大纲》，中国社会科学出版社1984年版，第20—21页。

③ 邓初民：《政治科学大纲》，中国社会科学出版社1984年版，第20—21页。

党派的共同政权。"①"旧型的民主政治——新型的民主政治——最新型的民主政治，这是民主政治发展之必然的史序。……至于最新型的民主政治，虽然在社会主义国家的苏联已经实现，而且无疑要成为将来一定时期中之世界的政治形式，但在今天还不可能即时出现于全世界范围内。"②"中国政治问题，原是一个极重大极复杂的问题。……新民主主义革命的对象、任务、性质、对力、前途诸问题，都是有其特殊之点的。反帝反封建的民主革命，其主要内容是土地改革，其主要斗争方式是武装斗争。新政治协商会议的召开，是建立新民主主义的新中国，建立全国性质民主和平统一的新中国的首要步骤。"③

在政治学的研究方法方面，现代中国的马克思主义政治学者认为只有唯物辩证法才是研究政治学的真正科学的方法，而当时所流行的着重事实的观察、实验与比较等实证的方法，都在他们的批评之列。邓初民认为，"在未曾把握唯物辩证法以前的科学方法，是旧的科学的方法，它所建立的法则，是已被毁坏了；在把握了唯物辩证法以后的科学方法，是新的科学方法……现在流传在一般人士口中甚至于还在支配欧美学术界一部分人士的，是旧的科学的方法，即已被破坏的法则"④。高振青也认为，"唯有在近世所产生的科学社会主义对于政治学的方面，也像对于其他社会科学的领域一样，完成了使它成为科学的实迹。不用说，科学社会主义的创始者们并没有用过'政治学'这样的名称，但事实上，都可以说，政治学因他们的研究，始得有了成为科学的实质"⑤。

傅宇芳的批评更为激烈，他称当时通行的政治学为"布尔乔亚政治学"

---

① 邓初民：《民主的理论与实践》，转引自张岂之主编：《民国学案》第 5 卷，湖南教育出版社 2005 年版，第 497 页。

② 邓初民：《世界民主政治的新趋势》，转引自张岂之主编：《民国学案》第 5 卷，湖南教育出版社 2005 年版，第 498 页。

③ 邓初民：《中国政治问题讲话》，转引自张岂之主编：《民国学案》第 5 卷，湖南教育出版社 2005 年版，第 498—499 页。

④ 邓初民：《政治科学大纲》，中国社会科学出版社 1984 年版，第 28 页。

⑤ 高振青：《新政治学大纲》，上海社会经济学会 1931 年版，第 4 页。

（"布尔乔亚政治学"当时是指"资产阶级政治学"），对这些政治学著作所表现或主张的各种方法，如历史的方法、实验的方法、比较的方法、生物学的方法、法理学的方法、心理学的方法，逐项进行批判，指出这些方法在观察和研究政治现象时存在着共同的缺点：第一，是从表面着眼或观念上着想的，未能深入其实质及其基础；第二，是从固定的关系上出发的，未能把握其变动过程和必然倾向；第三，是从全民立场出发的，根本是把政治关系看为自然现象，忽视了阶级对立的事实。总之，"布尔乔亚的方法是唯心的玄学的机械的构成其装饰品似的政治学的方法"。在他看来，正因为这些研究方法的缺陷，"难怪一切布尔乔亚政治学底内容，从头至尾都是在那里叙述政治现象而以断章取义为其特点"，根本不能领悟到政治原理的科学性。反之，他认为"普罗列塔利亚的政治学的方法，是唯物辩证法的方法。这种方法，是以由政治现象之整个法则之把握，而以妥实客观地吻合于事实，说明政治现象，和推决事情之将来，借以决定和指挥政治运动的方法"①。

由此他们区分资产阶级政治学和无产阶级政治学。所谓"资产阶级政治学"不仅是为资产阶级服务的，而且也因为方法的缺陷而不能成为真正科学的政治学，因此它是反动的伪科学。于是他们给真正科学的政治学所下的定义是："阐明人类底阶级社会中支配权力之运动法则，以为社会运动之指针的科学，就是政治学。"②"以政治现象为研究对象，用科学的方法达到从混沌的政治现象中抽出因果关系法则的目的之学，便是政治学。"③ 他们基于马克思主义的唯物史观所下的政治学概念就是无产阶级的政治学。

而在所谓的"资产阶级政治学者"看来，运用史观编制的政治学，无论其为唯心史观还是唯物史观，都因为缺乏科学的精神与方法，并不能算作政治科学中的一派。浦薛凤认为，在政治思想史研究中"有牵强附会应用一项史观（无论其为自由实现论或经济支配论）以发挥所有政治学说之所以由起者"。这表明他反对史观派的做法，而所谓"经济支配论"应该是指马克思

---

① 傅宇芳：《马克思主义政治学教程》，上海长城书店1932年版，第26—27页。
② 傅宇芳：《马克思主义政治学教程》，上海长城书店1932年版，第8页。
③ 邓初民：《政治科学大纲》，中国社会科学出版社1984年版，第25页。

主义唯物史观。他又指出研究政治思想须具正当态度。"第一，须捐除成见。苟不然者，犹戴着色眼镜，所见均非真相：任何叙述批评不免指鹿为马。第二，须设身置地。惟能深切了解当时当地之生活与环境，乃能起死人而肉白骨，使过去思想家——活跃如生，重吐衷曲；否则不特一切索然无味抑且茫然不知其所指。"陈之迈则特别针对史观派做了明确与严厉的批评：现在中国研究社会科学的人的确有一种"习气"，在未曾收集事实——遑论研究事实——之前，先去找一个立场。他认为"研究社会科学得先有立场"的主张是绝对错误的。在未曾汇集事实之前，先有了一套"立场"，等于在未汇集事实之前先有了结论，在汇集事实的时候，看到了可以用来拥护他的结论的事实便汇集起来，看到了足以反驳他的结论的事实便摒弃不要，这个他凭空造作出来的结论及他所汇集出来拥护他的结论的事实有什么价值？偏颇之见是社会科学最大的敌人。"不是唯心便是唯物"主义是最幼稚的主张①。

陈之迈的批评虽非指明具体的人物，但相比邓初民的观点，就能够看到各自所代表的政治学的重大分歧。邓初民说："大凡一种学问，即是一种科学，它是否正确，是否能忠实于它所有的任务，最要紧的是看它站在什么立场出发，换言之，就是要看它的出发点是什么？这里所说的立场，便是在哲学上纷争了很长的期间的唯心唯物的立场。出发的立场不同，所得的结论与判断必然也不同。所以从事于科学研究的人们，首先就要解决这个纷争，决定究竟以什么立场做出发点。就是说首先道破这个纷争不决的唯物唯心的哑谜。"②

此外，中国共产党著名的法学家、政治学家张友渔运用马克思主义理论观点对当时享有盛誉的资产阶级法学家、政治家王宠惠为主起草的"五五宪草"作了有力批判。针对国民党的"五五宪草"，张友渔组织队伍先后出版了《我们对〈五五宪草〉的意见》、《中国宪政论》、《法与宪法》、《宪法与宪政》等著述。张友渔还发表了大量论文，对资产阶级学者和国民党当局借民主法

---

① 陈之迈：《研究社会科学必须先有立场吗?》，《独立评论》第244号，1937年7月25日。
② 邓初民：《政治科学大纲》，中国社会科学出版社1984年版，第28—29页。

治之名，行独裁专制之实的政治骗局，作了深刻揭露。同时运用唯物史观，研究中国社会历史和政治，结合我党政治斗争和各阶段中心工作需要，系统阐述了中国共产党关于民主法治的基本观点。关于宪政与宪政运动问题，张友渔认为，宪政就是民主政治，宪政运动就是民主政治运动。宪政运动的产生，以资本主义的成分在社会的内部已经存在和发展为前提。但在中国则是在外来刺激的条件下产生的。因此，中国的宪政运动自始便包含着反封建和反帝国主义两重意义。关于人治、法治论之争的问题，张友渔指出："没有法治，人将无所适从；没有治人，法亦无从实现。"强调二者不可偏废，关键在民治。"不建筑于民治的基础上，则不论人治也好，法治也好，都不免成为一种独裁政治。"① 他进一步指出，法治代表了历史潮流，但问题是要争取真正的法治。"所谓真法治，就是建筑在民主政治的基础之上，而作为民主政治的表现形态的法治。不是这样的法治，便是假法治。"②

值得一提的是，1948 年由王亚南撰写的时代文化出版社出版的《中国官僚政治》一书，是阐述中国官僚政治的不可多见的政治学专著。作者运用唯物史观在揭示中国传统的封建地主经济形态发展到半封建半殖民地经济形态的过程中，对于和经济形态紧密相关的自秦汉以来的中国官僚政治进行了客观分析，并揭示了中国官僚政治的运行规律和中国封建社会长期停滞的缘由。王亚南强调指出，官僚政治是专制政体的配合物，是一种特权政治，必须要有人民当家作主的国家制度才能消灭它。"本书最有科学价值和现实意义的地方，就在于以历史和经济分析为基础，对官僚政治这一官僚主义发展最为成熟的形态本身的基本矛盾——官民对立关系作了慧眼独具的剖析，从而为探索官僚主义的根本克服办法提供了启示。"③

---

① 张友渔:《人治，法治，民治》，转引自张岂之主编:《民国学案》第 5 卷，湖南教育出版社 2005 年版，第 703 页。

② 张友渔:《法治真诠》，转引自张岂之主编:《民国学案》第 5 卷，湖南教育出版社 2005 年版，第 702 页。

③ 孙越生:《〈中国官僚政治〉再版序》，转引自张岂之主编:《民国学案》第 5 卷，湖南教育出版社 2005 年版，第 761 页。

## 四、唯物史观指导下的政治学实践派

就实践学派而言，主要是把马克思主义唯物史观运用于现实政治实践，运用阶级分析方法，创建政党，开展阶级斗争，进行政治革命。陈独秀、李大钊、毛泽东是主要代表。

陈独秀和李大钊在五四运动以前，已经成功地运用进步历史观分析中国的社会历史状况和文化问题，认清了严重阻碍中国社会前进的是帝国主义侵略和封建主义压迫，以及封建旧文化的桎梏。因此，当经由俄国十月革命胜利而传入马克思主义之际，他们便完成了由革命民主主义者向初步共产主义者的思想转变，成为最早宣传唯物史观原理的人物。"五四"以后，陈独秀、李大钊开始系统地运用唯物史观分析中国社会的政治问题，启蒙民众思想。他们在这一时期发表的大量政论文章，自觉地把进化史观转化为唯物史观，并运用唯物史观分析现实政治社会问题。

陈独秀在《新青年》创刊号中发表《敬告青年》一文，呼吁青年们实现思想的解放。他称近世欧洲的历史为"解放历史"："破坏君权，求政治之解放也；否认教权，求宗教之解放也；均产说兴，求经济之解放也；女子参政运动，求男权之解放也。"以此激励中国青年以"利刃断铁，快刀理麻"的果敢精神，向陈腐恶浊的旧思想、旧道德展开猛烈的冲击。"解放云者，脱离夫奴隶之羁绊，以完其自主自由之人格之谓也。"[①] 他号召青年破除奴隶的、保守的、退隐的、虚文的人生观，树立自主的、进步的、进取的、科学的人生观。1916 年 9 月，陈独秀又发表《新青年》一文，进一步号召青年人的精神世界应实现一场"除旧布新的大革命"。陈独秀在新文化运动时期倡导思想启蒙、宣传新鲜历史观的地位。这使他成为政治界、思想界的明星，"他在那个时代的形象是一位屹立在反帝反封建最前沿阵地的大刀阔斧勇猛拼杀的斗士"[②]。

---

① 《陈独秀选集》，天津人民出版社 1990 年版，第 11 页。

② 《陈独秀选集》，天津人民出版社 1990 年版，第 10 页。

陈独秀于 1920 年 9 月发表《谈政治》一文，批评无政府主义者的主张，认为要达到理想社会必须对政治实行彻底改造，劳动阶级应该改造统治阶级的国家、政治和法律，"用革命的手段建设劳动阶级的国家"，此为"现代社会的第一需要"，并且阐释《共产党宣言》中论述的劳动阶级和资产阶级战斗的时候，迫于情势，不能不用革命的手段夺取政权，建立起无产阶级专政的原理。此年夏天，陈独秀在共产国际代表的帮助下，在上海建立了中国第一个共产主义小组，并于同年 11 月 7 日在上海创办了秘密刊物《共产党》月刊。陈独秀在第一期上发表文章，宣告了通过阶级斗争夺取政权的奋斗目标："我们只有用阶级战争的手段，打倒一切资本阶级，从他们手中抢夺来政权；并且用劳动专政的制度，拥护劳动者底政权，建设劳动者的国家以至于无国家，使资本阶级永远不至发生。"①

李大钊关注的问题和阐述的观点与陈独秀有许多共性，同时又有其鲜明的学术个性。其思想的突出特点，是深切关注民众的命运、民众的意志，这就赋予其唯物史观和政治民主思想以深刻的社会实践性和科学性内涵。民国元年 6 月，他就撰有《隐忧篇》，认为中华民国初建之际，正是各界人士面临"除意见，群策力，一力进于建设，以求国家日臻强盛之时"，"民国之船本应有希望缓缓行进，最终到达彼岸，但它迟迟数月，犹处于'惶恐滩'中，扶摇飘荡，如敝舟深泛溟洋，上有风雨之摧淋，下有狂涛之激荡。环顾国中，现今正紧迫地存在边患、兵忧、财困、食艰、业敝、才难六项危难"。亟须采取应对的办法，否则，"隐忧潜伏，创国伊始，不早为之所，其贻民国忧者正巨也！"②次年又撰《大哀篇》，痛斥军阀横行，战乱频仍，造成民众陷于水深火热之中。

在袁世凯复辟帝制前后，李大钊站在反袁斗争的前列，同时也由于这出称帝丑剧，引发他对民众觉悟与国家政治等一系列问题的思考，使其理论思维得以升华。当 1914 年帝国主义分子古德诺写文章为袁世凯阴谋复辟帝制

---

① 《陈独秀选集》，天津人民出版社 1990 年版，第 129 页。

② 《李大钊文集》（上），人民出版社 1984 年版，第 1 页。

制造舆论时，李大钊即著文予以痛斥。至 1916 年初，袁迫于全国人民的愤怒声讨，被迫取消"洪宪帝制"，但仍腆然窃据大总统职务。民国已经宣告成立，举国公认实行共和政体，但袁贼为何能利用当时出现的种种政治丑恶现象实现其复辟野心？如何总结出经验教训以杜绝帝制再度借尸还魂？对此，李大钊作了深刻的理论探索，围绕国家政治制度与民众觉悟和组织能力，民众如何认识自己的力量，发挥伟大的作用，以保证国家逐步地沿着民主、富强的道路前进等问题作了分析，得出了极其宝贵的认识。他认为，民主共和政体的建立和维护，必须以民众提高觉悟程度和组织能力为基础："民彝者，民宪之基础也。""盖政治者，一群民彝之结晶，民彝者，凡事真理之权衡也。良以事物之来，纷沓毕至，民能以秉彝之纯莹智照直证心源，不为一偏一曲之成所拘蔽，斯其包蕴之善，自能发挥光大，至于最高之点，将以益显其功于实用之途，政治休明之象可立而待也。"① 此外，他提出必须正视中国几千年专制政体压迫民众造成的历史重负，要彻底破除民众心目中对"英雄"、"神武"人物依赖、迷信、盲从的落后意识，要教育民众相信自己，掌握自己的命运。"两三年前，吾民脑中所宿之'神武'人物，曾几何时，人人倾心之华、拿，忽变而为人人切齿之操、莽，袒裼裸裎，以暴其魑魅罔两之形于世，掩无可掩，饰无可饰，此固遇人不淑，致此厉阶，毋亦一般国民依赖英雄，蔑却自我之心理有以成之耳……残民之贼，锄而去之，易如反掌，独此崇赖'神武'人物之心理，长此不改，恐一桀虽放，一桀复来，一纣虽诛，一纣又起。吾民纵人人有汤武征诛之力，日日兴南巢牧野之师，亦且疲于奔命。而推原祸始，妖由人兴，孽由自作。民贼之巢穴，不在民军北指之幽燕，乃在吾人自己之神脑。"②

由此，他又相当精辟地论述了"民众"与"英雄"的关系，认为英雄所具有的巨大影响力，在于集中民众的意志而拥有，是民众意志的总积累，故离开民众的支持，是不存在英雄人物的："历史上之事件，固莫不因缘于势

① 《李大钊选集》，人民出版社 1959 年版，第 40—41 页。

② 《李大钊选集》，人民出版社 1959 年版，第 47 页。

力，而势力云者，乃以代表众意之故而让诸其人之众意总积也。是故离于众庶，则无英雄。离于众意总积，则英雄无势力焉。"①"盖民与君不两立，自由与专制不并存，是故君主生则国民死，专制活则自由亡。今犹有敢播专制之余烬，起君主之篝火者，不问其为筹安之徒与复辟之辈，一律认为国家之叛逆、国民之公敌而诛其人，火其书，殄灭其丑类，摧拉其根株，无所姑息，不稍优容，永绝其萌，勿使滋蔓。而后再造神州之大任始有可图，中华维新之运命始有成功之望也。"②

李大钊精心撰写的这篇《民彝与政治》，是标志着民国初年历史观、政治观取得重要进展的珍贵文献。研读此文，可以发现：李大钊对于历史和现实问题的论述，已经自觉地运用了唯物主义的观点和具体地分析问题的方法，因而对一些重要的命题的阐释，既继承了20世纪初年宣传进化史观的学者和革命派宣传民主共和的进步观点，且又明显地向前推进，在社会民众觉悟与国家政治制度的确立和运作之间的关系，民众的实际愿望与"英雄"人物的作为、成败之间的关系，法制、秩序的维持与发展民众的自由意志、保障国民的民主权利之间的关系等方面的认识，已达到与唯物史观原理相通的高度，这就为他此后在历史观上实现意义更加重大的飞跃奠定了基础。

1917年，俄国十月革命的胜利使李大钊受到极大的鼓舞和启发。此后两年，他连续发表《法俄革命之比较观》、《庶民的胜利》、《Bolshevism的胜利》、《我的马克思主义观》等文章，热情歌颂俄国十月社会主义革命的胜利，宣传马克思主义。在《法俄革命之比较观》中，他批评那种认为俄国革命所要解决的是"面包"问题，必将导致社会混乱的错误观点，指出："不知法兰西之革命是十八世纪末期之革命，是立于国家主义上之革命，是政治的革命而兼含社会的革命之意味者也。俄罗斯之革命是二十世纪初期之革命，是立于社会主义上之革命，是社会的革命而并著世界的革命之采色者也。"③预言十月革命的胜利预示着20世纪全世界大变动的到来。1919年5月，《新

---

① 《李大钊选集》，人民出版社1959年版，第48页。

② 《李大钊选集》，人民出版社1959年版，第56页。

③ 《李大钊选集》，人民出版社1959年版，第102页。

青年》出版了由李大钊主编的"马克思主义研究的专号"，他本人发表了两万多字的长文《我的马克思主义观》，对于马克思主义的三个组成部分——唯物史观、政治经济学和科学社会主义，都有所阐明，并指出这三个部分"都有不可分的关系，而阶级竞争说恰如一条金线，把这三大原理根本上联络起来"①。所以，此文的发表，是开始系统地宣传马克思主义的标志。

毛泽东的政治思想既是对唯物史观的基本历史规律的继承，又是以民族解放、革命的策略性等内容对马克思主义政治哲学的发展与实践，具体表现在唯物史观的国家理论、实事求是的政治分析方法和以人为本的革命观三个方面。

阶级观是唯物史观的基本观点之一，这个观点第一次科学地揭示了阶级社会的本质及其运动规律，成为我们认识阶级社会矛盾的出发点和根本点。在中国近现代革命史上，毛泽东较早地领会和掌握了马克思主义的阶级观，并把它和中国的具体实际结合起来，形成了自己一整套独具特色的阶级斗争理论②。这成为其政治学的最鲜明特色。一方面他运用马克思主义阶级观来分析中国社会各阶级、阶层，另一方面运用阶级观来指导中国革命的实践。

毛泽东的阶级观是马克思主义的基本原理与中国革命具体实际相结合的产物。它包含着丰富的内容，其基本点有：

第一，毛泽东把是否用阶级斗争观分析社会历史问题，看作两种历史观的分水岭。他指出："阶级斗争，一些阶级胜利了，一些阶级消灭了。这就是历史，这就是几千年的文明史，拿这个观点解释历史的就叫做历史的唯物主义，站在这个观点的反面的是历史唯心主义。"

第二，关于阶级斗争在社会发展中的地位问题，毛泽东认为社会基本矛盾是推动一切社会不断向前发展的根本动力。而每个社会的基本矛盾都是通过人与人之间的矛盾关系表现出来的。这种矛盾关系在阶级社会中表现为两类不同性质的矛盾，即敌我矛盾和人民内部矛盾。在阶级对抗的社会中，大

---

① 《李大钊选集》，人民出版社1959年版，第177页。

② 参见袁雅静、王建新：《毛泽东的阶级观对中国社会的深刻影响》，《阴山学刊》（社会科学版）1994年第4期。

量存在的是敌我矛盾，人民内部矛盾居服从地位；在社会主义社会中，大量存在的是人民内部矛盾，敌我矛盾居服从地位。

第三，毛泽东认为在阶级对抗的社会中，阶级斗争是社会发展的直接动力。他以封建社会为例，阐述了自己的看法。他说："在中国的封建社会里，只有这种农民的阶级斗争，农民的起义和农民的战争，才是历史发展的真正动力。""只是由于当时还没有新的生产力和新的生产关系"，使农民革命作了"改朝换代的工具"①。由此我们可以看到，他所揭示的两个思想原则：首先，作为历史发展的真正动力的阶级斗争，它的地位和作用受制于社会基本矛盾，但是其结果会直接促使社会基本矛盾的缓和甚至根本解决。其次，在阶级斗争中，只有在政治上处于被压迫被统治一方的阶级的斗争才是历史发展的真正动力。

第四，毛泽东认为阶级分析的方法是马克思主义的基本观点，用这一方法作社会调查是了解情况的最基本的方法。艾思奇说："在革命活动的最早的时期，毛泽东同志就把这个方法作为观察问衡解决问题的最主要的工具。"②在毛泽东看来，阶级分析法的基本内容是分析"中国社会各阶级的经济地位及其对于革命的态度"③。基本途径是从各阶级的经济地位入手，分析它们的政治态度。基本目的是分清谁是我们的敌人？谁是我们的朋友？④这是革命的首要问题。

第五，毛泽东认为阶级对抗社会中的阶级斗争会导致社会革命，"但要待两阶级的矛盾发展到了一定的阶段的时候，双方才取外部对抗的形式，发展为革命"⑤。"革命是一个阶级推翻另一个阶级的暴烈的行动。"⑥因此，社会革命是解决对抗阶级之间的矛盾的根本手段。

---

① 《毛泽东选集》6 卷合订本，晋察冀边区印行 1947 年版，第 588 页。
② 艾思奇：《毛泽东对马克思主义哲学的贡献》，宁夏人民出版社 1983 年版，第 293 页。
③ 《毛泽东选集》6 卷合订本，晋察冀边区印行 1947 年版，第 3 页。
④ 《毛泽东选集》6 卷合订本，晋察冀边区印行 1947 年版，第 601 页。
⑤ 《毛泽东选集》6 卷合订本，晋察冀边区印行 1947 年版，第 308 页。
⑥ 《毛泽东选集》6 卷合订本，晋察冀边区印行 1947 年版，第 17 页。

　　毛泽东的阶级观产生于 1920 年下半年。当时许多原来有着不同经历的先进知识分子，在走俄国人的路的思想趋动下相继走上了马克思主义道路，但他们接受马克思主义的动因和侧重点存在着差异性。毛泽东 1920 年之所以要接受马克思主义为终身信仰，是因为"马克思主义是对历史的正确解释"①。那么，在他看来马克思主义正确解释历史的集中之点体现在哪里呢？那就是阶级和阶级斗争。他回忆说，1920 年下半年读了一些共产主义的书籍，"我才知道人类自有史以来就有阶级斗争，阶级斗争是社会发展的原动力，初步得到了认识问题的方法论"。可是这些书并没有专门讲中国的情况，"我只取了它四个字：'阶级斗争'，老老实实地开始研究实际的阶级斗争"②。显然，毛泽东认为是马克思主义的阶级观对历史做了正确解释。再加上革命实践的锻炼，他得出了"政治改良"是改造中国的"补缀办法"，阶级专政的方法"最宜采用"的结论。所以，毛泽东不仅把他的阶级观当作分析问题的基本认识方法，而且还当作解决实际问题的基本工作方法。在他看来，"要了解情况，唯一的方法是向社会作调查，调查社会各阶级的生动情况"。用阶级分析的方法作调查，"乃是了解情况的最基本方法"。"只有这样，才能使我们具有对中国社会问题的最基础的知识。"这说明毛泽东接受马克思主义的侧重点是阶级观，这个观点是毛泽东早期的各种成形的革命思想中产生的最早的思想。

　　所以，阶级分析、人民群众的主体地位是毛泽东政治观念中最核心的范畴。在政治斗争方面，毛泽东运用阶级斗争观解决了许多重大的实际问题。关于新民主主义革命的总路线问题，毛泽东通过分析中国社会各阶级的经济地位和政治态度以及它们之间的相互关系，阐明了中国革命的动力、对象、任务、步骤和途径，从而提出了新民主主义革命的总路线，即"无产阶级领导的，人民大众的，反对帝国主义、封建主义和官僚资本主义的革命"。关于阶级斗争和民族斗争的关系问题，毛泽东在抗日战争时期提出了二者

----

　　① ［美］埃德加·斯诺：《西行漫记》，董乐山译，生活·读书·新知三联书店 1979 年版，第 131 页。

　　② 《毛泽东农村调查文集》，人民出版社 1982 年版，第 21—22 页。

一致性的观点，他说："在民族斗争中，阶级斗争是以民族斗争的形式出现的，这种形式表现了两者的一致性。"因此，"阶级斗争的利益必须服从于抗日战争的利益。"同时，毛泽东又告诫说，阶级和阶级斗争的存在是一个事实，否认这个事实是错误的。上述观点是抗战时期我党处理国共关系的基本准则，是我党制定一切政策、策略的基本依据，是我党独立自主原则的理论基础。

关于中国革命的道路问题。首先，由于革命的领导权决定着革命的性质、前途，所以保证中国革命的领导权掌握在最进步、最革命、最能代表广大人民利益的阶级手里就显得极为重要了。毛泽东在分析了中国无产阶级的优点和中国旧民主主义革命失败的经验教训之后，得出了中国革命必须由无产阶级领导，否则"就必然不能胜利"的结论。其次，基于对中国阶级斗争的复杂性和敌我力量对比悬殊的认识，毛泽东特别强调了建立革命统一战线的重要性。再次，在中国革命的形式问题上，毛泽东指出，半殖民地半封建的中国，由于内部没有民主制度，外部没有民族独立，因而离开武装斗争，就没有无产阶级和共产党的地位，就不可能完成任何革命任务。所以，"在这里，共产党的任务，基本地不是经过长期合法斗争以进入起义和战争，也不是先占城市后取农村，而是走相反的道路"。最后，在国家政权问题上，毛泽东富有独创性地提出了人民民主专政理论，摆正了各阶级在国家政治生活中的地位。并且，毛泽东历来都非常重视人民民主专政在处理阶级关系、解决阶级矛盾中的作用。他说："总结我们的经验，集中到一点，就是工人阶级（经过共产党）领导的以工农联盟为基础的人民民主专政。"

关于社会主义社会的阶级矛盾和阶级斗争的问题。首先，就国内状况而言，毛泽东曾及时作出"革命时期的大规模的急风暴雨式的群众阶级斗争基本结束"，但是阶级斗争还没有完全结束的正确判断。据此他提出，在社会主义建设中，要正确区分和处理两类性质不同的矛盾，要把正确处理人民内部矛盾作为国家政治生活的主题，要把党和国家的工作重点转移到社会主义经济建设上来。上述思想客观地反映了我国进入社会主义时期后阶级斗争变化的实际情况，避免了在这些问题上的扩大化观念和熄灭论观点。其次，就国标状况而言，毛泽东从世界范围的阶级斗争的大视角出发，分析了反对帝国主义、殖民主义、霸权主义斗争的国际形势，20世纪70年代初逐步形成了三个世界划分的估计。

此外，在经济建设、军事斗争、党的建设、文化工作和思想政治工作等方面，毛泽东的阶级观也发挥过积极作用。在经济建设方面，毛泽东强调经济建设必须从国情出发，而国情的一个重要方面就是国内阶级关系和阶级斗争的状况，因此毛泽东的阶级观对他自己的经济工作思路和决策产生了很大影响。在军事斗争方面，毛泽东把他的阶级观和中国革命战争的特点紧密结合起来，进一步阐明了马克思主义的战争观和军队观。关于战争的起源、地位、作用、性质问题，在毛泽东看来，"战争——从有私有财产和阶级以来就开始了的，用以解决阶级和阶级，民族和民族，国家和国家，政治集团和政治集团之间，在一定发展阶段上的矛盾的一种最高的斗争形式。"这段论述精辟地揭示了战争的起源、战争的地位和作用。那么战争的本质怎样呢？毛泽东继承了战争是政治通过另一种手段的继续的观点。他说："在这点上说，战争就是政治，战争本身就是政治性的行动，从古以来没有不带政治性的战争。"他还特别强调了全心全意为人民服务这一新型人民军队建设的唯一宗旨。他说："紧紧地和中国人民站在一起，全心全意地为人民服务，就是这个军队的唯一宗旨。"我军同人民群众的这种关系，使革命战争有了深厚的群众基础，最后发展为一场彻底的人民战争，这就是我军克敌制胜的法宝。因为，"战争的伟力之最深厚的根源存在于民众之中"。

总之，20世纪20年代中期到30年代前期，一批系统研究有关阶级、政党、政权、民族、国家、革命等基本政治命题的马克思主义政治学理论和中国本土政治学者开始涌现，由此推动了中国马克思主义政治学的学科建设。[①] 代表性的有：

（1）恽代英的《政治学概论》。全书分为"政治国家"、"国体中央集权与地方分权"、"政体人民参政的方式"、"人民的权利"和"党"五讲，围绕

---

① 王冠中：《中国马克思主义政治学学科初建探析》，《政治学研究》2008年第3期。

国家的概念、本质、起源，国体、政体和党等马克思主义政治学的重要议题展开研究。

（2）邓初民的《政治科学大纲》。全书十章，从国家的本质、发展阶段到消亡，从探讨国家与社会、国家与经济的关系到探讨国家与革命的关系，进行了详尽的分析。该书的突出亮点，一是从马克思主义哲学的基本理论出发研究政治学；二是学科意识更为强烈，学科体系更加完整。

（3）秦明的《政治学概论》。全书十二章，分别论述了政治学的含义、"政治"与"政治学"在社会结构中之位置、国家论、国家与政治、政党、一阶级专政与德谟克拉西、代议制与苏维埃等内容。他认为，真正的社会科学是唯物辩证法的产物。因此，只有秉持唯物史观指导的政治学，才是"站在正确的科学立场"上的政治学。

（4）高振青的《新政治学大纲》。全书十篇，突出的特色：一是从唯物史观出发立论，认为只有科学社会主义者所创立的政治学，才是具有了科学实质的政治学；二是强烈的学科意识。

（5）傅宇芳的《马克思主义政治学教程》。培养中国无产阶级的政治家、服务正在开展的革命实践是撰写和出版该书的目的。全书分为上、中、下三篇。上篇主要阐述政治学的基本构件，如政治学的"意义"、"含义"、研究方法、任务等，在此基础上批评了"机会主义"、"盲动主义"和"官僚主义"在政治实践上的错误理论；中篇为"国家论"，主要阐述了阶级、阶级意识和政党等相关政治问题；下篇主要从无产阶级革命实践的角度，论述了政治运动的意义、路线、程序、方式和"怎样做一个完美的政治运动者"等问题。该书的特点：一是站在无产阶级立场上，以唯物史观为指导；二是着力构建科学化的马克思主义政治学；三是强调政治理论与政治实践相结合，"科学底价值，在于实用；政治科学的价值，在于政治运动之实际的指导"。

在中国本土政治学者的努力下，在强烈的国家意识和现代学科意识的驱使下，适应现实斗争实践的需要，20世纪三四十年代以唯物史观为指导的中国现代政治学已经构建起来。与传统政治学相区别，中国现代政治学在知识体系上，以马克思主义为指导，以唯物辩证法和阶级分析法等为基本研究方法，以有关阶级、政党、民族、国家、革命等政治现象、政治结构、政治关系和政治活动为基本研究内容，揭示人类社会政治生活的起源、发展、最终归宿以及政治活动的存在方式和运动规律，为中国无产阶级革命最终走向胜利提供了政治理论上的支持。

从形成的背景、过程和内容结构看，中国现代政治学体系具有如下一些特征：

第一，与中国无产阶级革命实践的理论需求紧密相连；第二，反映出当时民众国家意识的觉醒；第三，具有浓厚的现代学科意识；第四，中国现代政治学在内容、体系结构上存在着欠成熟之处。具体表现为两个方面：一是体系结构上不够严谨，如对人类社会一些基本政治现象的研究缺失或论述不全，如秦明的《政治学概论》、傅宇芳的《马克思主义政治学教程》，对阶级、民族和政党等人类社会的基本政治现象没有专门论述或论述不详。二是在内容上，由于译介过程中的误解误读，对唯物史观政治学的某些观点存在望文生义的解读。如高振青的《新政治学大纲》，将无产阶级专政说成是"无产阶级独裁"，容易让人们误解为类似历史上剥削阶级独裁的区别。

## 第二节　唯物史观与现代经济学

千百年来，在唯心主义历史观的影响下，人们在对各种社会历史现象的研究中，首先注意的是政治暴力事件，其次重视的是思想、文化和宗教的变迁与发展；而经济事实则被当作文化史的附属因素被偶尔提及。直到17世纪下半叶，才在英国出现作为独立学科的政治经济学。古典政治经济学的创始阶段以英国的威廉·配弟为代表，发展阶段以亚当·斯密为代表开始，完成阶段以大卫·李嘉图为代表。古典政治经济学家的贡献在于：第一，对交换价值决定于劳动时间，商品的价值是由劳动创造的作了透彻的表述；第二，触及了剩余价值问题，肯定了它的存在，分析了它的具体形式——利润、利息和地租。这些理论成果对马克思主义政治经济学的形成有着奠基性的影响。

无疑，古典经济学是以"财富的生产和分配"为主题，从中发现了财富的生产对分配的重要价值，这一理论为唯物史观的创立提供了物质利益的视野。但古典经济学见物不见人，忽视了经济活动中人的主体作用，"把人贬低为一种创造财富的'力量'……把这种力量同其他的生产力——牲畜、机器——进行比较……整个人类社会只是成为创造财富的机器"①，从而陷入了经济决定论。而唯物史观的价值不仅在于发现了人类社会发展的物质前提和经济发展对于社会演进的决定意义，而且在于发现了"被物所掩盖的人与人之间的关系"，即经济基础与上层建筑的辩证关系。

唯物史观和剩余价值是马克思主义理论的两块基石。唯物史观揭示了人类社会发展的一般规律，明确指出了人类整个社会生活、政治生活、精神生活的基础，归根到底是物质生产状况，社会存在决定社会意识，揭示了生产力和生产关系的矛盾是历史发展的最重要的因素，生产关系一定要适应生产力状况，上层建筑一定要适应经济基础状况。在唯物史观看来，上层建筑变革的原因，在于人类追求自由合理的生产关系。"任何一种解放都是把人的世界和人的关系还给人自己。"正是基于这样一个前提，马克思才在《1857—1858年经济学手稿》中提出了这样一个历史模式："每个个人以物的形式占有社会权力。如果你从物那里夺去这种社会权力，那你就必须赋予人以支配人的这种权力。人的依赖关系（起初完全是自然发生的），是最初的社会形态，在这种形态下，人的生产能力只是在狭窄的范围内和孤立的地点上发展着。以物的依赖性为基础的人的独立性，是第二大形态，在这种形态下，才形成普遍的社会物质变换，全面的关系，多方面的需求以及全面的能力的体系。建立在个人全面发展和他们共同的社会生产能力成为他们的社会财富这一基础上的自由个性，是第三阶段。第二阶段为第三阶段创造条件。因此，家长制的，古代的（以及封建的）状态随着商业、奢侈、货币、交换价值的发展而没落下去，现代社会则随着这些东西一道

---

① 《马克思恩格斯全集》第42卷，人民出版社1979年版，第262—263页。

发展起来。"①

"马克思不仅创立了唯物史观,而且将自己的经济史观建立在唯物史观的基础之上。在他的经济理论体系中,唯物史观与经济史观既是方法论基础,又是基本内容。这不仅实现了经济学研究方法的创新,而且实现了经济学的革命性变革。"② 而剩余价值学说的确立,则使政治经济学的发展进入了一个崭新的阶段。

## 一、唯物史观与经济学理论的形成

"马克思不仅是第一个把政治经济学变成为一门从历史上研究一定生产方式和生产关系的历史科学,而且是第一个把经济史观建立在唯物史观基础上的伟大经济学家。"③ 如果说,马克思的《神圣的家族》显现了唯物史观的雏形,那么,他的《德意志意识形态》则从现实的人和人类劳动、社会分工出发,明确而清晰地表达了人类社会发展的基础是物质生产的唯物史观的一般原则。这一原则不仅为分析人类社会经济形态提供了方法论基础,而且为经济学理论提供了真知灼见。《哲学的贫困》是马克思运用唯物史观来研究政治经济问题的开始,他批判了资产阶级古典政治经济学把资本主义生产方式及其经济规律和经济范畴看作是永恒和自然而然的错误理论,深刻揭示了资本主义生产方式及其经济规律、经济范畴的历史发展和历史暂时性。在此基础上,马克思按照新的方式规定了政治经济学的研究对象和方法,把政治经济学彻底变成了一门从历史上研究一定生产方式和一定生产关系的历史科学。在《〈政治经济学批判〉序言》中马克思明确阐明了生产力与生产关系、经济基础与上层建筑等经济学的唯物史观基础理论,"人们在自己生活的社

---

① 《马克思恩格斯全集》第 46 卷,人民出版社 1979 年版,第 104 页。

② 张建勤:《论马克思唯物史观与经济史观的关系》,《中南财经政法大学学报》2002 年第 4 期。

③ 张建勤:《论马克思唯物史观与经济史观的关系》,《中南财经政法大学学报》2002 年第 4 期。

会生产中发生一定的、必然的、不以他们的意志为转移的关系，即同他们的物质生产力的一定发展阶段相适合的生产关系。这些生产关系的总和构成社会的经济结构，即有法律的和政治的上层建筑竖立其上并有一定的社会意识形式与之相适应的现实基础。社会的物质生产力发展到一定阶段，便同它们一直在其中活动的现存生产关系或财产关系（这只是生产关系的法律用语）发生矛盾。于是这些关系便由生产力的发展形式变成了生产力的桎梏。那时社会革命的时代就到来了。随着经济基础的变更，全部庞大的上层建筑也或慢或快地发生变革。在考察这些变革时，必须时刻把下面两者区别开来：一种是生产的经济条件方面所发生的物质的、可以用自然科学的精确性指明的变革，一种是人们借以意识到这个冲突并力求把它克服的那些法律的、政治的、宗教的、艺术的或哲学的，简言之，意识形态的形式"①。《共产党宣言》和《资本论》则集中考察了资本主义生产方式的产生、发展以及前途问题。在详尽系统研究英国的经济史和经济状况基础上出版的《资本论》，实际上就是一部经济史学著作和经济理论经典。"自从《资本论》问世以来，唯物主义历史观已经不是假设，而是科学证明了的原理。"② 在这些著作中唯物史观与经济学创见如鱼得水、相得益彰，建立在唯物史观基础上的系列经济学理论得以形成。

第一，唯物史观对经济学价值的基本认识。唯物史观对经济学价值的首要基本认识就是，价值是具有特定社会形式的财富。马克思主义经济学所说的财富是人类劳动的结果，是满足人类生存、发展和享受需要的东西。价值也属于财富，也是劳动的成果。但价值只是一定社会形式的财富，是以商品交换为存在的社会条件。马克思的价值论既阐明了财富的一般物质存在形式，又揭示了财富的历史规定的特殊社会形式。与那些不讲社会形式的财富论相比，马克思的价值论与财富论不是对立的，而是辩证统一的。

在唯物史观看来，人类社会经济生活中使用的物质经济资源都是物化了

---

① 《马克思恩格斯选集》第 2 卷，人民出版社 1995 年版，第 32—33 页。

② 《列宁选集》第 1 卷，人民出版社 1995 年版，第 10 页。

的人类劳动，在社会经济资源配置的过程中，起主动作用的也是人的劳动。价值实体在质上就是人类的劳动，在量上就是劳动时间的多少。价值的实体是劳动，然而并不是任何的劳动都能成为价值的实体。成为价值实体的只能是间接实现的社会劳动，这是唯物史观对经济学价值的又一基本认识。

第二，唯物史观与市民社会。唯物史观的创立过程，是马克思以对黑格尔哲学批判为突破口，逐步深化对市民社会认识的一个过程；是对市民社会从法哲学到经济学的研究，从对它与政治国家的表层关系到对它内部的深层经济分析的一个过程；是从提出"市民社会决定国家"到赋予"市民社会"以唯物史观的崭新意义的一个过程。这一过程最终使马克思从"市民社会"科学地抽象出了"经济基础"，摆脱了黑格尔和费尔巴哈哲学的片面性，把握了社会发展的各种经济规律，创立了唯物史观。可以清晰地看出，在唯物史观的这一创立过程中，市民社会既是起点，又是中心。直至最终抽象出"经济基础"的过程。

第三，唯物史观与利益及利益分析方法。马克思恩格斯都是在研究利益的过程中形成唯物史观的。而唯物史观本质上就是基于物质利益基础上的历史观。马克思恩格斯认为物质利益在人们生活和历史发展中是决定性的东西。"人们奋斗所争取的一切都和他们的利益有关。"① 因此，利益是人们进行生产的基本动因，是人们结成社会的深刻根源，是宗教和道德发展的基础，是形成阶级斗争和社会变革的根本原因，是各种思想观念赖以形成和发展的条件之一，它决定着政治法律的发展。正因为物质利益在人们生活中的这种作用，在社会基本矛盾中生产力是广大社会成员利益实现的根本条件，非常重要，生产关系和上层建筑必须适合它的发展。而在经济与政治关系中，经济处于决定的地位，政治必须为经济服务。思想文化道德宗教也是如此。显然马克思恩格斯在深入考察历史之后，发现了一条根本的主导线索，即社会利益的根本作用，并在此基点上勾勒了社会的脉络和画卷，唯物史

---

① ［德］马克思：《1844 年经济学哲学手稿》，刘丕坤译，人民出版社 1979 年版，第 82 页。

观。马克思唯物史观的真正创立体现在《德意志意识形态》中。这部著作全面阐述了唯物史观的利益问题。马克思认为，分工造成私有制，引起利益的分离和对立，形成国家。利益是人们相互依存的社会关系，而人们相互拥有的关系首先是经济关系。任何时候的利益都是历史的、具体的，它受生产方式的制约和规定。可以说，正是由于对利益问题的探索，促使马克思发现了唯物史观。

在马克思主义看来，认识世界主要不是为了解释世界，而是改造世界。因此，马克思主义非常强调理论与实践的统一、世界观与方法论的统一。正因如此，马克思主义不仅重视利益理论，也非常重视利益分析方法。在他们看来，利益分析方法是深入把握社会事件的本质及其根源的方法，在进行社会革命的过程中只有自觉地运用它才能掌握主动并取得成功。

（1）利益是历史发展的基本动因。人类是具有高级神经系统的能够进行理性思维从而能够认识和改造客观世界的高度社会化的生物。人类的自身机能需要必须首先解决吃穿住等问题。因此，人类的物质生活资料的生产就构成了历史的基本前提。在人类为了实现生存和发展所进行的物质资料的生产过程中，必然产生对物质产品的占有、支配和使用问题，从而形成生产、交换、分配、消费的方式和关系，产生错综复杂的物质利益关系，并经常发生利益冲突。为了调节人类这些利益矛盾和利益关系，社会逐步形成了相应的包括政治法律、宗教哲学在内的意识形态以及包括政府、军队、警察、监狱等在内的社会上层建筑机构。在阶级社会，各个阶级和社会集团都力图利用国家机器为自己服务，都力图利用意识形态为自身的利益辩护，因此在人类社会不仅有经济领域的斗争，还有思想文化领域和政治领域的斗争。人类为适应经济发展的要求即社会生产力发展的要求，不断适时地调整生产关系和变革上层建筑，从而形成了历史的演变过程。这里非常明确地表达了这样的观点：第一，物质利益是生产力形成和发展的原始动因；第二，生产关系实质是物质利益关系，物质利益关系是人与人之间最基本的关系；第三，物质利益是上层建筑的最终动因。

（2）思想、理念与利益的关系。马克思恩格斯认为，推动人类社会前进的决定因素和力量不是"理念"和"思想"，而是广大人民群众的生存和发展利益。一定的"理念"和"思想"不过是一定的社会利益的反映，"理念"和"思想"离开利益也会扭曲变形。历史上有的"思想"之所以有巨大的鼓舞和动员作用，唤起了轰轰烈烈的社会运动，不是别的，是它正确反映了人民群众利益和现实愿望。马克思恩格斯认为，把社会兴衰成败归于法律的完备与否是很幼稚的，法律是变化着的，没有永恒的法。是社会利益关系决定着法，是统治阶级利益决定着法和国家形式的变化。

（3）利益对于人们思想和行为的根源性和支配性，必然导致利益的分析方法。利益也支配着由人们组成的各种社会群体。对于阶级而言就是这样，在阶级斗争中，某一个阶级的领袖牺牲了，但那个阶级所进行的斗争是不会停止的，这是由他们的利益所决定的，除非社会条件得到了改造。既然社会由人及其活动组成，而利益对于人的思想和言行具有支配性和根源性，由此自然引出利益分析的方法论。

（4）利益分析方法内容。马克思恩格斯正是通过研究物质利益问题，才把唯物主义彻底贯彻于社会，创立了唯物史观。利益分析方法的内容主要有：要把握重大社会事件背后的阶级和社会集团的利益根源。各个阶级和社会集团的利益是由它在社会关系中的地位决定的。分析利益格局是制定战略的依据。要根据社会事件对谁有利有害的性质和程度，决定我们的政策和策略。

（5）利益分析方法的实践价值。利益分析方法是认识社会的十分重要的方法之一。第一，利益分析方法是认识社会基本矛盾形成和发展的一把钥匙。第二，利益分析方法是深刻理解一系列社会现象的工具。第三，利益分析方法是理解各种社会主体本性及其运行趋势的重要工具。

（6）利益分析方法与阶级分析方法的关系。阶级分析方法是利益分析方法的具体运用。利益分析方法就是从利益的角度探求社会事件根源的方法，它把握了事物的利益根源之后反过来就可以预见它的发展趋势。这种方法在阶级社会中的运用，就是分析各个阶级在生产关系中的地位以及他们与现存制度的利益关系，从而预见他们对现制度的政治态度和思想观点，并由此形成了阶级分析方法。阶级分析方法在阶级社会中很有效且非常重要。阶级分析方法之所以有效，就是因为它贯彻了利益分析方法，把握了各个阶级的利益所在，从而预见他们基本的政治立场和基本的倾向。阶级分析方法之所以重要，就是舍此很难解决阶级的政治战略问题。阶级分析方法适用于阶级社会，利益分析方法适用于人类社会的始终。而且在阶级社会中，在个别地方、个别事件如同阶级内部的利益矛盾，阶级分析方法不一定适用，但利益分析方法却是普遍适用的。

## 二、《资本论》的翻译与马克思主义经济学在中国的传播发展

马克思的《政治经济学批判》以及《资本论》在19世纪后半期出版印行后，即开始向世界传播。十月革命后，马克思的政治经济学传播到中国。李大钊的《我的马克思主义观》一文，系统地介绍了唯物史观、经济学说和社会主义理论。同时，李达从日文翻译了《唯物史观解释》、《马克思经济学说》，撰写了《什么是社会主义》，在国内出版。《马克思的雇佣劳动与资本》1919年就在《晨报》副刊上连载。在20世纪30年代，留苏回国的沈志远编撰了《新经济学大纲》，1934年在北平出版，侯外庐、王思华翻译的《资本论》第一卷上册1932年在北平出版。这一时期有陈豹隐从日文翻译的河上肇著的《经济学大纲》在上海出版。列昂节夫的《政治经济学》，拉比多斯、奥斯特罗维季扬诺夫的《政治经济学》也先后出版，后者出版了三个译本。在极其艰难的条件下，郭大力、王亚南翻译的《资本论》三卷本1938年由读书生活出版社在上海付印，出版了3000套，有2000套在转运途中因广州沦陷、轮船覆没而沉入海底，其余部分几经周折，在上海以及桂林、重庆发行，还转送到延安等地。抗战开始，新知书店受中共长江局委托，以中国出版社的名义翻译出版了《联共（布）党史简明教程》等几本专著，在大后方几个大城市和延安等地发行，后来这套丛书成为《干部必读》教材。

《资本论》是马克思的重要经济学论著，该书的翻译传播的过程也就是

中国马克思主义经济学的成长发展过程。1921 年北京大学马克思学说研究会中的青年学生，在李大钊的倡导下开始翻译《资本论》第 1 卷。该译本虽未出版，但它却是系统翻译《资本论》的起点。自此以后，相继出版了陈启修（陈豹隐）译《资本论》第 1 卷第 1 分册，即第 1 篇 1—3 章（上海昆仑书店 1930 年版）；潘冬舟译《资本论》第 1 卷第 2、3 分册，即第 2—4 篇（北平东亚书店 1932 年和 1933 年分别出版）；王慎明（王思华）、侯外庐译《资本论》第 1 卷上册（北平国际学社 1932 年版），上中下册合订本署名王枢（侯外庐）、右铭（王思华）（世界名著译社 1936 年版）；吴半农译、千家驹校的《资本论》第 1 卷第 1 分册（商务印书馆 1934 年版）。以上都是《资本论》第 1 卷的译本，1—3 卷全书是 1938 年由郭大力、王亚南合译，读书生活出版社出版的。

马克思主义政治经济学在中国的系统传播，从 1919 年五四运动到 1949 年《剩余价值学说史》第 1—3 卷（即《资本论》第 4 卷）出版，历经 30 余年，马克思主义经济学的主要著作在我国大致已全部翻译出版，从而为中国的马克思主义政治经济学的形成，打下了坚实的基础。

张问敏在《马克思主义政治经济学在中国的传播与发展概述》[①] 一文中认为，中国的马克思主义经济学的形成过程大致可分为三个阶段：

### （一）萌芽阶段（1919—1929 年）

1919 年五四运动以后，马克思主义政治经济学的系统传播，使中国的知识分子进一步觉醒。他们利用马克思主义政治经济学作为理论武器，分析了旧中国生产关系的特点。如 1922 年 7 月，《中国共产党第二次全国代表大会宣言》认为，"帝国主义的列强在这 80 年侵略中国时期之内，中国已事实上变为他们的殖民地了"。"因此中国一切重要的政治经济，没有不是受他们操纵的；又因现尚停留在半原始的家庭农业和手工业的经济基础上面，工业资本主义化的时期还是很远，所以在政治方面还是处于军阀官僚的封建制度

---

① 张问敏：《马克思主义政治经济学在中国的传播与发展概述》，《经济研究》1991 年第 6 期。

把持之下。"① 这些分析实际上已概括出中国社会是殖民地与封建制度的混合体。再如1926年毛泽东在《中国社会各阶级的分析》一文中，分析了生产关系中不同集团的地位，以及它们之间的经济关系。这些论述都是逐步运用马克思主义唯物史观的理论，从经济基础入手来分析各阶级阶层的政治地位以及当时中国社会的性质。

### （二）开始形成阶段（1930—1938年）

首先，这期间，随着《资本论》等主要政治经济学经典著作在中国翻译出版，同时还有一批经典著作的通俗本和政治经济学教科书在我国出版发行，形成了系统传播的高潮。在这种形势下，不仅有许多人在学习、研究马克思主义政治经济学，甚至出版了一批中国人编译的著作和以中国经济为研究对象的零散研究著作。如黄宪章著《经济学概论》（现代书局1934年版），是以生产论、流通论、分配论来介绍《资本论》的主要内容，最后以金融资本、资本主义制度的崩溃和未来社会经济组织结束。沈志远著《经济学大纲》（北平经济学社1934年版），该书分两部分，上篇为资本主义经济，下篇为社会主义计划经济。陈豹隐的《经济学讲话》（北平好望书店1933年版），该书主要内容是介绍马克思主义政治经济学原理，但开始涉及中国经济问题。

以马克思主义观点、方法研究中国经济问题的专题文献也陆续出版。这类文献围绕着中国是半殖民地半封建社会这个主题，从生产、流通、分配各个环节来分析中国经济现状，以激励人们进行反帝、反封、改造旧中国的斗志。如徐雪寒编的《中国经济问题讲话》（新知书店1938年版），该书汇集了钱俊瑞、徐雪寒、王亚南、姜君辰、骆耕漠等老一代经济学家写的金融、财政、贸易、工业、农业、交通等专题研究论文。这类著作揭示了当时中国经济状况，标志着中国的马克思主义经济学在形成之中。

---

① 《中国共产党第二次全国代表大会宣言（1922年7月）》，载《六大以前党的历史材料》，人民出版社1980年版，第4—7页。

其次，提出了撰写中国马克思主义经济学即马克思主义经济学中国化的要求，如陈豹隐、王亚南等，这在后面专门论述。

最后，在30年代中国社会性质论战、农村社会性质论战、对农村改良主义批判过程中，明确了中国马克思主义经济学的对象、中国社会经济结构的特点，以及如何解放农村生产力问题。在农村社会性质的论战中，以《中国农村》杂志为阵地的钱俊瑞、薛暮桥、孙冶方等马克思主义经济学家，论证了农村生产关系的半封建性质，批驳了"资本主义已占优势"的观点。关于中国农村向何处去的问题，是当时一个迫切需要解决的问题。当时出现了不同的主张：一是主张推翻帝国李主义和封建势力的统治，在农村继续进行土地革命。二是主张改良主义，实行"乡村建设"、"平民教育"、"土地村公有"等做法。以钱俊瑞、薛暮桥、孙冶方等为代表的马克思主义经济学家批判了改良主义的主张，论证了解放生产力必须铲除帝国主义和封建残余势力，这就为中国马克思主义政治经济学研究农村生产关系指明了发展方向。

### （三）完成阶段（1939—1949年）

主要标志是：首先，有明确的研究对象。30年代的社会性质论战论证了中国是半殖民地半封建社会，从而中国政治经济学的研究对象，就是在半殖民地半封建社会下的生产关系。如王亚南曾说，他40年代撰写《中国经济原论》的"主要目的"，"是企图把帝国主义支配下的中国半封建半殖民地经济整体作为对象，来揭露其内部的矛盾及其向着毁灭之路迈进的辩证发展规律"。

其次，有科学的研究方法。经济学研究开始自觉地运用唯物史观和唯物辩证法，透过现象抓住本质，揭示半殖民地半封建经济关系的发展规律。

再次，明确地指明了旧中国生产关系的演变趋势。中国马克思主义经济学的主要内容，不仅说明各种生产关系的特征，而且揭示了帝国主义、官僚资本、封建势力是生产力发展的严重障碍。在这种形势下，必须变革生产关系（即进行新民主主义革命），使之适应生产力的发展。指明，从半殖民地半封建经济走向新民主主义经济，是历史发展的必然趋势。

最后，产生了中国马克思主义经济学的代表作。王亚南的《中国经济原论》1946 年由中国经济科学出版社出版后多次再版，书中揭示了半殖民地半封建经济运动规律，反驳了中国已是资本主义社会的错误结论，摆脱了30 年代经济学著作中那种生硬地照抄照搬外国理论的作法，而是把马克思主义经济理论消化吸收后，再用以说明中国的经济关系。是马克思主义经济学中国化的代表作。

## 三、唯物史观与中国经济史学研究

如前所述，马克思不仅通过运用历史唯物主义的基本观点对人类社会经济发展的一般规律以及经济范畴进行历史性分析，奠定了经济史学的唯物史观基础，而且通过对人类社会经济发展一般规律的阐述，特别是通过透彻而具体地解剖和研究资本主义社会这个最为复杂的社会经济形态与它的发展规律，进一步论证和发展了唯物史观的科学原理。可以说，唯物史观是马克思的经济学、经济史学理论体系的方法论基础。由于中国经济史学是在马克思主义唯物史观的指导或影响下形成和发展起来的，所以它一开始就以社会经济史的面貌出现，这成为中国经济史学的重要传统。在 30 年代的中国，"经济社会史"、"社会经济史"、"社会史"、"经济史"这几个名词的含义是相同的或相近的，以至可以相互替换使用。中国经济史学科的这种传统，显然在很大程度上是在马克思主义唯物史观的影响下形成的。可以说，没有马克思主义的唯物史观，就没有现代中国经济史学。

### （一）从传统经济史学到现代经济史学

当时，中国经济史研究非常活跃，人们用近代社会科学的理论方法指导研究工作，社会经济形态和社会经济发展状况成为研究的主要对象，研究涵盖了生产力和生产关系，生产、分配和交换的各个环节，并涉及社会生活的广泛领域。出版了一批专著和论文，其研究的广度和深度都是过去的"食货"式的记述所不可比拟的。同时，还出现了专门的经济史研究机构和刊物。例

如，30 年代初陶孟和主持中央研究院社会科学研究所时，经济史是其主要
的研究内容，1932 年创办了中国第一份以经济史命名的学术刊物——《中
国近代经济史研究集刊》（后改称《中国社会经济史研究集刊》）。1934 年 12
月，陶希圣创办了《食货》半月刊，这是我国第一份关于社会经济史的专业
性期刊，陶氏还在北京大学法学院建立了中国经济史研究室。在南方，中山
大学法学院也成立了中国经济史研究室，并在《现代史学》杂志中开辟了"社
会、经济史"专栏。上述研究成果，就标志着传统经济史学到现代经济史学
的过渡与转化，标志着现代意义的中国经济史学科的正式形成。

## （二）唯物史观与经济史研究第一次高潮的出现

经济史研究第一次高潮的出现，与马克思主义的传播和中国新民主主
义革命的开展密切相关，而直接启动这次高潮的则是中国社会史论战。"中
国经济史学的形成和发展与唯物史观的传播密不可分。20 世纪二三十年代
社会史论战的中心是如何运用唯物史观认识中国历史上的社会经济形态，
这次论战启动了中国经济史研究的第一次高潮，而现代意义的中国经济史
学正是在这次高潮中形成的。"① 在中国经济史学孕育和诞生时期，曾经面
临各种各样的思潮和理论，但是没有一种理论能够像马克思主义的唯物史
观那样对它的发展产生巨大而深远的影响。马克思主义唯物史观的本质所
决定它十分重视经济史研究，同时又给这种研究提供最锐利的理论武器。
马克思主义的传入不但推动了中国革命的发展，而且它关于生产力决定生
产关系、经济基础决定上层建筑的理论也引导人们去关注社会经济状况及
其发展的历史。而 1927 年第一次国内革命战争失败后的形势，又使这种
关注具有了空前的迫切性。因为如何认识中国社会性质关系到如何确定革
命的性质和战略策略这样与革命前途生死攸关的问题，而要正确认识中国
社会性质，又不能不作社会经济的分析和历史的研究，由此引发了中国社
会性质论战和作为其延伸的中国社会史论战。由于讨论的内容是围绕社会

---

① 李根蟠：《唯物史观与中国经济史学的形成》，《河北学刊》2002 年第 3 期。

经济形态问题展开的，所以它属于经济史的范畴，而且是关系社会经济历史总体性的重大问题。30年代社会史论战以后出现了经济史研究持续性的热潮。

在中国经济史研究第一次高潮中，有三股活跃在经济史坛上的力量最值得注意：一是以郭沫若、吕振羽为代表的一批接受马克思主义学说的学者；二是当时中央研究院社会科学研究所以及和他们有密切联系的一批学者；三是陶希圣主编的《食货》半月刊及其联系的一批学者。他们对唯物史观的态度、他们接受唯物史观影响的先后、程度和方式是各不相同的。

以郭沫若、吕振羽为代表的马克思主义史学家，致力于运用社会经济形态的理论来研究中国历史的发展阶段，不但奠定了中国马克思主义史学的基础，而且对于运用马克思主义研究中国经济史也有开创意义。是以马克思主义社会经济形态的理论系统研究中国历史的第一次尝试，影响巨大。吕振羽是在30年代初社会史论战正酣时走进史坛的，他在北平中国大学开设社会科学概论、中国经济史、农业经济等课程。1933年编写《中国上古及中世纪经济史》讲义，以后陆续发表了《中国经济的史的发展阶段》（《文史》1934）、《史前期中国社会研究》（1934）、《殷周时代的中国社会》（1936）等论文和著作，对马克思主义经济史学的建立和发展作出了多方面的贡献。之后，侯外庐、翦伯赞、邓拓等人也做了许多工作。侯外庐在遵循社会经济形态更替理论的前提下，开辟了一条认识中国历史特殊性的途径，他还努力把社会史的研究与思想史的研究结合起来。邓拓对"中国社会经济长期停滞"问题的分析和对中国灾荒史的研究，都很有影响。

"中央"研究院社会科学研究所是现在中国社会科学院经济研究所的前身，它筹建于1927年，1934年与中华教育文化基金董事会之北平社会调查所合并，1945年改称社会研究所。该所早在20年代末，就在马克思主义经济学家、中共地下党员陈翰笙的主持下，从事农村社会经济调查。陈翰笙的活动为国民党当局所不容，被迫离开"中央"研究院以后，继续在农村经济研究会从事此项工作。这些工作虽然不是直接的经济史研究，却为近代农村经济史的研究积累了资料，提供了基础。而农村经济研究会积极参与的中国农村社会性质的论战，是与中国社会史论战并行和密切相连的。30年代初，陶孟和主持所务时，经济史是社会科学研究的重要研究方向之一，出版了《中国近代经济史研究集刊》。

当中最知名的经济史学家梁方仲，1939年访问了陕甘宁边区。中华人民共和国成立后长期主持中国社会科学院经济研究所（其前身即"中央"研究院社会科学研究所）经济史研究工作。经济史大学严中平先生，1936年就是"中央"研究院社会科学研究所的研究生。他终生坚持用马克思主义唯物史观研究中国经济史。陶希圣在中国经济史研究第一次高潮中是相当活跃的，他创办的《食货》半月刊联系了一百多位作者，在两年多时间内发表了约三百篇文章，开拓了一些新的研究领域，对中国经济史学科的发展作出了重要的贡献。《食货》作者的学术观点和政治倾向很不一致，从所发表的文章看，许多作者在不同程度上接受了唯物史观，或受到唯物史观的影响。陶希圣本人在政治上反对共产党领导的人民民主革命，曾跟着汪精卫走到了汉奸的边缘，后来又成为蒋介石的笔杆子。他的学术思想比较驳杂，他读过马克思主义的书，受到唯物史观的影响，为文亦以唯物史观相标榜。他和他的弟子构建的魏晋中古（封建）说主要的理论依据是马克思主义的社会经济形态理论，而且这些工作对经济史学科的发展是有意义的。中国经济史界许多老一辈的知名学者，都在不同程度受到马克思主义唯物史观的影响。例如，经济史界的南北二傅（傅衣凌和傅筑夫），在回忆他们治史经历时，都谈到马克思主义唯物史观对他们的影响。

傅衣凌运用马克思主义的社会结构分析方法、阶级分析方法，加上来自社会学的实地调查方法，将契约、族谱等民间文献放置到马克思主义唯物史观框架下，从经济基础与上层建筑、生产力与生产关系理论出发，揭示中国传统社会的阶级、阶级矛盾与阶级斗争，揭示中国社会的早熟却又不成熟的社会现实，揭示中国社会"死的拖住活的"的历史内涵。1944年他依据民国时期的各种土地文书及租佃契约等原始材料整理出版《福建佃农经济史丛考》一书，该书对明清时期福建永安农村的社会构造、阶级斗争以及一田二主等问题作出了清晰的阐述，成为中国区域社会经济史研究的奠基之作。通过解读土地契约中亲邻权的存在，傅先生发现了中国土地产权交易中普遍存在若干非经济因素。① 他指出："中国历史的发展并没有背离世界各国的共同客观规律，但又有自己的特点。这个特点的形成使中国的封建制不同于欧洲和日本的纯粹封建社会，而是以地主制为中心所建立起来的一种生产关系。因而她具有东方社会的某些特点，发展较为缓慢，新旧社会形态的交替，没有截然分开，藕断丝连，纠缠不清。但她又不是长期沉睡的社会，而是一种弹性的封建社会。这种社会是早熟而又未成熟，既发展而又停滞。但生产力始终是最革命的因素，纵使遇到中断、夭折，然而它绝不会停滞不前，且仍有前后继承关系。"② 因此，"必须接触社会，认识社会，进行社会调查，把活材料与死文字两者结合起来，互相补充，才能把社会经济史的研究推向前进。"③

早年傅筑夫即研习英译本《资本论》，并尝试运用马克思的经济理论来研究中国社会经济问题。1936 年傅筑夫前往英国伦敦大学政治经济学院研究经济理论和经济史，1939 年回国后任职国立编译馆，主持翻译和编撰世界经济学名著工作。20 世纪 40 年代，他建议并策划中国古代经济史资料的收集和整理，形成了具有类编和纲目的中国经济史雏形。傅筑夫先后在《东方杂志》、《中国经济》等刊物上发表了诸如《中国经济结构之历史的检讨》、《由经济史考察中国封建制度生成与毁灭的时代问题》、《中国经济衰落之历史的原因》、《研究中国经济史的意义及方法》、《由汉代的经济变动说明两汉的兴亡》等经济学论文。在这些文章中，他已初步提出了西周封建、中国历史上几次经济大波动等学术见解，开始注意中国与欧洲的比较研究，并对陶希圣所著《中国封建社会史》一书提出了批评。从 1940 年起，开始从事大

① 傅衣凌：《我是怎样研究中国社会经济史的》，载《傅衣凌治史五十年文编》，中华书局 2007 年版，第 74 页。

② 傅衣凌：《我是怎样研究中国社会经济史的》，载《傅衣凌治史五十年文编》，中华书局 2007 年版，第 44 页。

③ 傅衣凌：《我是怎样研究中国社会经济史的》，载《傅衣凌治史五十年文编》，中华书局 2007 年版，第 39 页。

规模的中国经济史资料的收集和整理。《中国经济史论丛》（上、下册）、《中国古代经济史概论》、《中国封建社会经济史》，是傅筑夫的代表作。他认为经济史是经济科学，虽然它的名称上带有一个史字，但不宜把它列入历史科学的范畴，经济史无疑是具有史的性质，但却不是史，而是经济的历史，所以属于经济科学。他认为经济史研究是社会经济的结构形态及其发展变化的运动规律，经济史研究是用具体的社会实践，即用大量的历史事实把各个不同生产方式的生产关系和交换关系的形成、发展、变化及其演进的过程和必然归宿揭示出来，探究其内在联系，把客观的经济规律反映出来。从这个角度来说，也可以说经济科学本来就是一种广义的历史科学。这是由于经济现象及一切社会现象都不是逻辑现象，不是一种超时间超空间的抽象概念，而是出现在一定时间和一定空间之内的一个具体存在。对于这样一种变化中的实体即经济现象，只能用动态的观点、发展的观点，即历史观点来进行观察，才能看清楚它的发展变化的历史规律。马克思恩格斯就是运用历史观点和方法来研究经济问题的伟大经济学家，是应用历史观点和方法观察和分析经济现象的典范。《资本论》是一部经济学巨著，同时又是一部最好的经济史。马克思的经济理论主要是根据英国的历史总结出来的。《资本论》里充满了历史资料，却仍然是一部经济学著作，而不是历史学著作，是经济史著作而不是一般历史的著作。傅筑夫认为，经济史学的任务应当是对经济现象进行纵的分析，探明规律，并由此强调说：经济史主要不是在说明某一时代某一地方有什么经济制度经济现象，而是在探究为什么那个时代会产生那个经济制度和经济现象。

在《中国古代经济史概论》一书中，傅筑夫从经济史入手，运用马克思主义经济理论，揭示了中国古代社会经济发展变化的规律和特点，提出了一系列独特的见解：如把长达二千多年的中国封建制度区分为典型的封建制度和变态的封建制度；认为我国战国时期社会经济结构中已经有了资本主义因素或产生资本主义的前提条件；从分析中国封建社会内部经济结构出发，论证了中国封建社会经济为什么发展迟缓，资本主义经济因素为什么不能正常发展的原因；深刻分析了我国汉代以后历代实行闭关主义政策的经济根源。

这些理论和观点开启了中国现代经济史学全新的视野和领域。

## 四、马克思主义经济学中国化及其影响

### （一）王亚南与马克思主义经济学中国化

在 20 世纪上半叶，在不多的经济学家中，王亚南是最杰出的马克思主义经济学家和思想家。1927 年，大革命失败后，王亚南来到杭州西子湖畔的大佛寺，在郭大力的帮助下开始研究马克思主义政治经济学。1929 年，王亚南留学日本，广泛阅读马克思主义政治经济学著述和资产阶级古典经济学名著。他先后翻译出版了亚当·斯密的《国富论》（1931 年）、大卫·李嘉图的《经济学及赋税之原理》（1931 年）、高昌素之的《地租思想史》（1931 年）、克莱士的《经济学绪论》（1933 年）、乃特的《欧洲经济史》（1935 年）、马克思的《资本论》（1938 年）、柯尔的《世界经济机构体系》（1939 年）等西方经济学著作，其中最有价值的是积十年之功完成的《资本论》的翻译。发表、出版了有关中国经济学的系列著作和论文，如：《封建制度论》（1931 年，论文）、《苏俄经济学论战》（1932 年，论文）、《中国经济读本》（1936 年，专著）、《经济政策》（1936 年，专著）、《中国社会经济史纲》（1936 年，专著）、《战时经济问题与经济政策》（1937 年，专著）、《政治经济学在中国》（1941 年，论文）、《哲学与经济学》（1942 年，论文）、《中国商业资本论》（1942 年，论文）、《中国货币总论》（1943 年，论文）、《中国经济研究的现阶段》（1943 年，论文）、《政治经济学的法则》（1943 年，论文）、（1943 年，论文）、《中国资本总论》（1943 年，论文）、《经济科学论丛》（1943 年，专著）、《中国经济论丛》（1944 年，专著）、《论东西文化与东西经济》（1944 年，论文）、《中国经济原论》（1946 年，代表作）、《中国社会经济改造问题研究》（1949 年，专著）、《政治经济学史大纲》（1949 年，专著）等等。

《资本论》的翻译过程，也就是王亚南世界观和方法论逐步形成的过程。《资本论》出版后，其思想逐渐成熟，开始将马克思主义经济理论运用于中国的实际，运用唯物史观来研究中国的具体社会形态，由 30 年代的翻译为

主转变为 40 年代的著述为主。《中国经济论丛》、《中国经济原论》、《中国官僚政治研究》等就是他运用唯物史观分析中国经济、政治、社会的重要成果。其突出贡献表现在两个方面：一是系统翻译《资本论》，一是提出和创建"中国经济学"。前者是对马克思主义经济学理论和方法的学习、掌握和传播，被誉为"马克思经济学说在中国系统传播的里程碑"[①]。后者则是将马克思主义经济理论中国化的尝试和努力，是马克思主义经济学中国化的提倡者和实践者。

1941 年王亚南在《政治经济学在中国》一文中提出了"中国经济学"这个概念[②]。在文中他剖析了中国经济学界存在的教条主义倾向，提出了"以中国人的资格来研究政治经济学"[③] 主张。强调密切联系中国社会实际，使马克思主义政治经济学中国化。"努力创建一种专为中国人攻读的政治经济学"，"特别有利于中国人民阅读，特别会引起中国人的兴趣，特别能指出中国社会经济改造途径的经济理论教程"，"其例解，其引证，尽可能把中国经济实况作为材料。""像我在这里所规定的供中国人研究的政治经济的内容，实际无非就是一个比较更切实用的政治经济学读本，但我们要把这方面的努力，作为中国政治经济学研究者的一个鹄的，就是认为创立一种特别具有改造中国社会经济，解除中国思想束缚的性质与内容的政治经济学，是颇不同于依据现成材料来编述一个政治经济学的读本。那颇需要我们研究政治经济学人，在有关世界经济及中国经济之正确理论体系上，分别来一些阐发准备的工夫。"[④] 这一主张是当时中国经济学界在研究方法论上的一大突破。在这一思想的指导下，他第一个提出了"地主经济论"，系统阐明了中国封建社

---

① 张岂之主编：《民国学案》第 5 卷，湖南教育出版社 2005 年版，第 759 页。

② 其实，早在 1933 年陈豹隐也提出了创建中国经济学的问题，他说："我们知道无论学什么科学，必然要拿它和中国关联起来，才合乎目的。所以我们应当以中国人的资格，站在中国人的立场，来研究中国经济学说与外国经济学说之间的区别和关联，并指出现今中国的经济学的发达程度及以后的发展倾向。"（参见陈豹隐：《经济学讲话》，北平好望书店 1933 年版，第 231 页）

③ 张岂之主编：《民国学案》第 5 卷，湖南教育出版社 2005 年版，第 759 页。

④ 王亚南：《政治经济学在中国》，载《王亚南文集》第 1 卷，福建教育出版社 1987 年版，第 120—125 页。

会发展的法则；第一个把半殖民地半封建经济作为一个体系进行全面系统的阐述。为马克思经济学说中国化、为建立"中国经济学"作出了巨大成绩。

这集中体现在他撰写的《中国经济原论》一书上。1940年王亚南在中山大学开设高等经济学这一门课程，教材用的是李嘉图《政治经济学及赋税之原理》，但因所讲内容与当时中国的现实相距甚远，同学不感兴趣，后来他就丢开了李嘉图那部著作，应用《资本论》的有关资本主义经济和前资本主义经济的范畴和规律来研究中国经济，"即分别由价值论展开中国商品价值的研究，由利润利息论展开中国利润利息形态的研究"，"编出一个站在中国人立场来研究经济学的政治经济教程纲要"，即《中国经济原论》。

1946年出版的《中国经济原论》一书是他理论研究和教学实践的结晶，是他着眼于"中国经济学"，运用唯物史观探讨中国半殖民地半封建社会经济形态的代表作。他指出："中国土地其所以成为全面的社会问题，不能单从土地分配不均和租率太高两件事得到说明，那两者，不过是最具体、最直接显现在土地问题上的表象，而隐在它们后面的以次一列社会经济关系，才真是中国土地问题的症结所在。""一个社会的半殖民地性格，是由它的落后的封建生产关系引出的，是通过它的各种封建剥削造成的。而一切原始性剥削，又是把封建土地制作为其骨干或核心。"[①]在书中，他深刻分析了中国半殖民地半封建社会的性质和原因，并通过对中国商品与商品价值、货币、资本、工资、地租等经济形态的研究，揭示出中国半殖民地半封建社会经济运行的规律及经济形态过渡的性质。通过翻译和刻苦钻研《资本论》，王亚南逐步掌握了列宁称之为马克思首创的"唯物主义方法和理论经济学方法"，把西欧领主型的封建制与鸦片战争前中国传统的封建经济相比较，从而得出他所说的"在世界一般的封建制中，显出了极大的特点"的中国地主经济型封建制，"即其他国家的封建基础，是建立在领主经济之上，土地不得自由买卖，与土地相联系的劳力，不得自由移动；中国的封建基础，是建立在地

---

① 王亚南：《中国经济原论》，转引自张岂之主编：《民国学案》第5卷，湖南教育出版社2005年版，第764页。

主经济之上，土地大体得自由买卖，劳力大体亦得自由移转。"这一学术成果，是对新民主主义革命经济理论的一大贡献，由于他是应用《资本论》的体系和方法来创建"中国经济学"，所以解放前曾有人把《中国经济原论》称之为"中国式的资本论"①。由此可见王亚南在马克思主义经济学中国化过程中的影响与地位之卓著。

### （二）千家驹与马克思主义经济学中国化

作为马克思主义经济学家的千家驹在 20 世纪 30 年代运用唯物辩证法和历史唯物论的基本原理，对当时中国农村的经济问题、内债问题、财政经济、教育经济作过比较系统、精辟的研究。他早年以批评国民政府的经济政策和研究中国农村经济著称，中年以后主要致力于马列主义经济学说的普及和宣传，晚年则在关注中国经济体制改革。他一生笔耕不辍，除了在报刊上发表大量的经济学论文之外，仅公开出版的经济学专著、论文集（包括独撰、合撰和主编）就有 20 余种，另有多种报告文学、散文集、回忆录和历史、教育类著作传世。据我们查考，他在不同时期出版的专著、文集主要有：《中国的内债》（1933）、《农村与都市》（1935）、《中国乡村建设批判》（1936）、《中国农村经济论文集》（1936）、《广西省经济概况》（1936）、《中国的乡村建设》（1936）、《中国战时经济讲话》（1939）、《帝国主义是什么》（1940）、《论德苏战争》（1941）、《中国法币史之发展》（1944）、《中国经济现势的讲话》（1947）、《新财政学大纲》（1949）、《旧中国公债史料》（1955、1984 两个版本）、《为自己的劳动和为社会的劳动》（1956）、《社会主义基本经济规律》（1959）、《千家驹教育文选》（1980）、《特区经济理论问题论文集》（1984）、《七十年的经历》（1986）、《千家驹经济论文选》（1987）、《发愤集》（1987）、《怀师友》（1987）、《千家驹论经济》（1989）等等。

20 世纪 30 年代，中国的社会经济逐渐陷入衰退的境地，其中农业和农村经济的衰退尤为严重，濒临"农村破产"或"农村经济崩溃"。人们不约

---

① 张岂之主编：《民国学案》第 5 卷，湖南教育出版社 2005 年版，第 760 页。

而同地喊出了"复兴农村"、"救济农村经济"的口号，并以不同的方式和手段，从不同的方向和领域出发，提出并实施了复兴或救济中国农村经济的理论纲领与行动方案。由此，引发了一场声势浩大的农村改良运动。其中，又以著名思想家和教育家梁漱溟、晏阳初领导的乡村建设运动持续时间最长，影响和成效也最为明显。但是，它们也带有一个共同的理论缺陷，即都是在用改良主义的手段和办法来对抗中共领导的农民土地革命，都试图在不改变中国近代半殖民地半封建的社会秩序与维护国民党一党专政地位的前提之下，来救治当时国内日趋凋敝的农村经济，进而达到挽救和复兴中国社会经济全局的终极目的。千家驹从中国半殖民地半封建社会这个前提出发，提出了关于中国出路的观点。他认为，在中国经济问题中，农村问题始终是核心，要发展农村经济，乡村建设的道路走不通，同样，以工业救济农村的道路，也不是解决中国经济问题的办法。

为此，千家驹相继发表了《救济农村偏枯与都市膨胀问题》、《定县的实验运动能解决中国农村问题吗?》、《中国农村建设之路何在》、《中国的歧路》、《中国农村的出路在哪里》等一系列论著，对当时中国农村的经济问题进行了比较系统、精辟的研究和论述。首先，运用唯物史观分析中国农村凋敝的原因，批判梁漱溟、晏阳初等人领导的乡村建设运动为代表的各种农村改良运动；其次，针对当时中国农村经济凋敝的根本原因，依据唯物史观提出解决办法，认为只有中共领导的农民土地革命才是中国农村的唯一希望和出路。他指出："各种救济中国农村经济病态的药方，真可说是应有尽有，莫不是'言之有故，持之有理'的。不过，我们的意见却与他们微有不同。我们认为：中国农村经济发展的前途，横着几个基本的障碍。这几个基本的障碍不仅促使中国农村的崩溃，也促使中国整个的社会经济于破产。在这几个主要的障碍未除去以前，农村经济决不能由单纯的调剂都市与农村的金融可以获得解决，而且今日的农村偏枯与都市膨胀只不过是整个社会经济破产病态局部的表现。在中国整个的社会经济得不到救济办法之前，一切的调剂都市与乡村的计划，都是一句空话，都是不能兑现的……我们知道中国农村经济的破产是由于帝国主义者与封建势力经济的与超经济的种种剥削。我们又知道了今日都市膨胀现象之所以造成，是由于近年来农村之加深的崩溃与民族工业之加速的破产。那么，很明显的，农村偏枯之救济与都市膨胀之治疗，决不能由它的自身，即由调剂都市与乡村的金融流通或创办各种合作社等等头痛医头、脚痛医脚的办法所能解决。它必须从根本上设法，必须扫除那些促成农村与民族产业破产的帝国主义势力及其所扶植的封建残余。这种肃清帝国主义势力及封建残余的运动，自与 18 世纪法国的资产阶级革命不同，亦非农民阶级所能单独担负。"[1]

认为梁漱溟、晏阳初等人开展的农村改良运动尽管局部和短期有一定成效，但由于解决问题的方法和根本理论的错误，是不能从源头上解决问题的。"如果以为这种局部的技术上面的成功，就足以解决中国农村破产的问题或解决中国社会的根本问题时，那就无疑地是一个幻想了。不要说根本的社会问题，即是他们想利用那一套哲学来解决小小的社会问题，事实上亦无疑地会碰壁的……平教会的哲学根本就不允许农民之革命的——所以结果只得诉之于好政府……平教会的工作本身实包含着一种不能解决的矛盾，他们想不谈中国社会底政治的经济的根本问题，但他们所要解决的却正是这些根本问题，他们不敢正视促使中国国民经济破产（与）农村破产的真正原因，但他们所要救济的却正是由这种原因所造成的国民经济破产与农村破产！"[2]

他根据定县和邹平县农村改良运动的实际情况，认为乡村建设派的主张依然不能解决中国农村凋敝和崩溃的结局。"我将更进一步来检讨乡村建设之路是一条什么路……至于他们工作中之某几部分技术的成功，我毫无菲薄之意，但要有人以为这种局部的技术成功，就足以解决中国的农村问题，那我认为是一种新的乌托邦。……辩证的问题是：在中国目前半殖民地的状况下，乡村建设前途的可能性如何？它能否走得通？……乡村建设既不是要改变现存生产关系，即使它走得通，其前途亦可想而知。说者或曰乡村建设虽

---

[1] 千家驹：《救济农村偏枯与都市膨胀问题》，载千家驹：《农村与都市》，中华书局 1935 年版，第 27 页。

[2] 千家驹：《定县的实验运动能解决中国农村问题吗?》，载千家驹：《中国农村经济论文集》，中华书局 1936 年版，第 35—36 页。

不能改变乡村内部之生产关系，但或许能阻止乡村之外部的破坏也未可知。我答之曰，亦不可能。现在我们就借着梁先生自己的话来问他们：'一、莫言乡村建设，且问乡村之日趋崩溃可能有已止的希望吗？似乎崩溃的趋势，却有把握，而崩溃的已止，转机在哪里，倒不可见呢？二、破坏乡村最有力的，一是国际资本帝国主义，一是国内不良的政治，这是无待烦言的事实。然如一般乡村建设者之所为，于此究何补？他们果算得针对问题而解决吗？'这二问题是梁先生自己所提出来的……但他并没有予以解答。同样地，我曾执此已评定县平教会之实验运动，即以定县人民破产之深刻化来反证他们的运动并不能阻止乡村之日趋崩溃的潮流……我们也承认建设乡村非可一蹴而就，但遗憾的是直到今日为止，无论定县或邹平，我们都丝毫找不出乡村建设能成功的趋向或端倪来，反而破产的怒潮，如水银泻地无孔不入。"①

最后，运用马克思主义唯物史观理论一针见血地指出了乡村建设派的主张在中国行不通的症结所在："乡村建设运动是中国主要的一种社会改良运动……他们是想在不变改现存的社会制度与生产关系的前提之下，在反帝国主义与反封建的圈子以外，以和平的方式对抗着'土地革命'的簇新姿态而出现的。这一种乡村建设运动有如下的几种特色：第一，他们都不是反帝国主义的，因此是与民族解放运动脱离环节的……第二，他们都不是反封建势力，反而是处处与封建势力相结托的，无论那（哪）一派别的乡村建设……都能得到各地方当局的同情与赞助，地主豪绅阶级的拥护，这与其他一切的农民运动之处处受当局之摧残与迫害（相比），是多么显著的对立啊！第三，他们都是要以和平方法，企图农村复兴之实现的……但乡村建设运动分明是在中国社会的种种矛盾与对立的基础上发生和发展起来的，而且乡村建设运动的自身，亦就是各种对立和矛盾的集合体……"②"定县的平教会和邹平的乡村建设工作，绝不是中国农村的出路。平教会是想不谈中国社会的政治的经济的根本问题，但他们所要解决的却正是这种根本问题。他们只看到了社

---

① 千家驹：《中国的歧路》，载千家驹：《中国农村经济论文集》，中华书局 1936 年版，第 41—53 页。

② 千家驹：《中国的乡村建设》，大众文化社 1936 年版，第 85—89 页。

会现象的表面病态——愚，穷，弱，私，但他们没有进一步去追究中国的农民为什么会愚，会穷，会弱，会私？他们根本不了解埋在这'愚、穷、弱、私'底里的帝国主义者之侵略与封建残余的剥削，才是造成'愚穷弱私'的原因。所以平教会的工作视为一种教育制度之实验是可以的；视为解决中国问题的张本是绝对不够的。至于邹平的乡村建设，梁先生在好多方面的认识虽比平教会进步得多……而且他明白了农民之自动的组织（村学与乡学）是乡村建设之基本的动力。但由于他不了解乡村中的阶级关系，他把乡村视为抽象的整个的整体，而不把它看成是由各种利害不同的地主农民所组成的；他只看见了乡村之外部的矛盾，而看不见乡村之内在的矛盾，所以，他是根本不想改变乡村之内部的生产关系……只有当乡学与村学变质为代表贫农利益的这样的政权时，农民们才会以必死的决心去拥护它……但这又不是梁先生的所谓'乡学'与'村学'了。梁先生的'乡学'与'村学'，不过是旧日豪绅政权之变相……"① 因此，千家驹含蓄而又坚定地断言：只有中共领导的反帝反封建的农民土地革命，才是中国近代农村的唯一希望和出路。"第一，这种组织必须是能代表最大多数农民之利益的……第二，这种组织必须是自下而上的……第三，这种组织必须是适应世界潮流的……不是向左就是向右，中间是没有第三条路的……第四，这种组织必须以反帝国主义与反封建残余为其主要任务……看了上面的四点，读者可以窥知我们所谓农民组织应该是个什么东西。中国农村有没有出路，就要看这种组织能不能获得他稳固的基础与光辉的前途。自然，这一条路是十分难走的。帝国主义者要迫害它，封建集团要用其全力以摧毁它，它能不能冲破这恶劣的环境还是一个大问题；另一方面，国际政治的变化也时时的影响到这一种真正的农村建设运动。不过有一句话，我们可以肯定说的是：中国农村如这一条路走不成功，则势必做了帝国主义经济的附庸，而由半殖民地走向彻底殖民地化。"②

---

① 千家驹：《中国农村的出路在哪里》，载千家驹：《中国乡村建设批判》，新知书店1936年版，第91—92页。

② 千家驹：《中国农村的出路在哪里》，载千家驹：《中国乡村建设批判》，新知书店1936年版，第93—94页。

在有关国家财政问题上，千家驹认为自清末到民国，国家财政一直处于一种病态发展的状况。他指出："中国国家的财政，有使我们最感困难的一点，就是我国素无预算制度。在满清专制政府时代，国库与君主之私帑不分，中央与地方的税收无明确的界别。……所谓财政公开之预算制度，当时无从发生，固无论矣。鼎革以还，内战频仍，政潮迭起，财政当局但求亲媚于军阀，善借债以度节关，即为能手，预算有无，非彼所问。国家而无预算，则收支实况，我们自无从探讨其真相。"①"中国财政病态的发展是无可讳言的。"他还进一步指出了中国财政不健全的几个因素："然中国岁出入之增加，却会有几个不健全的因素在内：第一，岁出虽为急剧之增进，而岁入则全赖借债为救济，致中央入不敷出的情形，愈益显著。……第二，岁入中增加最速者，阙为关盐两税。二者均为间接税而非直接税，换言之，负担此税额者非为少数之资本家而为大多数之贫民。租税负担之不公平，莫此为甚！……第三，外债与内债为加速率的增加，中央的财政愈不能脱离借债还债的局面。外债中之有确实担保者关系尚轻，其无确实担保者，关系于我国之主权，至深至巨。……至内债之增加，其徒为压迫社会金融，紊乱国家财政。第四，岁出中占最主要成分者为军务费与债务费，此二者全属不生产的支出，按之财政学上所谓经济的原则，社会的原则，财政的原则及政治的原则，无一适合。……盖我国之举债，其用途多为供当局军政费之挥霍，非所语建设与生产。"因此，"三十年来的中国财政史可以说是一部内忧外患史，也可以说是一部举债史。我们可以把它当为一部公债史，也可以把它当为一部举债还债史看！"②可见，千家驹对自清末到民国三十年来的国家财政状况的分析可谓客观真实且尖锐精辟。其中也阐述了政府公债这一新型经济学范畴。公债是指"政府为筹措财政资金，运用国家信用

---

① 千家驹：《最近三十年的中国财政》，《东方杂志》31卷1号，1933年，转引自张岂之主编：《民国学案》第5卷，湖南教育出版社2005年版，第785页。

② 千家驹：《最近三十年的中国财政》，《东方杂志》31卷1号，1933年，转引自张岂之主编：《民国学案》第5卷，湖南教育出版社2005年版，第789—790页。

方式，向国内外投资者所借的债务"①，作为一种财政范畴，公债的产生要比税收晚些。现代意义的公债制度是在封建社会末期随着资本主义生产关系的产生、发展而出现的。在最早出现资本主义生产关系的意大利产生了近现代意义上的公债。到了自由资本主义阶段，资本主义国家的对内对外职能的扩大，使得政府的财政支出急剧膨胀，只能通过大量发行公债筹集资金，以弥补财政赤字，公债制度有了很大的发展。公债按不同的标准，可划分为不同的种类。按发行地域划分，可以分为国内公债和国外公债。政府在本国的借款和发行的债券为国内公债，发行对象是本国的公司、企业、社会团体或组织以及个人。②20世纪上半叶对近代中国公债史进行专门研究的著述主要有：贾士毅的《国债与金融》、《民国财政史》（第四编《国债》），千家驹的《中国的内债》，王宗培的《中国之内国公债》，余英杰的《我国内债之观察》，尹伯端的《从公债的作用形态说到中国的公债政策》，郑森禹的《整理公债与当前的恐慌姿态》，杨荫溥的《新公债政策之检讨》等。在具体的研究中，千家驹的《中国的内债》影响较大，他把自民国元年（1912）以来的中国内债作了一个历史的考察和整理；对南京国民政府发行的10亿多元公债的用途作了分析；阐述了发行公债对中国的金融及国民经济的影响；突出批判了当时政府公债的实质与弊端。

关于战时财政经济方面，千家驹运用唯物史观提出了一系列主张。抗战时期，面对国民政府困厄不堪的财政状况，一些著名学者如马寅初、钱俊瑞、千家驹、何伯雄、章乃器、张一凡、朱锲、丁洪范、何廉等，纷纷发表文章，阐述自己的战时财政主张。首先，从中日战争的性质和特点出发，千家驹提出了实现财政战时转轨的前提条件和一些基本原则。他指出抗日战争将是一场正义的民族解放战争，其特点是敌强我弱，旷日持久。这就为中国

---

① 刘国光：《中国大百科全书·财政、税收、金融、价格》，中国大百科全书出版社1998年版，第97页。

② 参见潘国琪：《近代中国国内公债史研究》，《浙江大学学报》（人文社会科学版）2003年第5期。

财政提出了持久性的要求，否则"我国不败于战争而先败于经济"①。为此他强调指出必须停止内战，调动各方面力量，形成举国一致投身抗战的局面，这是实现上述目标不可或缺的政治前提。唯其如此才能在战时贯彻"有钱出钱，有力出力，钱多多出，钱少少出"的方针，才能在制订财政政策时体现公平、普遍原则。

其次，在财政开源方面，他建议战时国家应在公平、普遍的原则下开征新税，设置新税种。千家驹主张开征财产特捐税。为了防止纳税人用藏匿、私赠等方式逃避纳税，千家驹主张发动民众对这些人进行监督。他还把征收财产特捐与实行社会改良联系起来，认为此办法"如实行得宜，不但可以救济中国战时财政困难，且可以获得一副目的，即肃清封建残余势力万这种肃清封建残余工作，在平时是非常艰难的，而且也许不免要流血，但是在战时却可事半而功倍"②。

再次，在节流方面，要求停付一切内战开支，把省下的开支用于国防建设，把内战开支变成"保卫民族生存的正当消耗"③。表达了他们要求停止内战一致对外的强烈要求。

最后，主张利用战时财政改革，革除由来已久的财政积弊。多年以来，彼时的国民政府的财政一直在恶性循环中运行，流弊甚多，已是积重难返，况又逢战时百业待举之时，改革财政的前景实令人担忧。但千家驹对此有独特看法，他认为战争爆发后固然会加重财政改革的困难程度，但同时也为之提供了一个良好的契机，使"平时财政的弱点可以藉战时而把他们全部克服"④。他认为如果全国人民都被广泛动员起来参加抗战，那么一切有利于抗战的举措都会得到人民支持，财政改革当然也不例外。千家驹把人民的支持看成是战时财政改革的最有利条件，可谓慧眼独具。

此外，千家驹还站在无产阶级和劳动人民的立场运用唯物史观分析了公

---

① 千家驹：《中国的平时和战时财政问题》，《东方杂志》34 卷 1 号，1936 年，第 82 页。
② 千家驹：《中国的平时和战时财政问题》，《东方杂志》34 卷 1 号，1936 年，第 84 页。
③ 千家驹：《中国的平时和战时财政问题》，《东方杂志》34 卷 1 号，1936 年，第 84 页。
④ 千家驹：《中国的平时和战时财政问题》，《东方杂志》34 卷 1 号，1936 年，第 87 页。

债和旧中国公债的类型与性质。他指出："公债是资本主义国家的产物……
到了社会主义社会，公债的意义和作用已和资本主义国家的公债有所不同，
这是社会主义国家利用旧的经济范畴来为新的社会主义制度服务的又一例
证……资本主义国家的公债，一方面保证资产阶级不劳而获的利益，另一方
面又促使劳动人民的生活的更加恶化……旧中国发行的公债属于资本主义公
债的类型，但具有极为浓厚的半殖民地半封建的性质。它养肥了买办资产阶
级，同时促使广大劳动人民的贫穷化。由于旧中国的财政是一个半殖民地的
财政，它经常地依靠借债过日子，而且这种公债的发行完全为着进行军阀混
战和镇压国内革命战争的目的，它具有比资本主义国家的公债更为显著的破
坏性与腐朽性。"[1]

### （三）马克思主义经济学的影响

总之，在中国现代经济学学术体系构建过程中，唯物史观发挥了巨大的
理论和方法论作用。首先，一大批经济学家运用唯物史观研究中国的经济史
学。以郭沫若、吕振羽为代表的马克思主义史学家，致力于运用社会经济形
态的理论来研究中国历史的发展阶段，开启了以马克思主义社会经济形态的
理论研究中国历史（含经济史）的第一次尝试。著名经济史学家梁方仲、严
中平、傅衣凌、傅筑夫等运用唯物史观取得了一系列中国经济史学的成果，
提出和论证了"中国社会经济长期停滞"、中国封建社会经济为什么发展迟
缓、资本主义经济因素为什么不能正常发展的命题及其原因；深刻分析了我
国汉代以后历代实行闭关主义政策的经济根源。这些理论和观点开启了中国
现代经济史学全新的视野和领域。其次，以王亚南、千家驹为代表的经济学
家则开始运用唯物史观来构建中国现代经济学。王亚南是马克思主义经济学
中国化的提倡者和实践者，他不仅提出了"中国经济学"的概念，而且为构
建"中国经济学"作出了巨大努力。其代表作《中国经济原论》，通过对中

---

[1]　千家驹：《旧中国发行公债史的研究》，转引自张岂之主编：《民国学案》第 5 卷，湖南
教育出版社 2005 年版，第 793—794 页。

国商品与商品价值、货币、资本、工资、地租等经济形态的研究，深刻分析了中国半殖民地半封建社会的性质和原因，揭示出中国半殖民地半封建社会经济运行的规律及经济形态过渡的性质，被称誉为"中国式的资本论"。千家驹则站在劳动群众立场，着眼公平、普遍原则，运用唯物史观撰写了20多部著述，系统、精辟研究了20世纪上半叶中国农村的经济问题、中国内债问题、国家财政经济、国家教育经济等系列经济问题，有力驳斥了乡村建设派的主张。做法。以钱俊瑞、薛暮桥、孙冶方等为代表的马克思主义经济学家批判了改良主义"乡村建设"、"平民教育"、"土地村公有"等主张，提出和论证了实施土地革命、解放生产力、铲除帝国主义和封建残余势力的论见，为中国马克思主义经济学研究农村生产关系指明了方向和途径。

## 第三节　唯物史观与中国现代社会学

社会学是近代西方社会的产物，法国实证主义哲学家奥古斯特·孔德（Auguste Comte，1798—1857）在其《实证哲学教程》中首先提出和使用"社会学"（Sociologie）这一名称，并规定了相应的要求和纲领。他还提出了人类智识的进步律，即将人类智识分为三个阶段：神学阶段、哲学阶段、科学或实证阶段。因此被视为社会学的鼻祖。之后，英国社会学家斯宾塞建立起了社会学的理论体系，并提出了两个主题：社会进化论和社会有机体论。

社会学关注、研究社会种种问题，具有变革社会的强大功能。因此，近现代以来急剧变革的中国社会，对于西方新兴的社会学理论的需要是可想而知的。最初传入中国，被称之为"交际学"、"世态学"、"群学"（"人群学"），最初引进和传播社会学的是严复、章太炎。

中国现代社会学大体经历了三个阶段：一是19世纪末20世纪初的引进阶段，这个时期源自法、英、德、俄、美的西方社会学理论各流派经过传教士和留学生而被渐次介绍到中国。二是20世纪20—50年代中国本土社会学构建或者说社会学中国化阶段。"五四"以后，鉴于改造中国、改造社会的时代呼声,社会学在中国渐渐发展成为一门显学。各派学者开始运用西方社会学理论,深入调查,结合中国具体国情,尝试构建中国化的社会学体系。与之相应,社会学理论的研究和教学也兴盛起来,各大学基本上开设了社会学系,培养社会学专门人才;社会学专业协会相继成立,协会主办的专业社会学刊物相继创办。社会学的教材、译著和专著相继出版。其中译著、编著主要有赵作雄翻译的《社会学及现代社会问题》(1920 年商务印书馆)、德普和延年翻译的《社会学入门》(1923 年世界书局)、常乃德编著的《社会学要旨》(1924 年中华书局)、曹聚仁编著的《社会学大纲》(1924 年民智书局)、瞿世英翻译的《社会学概论》(1925 年商务印书馆),专著主要有朱亦松的《社会学原理》、杨幼炯的《社会学大纲》、李达的《社会学》、许德珩的《社会学概论》、唐龙的《社会主义社会学》、王平陵的《社会学大纲》、孙本文的《社会学的领域》等。1929—1930 年由孙本文领衔编写的《社会学丛书》15 种也由世界书局陆续出版。此时,中国社会学在学科体系、学术体系、话语体系、人才培养和国际交流等方面取得了长足发展,基本上奠定了中国现代社会学体系的雏形。三是 20 世纪 30—50 年代中国社会学流派纷呈、百家争鸣的阶段。社会学的各种流派、各种学说、各种思想、各种主张、各种观点相互激荡,汇聚成了百年中国社会学的第一个高峰。美国文化学派、马克思主义学派、法国涂尔干学派、美国人文区位学派、英国功能人类学派在中国都有各自的阵营,社会学社区调查研究、社会学城市问题调查研究、社会学农村问题调查研究、社会学民族问题调查研究、社会学民俗问题调查等等一时蔚成风气。其中,马克思主义唯物史观学派在论战与诘难中逆势而起,彰显了解决中国社会问题的强大效能与活力,几乎成为一种社会思潮。

## 一、社会学的引进与中国化的尝试

社会学中国化,在于使外来社会学的合理成分与中国本土实际相结合,促进社会学对中国本土社会现实和社会问题的认识、解释、解决,形成具有中国特色的社会学理论和方法体系。

作为一门学科的社会学，在中国属于舶来品。一般认为，1903 年严复翻译介绍斯宾塞的著作《群学肄言》，是社会学进入中国的标志性事件。严复被人们看作中国社会科学的主要先驱，他为中国读者选择了近代西方学术中最精彩的东西。他翻译的托马斯·赫胥黎的《天演论》出版于 1898 年，随后是 1902 年的亚当·斯密的《国富论》，1903 年的斯宾塞的《群学肄言》和穆勒的《群肄权界论》，1904 年的詹克思的《社会通诠》以及 1904 年至 1909 年七卷本的孟德斯鸠的《法意》。他将"社会学"译为"群学"，体现了强烈的中国传统文化色彩，表现出自觉的本土化意识。严复把社会学定义为"旨在理解社会治乱兴衰的原因"和"提出良政之条规"①。严复从赫胥黎和斯宾塞的社会有机体与"物竞天择，适者生存"进化论思想中获得启迪，大力宣传和普及社会达尔文学说，并据之来解释中国社会存在的弊病之缘由，也企图借社会学进化论来解决当时中国学术界改革派和保守派之间的严重分歧以及社会改造中的政治激进主义倾向。因此，社会进化论观点在 20 世纪初期的中国社会开始流行。胡适也曾生动地回忆起社会达尔文思想对民众的影响。

西方社会学作为课程走入中国的课堂，最早始于梁启超在万木草堂（长兴学舍）将"群学"作为经世之学列入课堂。1906 年，京师法政学堂将社会学作为政治学范畴列入一年级的课程。此外，上海南洋公学、1908 年圣约翰大学也开设了社会学课程。②1910—1930 年，是外国传教士为主的基督教学院开设社会学课程传播西方社会学的重要阶段，这 20 年可以称之为教会社会学时期。1913 年沪江大学第一次由美国布朗大学的 J.A. 迪利(Dealey)、D.H. 库尔普（Kulp）、H.S. 巴克林（Bucklin）教授讲授社会学。1925 年，在中国的所有基督教学院都开设了社会学。

---

① 复旦大学分校社会学系：《社会学文选》，浙江人民出版社 1981 年版，第 180 页。

② 陈序经：《社会学的源起》，载复旦大学分校社会学系：《社会学文选》，浙江人民出版社 1981 年版，第 181 页。

## 1925 年在华十所基督教学院的社会学教学情况表 [1]

| 大学院校 | 社会学课程数 | 半学年学分数 |
|---|---|---|
| 沪江大学 Shanghai College | 6 | 18 |
| 圣约翰大学 St. John'S University | 2 | — |
| 金陵大学 Nanking University | 2 | 40 |
| 福建协和大学 Fukien Christian University | 2 | 9 |
| 杭州之江大学 Hangchow Christian College | 2 | 9 |
| 山东齐鲁大学 Shangtung Christian University | 11 | 26 |
| 长沙雅礼大学 Yale in China | 5 | 21 |
| 金陵女子文理学院 Ginlin Co11ege | 3 | 112 |
| 广东岭南大学 Canton Christian College | 6 | 18 |
| 燕京大学 Yenching University | 31 | 102 |

彼时，国立大学有北京大学、吴淞政治大学成立了独立的社会学系，培养社会学专业人才 [2]。

如果说，20 世纪前 30 年是西方社会学引进的时期，那么后 20 年则是社会学中国化的时期。陈序经指出："如果我们把 1898 年作为接纳社会学的一年，那么，也许可以把 1930 年作为中国社会学开始的一年。自此以后，它进入了二十个年头的生气勃勃的青年时期。社会学逐渐成熟的标志是从模仿转向中国化，也即是说，形成了中国自己的面貌和关系，并表现出对独立思想存在的渴望。"[3]1930 年中国社会学社成立，时任南京中央大学教授的孙

---

[1] 许士康：《中国的社会学教学》，转引自陈序经：《社会学的源起》，参见复旦大学分校社会学系：《社会学文选》，浙江人民出版社 1981 年版，第 182 页。

[2] 陈序经在其《社会学的源起》一文中认为，1925 年之前，国立大学仅有吴淞政治大学成立了独立的社会学系，这个与事实不符。因为，陶孟和回国后即于 1914—1926 年间执教北京大学社会学系，并兼任系主任。（参见复旦大学分校社会学系：《社会学文选》，浙江人民出版社 1981 年版，第 181 页）

[3] 陈序经：《社会学的源起》，载复旦大学分校社会学系：《社会学文选》，浙江人民出版社 1981 年版，第 190—191 页。

本文提出"把建设一种中国化的社会学"作为目标。同一时期任教于燕京大学的吴文藻先生开创了中国社会学的"社区学派",吴先生 1985 年去世后,为纪念其毕生致力于社会学中国化的贡献,商务印书馆于 2010 年出版吴文藻文集,书名定为《论社会学的中国化》。老一辈社会学家早在一百年前就已提出社会学中国化的命题,并为之努力,有人认为,"二战前除了北美和西欧,至少就其思想质量而言,中国是世界上最繁荣的社会学所在地"。

1930 年—1950 年间,中国社会学出现了几个显著变化:一是开设社会学课程的公立大学大量增加。1948 年,提供社会学课程的国立大学和省立大学有 31 所,私立大学有 18 所,比较前期,这个时期开设社会学的公立大学大为增加,而且超过了私立大学和教会大学的规模。二是政府明确承认社会学是一门社会科学。1938 年,中国政府改变立场,承认社会学是如同政治学、经济学、法学一样,是一门社会科学。三是在大学里从事社会学教学和研究的人员绝大多数是中国人。1948 年,有 119 名教授、副教授和讲师在大学从事社会学工作,其中仅有 5 人是外国人。[①] 四是社会学专业协会相继成立,协会年会相继举办,协会主办的专业社会学刊物相继创办。1928 年成立了第一个区域性的社会学专业协会"东南社会学会",1930 年成立了第一个全国性的社会学专业协会"中国社会学社",在 1930—1950 年间,中国社会学社共计召开年会 9 次,出版社会学正式刊物《社会学刊》6 卷。中国社会学社在草拟大学社会学的标准课程设置、厘定社会学术语的中译表(此表后由教育部认可并颁布)以及与政府主管部门沟通社会学的教学与普及方面,发挥了巨大作用。五是强调结合中国实际,大兴调查之风。社会学的中国化必然要求直面中国社会危机,并寻求解决之道。因此,社会学家走出"象牙塔",深入中国社会实际,通过调查研究,发现各种各类问题及其根源,以解救"民族危机",是社会学中国化的题中应有之义。不管是主张彻底改造中国社会的马克思主义社会学家还是主张逐步改良的实用主义社会

---

[①] 陈序经:《社会学的源起》,参见复旦大学分校社会学系:《社会学文选》,浙江人民出版社 1981 年版,第 192—193 页。

学家，尽管采用的理论和方法不同，但在强调调查研究和社会工程以推进中国化的大方向上是高度一致的。因此，社会学社区调查研究、社会学城市问题调查研究、社会学农村问题调查研究、社会学民族问题调查研究、社会学民俗问题调查等一时蔚成风气。

　　这个时期的中国社会学者不再满足于简单的引进和复制移植西方社会学，而是努力结合中国社会实际，解决中国社会问题，并实现社会学中国化。尽管当时存在不同的学派和立场，但在实现社会学中国化的目标与宗旨上则是一致的。中国社会学社的核心人物和《社会学刊》的主编孙本文在 1948 年回顾总结创办中国社会学社走过的历程时，认为创办中国社会学社的宗旨即是"进一步发展中国社会学，为民族作出贡献并在国际学术界取得一席地位"。莫利斯·弗里德曼（Maurice Freedman）回顾道："可以断言，第二次世界大战前，除了北美和西欧，至少就其思想质量而言，中国是世界上最繁荣的社会学的所在地。"① 可见，20 世纪 30—50 年代，中国社会学在学科体系、学术体系、话语体系、人才培养和国际交流等方面取得了长足发展，基本上奠定了中国现代社会学体系的雏形。

　　总体来讲，整个 20 世纪上半叶，中国社会学形成了一个流派纷呈、百家争鸣的局面。社会学的各种流派、各种学说、各种思想、各种主张、各种观点相互激荡，汇聚成了百年中国社会学的第一个高峰。② 1943 年，杨堃的《中国社会学发展史大纲》一文，在梳理和分析中国现代社会学的分期和学派时，将中国社会学发展过程分为三期，即萌芽时期（萌芽一期〈1840—1903 年〉，萌芽二期〈1903—1911 年〉，萌芽三期〈1911—1919 年〉）、介绍时期（含宣传时代〈1919—1929 年〉和系统介绍时代〈1929—1943 年〉，系统介绍时代也是中国本土社会学的建设时代）、建设时期（建设一期〈1929—1935 年〉、建设二期〈1935—1943 年〉），认为，1929—1943 年是系统介绍期和建设期，系统介绍期中国社会学可分为五派，即美国文化学派、马克思

---

　　① 复旦大学分校社会学系：《社会学文选》，浙江人民出版社 1981 年版，第 207 页。

　　② 谷迎春、杨建华：《20 世纪中国社会科学：社会学卷》，广东教育出版社 2006 年版，第 11 页。

主义学派、法国涂尔干学派、美国人文区位学派、英国功能人类学派。① 建设期中国社会学也可以分为四派，即社会调查、民俗学研究、民族学研究、社区研究。② 从学术史的角度而言，各个主要学派都有典型的理论架构、分析工具以及对于社会学本质属性的定位。各个主要学派及其代表学人都希望借助大学讲坛、学术期刊、报纸等媒体将西方社会学逐步定型和本土化，建构具有中国特色的学科和学术体系。

美国文化学派在中国的主要代表是孙本文。他于1921—1926年留学美国伊利诺斯大学研究院、纽约大学研究院，主攻社会学，先后受教于著名社会学家 F.H. 吉丁斯、R.E. 帕克、W.F. 奥格本，获得博士学位，深受美国社会心理学派和文化学派的影响。回国后，他于1926—1928年聘任复旦大学社会学系教授，一方面介绍欧美社会学理论，一方面致力于构建中国社会学理论体系。1927年，北京朴社出版了孙本文的第一部社会学著作《社会学上之文化论》。该书阐述了社会学文化学派的起源、发展、功能与特征。他指出："文化学派之学说，完全脱胎于批评派之人类学。""文化学派深信文化进化与生物进化，绝不相侔。""文化学派深信：物质文化之变迁，为近代一切社会变迁之源泉。""文化之发展，有种种原因。其最重要者，即（1）文化有累积性（指物质文化）。（2）文化易于传播。""文化学派以为社会调整问题有两类：（1）关于人类适应文化，或文化适应人类之问题；（2）文化各部之调整问题。""文化学派极注重社会历史的背景，以为一社会有一社会独一无二之特性。凡文化之发展，如非从该社会之历史背景探究，便无从得正确之解释。""文化学派注重文化现象与生物现象之区别。以为文化要素与生物要素（即本性的要素）绝然不同。研究社会问题，必须分析二者之区别，乃能得正当之解决。""文化学派以为文化之分析，实为社会学上之主要问题。"③

① 杨堃：《中国社会学发展史大纲》，载杨堃：《社会学与民俗学》，四川民族出版社1987年版，第184—187页。

② 杨堃：《中国社会学发展史大纲》，载杨堃：《社会学与民俗学》，四川民族出版社1987年版，第188页。

③ 孙本文：《社会学上之文化论》，转引自张岂之主编：《民国学案》第5卷，湖南教育出版社2005年版，第506—507页。

简单清晰地介绍了社会学文化学派的基本概念范畴与功能作用。

1928 年，孙本文的《社会问题》、《社会学 ABC》、《人口论 ABC》三部著作列入世界书局"ABC 丛书"出版。1928 年，孙本文与吴景超、吴泽霖发起成立东南社会学会，并负责会刊《社会学刊》（季刊）。1929—1949 年孙本文聘任南京中央大学社会学系教授及系主任。1929—1930 年间，孙本文牵头撰写出版"社会学丛书"15 种，由世界书局陆续出版，其中就有他本人撰写的《社会学的领域》、《社会的文化基础》、《社会变迁》等。该丛书系统介绍了社会学的基本原理和常识，有利于中国社会学的推广和拓展。

1935 年，商务印书馆出版了孙本文的代表作《社会学原理》，该书从文化社会学出发，注重探讨文化与态度问题，认为社会学研究的中心应该是人类的文化，而文化具体体现为人类的社会行为，并据此把社会学界定为研究社会行为的科学。在此基础上，具体探讨了与人类社会行为相关的五类问题。该书还广泛介绍了欧美各家社会学学说，对社会学的基本概念、基本理论、基本范畴及研究方法做了全面系统的阐述，基本上构建起了这个社会学的完整体系。孙本文指出："文化者，人类心力所造成以调适与环境之产物也。文化为人类社会之一种支配势力。人类共同生活之中心问题，为生存之调适；而共同生活之中心要素，为文化社会学，即研究此中心要素与其所生之种种关系与影响，及解决此中心问题之种种条件与方法之学问也。""社会学是研究社会行为的科学，凡与社会行为有关系的各种现象、社会行为的共同特点以及社会行为间的互相关系、社会行为的规则及变迁等，都在社会学研究范围之内。""社会学实际研究时，其搜罗事实、整理材料等，常用下列几种方法，通常称为社会研究法：一、观察法。二、调查法。三、统计法。四、历史法。五、实验法。"① 这里很清晰地阐述了文化社会学的概念及社会学研究的范围与方法。关于社会文化学的原则，他列举了五个，即："（一）人是社会环境的产物。（二）社会环境是人的产物。（三）个人与社会是不可

---

① 孙本文：《社会学原理》，转引自张岂之主编：《民国学案》第 5 卷，湖南教育出版社 2005 年版，第 504—505 页。

分离的，是息息相关的。（四）社会现象是相对的而非绝对的。（五）社会的发展是累计的而非突现的。"① 关于社会学的内容，他认为主要有五个方面，即：社会因素（地理因素、生物因素、心理因素、文化因素）；社会过程（接触与互助、暗示与模仿、竞争与冲突、顺应与同化、合作与互助）；社会组织（行为规则制度与组织、社会解组）；社会控制（有计划社会控制、无计划社会控制）；社会变迁（寻常社会变迁、非寻常社会变迁、变迁阻碍、社会进步）。② 关于社会学对于人类的作用与贡献，他指出，"社会学对于人类的贡献，即在发现关于人类社会的原则，供实际社会的应用，以达社会改造的目标"③。此外，他还阐述了心理学、社会学、社会心理学三者的概念与各自的重点。该书作为孙本文的代表作被列入"大学丛书"，是当时社会学界占主导地位的社会学文化学派的代表作，也是 20 世纪 30—40 年代中国社会学基础理论研究的代表作。

1942—1943 年，孙本文的《现代中国社会问题》由商务印书馆出版，分为家族问题、人口问题、农村问题、劳资问题四大册，较为系统地阐述了中国社会问题的历史背景、内容、范围、特点、现状与意义，还论述了解决问题的原则、方法和途径，是研究中国现代社会问题的集大成之作，为推动社会学研究理论与实际相结合以及社会学中国化作出了巨大贡献。④ 关于社会问题的发生及影响社会进步的障碍因素，他指出，"社会问题的发生，由于共同生活或社会进步发生障碍。障碍的来源有：（1）自然环境的剧变；（2）生物的自然过程；（3）心理的变迁；（4）文化的变动与失调；（5）社会的剧变。"他分析了中国开放国门前后的社会特征，认为，"在海通以前，中国社会的基本特点有三，即家族本位、农村本位和人伦本位。

---

① 孙本文：《社会学原理》，转引自张岂之主编：《民国学案》第 5 卷，湖南教育出版社 2005 年版，第 505 页。

② 孙本文：《社会学原理》，转引自张岂之主编：《民国学案》第 5 卷，湖南教育出版社 2005 年版，第 506 页。

③ 孙本文：《社会学原理》，转引自张岂之主编：《民国学案》第 5 卷，湖南教育出版社 2005 年版，第 505 页。

④ 参见张岂之主编：《民国学案》第 5 卷，湖南教育出版社 2005 年版，第 503 页。

自西洋文化输入后，我国固有的社会特点渐渐发生变迁，而社会问题即在此变迁之产生：由家族制度的变迁而产生家庭问题、婚姻问题、妇女问题等；由农村制度的变迁而产生都市化与工业化的各种问题，如，劳资、人口、农村、犯罪、失业及灾荒、贫穷等问题；由人伦本位文化的变迁而产生种种法律、治安、教育、犯罪以及家庭、妇女等问题。"接着他系统阐述了社会问题产生的症结及解决社会问题的原则与方法，他指出，"从社会学的立场说，解决社会问题的原则有八：（1）应以国家民族的利益为中心；（2）应以国家中心思想为准绳；（3）应不背离国家既定的社会政策；（4）应顾及社会各方面的利益；（5）应顾及问题的地方性与时代性；（6）应顾及问题的起因于影响；（7）应治标治本双方兼顾；（8）应知社会问题的解决实无一劳永逸的办法。""欲明了解决社会问题的正当方法，必先知道社会问题的症结，这不外客观的环境方面与主观的心理方面。症结在环境方面的问题，需要改变环境状况，其改变的方法不外三大端：（1）革新社会机构。（2）调整环境状况。（3）提高文化水准。症结在人事和心理方面的问题，需要改变问题当事人的心理，以适应环境的需要，而谋适当的解决。此类问题以家庭问题、婚姻问题和劳资问题等尤为显著。其解决方法有二：一曰养成问题当事人应有的基本态度，即互相谅解、互相尊重、互相退让、互相合作；二曰训练问题，当事人应有的知能与习惯，即增进职业技能与普遍知识、改善习惯于人生态度，以增进工作效率适应问题的需要、改变人生观。""解决社会问题从何处下手？要而言之，不外从下列几方面：（1）从法律方面。（2）从政治方面。（3）从教育方面：法律与政治的力量尚不能完全消弭社会问题，只有教育的力量才是比较彻底的办法。（4）从经济方面。（5）从社会运动方面。"①

1944年，孙本文主持创办《社会建设》月刊，并出任总编。1946年，孙本文《社会心理学》由商务印书馆列入"大学丛书"分两册出版。该书贯

---

① 孙本文：《现代中国社会问题》，转引自张岂之主编：《民国学案》第5卷，湖南教育出版社2005年版，第507—508页。

彻理论与应用的原则，系统介绍并融汇了社会心理学各流派的学说，以个人行为与社会环境的关系为中心，探讨了社会心理学的原理和应用。同时强调，在原理应用上要贯彻不背离本民族优秀文化传统和当时世界潮流的宗旨，因此，该书引用的资料多取材于中国史事和时事，为社会心理学派的中国化做出了有益尝试。

1948 年，孙本文撰写的《当代中国社会学》，由胜利出版公司印行，该书在总结回顾中国社会学近五十年的发展基础上明确提出了今后社会学中国化的具体方案，为构建中国化的社会学体系作出了重要贡献。关于中国社会学的起源与发展，他指出："中国社会学在名义上始于前清光绪二十二年即西历 1896 年，但实际上介绍社会学的内容入中国，则在 6 年之后。中国社会学的比较发达的时期，只在近 20 余年中。在这个时期中，可以看出几种显著的发展趋向：第一，注重实地调查。第二，注重本国资料的分析与引证。第三，注重名篇巨制的选择。第四，重视社会学理论体系的探讨。第五，重视新学说的介绍。第六，重视社会事业与社会行政的研究。"关于今后中国社会学的具体方案，他强调要在理论社会学、应用社会学、社会学人才三方面着力构建中国化的社会学体系。"中国社会学今后所应从事的工作：第一，中国理论社会学的建立。今后社会学者应致力于中国化的社会学之建立，其重要工作有三：一、整理中国固有的社会史料：（一）关于社会学者。（二）关于社会理想者。（三）关于社会制度者。（四）关于社会运动者。（五）关于一切社会行为者。二、实地研究中国社会的特性。三、系统编辑社会学基本用书。从上述三方面的工作，我们希望能充分搜集并整理本国固有的社会材料，再根据欧美社会学家精审的理论，创建一种完全中国化的社会学体系。第二，中国应用社会的建立。其重要工作有三：一、详细研究中国社会问题。二、加紧探讨中国社会事业与社会行政。三、切实研究中国社会建设方案。第三，社会学人才的训练。今后一面应勖励年轻有志的社会学者赴国外深造，一面在国内各大学中人才设备比较充实的社会学系及社会学研究所中，培养青年学者，使能各专一门，展其所长，以应全国迫切的需要。能如此，则中国社会学的前途当有无限希望。"①

马克思主义唯物史观学派的主要代表有李达、陈翰生、许德珩等，该学派逆势而起，于1930年形成相当之势力，几乎成为一种社会思潮，其影响并不限于社会学领域。后面有专门论述。

法国涂尔干学派主要代表有杨堃、胡鑑民、叶法无、冯至中等。涂尔干学派，又称"社会学年鉴"（L'Année Sociologique）学派，是由涂尔干创立，围绕《社会学年鉴》组成的学术共同体。其宗旨是要把社会学精神贯彻到其他各学科，以呈现各学科间的统一性，进而形成一门总体的社会科学。区别于孔德和斯宾塞的"实证主义的形而上学"，涂尔干把科学的理性主义进一步拓展到人们的行为，以观察和比较的方法去研究具体的社会事实，即把社会事实当做"物"来研究；提出社会事实只能用其他的社会事实来解释，以此来反对当时流行的还原论和心理学方法。杨堃因感觉只有西方社会学救治中国社会的弊病，所以于1920年至1930年前往法国留学，专攻社会学，于1928年完成博士论文《祖先崇拜在中国家庭、社会中的地位》，后师承巴黎大学汉学研究所涂尔干学派的传人著名社会学家葛兰言教授。1930年回国后，杨堃先后在国立北平大学、国立北平女子大学、国立北平师范大学、中法大学孔德学院、清华大学从事社会学教学，讲授社会进化史、社会学、普通人类学和民族学课程。1934年发起成立中国民族学会，1938年应聘到燕京大学社会学系，讲授初民社区、当代社会学学说和社区研究班的课程。1947年受聘为云南大学社会学系教授兼系主任。先后发表《中国儿童生活之民俗学的研究》、《社会学发展史鸟瞰》、《民人学与民俗学》、《葛兰言研究导论》、《民俗学与社会学》、《中国社会学发展史大纲》、《灶神考》、《社会学研究论》、《论中国的母系社会制度》等著述。此后，杨堃开始运用唯物史观社会学理论和方法研究社会学，先后发表了《试论恩格斯关于劳动创造人类的学说》、《从摩尔根的〈古代社会〉到恩格斯的〈家庭、私有制和国家的起

---

① 孙本文：《当代中国社会学》，转引自张岂之主编：《民国学案》第5卷，湖南教育出版社2005年版，第508—509页。

源〉》、《论人类起源学的几个问题》、《试论原始社会的分期问题》等文章。杨堃认为，社会学一词虽为孔德所创，但孔德并未完成这门科学。所以社会学在当时是一门极幼稚的科学，"社会学在中国，更是幼稚得可怜"。当时中国引进西方社会学有成绩的主要有美国文化学派、马克思主义派、法国社会学派等三派。文化学派主要得益于人类学及民族学，流行于欧美。中国的文化学派源自美国，其领袖是孙本文。关于社会学马克思主义学派，杨堃显然以一种偏见来加以评判的，他指出："马克思主义社会学之在中国，与其说是一种社会学派，不如说是一种社会思潮较为恰当。本来社会学与社会主义不同。社会学是一门科学，而社会主义则是一种主义。如说得更详细一点，则社会学是客观的、叙述的、比较的、纯粹理智的、事实之判断的、绝不带任何色彩的……社会主义则是说明的、演绎的辩证法的、偏重于情感的、价值之判断的、多少总带有革命或反抗色彩的。""社会学与社会主义，究是两件不同的东西，不可混为一谈。不幸思想落后的中国人，竟往往拿此两种不同的东西当作一物，殊深遗憾。"① 这里的论述无疑带有误解与偏见，作为社会学家，忽视社会演进之客观规律，忽视社会生活中之民众解放，怎么谈得上去解决社会问题？基于这一偏见，杨堃对唯物史观社会学代表李达及其代表作《现代社会学》作了批判。关于法国社会学派及其在中国的传播，杨堃作为这一派的中国传人，对其理论无疑是大加肯定，对其在中国传播及影响不大则大为不满。其感情色彩可见一斑。他说："法国社会学派在中国社会学界之势力远不如前两派之势力为大。这并非因为法国社会学派之价值不如文化学派或唯物论派，亦并非因为法国学派之理论不与中国的国情相适合，而实因负介绍之责者，在法国学社会学的同学们，未能组织起来作一种系统的介绍。""我觉得真能代表法国现代社会学的，仅有杜尔干派的社会学可以当之。"② 关于民俗学研究，这是杨堃所代表的法国涂尔干学派最重视的。杨堃对当时燕京大学社会学系、中法汉学研究所、辅仁大学的民俗学研究作详

---

① 转引自张岂之主编：《民国学案》第 5 卷，湖南教育出版社 2005 年版，第 580 页。
② 转引自张岂之主编：《民国学案》第 5 卷，湖南教育出版社 2005 年版，第 582 页。

细的介绍与评价，认为，燕京大学社会学系在吴文藻的领导下，其民俗学研究已成为全国社会学建设的一个中心，他们主持出版的《社会学界》第 9卷（1937 年 9 月出版）与第 10 卷（1939 年 7 月出版）是中国社会学划时代的文献，是中国民俗学建设的极为珍贵的工具书，开启了中国民俗学运动之路。杨堃本人主持的中法汉学研究所的突出贡献则是民俗学资料的收集、整理与研究。辅仁大学在民俗学方面的贡献则在东方民族学博物馆或民俗陈列馆方面。关于中国社会学的现状与发展趋势，他认为，中国当时的社会学处于介绍与创新（中国化）并存的阶段。"故中国现代社会学之一般的趋势，即是外国社会学之中国化，即是采用外国社会学之理论与方法来开垦中国社会学的园地。如郭沫若、陶希圣先生以唯物的立场来研究中国的社会，如孙本文、吴景超先生以文化学派的方法来考查中国的家族，在现时虽均在尝试时代，未便遽下批评，然而此种工作无论成败如何，对于中国社会学之发展总是很有裨益的。"①

美国人文区位学派主要代表是赵承信，代表作有《社会调查与社会研究》、《社会学界》。1930 年，赵承信毕业于燕京大学社会学系，后留学美国芝加哥大学和密执安大学社会学系，完成《从分与合的观点对中国的一个区位学研究》博士论文，获博士学位。1933 年回国受聘研究大学社会学系教授。先后执教"人口与社会"、"人口统计学"、"经济与社会"、"农村社区"、"都市社区"、"比较社会学"、"社会改造原理"、"当代社会学说"、"社会调查与实地研究"等课程。他致力于农村社会学、人文生态学、当代社会学说以及社会调查方法论等方面的研究。赵承信将美国人文区位学派引进中国，并结合中国实际开展研究。将中国社区划分为三种类型，即城市、市镇、农村。并以中国社区特点为出发点来予以探究。就城市而言，他把中国近代城市可分为三类：近代化的都会，如上海、天津等，各具特点的近代化前期的城市，如内地的省会，半新半旧的都市或省会。就市镇而言，他认为中国的市镇表面上似乎过着自满自足的经济生活，实际上各自具有相应的贸易区——

---

① 转引自张岂之主编：《民国学案》第 5 卷，湖南教育出版社 2005 年版，第 582—583 页。

四周的农村。就中国的农村而言，他特别重视宗族观念对村落聚合分隔的影响。赵承信先后发表了《中国人口论》（1933 年）、《社区人口的研究》（1938 年），《家族制度作为中国人口平衡的一个因素》（1940 年）等有关中国人口问题的著述，强调从社区来动态研究人口现象，认为社区人口现象可以从人口数量、人口组成及人口分布三方面来分析。他特别重视社会调查，认为，"社会学研究不是空谈所能成功的。社会学的理论即是一班社会学家从体验、观察和推理得来的。"[1] 他把社会调查分作两个重要方面：一是把社会调查视为一种社会运动；二是把社会调查看作一种社会研究的技术方法。认为，建设中国社会学必须从四个方面努力：一是应多注意方法论问题；二是对于社会现象的时空连续性要重新作理论的检讨；三是要将社区研究的范围推广；四是对于一个社区要作为科学实验室继续不断地研究。

英国功能人类学派主要代表有吴文藻、费孝通等。吴文藻是中国社会学、人类学和民族学本土化、中国化的最早提倡者和积极实践者。1923 年吴文藻赴美国达特茅斯学院社会学系留学，获学士学位，后又进入纽约哥伦比亚大学社会学系，完成博士论文《见于英国舆论与行动中的中国鸦片问题》，获博士学位。1929 年，回国后受聘燕京大学社会学系教授，1933 年，担任燕京大学社会学系主任。鉴于当时国内社会学领域存在两个弊端：一是全盘照抄照讲西方社会学理论，一是缺乏本土社会学之了解。因而提出了社会学本土化的主张。一方面自编教材，一方面介绍和引进英国功能派社会学的理论和方法（主要是英国人类学家拉德克里夫·布朗的理论），强调采纳功能人类学的理论，来构建"植根于中国土壤之上"的"社区研究"[2]。首先对当时中国民族学和社会学全盘洋化的状况作了一针见血的揭露，他指出，

---

① 赵承信：《北平郊村研究的进程》，《燕京社会科学》第 1 卷,1948 年，转引自周传南：《社会学家——赵承信》，《中国人民大学学报》1991 年第 1 期。

② 吴文藻认为，"社会人类学中最先进亦是现今学术界最有力的"功能学派的理论作为指导思想，并把它用于中国实地研究，通过实地研究，检验和修改理论，然后再得出一种新的能植根于中国的人类学理论。（参见王庆仁等主编：《吴文藻纪念文集》，中央民族大学出版社 1997 年版，第 57 页）

中国的民族学和社会学"始而由外人用外国文字介绍，例证多用外文材料；继而由国人用外国文字讲述，有多讲外国材料者"，"民族学和社会学在知识文化的市场上，仍不脱为一种变相的舶来物"。接着他又大声呼吁学术界同仁们共同起来，找一种有效的理论构架，并把它与中国的国情结合起来进行研究，努力训练出中国"独立的科学人才"，来进行独立的科学研究"，便中国式的民族学和社会学"植根于中国土壤之上"，从而实现民族学和社会学的"彻底中国化"。其社会学"中国化"主张，实际上是三项工作：第一，寻找一种有效的理论构架；第二，用这种理论来指导对中国国情的研究；第三，培养出用这种理论研究中国国情的独立科学人才。①

吴文藻进而认为，社会学要中国化、本土化，最主要的是要研究中国国情，即通过调查中国各地区的村社和城市的状况，提出改进中国社会结构的参考意见。吴文藻把它概括为"社区研究"②。他指出，"社区研究"，就是对中国的国情"大家用同一区位或文化的观点和方法，来分头进行各种地域不同的社区研究"，"民族学家考察边疆的部落或社区，或殖民社区；农村社会学家则考察内地的农村社区，或移民社区；都市社会学家则考察沿海或沿江的都市社区。或专作模型调查，即静态的社区研究，以了解社会结构；或专作变异调查，即动态的社区研究，以了解社会历程；甚或对于静态与动态两种情况同时并进，以了解社会组织与变迁的整体。"

---

① 参见王庆仁等主编：《吴文藻纪念文集》，中央民族大学出版社 1997 年版，第 294—295 页。

② 吴文藻认为，"现代社区的核心为文化，文化的单位为制度，制度的运用为功能"，而"功能的观点，简单地说，就是先认清社区是一个'整体'，就在这个整体的立足点上来考察它的全部社会生活，并且认清这社会生活的各方面是密切相关的，是一个统一体系的各部分。要想在社会生活的任何一方面求得正确的了解，必须就这一方面与其他一切方面的关系上来探索穷究"。因此，用功能学派的理论研究中国的国情就能取得一种"新的综合"，创造出具有中国特色的新研究路子。为了宣传和推广功能学派的学说，他专门写了《功能派社会人类学的由来与现状》一文，对功能学派作了系统的介绍。同时，他还邀请了功能学派的创始人之一拉得克利夫·布朗到燕大社会学系讲学三个月，并把由他主持的《社会学界》第 9 卷作为纪念布朗来华讲学的专号出版，其中有吴本人写的《布朗教授的思想背景与其在学术上的贡献》一文。（参见王庆仁等主编：《吴文藻纪念文集》，中央民族大学出版社 1997 年版，第 295—296 页）

抗战期间，吴文藻在云南大学创立了社会学系，并主持成立了实地调查工作站。并对以新疆为主的西北民族问题进行了调查。他先后撰写和出版了《社会科学与社会政治》、《中国少数民族情况》、《见于英国舆论与行动中的中国鸦片问题》、《现代法国社会学》、《德国系统社会学》、《功能派社会人类学的由来与现状》、《现代社区研究的意义和功能》、《中国社区研究的西洋影响与国内近况》、《社区的意义与社区研究的近今趋势》、《社会制度的性质与范围》、《社会学与现代化》、《英国功能学派人类学今昔》、《战后西方民族学的变迁》、《吴文藻人类学社会学研究文集》等著述，为中国现代社会学体系的构建，作出了开拓性贡献。

费孝通于 1930 年入燕京大学社会学系师从吴文藻，学习运用人类学方法进行实地调查来研究中国社区，1933 年入清华大学社会学及人类学系师从著名人类学家俄籍教授史禄国研习人类学。1935 年前往广西大瑶山进行实地调查，1936 年商务印书馆出版了他的调查报告《广西象县东南乡花瑶社会组织》，该书奠定了社会学中国化进程中的社区研究基石。1936 年留学英国入伦敦政治经济学院，师从社会人类学的鼻祖马林诺斯基教授，研习社会人类学。1938 年完成博士论文《江村经济》(Peasant Life in China)，获博士学位。该论文以个案研究切入，真实、清晰地阐述了中国社会的结构与实际情形，于次年以英文版在伦敦出版。在书中，费孝通强调了中国土地改革的必要性，他指出，"我们必须认识到，仅仅实行土地改革、减收地租、平均地权，并不能最终解决中国的土地问题。但这种改革是必要的，也是紧迫的，因为它的解决农民痛苦的不可缺少的步骤。"接着他认为恢复农村企业，增加农民收入，是解决中国土地问题的根本措施。他说："最终解决中国土地问题的办法不在于紧缩农民的开支而应该增加农民的收入。因此，让我再重申一遍，恢复农村企业是根本的措施。中国的传统工业主要是乡村手工业……在现代工业世界中，中国是一名后进者，中国有条件避免前人犯过的错误。在这个村庄里，我们已经看到一个以合作原则来发展小型工厂的实验是如何进行的。与西方资本主义工业发展相对照，这个实验旨在防止生产资料所有权的集中。"① 国际学术界认为该书是社会人类学实地调查的一个典范，社会学中国流派由此形成。1938年回国，受聘为云南大学社会学系教授，以中国农村、农业、农民研究为职志，以魁阁作为基地，投入内地农村调查研究，扎实推进"社会学中国化"志趣。1940—1941年发表了15篇论文，1943年商务印书馆出版了他的专著《禄村农田》。同年费孝通访美，其间，将云南内地农村调查的三个报告《禄村农田》、《易村手工业》、《玉村农业和商业》翻译成英文命名为 *Earthbound China*，于1945年由美国芝加哥大学出版社出版，同年哈佛大学出版社出版了他编译的 *China Enters the Machine Age* 一书。1945年回国后受聘为清华大学教授。此后相继出版了《内地农村》、《初访美国》、《重访英伦》、《美国人的性格》、《皇权与神权》、《民主、宪法、人权》、《乡土中国》、《乡土重建》、《生育制度》等著述，翻译出版了马林诺斯基的《文化论》、菲斯的《人文类型》和梅岳的《工业文明的社会问题》等著述。

其中，《乡土中国》一书于1948年由上海观察社出版，影响巨大。该书在中西比较的基础上概括了中国社会的几个特点：一是以土地为中心、世代定居、彼此熟悉的乡土性。费孝通指出："从基层上看去，中国社会是乡土性的……'土'是他们的命根。在数量上占着最高地位的神，无疑的是'土地'。……以农为生的人，世代定居是常态，迁移是变态。……中国乡土社区的单位是村落，从三家村起可以到几千户的大村。……乡土社会的生活是富于地方性的。地方性是指他们活动范围有地域上的限制，在区域间接触少，生活隔离，各自保持着孤立的社会圈子。"② 这是一个因为一起生长、"有机的团结"的礼俗社会，而非为了某个具体目的而"机械的团结"的法理社会。二是人际交往上重视基于血缘、地缘熟悉的信用制度。"乡土社会的信用并不是对契约的重视，而是发生于对一种行为的规矩熟悉到不假思索时的可靠性。这种办法在一个陌生人面前是无法应用的。"三是差序格局而

---

① 费孝通：《江村经济》，转引自张岂之主编：《民国学案》第5卷，湖南教育出版社2005年版，第599—600页。

② 费孝通：《乡土中国》，转引自张岂之主编：《民国学案》第5卷，湖南教育出版社2005年版，第600—601页。

非团体格局。"西洋的社会有些像我们在田里捆柴，几根稻草束成一把，几把束成一扎，几扎束成一捆，几捆束成一挑。每一根柴在整个挑里都属于一定的捆、扎、把。每一根柴也可以找到同把、同扎、同捆的柴，分扎得清楚不会乱的。在社会，这些单位就是团体。团体是有一定界限的，谁是团体里的人，谁是团体外的人，不能模糊，一定分得清楚。在团体里的人是一伙，对于团体的关系是相同分，如果同一团体中有组别或等级的分别，那也是先规定的。我们不妨称之作团体格局。家庭在西洋是一种界限分明的团体。""我们的社会结构本身和西洋的格局不相同的，我们的格局不是一捆一捆扎清楚的柴，而是好像把一块石头丢在水面上锁发生的一圈圈推出去的波纹。每个人都是他社会影响所推出去的圈子的中心。被圈子的波纹所推及的就发生联系。每个人在某一时间某一地点所动用的圈子是不一定相同的。我们社会中最重要的亲属关系如此，地缘关系也是如此。中国传统结构中的差序格局具有这种伸缩能力。……伦是有差等的次序。其实在我们传统的社会结构里最基本的概念，这个人和人往来所构成的网络中的纲纪，就是一个差序，也就是伦。在这种富于伸缩性的网络里，随时随地是有一个'己'作中心的。这并不是个人主义，而是自我主义。我们一旦明白这个能放能收，能伸能缩的社会范围，我们可以明白中国传统社会中的私有问题了。"① 四是礼治秩序而非法治秩序。"通常有以'人治'和'法治'相对称，而且认为西洋是法治的社会，我们是'人治'的社会。""所谓人治和法治之别，不在人和法这两个字上，而是在维持秩序时所用的力量，和所根据的规范的性质。""乡土社会秩序的维持，有很多方面和现代社会秩序的维持是不相同的。……乡土社会是'礼治'的社会。礼是社会公认合适的行为规范。合于礼的就是说这些行为是做得对的，对是合适的意思。……礼和法不相同的地方是维持规范的力量。法律是靠国家的权力来推行的。维持礼这种规范的是传统。……乡土社会里传统的效力更大。""礼治的可能必须以传统可以有效

---

① 费孝通：《乡土中国》，转引自张岂之主编：《民国学案》第 5 卷，湖南教育出版社 2005年版，第 601—602 页。

的应付生活问题为前提。乡土社会满足了这前提，因为它的秩序可以礼来维持。"与之相对，"所应付的问题如果要由团体合作的时候，就得大家接受这个同意的办法，要保证大家在规定的办法下合作应付共同问题，就得有个力量来控制各个人了。这其实就是法律。也就是所谓'法治'。""法治和礼治发生在两种不同的社会情态中。……礼治和这种个人好恶的统治相差很远，因为礼是传统，是整个社会历史在维持这种秩序。礼治社会并不能在变迁很快的时代中出现的，这是乡土社会的特色。"①

费孝通在吴文藻的基础上进一步推动了社会学中国化的进程，为中国现代社会学研究和现代社会学体系的构建提供了理论和方法。

社会调查学派的主要代表有陶孟和、李景汉等。陶孟和早年留学日本，后赴英国伦敦经济学院主攻社会学。1913 年回国，1914—1924 年任教北京大学和燕京大学社会学系教授。主讲《社会学》、《社会问题》、《社会心理学》、《教育社会学》、《社会学原理》等课程。教学科研之余，他还亲自组织参加北平、天津、江苏、浙江、安徽、陕西、河南、广西、云南、贵州、四川等地的社会调查。利用调查资料，编著了《北平人力车夫生活之情形》、《北平生活费之分析》、《中国社会之研究》、《中国劳工生活程度》、《社会教育》、《公民教育》、《社会问题》、《中国之县地方财政》等社会学成果。

陶孟和为近代中国第一代社会学家，是推动民国时期社会科学研究发展的关键人物，对中国社会科学的建设有开拓之功。1912 年他在伦敦撰写的《中国乡村与城镇生活》一书，主要阐述我国社会组织与社会思想，成为中国社会学的开山之作。1922 年，他的《社会与教育》一书由商务印书馆出版，这是我国最早的教育社会学专著。该书对社会学与教育社会学的内涵、范畴、功能及社会与教育的关系、个人与社会的关系、家庭与教育、职业与教育、游戏与教育、邻里与教育、国家与教育、民治与教育、社会的演化遗传与教育等诸多问题做了系统阐述。关于社会学的观念，他认为有广义和狭

---

① 费孝通：《乡土中国》，转引自张岂之主编，《民国学案》第 5 卷，湖南教育出版社 2005年版，第 602—603 页。

义两种，"广义的观念，凡是关于人群生活的事情，都属于社会学范围之内。狭义的社会学，只把社会作为研究的对象，考求关于社会的原理，如家庭、部落、国家、教育，凡是人群组织的团体都要研究。"认为社会学研究可分为社会起源、演化、组织与改良四部分，也可分为纯粹研究与应用研究两端。"社会之起源、演化与组织三部分，都是用科学方法研究社会事实、寻绎社会的原理，所以可称为纯粹社会学。社会改良是把社会学理应用在人群生活上，解决社会上的诸般问题，所以可称为应用社会学。""先要知道什么是社会，社会上有什么事实，什么势力，什么程序，群居生活有什么状态，才可以谈到改良改造。就着实在情形才可以知道哪样须改良，哪一部分须改造，社会固有之制度应该怎样改革，才可以增进人类共同之幸福。这是社会学应用的方面，也就是社会学最有用的方面。"①关于社会教育的功能、任务与目的，他认为，教育的功能在于了解社会的目的、改造社会制度、解决社会问题、实现社会的理想，"人的进化的三个要素就是智慧，努力与合作训练这三种能力，都要靠教育，所以教育是人类进化的最主要工具。"教育的目的在于使个人成为社会化的人，以更好地担负起社会改良的责任，教育是人类进化的主要工具。他指出："现在教育之要务不只是传递知识，更须使被教育者要能够明白合作、互助、服务、利他、民治这些道理，并且实行。受过教育的人，应该觉悟他于社会的关系，以及改良社会的责任，他的理想应该是社会的，不是个人的。他的知识的伦理观念多少总要与社会调和。""教育的目的，必须兼顾个人与社会，因为二者并不是独立的。个人主义的教育，使领袖孤立，超出群侪之上。社会的教育，训练他使得他领导群侪，协力合作。以先的国民受专制的压迫，现在的国民要求开明的指导。社会的教育，训练个人应该如何指导，同时也知道应该如何服从。会服从的人不是盲目的、无意识的、奴隶般的服从，他明白他的领袖，知道与领袖共同活动的目的。会指导的人也不是自肆的、逞意

---

① 陶孟和：《社会与教育》，转引自张岂之主编：《民国学案》第 5 卷，湖南教育出版社 2005 年版，第 471 页。

气的、驾驭一切的，他可以使一般民众理会他的意思，与他通力合作。所以最能做领袖的人也是最能服从的（有意识的服从）。最能服从的人也一定最能做领袖的。这样看起来，人人都是领袖，也就是被领袖的。教育的目的不能偏重于一端。"①

　　1924 年，商务印书馆出版了陶孟和的专著《社会问题》，该书对社会问题的内涵、性质、要素、起源以及人口、贫穷等问题，作了系统的论述。在人口问题上，较早地注意社会人口的数量与品质问题，认为，"人在生物方面，有两个问题：一个是量的问题，一个是质的问题。所谓人口问题，就是专注意在人口增加的情形。所谓优生问题，就是研究如何改良人类的品质。认为，限制人口，是现在各文明社会中一个最主要的问题。"人类应该用他的智慧有意识地支配人口。一方面我们固然可以增加生产力以消纳增多的人口，但是另一方面我们还须按着社会的情形限制人口的膨胀，人口增多固然也就是劳动力增多，但是要记着人口增多也常是夺取他人的生活资料、使社会一般的生活程度降低。所以限制人口，是现在各文明社会中一个最主要的问题。"另外，"人的品质是社会问题上的一个重要要素，但是他并不是社会问题的根本……我们不相信有什么积极的优生政策。社会的进步不在优良的种族，而在优良的制度，不在优良的生理遗传，而在优良的社会遗传。"② 在社会贫穷问题上，他详细论述了贫穷产生的原因及铲除贫穷的途径。他指出："贫穷的原因，可大别为自然的、个人的、经济的、政治的与家庭的五类。这五类里还包括着许多细微的原因……除了普通的疾病以外，贫穷的重要原因都不能用救济的方法废除。"贫穷与社会幸福或社会公道是完全不相容的，所以铲除贫穷是社会最根本的问题。除贫本来不是一件简单的事务，我们须从社会的许多方面下手，一切可以产出贫穷的原因与状况都须修正。现在只简略地指出两条改良的大途径，显出我们应该努力的趋向：甲、制御

---

　　①　陶孟和：《社会与教育》，转引自张岂之主编：《民国学案》第 5 卷，湖南教育出版社 2005 年版，第 472 页。

　　②　陶孟和：《社会问题》，转引自张岂之主编：《民国学案》第 5 卷，湖南教育出版社 2005 年版，第 473 页。

自然，供人类的享用。这个计划应该包括以下各项：一、发展交通的方法。二、有系统的、有计划的开辟自然的富源。三、励行公众卫生的事业，驱除一切疾病的根源。四、鼓励科学研究，设置专门科学家研究自然与支配自然的机关。乙、整顿经济的与社会的状况。我们对于现在的经济状况，提出以下几项：一、增加生产者的收入。二、取缔掌有生产机关者活动与收入。三、防止产业界之不稳。四、保护女子与儿童的权利。"①

1926年，陶孟和主持中华教育文化基金董事会社会调查部工作，采用家庭记账法，详细调查和记录了北平48家手工业者家庭和12家小学教员家庭生活费情况，获取了关于城市居民生活程度的第一手资料。1929年，陶孟和出任北平社会调查所所长，主持开展多项社会调查。1930年，商务印书馆出版了他的《北平生活费之分析》一书，这是中国第一部采用记账法调查研究城市工人家庭生活的著作。该书以翔实的第一手资料，运用对比的方法，将生活贫困的工人与中等阶层的生活以及同一时期外国工人的生活做了比较，较为客观地反映出当时手工业工人生活的贫穷程度和处于中等阶层的教员的生活状况。是社会学调查方法的一种开创性探索。1934年，陶孟和担任"中央"研究院社会科学研究所所长，并担任《中国社会经济史季刊》主编。

陶孟和的思想经历了一个复杂的过程，他首先提出"不谈政治"，有"二十年不谈政治，二十年不干政治"的戒约，与胡适一道崇尚科学精神，提倡科学的研究，他明确阐述了社会科学的科学性质，并对社会科学的发展提出了一系列独到见解。后来，鉴于"我们本来不愿意谈实际的政治，但实际的政治，却没有一时一刻不来妨害我们"。由此觉悟，认定政治的精明，首先要依靠人民的觉悟。如果没有养成"思想自由评判的真精神"，"就不会有肯为自由而战的人民，没有肯为自由而流血流汗的人民，就绝不会有真正的自由"②。认为，中国社会问题的解决，必须从改革中国社会政治制度入

① 陶孟和：《社会问题》，转引自张岂之主编：《民国学案》第5卷，湖南教育出版社2005年版，第474—475页。

② 胡颂平：《胡适之先生年谱长编初稿》，（中国台湾）联经出版公司1984年版，第411页。

手。所以与陈独秀一起主办《新青年》，并负责"社会调查"专栏。抗日战争胜利后，他的政治立场开始转向中国共产党，并开始运用唯物史观研究社会学问题。任鸿隽陈衡哲夫妇说："陶孟和颇赞成共产，近来大发议论，于首都陷落前赴京……"①

陶孟和在社会学上有四个方面的贡献：一是认为家族是中国社会结构的基层单位和核心。二是最早使用比较研究的方法，指出中国与欧洲社会的历史发展和社会结构各有其特点，各有其利弊。三是肯定了中国的祭祖风俗以及佛教传入中国的积极作用。② 四是提倡社会实地调查并付诸实际，开展了一系列重要的社会经济调查，开创民国知识界现代社会调查的先河。陶孟和率先对中国的教育社会学进行初步探索，开辟了社会学研究的新领域，并从社会学角度观察民国教育现状，分析民国时期的大学教育、平民教育以及工人教育等问题，为民国时期教育事业的发展提供了思路。他以敏锐的眼光，广泛探讨民国时期社会诸问题，如人口问题、种族问题及劳动问题，这些问题的探讨，既反映了现代知识分子对国家命运的关怀，又促进了中国社会科学的发展。

李景汉于 1917 年赴美留学，先后在哥伦比亚大学、加利福尼亚大学专攻社会学，尤其重视社会调查研究方法。1924 年回国后，先后担任北平社会调查所干事、中华教育文化基金委社会调查部主任，兼燕京大学社会学系讲师，主讲社会调查方法。1929 年，商务印书馆出版了他的《北平郊外之乡村家庭》一书，该书以翔实的第一手资料，深刻揭示出当时中国农村的贫困与闭塞，是我国最早关于家庭调查的报告，其调查方法颇具有范式意义。1928 年，应晏阳初之邀主持著名的定县社会调查，这是中国第一次以县为单位所作的系统的实地调查，是运用西方社会学方法进行实地调查的典范。1933 年，中华平民教育促进会出版了他的《定县社会概况调查》一书，其内容涉及定县的地理、历史、政治、经济、文化、教育、社会组织、人口、健康与卫

---

① 《竺可桢日记》，人民出版社 1984 年版，第 1346 页。

② 参见巫宝山：《纪念我国著名社会学家和社会经济研究事业的开拓者陶孟和先生》，《近代中国》第 5 辑，上海社会科学院出版社。

生、农民生活费、乡村娱乐、风俗习惯等各个方面，是全国农村社会情况的一个缩影，为研究 20 世纪 30 年代华北农村社区的社会概况提供了一条可供比较的基线，深刻揭示了中国农村当时"愚、穷、弱、私"等社会现象及其成因。调查研究所使用的个案调查、抽样调查、随机抽样、间隔选用、特殊选样、分层选样等方法，对于当时的实地社会调查具有较高的参考价值。在此基础上，李景汉还于 1933 年、1944 年出版了《实地社会调查方法》、《社会调查》两部专著，深入阐释了社会调查的意义、难点、方法、步骤和经验，为社会调查及调查方法提供了理论指导。他认为，"社会调查是以有系统的方法从根本上来革命，这种真正的革命，才能一方面保存中国民族固有的文化、精神、元气，他方面适当的采用西洋征服自然的物质文明。社会调查是要实现以科学的程序改造未来的社会，是为建设新中国的一个重要工具，是为中华民族找出路的前部先锋。""社会调查，是以有系统的科学方法，调查社会的实际情况，用统计方法，整理搜集的材料，分析社会现象构成的要素。由此洞悉事实真相，发见社会现象之因果关系。然后根据调查之结果，研究计划改善社会之方案。再按照社会状况，以适当的展览宣传的手段，唤起民众，使觉悟关于彼等自身待决的利害问题，使他们更进一步自动的督促地方负责者，认真的、有效率的实行拟定的方案，解决社会问题。"[1] 所以，通过社会调查以掌握基本国情是建设新中国的一个十分重要的工作。

　　1935 年，李景汉受聘清华大学社会学系教授，在《社会科学》（第一卷第 2、3 期）发表了《定县土地调查》一文，从土地制度、生产关系入手探讨了社会变革问题。他认为，土地问题是中国农村的核心，而土地制度即生产关系又是土地问题的核心；其次才是生产技术及其他种种问题。若不解决土地私有制，则其他一切努力终归无效。因此，有关土地制度的主张是衡量一个人、一个政党、一个政府是否革命的一个标准。[2]1937 年，商务印书

---

① 李景汉：《实地社会调查方法》，转引自张岂之主编：《民国学案》第 5 卷，湖南教育出版社 2005 年版，第 524—525 页。

② 参见李景汉：《定县土地调查》，清华大学《社会科学》第一卷第 3 期，转引自张岂之主编：《民国学案》第 5 卷，湖南教育出版社 2005 年版，第 528—529 页。

馆出版了他的《中国农村问题》一书，该书深入系统地探讨了中国农村问题的根源、实质、重心和解决中国农村问题的途径："农村在中国之过去及今日，从种种方面论，皆占主要地位，将来无论是主张农业本位国也好，或是工业本位国也好，农村仍是要占重要地位。"关于农村问题产生的实质，他指出，"农村的主要问题是由社会生产关系而起的阶级的冲突问题，或是在农业生产、交换和分配过程中人与人间的社会关系问题。农业生产的根本工具是土地，因之土地问题可以说的农村问题的基点。经济上的公平为一切公平的基础。农村社会最后的目的是要达到农业生产是为农民全体的利益而经营、共同经营、共同生产、共同消费，不是各个体的自私自利，而是以社会共同生活为主体的改善，社会的势力可以制裁各个体的自私的活动，而没有阶级的差别。"认为，"中国农村经济遽然的崩溃与农民生活的日趋恶化，虽有种种复杂的原因，而国际资本的侵入，未尝不是中坚的势力。"关于农村问题，认为主要有：土地问题、金融问题、农村合作问题、经营问题、组织问题、教育问题、卫生问题、以及雇佣劳动、娱乐、迷信、家庭等其他农村问题。关于农村问题的解决，他认为核心的还是土地问题，"土地问题为农村问题的根本问题，土地问题解决了以后，其他农村经济问题、农村人口问题、农村教育问题、农村组织问题、农村卫生问题，与所有的其他农村问题亦都易于逐渐彻底的解决。"[1]

1938—1944 年，李景汉随清华大学西迁昆明，任西南联合大学社会学系教授、清华大学国情普查研究所调查组主任。其间，对昆明周边农业人口及滇西少数民族地区的社会状况做了实地调查，撰写了系列调查报告。成为中国现代社会学的开拓者和中国实地调查的先驱。

民俗学研究学派的主要代表有陈序经，其代表作有《民俗学与社会学》。民族学研究学派自 1928 年"中央"研究院社会科学研究所成立即设立了民族学组，1936 年中山文化教育馆编辑的《民族学研究集刊》出版后，开始引起

---

[1]　李景汉：《中国农村问题》，转引自张岂之主编：《民国学案》第 5 卷，湖南教育出版社 2005 年版，第 529—530 页。

国人的注意，主要代表有黄文山，其代表作为《民族学与中国民族研究》。黄文山在 30 年代即提出，为了使固有文化与西洋文化调适和交流，为了加强中华民族的向心力，必须以民族学家的文化理论为根据，而文化理论的产生又要以事实为根据，所以中国民族学最重要的工作在对于全国民族作有计划的实地调查，而对于各文化区的实地材料，尤其需要作有系统和详尽的搜集。"要以学术公开之态度，存比较求之虚心：在方法上，撷取西洋近数十年来进化派、历史派，功用派方法学之精英，而去其糟粕；在资料上，参考欧美日本无数民族调查之成绩与先例，以为解释及整理我国民族文化之张本；在综合上自应对于中国民族文化之性质、功用、法则，全盘加以说明。"①

社区研究学派源于燕京大学社会学系，主要代表有吴文藻、李安宅、费孝通、赵承信等，上面已有详述，不再赘述。

## 二、唯物史观的传播与现代社会学的兴起和发展

马克思主义唯物史观是研究社会现象、总结社会演进发展规律、指导社会改造的强大武器。马克思本人就是人类社会学的奠基人之一，"恩格斯的《家庭、私有制和国家的起源》就是一部关于原始社会史的著名科学著作"②。

马克思完成了社会科学的变革，从而奠定了真正的科学社会学的基础。列宁指出："达尔文推翻了那种把动植物种看做彼此毫无联系的、偶然的、'神造的'、不变的东西的观点，第一次把生物学放在完全科学的基础上，确定了物种的变异性和承续性，同样，马克思也推翻了那种把社会看做可按长官的意志（或者说按社会意志和政府的意志，都是一样）随便改变的、偶然产生和变化的、机械的个人结合体的观点，第一次把社会学置于科学的基础上，确定了社会经济形态是一定生产关系的总和，确定了这种形态的发展是

---

① 王庆仁等主编：《吴文藻纪念文集》，中央民族大学出版社 1997 年版，第 55 页。
② 《哲学研究》评论员：《历史唯物主义与社会学》，载复旦大学分校社会学系：《社会学文选》，浙江人民出版社 1981 年版，第 22 页。

自然历史过程。"① 根据唯物史观，人们在其社会生产的实践活动过程中，相互处于一种不以其意志为转移的一定的物质关系之中，这种关系还决定着人们的社会意识。社会经济结构作为一个完整的社会体系，是以历史上一定的物质财富的生产方式作为基础的，社会的一定的阶级结构，政治的上层建筑、文化、社会意识形态等都是与这种生产方式相适应的。这些社会现象中的每一种现象都具有相对的独立性，具有自己的结构以及自身发展的和发挥作用的独特规律。对社会现象作这样的分析是按部门（劳动社会学、家庭社会学、教育社会学等等）进行专业化社会学研究的基础。但是单独取出的社会现象，只有考虑到它们在具体的社会整体范围中的地位和作用才能认识清楚。每一种社会结构都具有自己特殊的矛盾和动力。所以马克思主义的社会学不仅与历史有最紧密的联系，而且，本身也是彻底研究社会结构更替规律的历史的社会学。因此，列宁把唯物主义历史观称为"社会科学的别名"，并指出："这个假设……第一次使科学的社会学的出现成为可能"。②

唯物史观社会学强调把握社会学的基本原理、基本方法，运用唯物史观来指导中国的革命与实践，并运用它来观察社会、研究历史。唯物史观社会学的突出特征在于，他并不是仅仅把社会学作为一门学问来研究，而是把唯物史观社会学作为认识中国社会和改造中国社会的思想武器。③ 马克思主义对深邃的客观的社会过程和全部社会关系进行研究的高度、辩证的观点、历史主义、革命批判的精神、不仅研究世界而且要改造和革新世界等等理论，对社会学家产生了浓厚的兴趣。尽管最初引进中国后，马克思主义社会学受到统治阶级、主流社会及大学的排挤和打击，但一经传播，就逐步被广泛接受。作为"现代社会学"主要流派④，唯物史观社会学一改传统学术的治学

---

① 《列宁全集》第 1 卷，人民出版社 1988 年版，第 122 页。

② 《列宁全集》第 1 卷，人民出版社 1988 年版，第 120—122 页。

③ 参见李培林：《20 世纪上半叶的唯物史观社会学》，《东岳论丛》2009 年第 1 期。

④ 赵承认为中国早期的社会学有两个主要流派，即"文化学派"和"辩证唯物论派"。"文化学派"是正宗、是主流，在社会学界占优势；而"辩证唯物论派"尽管对青年影响很大，但是并非正宗。可见，唯物史观社会学在当时尽管受到排挤和打压，处于非正宗的地位，但由于其影响巨大，所以依然是两个流派之一。（参见赵承信：《中国社会学的两大派》，《益世报》1948 年 1 月 22 日）

理路、治学方法，将历史和逻辑有机融合，开创了一套全新的社会学研究体系、研究方法，对中国现代社会学的发展作出了重要的贡献。可以说，唯物史观的理论、方法，给社会史的研究指明了方向，提供了科学的工具。因此，自从唯物史观传入中国后，中国的马克思主义社会学就开始兴起，并且形成了与西方资产阶级社会学平行发展、并驾齐驱的局面。二者的区别在于：一是主张社会改良，一是主张社会革命。唯物史观社会学作为当时的一个马克思主义学派，积极参加了 20 世纪 30 年代关于中国社会性质、中国社会史、中国农村社会性质的三大论争，这些论争虽然都是以学术争辩的形式出现，但实际上都与中国革命基本问题紧密相关。所以说，在唯物史观社会学者看来，马克思主义的唯物史观社会学，是一种"新社会学"和"现代社会学"。唯物史观社会学的发展，为解读中国社会开辟了一条新路，深化了中国社会学方法论的探讨。①

在 20 世纪二三十年代运用唯物史观研究社会学的学者主要有李大钊、瞿秋白、李达、李平心、冯和法、陈翰生、许德珩等人。

李大钊是较早运用唯物史观研究社会学的学者。他在《唯物史观在现代社会学上的价值》（1920 年）等论著中，阐述了社会学的基本理论和方法，剖析了西方社会学的相关理论和方法，明确指出唯物史观对于社会学研究的价值和意义："他能造出一种有一定排列的组织，能把那从前各自发展不相为谋的三个学科，就是经济、法律、历史，联为一体，使他现在真值得起那社会学的名称。因为他发见阶级竞争的根本法则；因为他指出那从前全被误解或蔑视的经济现象，在社会学的现象中是顶重要的；因为他把决定法律现象的有力的部分归于经济现象，因而知道法律现象去决定经济现象是逆势的行为；因为他借助于这些根本的原则，努力以图说明过去现在全体社会学上的现象。"② 高度评价唯物史观对于社会学的贡献："社会学得到这样一个重要的法则，使研究斯学的人有所依据，俾得循此以考察复杂变动的社会现

---

① 参见李培林：《20 世纪上半叶的唯物史观社会学》，《东岳论丛》2009 年第 1 期。

② 《李大钊文集》（下），人民出版社 1984 年版，第 369—370 页。

象，而易得比较真实的效果。这是唯物史观对于社会学上的绝大贡献，会与对于史学上的贡献一样伟大。"① 在此基础上明确指出，不仅要用唯物史观来指导中国的社会学研究，而且要把唯物史观社会学作为认识中国社会和改造中国社会的思想武器。李大钊认为马克思主义不是一个抽象的名词，而是一种思想武器，可以用于改变生产资料私有制的革命。他指出，社会的根本问题是解决经济问题，一旦解决了经济问题，那么人口、妇女、劳动、青年、废娼、童工、土地等问题，乃至市民生活等实际问题也就迎刃而解。可以说，李大钊奠定了中国马克思主义社会学的基石。

瞿秋白是我党早期的理论家，在运用唯物史观进行社会学研究方面也作出了很大的成绩。1923 年他担任上海大学社会学系主任，主讲现代社会学和社会哲学概论课程，1924 年出版《现代社会学》讲义。书中对社会发展的原因论与目的论、社会现象的有定论与无定论、社会历史的偶然性与必然性等问题，都进行了历史唯物主义的论述；把马克思主义社会学原理同国际共产主义运动、社会问题研究结合，明确指出，辩证唯物主义是社会学的高层次研究方法论。他指出："没有一种科学足以代社会学研究总体的社会现象，亦没有一种科学足以直接运用自己的原理来解释社会现象，——因此，可以断定必须有一种科学来特别研究那解释社会现象的原理，并且综合一切分论法的社会科学所研究的对象间之关系，——就是社会学。"② 在当时条件下，瞿秋白把马克思主义直接当作社会学的一个重要理论，将马克思主义唯物史观、社会主义运动结合起来，思考和研究中国社会性质、阶级现状与阶级斗争、民族解放与社会主义运动等系列现实问题，他曾经指出："在 1923年的中国，研究马克思主义以至一般社会学的人，还少得很。因此，仅仅因此，我担任了上海大学社会学系教授之后，就逐渐地偷到所谓'马克思主义理论家'的虚名。……还有一个更重要的'误会'，就是用马克思主义来研究中国的现代社会，部分的是研究中国历史的发端——也不得不由我来开始

---

① 《李大钊文集》（下），人民出版社 1984 年版，第 369—370 页。
② 瞿秋白：《现代社会学》，载《瞿秋白文集》政治理论编第二卷，人民出版社 1988 年版，第 409 页。

尝试。五四以后的五年中间，记得只有陈独秀、戴季陶、李汉俊几个人写过几篇关于这个问题的论文，可是都是无关重要的。我回国之后，因为已经在党内工作，虽然只有一知半解的马克思主义知识，却不由我不开始这个尝试：分析中国资本主义关系的发展程度，分析中国社会阶级分化的性质，阶级斗争的形势，阶级斗争和反帝国主义的民族解放运动的关系等。"① 因此，瞿秋白的《现代社会学》一出版即成为中国马克思主义社会学的第一本教科书。

李达明确认为，历史唯物论本身就是一门社会科学，即马克思主义社会学，并给社会学下了一个明确的定义："社会学者，研究社会历程及其法理，并推知其进行之方向，明示改造方针之科学也。"② 其代表作《现代社会学》，1926 年由上海笔耕堂书店印行，1929 年由昆仑书店再版发行。内容主要涉及：社会学的性质、社会的本质、社会的改造、社会的起源、社会的发达、家族、氏族、国家、社会意识、社会进化、社会变革、社会阶级、社会问题、社会思想、社会运动、帝国主义、世界革命、社会的将来等等。在书中主要叙述了社会学的产生及其流派，阐明了社会学在社会科学中的地位，批判了契约社会说、生物社会说与心理社会说等资产阶级社会学说，并明确指出："社会学的唯一的科学的方法，是唯物辩证法。"③

冯和法撰写的社会学专著《农村社会学大纲》1929 年出版，该书又名《中国农村社会研究》，是运用唯物史观进行社会学研究的重要论著。阐述的内容并不局限于农村社会学，而涉及社会学的基础理论。该书从生产关系入手，以经济地位为标准，运用阶级分析方法，透视农村生产关系的每个层面，并且农村与都市各种社会现象的联系，从社会基本方面去考察、研究农村社会现象的构成、变动及其趋势。依据大量的事实，论证了当时的中国处于半殖民地半封建的社会，并由此得出"中国革命的前途，全以农民运动为依归"的结论。

---

① 瞿秋白：《多余的话》，载《赤都心史》附录，广西师范大学出版社 2004 年版。
② 李达：《现代社会学》，上海昆仑书店 1929 年版，第 22 页。
③ 李达：《社会学大纲》，武汉大学出版社 2007 年版。

　　李平心运用唯物史观理论于 1930 年撰写了《现代社会学理论大纲——唯物史观的社会学基础理论》，该书从社会学的性质、定义出发，考察了社会学的发展历史，分析论证了社会学自孔德以来各个流派及其理论，明确提出了社会学的研究范围与方法。在此基础上，阐述了社会学的性质、构造、社会现象、社会过程以及阶级、国家、家族等，是中国第一部把社会经济形态理论引入社会学的著作。

　　这个时期，着眼农村、家庭、消费、土地等社会现实的社会调查也逐步展开，大量调查数据和成果相继发表。其中陈翰生相继发表的《亩的差异》（1929 年）、《当代中国的土地问题》（1933 年）、《广东农村生产关系与生产力》（1934 年）都是运用唯物史观理论研究社会生产关系、经济关系的成果，在国内和国际学术界产生了很大的影响。《亩的差异》重点调查了江苏无锡农村封建与半封建土地制度问题，依据生产关系和经济地位将农户进行分类。《广东农村生产关系与生产力》则就广东的耕地与耕地使用、佃租税捐利息的负担、生产力和生产关系的实际情形、农村劳动力等问题作出了详细的分析，其方法区分于欧美经院派，观点和结论也更深刻。他明确指出："一切生产关系的总和，造成社会的基础结构，这是真正社会学研究的出发点。"[1]在《广东农村生产关系与生产力》中，他从耕地所有与耕地使用、地主和农民之间的土地分配入手，深入研究了农村生产关系和社会关系，从中找出了生产力低下的真正原因；并以调查所得的实际材料，揭露了农村的封建生产关系，证明了当时的中国社会处于半殖民地半封建的状态，指出农村的根本问题是土地所有制问题，从而为认识中国社会实际、改造中国社会指明了方向。

　　20 世纪 30 年代唯物史观的社会学著作相继出版，其中影响最大的是许德珩的《社会学讲话》和李达的《社会学大纲》。

　　许德珩的《社会学讲话》（上册）1936 年出版，作者论述了社会学的起源及各派的主要观点，通过分析批判综合社会学派、心理社会学派、生物社

---

[1]　陈翰生：《中国的农村研究》，《劳动季刊》1931 年第 1 卷第 1 号。

会学派、文化学派、社会学的独立环境说和新实证主义的相关学说，提出和阐明自己的唯物论社会学理论。他指出："历史的唯物论，是把唯物辩证法应用来说明人类社会之发展的理论，它的基础是唯物辩证法。唯物辩证法把一切存在看作是变动的、发展的。其解释发展之基本法则，是对立的统一。"① 他认为，社会学是研究"人类社会之构造，社会构造之存在、发展、变革及其相互联系；分析构成人类社会生活的诸要素，及诸要素的性质、诸要素间相互作用和关系，探求社会变革的因果关系和法则，以推知社会进行的方向，预测将来的一种学问。若从这样的一种内容来说，说明社会最确切的理论，就应当是历史的唯物论，如是，历史的唯物论就是正确的社会学，而社会学也就是社会科学了"②。该书一方面批判了以唯心主义和二元论为基础的西方社会学流派，精辟地论证了以唯物史观为指导、运用唯物辩证法的方法研究社会学，才可能使社会学成为真正的社会科学。

值得注意的是，在唯物史观社会学内部围绕中国农村社会性质问题也展开了一场规模较大的学术论战。农村问题是中国社会的主要问题，即便是革命派内部对此问题也存在诸多不同意见和主张，其中最突出的分歧出现在"土地革命派"和"不断革命派"之间。论战的焦点问题是：中国社会的性质是半封建半殖民地的还是资本主义的，中国的革命是民主资产阶级革命还是无产阶级革命。这场论战集中反映在"中国农村社会性质论战"中。"土地革命派"的实际领袖是陈翰笙。针对共产国际农民运动研究所东方部工作的马季亚尔出版的《中国农村经济》（1928 年在莫斯科出版）一书中所谓"中国农村也就是资本主义的农村"的观点，认为这与中国农村基本上是自给自足的自然经济、属于封建社会性质的事实不符，并进一步指出，社会学研究的真正出发点，是了解由生产关系组成的社会基础结构。在中国，大部分的生产关系是属于农村的，因此中国的农村调查，是中国社会学研究的第一步工作。而过去的大多数的调查，只侧重于生产力而忽视了生产关系，因而无

---

① 许德珩：《社会学讲话》上册，北平好望书店 1936 年版，第 163 页。

② 许德珩：《社会学讲话》上册，北平好望书店 1936 年版，第 61 页。

法揭示中国农村社会的本质。为此，他对中国农村经济进行深入细致地实地调查研究，先后前往江苏无锡、广东岭南和河北保定三地展开调查研究，以把握大量一手资料。通过实地调查，形成了他有关中国土地革命的基本思路：中国社会纯粹的封建已成过去，纯粹的资本主义尚未形成，是正在转变时期的社会。在这种社会里，土地所有者、商业资本和高利贷资本三者，均以农民为共同剥削目标。因此，废除封建的土地制度，进行土地革命，使无地少地的农民得到土地，这是发展中国农业生产、解决中国农村问题唯一正确的道路。[1]1933年陈翰笙与吴觉农、孙晓村、冯和法、王寅生、钱俊瑞、薛暮桥、孙冶方等人在上海发起成立"中国农村经济研究会"，1934年在上海发起创办《中国农村》月刊（由薛暮桥主持），形成了主张"土地革命"的马克思主义的"中国农村派"。

"不断革命派"的代表主要是任曙和严灵峰，其代表作分别为任曙的《中国经济研究》和严灵峰的《中国经济问题研究》。通过1922—1925年在江苏、山西等省区2000余农户的调查数据，1875—1926年中国海关轮船和帆船进出的吨位数据，以及1912—1920年中国钱庄和银行的兴替数据，根据中国农村土地的集中趋势，中农土地的丧失和贫农与富农、地主的对立这些事实，认为，中国农村封建生产关系已经破坏，资本主义关系已经形成，而且"土地愈集中的地方，资本主义愈发达"，反之亦然。因此，任曙认为，"全部中国农村生活是千真万确的资本主义关系占着极强度的优势"，"资本主义日益向上增涨，取得支配的地位"，中国贸易"突飞猛进"的发展，"中国资本主义还在继续发展中。它不因内战、灾荒、革命，以及所谓封建剥削的阻碍，而致停止其前进"。严灵峰也力图证明，"占有中国广大土地的，已不是维持旧时代残余下来的贵族、宗室，而是资本主义化的地主，或地主化的资本家"[2]。他们认为，中国的土地革命是反对资本主义的，而不是"促进"资本主义的；是非资本主义的前途，而不是资本主义的前途。

---

[1]　参见李培林：《20世纪上半叶的唯物史观社会学》，《东岳论丛》2009年第1期。

[2]　刘梦飞：《中国农村经济的现阶段——任曙、严灵峰先生的理论批判》，载陈翰笙、薛暮桥、冯和法主编：《解放前的中国农村》，中国展望出版社1985年版，第498—99页。

"土地革命派"学者对"不断革命派"的观点开展了激烈批判。张闻天认为，中国进出口贸易的增加只说明商品经济的增加而非资本主义的发展，中国输出的主要是原料而不是工业品的事实说明了中国社会是农业社会而非工业社会，输入的工业品表明的是中国资本主义的不发展而不是资本主义的发展。他还进一步指出："中国的土地革命一直到平均分配一切没收的土地，一直到土地国有，是民主资产阶级性质的。他不但不阻止资本主义的发展而且给资本主义的发展肃清道路。这土地革命是反对大资产阶级的，但对小资产阶级的农民，却是有利的。""然而这土地革命成功后，并不将在中国开辟一个资本主义急速发展的前途，而是将开辟一个非资本主义的前途。因为中国革命的领导者是无产阶级。它在革命中，终不停止于工农民主专政，而将进一步的实行无产阶级的专政。那时要实行的是社会主义，而不是什么'非资本主义'的前途。"①

此后，"土地革命派"和"不断革命派"的论战进一步以《中国经济》杂志和《中国农村》月刊为对抗的两个学术阵营，以"中国农村派"和"中国经济派"的面貌出现。1934年10月《中国农村》创刊号发表了"中国农村派"薛暮桥《怎样研究中国农村经济》一文，该文从四个方面批判了有关中国农村经济研究和中国农村社会性质的几个错误观点：一是批评把自然条件当作主要研究对象的观点，如把"人口过剩"和"耕地不足"作为中国农村破产的根本原因；二是批评把生产技术当作主要研究对象的观点，如通过中美农业人工成本的比较，认为中国农业生产技术落后和缺乏竞争力是中国农村破产的主要原因；三是批评把封建剥削当作主要研究对象的观点，如认为"高度地租"、"买卖不公"和"高利借贷"是中国农民贫困的三个主要动因；四是批评把农产商品化程度当作主要研究对象的观点，如认为资本主义生产方式已在中国农业中间占有支配地位。②

---

① 张闻天：《中国经济之性质问题的研究——评任曙君的〈中国经济研究〉》，载陈翰笙、薛暮桥、冯和法主编：《解放前的中国农村》，中国展望出版社1985年版，第266—267页。

② 薛暮桥：《怎样研究中国农村经济》，载《薛暮桥经济论文选》，人民出版社1984年版，第1—10页。

　　针对薛暮桥文章，1935 年 1 月天津《益世报》第 48 期"农村周刊"上发表了"中国经济派"王宜昌的《农村经济统计应有的方向》一文，针锋相对地指出中国农村经济研究要进行三个"方向转换"："第一方向转换，便是在人和人的关系底注意之外，更要充分注意人和自然的关系"；"第二方向转换，便是注意到农业生产内部的分析，从技术上来决定生产经营规模的大小，从农业生产劳动上来决定雇农底质与量，从而决定区别出农村的阶级及其社会属性"；"第三方向转换，是在注意农业经营收支的情形，资本运营的情形，和其利润分配的情形。这里不仅要注意到农业的主要业务，而又要注意到副业的作用。"两派都大量引用了马克思的《资本论》和《政治经济学批判导言》、列宁的《俄国资本主义之发展》、普列汉诺夫的《马克思主义的根本问题》、考茨基的《农业问题》等，都是在马克思主义社会学理论框架中争论问题。"中国经济派"的逻辑前提是中国农村经济社会的核心问题是资本问题而不再是土地分配问题；"中国农村派"的逻辑前提是现阶段中国农村的核心问题依然是土地分配以及与土地分配密切相关的人与人之间的社会关系问题。其实质是关于中国革命的前途与道路问题，亦即中国革命是走依靠农民的新民主主义革命道路还是走依靠无产者的社会主义革命道路的争论。

　　20 世纪 30 年代，在众多的马克思主义社会学者中，李达的理论水平最高，取得的成就最大。他在 1937 年出版的《社会学大纲》可以说是中国人自己写的第一部马克思主义哲学教科书、社会学教科书。该书阐述了自孔德以来西方社会学发展变化的历史，对实证主义社会学、生物主义社会学、心理学社会学、形式社会学、知识社会学、文化社会学等流派作了系统的批判。他明确指出，唯物辩证法是社会学的唯一科学的方法，历史唯物主义是社会发展的科学理论，是社会研究的科学方法，是社会实践的指南。早在 1929 年出版的《社会之基础知识》一书中，李达就受到布哈林《历史唯物主义理论》的影响，运用系统的观点来考察社会，认为，"社会是包括人类间一切经常相互关系的系统，在这个系统中，一切经常相互关系，都以经济的经常相互关系做基础"①。他把社会系统分为物的系统、人的系统、观念的系统，在这三个相互关联影响的系统中，物的系统是基础。《社会学大纲》分为 5 篇约 40 万字。第一篇为辩证唯物主义，第二至第五篇，分别阐述了"当作科学看的历史唯物论"、"社会的经济结构"、"社会的政治结构"、"社会的意识形态"。在书中李达系统论述了社会存在与社会意识、生产力与生产关系、经济基础与上层建筑、阶级、国家、社会意识形态等唯物史观的基本理论。1948 年香港生活书店将《社会学大纲》中的历史唯物论即第二至第五篇单独印行，并命名为《新社会学大纲》，为其作序的沈志远说："一望而知，这部社会学的内容，完全是历史唯物论的社会理论，也可以说是辩证唯物论的历史学说。"可见，李达《社会学大纲》对于 20 世纪 30—50 年代中国社会的巨大影响。

## 三、马克思主义社会学的巨大影响和成就

受唯物史观影响下的社会学在 20 世纪上半叶发展迅速，唯物史观社会学和其它主流社会学思潮并起，成为与中国革命、中国社会实际紧密关联的主流学术思潮。唯物史观社会学强调把握社会学的基本原理、基本方法，运用唯物史观来指导中国的革命与实践，并运用它来观察社会、研究历史。唯物史观社会学的突出特征在于，它并不是仅仅把社会学作为一门学问来研究，而是把唯物史观社会学作为认识中国社会和改造中国社会的思想武器。② 作为"现代社会学"主要流派，一改传统学术的治学理路、治学方法，将历史和逻辑有机融合，开创了一套全新的社会学研究体系、研究方法，对早期社会学的发展作出了重要的贡献。

唯物史观社会学的理论和方法影响到中国革命的实践和中国现代各学科学术研究。其中哲学社会科学尤其是唯物史观史学在这个时期的成就可谓巨

---

① 《李达文集》第 1 卷，人民出版社 1980 年版，第 498 页。

② 参见李培林：《20 世纪上半叶的唯物史观社会学》，《东岳论丛》2009 年第 1 期。

大。由于社会学和历史学的天然关系，受其影响，这个时期，社会发展史的研究，一度掀起热潮。二三十年代出版的有关著作多达 25 种以上，其中对中国马克思主义史学影响较大的有蔡和森的《社会进化史》、瞿秋白《社会科学概论》、李达的《现代社会学》，这是第一批有关社会发展史的著作，它们确认了马克思主义社会经济形态学说是揭示人类社会发展规律的基本原理，并据此说明了人类社会史前期的一般状况，即家族、氏族、私有财产和国家的产生及其原因，分析了阶级社会的三种剥削形态，还论述了近代资本主义社会由于自身不可克服的矛盾必然崩溃而为社会主义社会所代替的总趋势。40 年代有关社会发展史的著作数量剧增，四五十年代增至 35 种左右，此时有关社会发展史的著作与以前相比，一个明显的特点就是这些著作大多数是以唯物史观为指导写成的，而且在接受唯物史观的指导上，比以前更自觉了，理解也更深入了，教条主义的痕迹也在逐渐地减少。

这个时期马克思主义社会学受到广大青年的青睐。针对这一独特事实，就连对马克思主义有偏见的社会学家吴文藻也不得不承认："评论者相信，马克思主义社会学近年来在中国青年中如此普及的原因之一是，中国学生渴望学习西方的社会思想，他们在寻找具有无可辩驳说服力的社会哲学体系，这类体系能给他们一个概念参照标准。马克思列宁的中国信徒认为辩证方法和经济决定论或历史唯物论理论能满足年轻人的需求，前者给了他们调查的方便工具，后者提供了据说能普遍应用于解释社会因果的原则。"[①]

陈序经、赵承信等学者也表达了相同的意见。赵承信在梳理 20 世纪 20—30 年代中国社会学学术史时，即明确指出，中国早期社会学存在"文化学派"和"辩证唯物论派"两大主流。[②]"文化学派"是正宗，是主流，在社会学界占优势；而"辩证唯物论派"尽管对青年影响很大，但是并非正宗。青年毛泽东也是受社会学调查方法的影响，开始运用马克思主义唯物史观和社会学方法，完成了他的《湖南农民运动考察报告》（1927 年）和《兴

---

① 吴文藻：《系统社会学述评》，转引自陈序经：《社会学的源起》，载复旦大学分校社会学系：《社会学文选》，浙江人民出版社 1981 年版，第 202 页。

② 赵承信：《中国社会学的两大派》，《益世报》1948 年 1 月 22 日。

国调查》（1931年）。他的《兴国调查》对大约有八千居民的江西兴国地区的八个家庭展开了详细考察，分析该地区原有的土地制度和各种经济剥削的类型。评估了各个阶级——地主、富农、中农、贫农、手工业者、商人等的政治态度，考察以后土地分配的情况（共产党的土改政策，地方行政和农村地区的战争化，为新的土地政策和新民主主义革命方略提供了第一手可信的资料。）

如果说20世纪20—30年代中国社会学两大主要流派文化学派和唯物史观学派中，唯物史观处于非正宗地位的话，那么，在20世纪30—50年代，唯物史观社会学经由各项论战与诘难，已经逆势而起，成为各界看好的正宗主流学派，而且在20世纪50年代之后发展成为具有领导地位和指导意义的主流学派。过去许多非唯物史观社会学学派的大家都一换门庭，皈依到唯物史观学派门下，由此可见，唯物史观学理的科学性与影响力。

# 参考文献

(按书目拼音排序)

## A

《艾思奇文集》，人民出版社 1981 年版。

## B

《变迁中的心态——五四时期社会心理变迁》，王跃著，湖南教育出版社 2000
年版。

## C

《陈独秀文章选编》，生活·读书·新知三联书店 1984 年版。

《陈独秀著作选》，上海人民出版社 1993 年版。

《蔡和森文集》，湖南人民出版社 1979 年版。

《从马克思到社会主义市场经济》，顾海良、张雷声著，北京出版社 2001 年版。

《从四部之学到七科之学——学术分科与近代中国知识系统之创建》，左玉河
著，上海书店出版社 2004 年版。

《从五四启蒙运动到马克思主义的传播》，丁守和、殷叙彝著，生活·读书·新
知三联书店 1979 年版。

## D

《当代中国史学》，顾颉刚著，辽宁教育出版社 1998 年版。

《当代中国哲学》，贺麟著，南京胜利出版公司 1947 年版。

《当代西方文学理论》，[英] 特里·伊格尔顿著，王逢振译，中国社会科学出版社 1988 年版。

《〈独立评论〉与二十世纪三十年代的政治思潮》，张太原，北京师范大学博士学位论文，2002 年。

《独秀文存》，安徽人民出版社 1987 年版。

《戴季陶先生文存再续编》，陈天锡编，台湾商务印书馆 1968 年版。

E

《二十世纪中国社会科学》，上海市社会科学界联合会编，上海人民出版社 2005 年版。

《20 世纪国外马克思主义经济思想史》，顾海良、张雷声著，经济科学出版社 2006 年版。

《20 世纪上半叶中国政治思想》，韦杰廷著，湖南教育出版社 1995 年版。

《20 世纪西方哲学东渐问题》，黄见德著，湖南教育出版社 1998 版。

《20 世纪马克思主义在中国》，钟家栋、王世根等，上海人民出版社 1998 年版。

《二十世纪中国文学三人谈》，钱理群、黄子平、陈平原，北京大学出版社 2004 年版。

《20 世纪的中国：学术与社会》，王守常主编，山东人民出版社 2001 年版。

《20 世纪中国马克思主义哲学》，郭建宁著，北京大学出版社 2005 年版。

《20 世纪中国人文社会科学方法论问题》，李承贵著，湖南教育出版社 2001 年版。

《20 世纪中国社会科学：社会学卷》，谷迎春、杨建华编，广东教育出版社 2006 年版。

《二心集》，鲁迅著，人民文学出版社 1973 年版。

《而已集》，鲁迅著，漓江出版社 2001 年版。

F

《发展中国家经济发展论》，张雷声著，高等教育出版社 2002 年版。

《傅斯年全集》，湖南教育出版社 2003 年版。

《傅衣凌治史五十年文编》，中华书局 2007 年版。

## G

《革命与历史：中国马克思主义史学的起源》，［美］阿里夫·德雷克著，翁贺凯译，江苏人民出版社 2005 年版。

《港台及海外学者论中国文化》（上、下），姜义华等编，上海人民出版社 1988年版。

《郭沫若全集》，人民出版社 1982 年版。

《郭沫若与中国史学》，林甘泉、黄烈著，中国社会科学出版社 1992 年版。

《郭沫若研究》，文化艺术出版社 1986 年版。

《古史辨》，顾颉刚著，上海古籍出版社 1981 年版。

《国家主义概论》，余家菊著，新国家杂志社 1927 年版。

《国家主义论文集》，李璜等著，上海中华书局 1925 年版。

## H

《胡适年谱》，《胡适研究论稿》，耿云志，四川人民出版社 1985 年版。

《胡适精品集》，光明日报出版社 1998 年版。

《侯外庐史学论文选集》，人民出版社 1987 年版。

《何兆武学术文化随笔》，何兆武著，中国青年出版社 1998 年版。

## J

《近五十年中国思想史》，郭湛波，山东人民出版社。

《简明中国通史》，吕振羽著，人民出版社 1959 年版。

《经济思想史评论》，顾海良、颜鹏飞主编，经济科学出版社 2006 年版。

《近代中国的思想历程（1840—1949）》，彭明等主编，中国人民大学出版社1999 年版。

《解放前的中国农村》，陈翰笙、薛暮桥、冯和法主编，中国展望出版社 1985年版。

## K

《科学革命的结构》，［美］库恩著，李宝恒、纪树立译，上海科学技术出版社1980 年版。

## L

《列宁全集》，人民出版社 1986 年版。

《列宁选集》，人民出版社 1995 年版。

《列宁论文学与艺术》，人民文学出版社 1983 年版。

《历史哲学教程》，翦伯赞著，河北教育出版社 2000 年版。

《李大钊文集》，人民出版社 1984 年版。

《李大钊选集》，人民出版社 1959 年版。

《李大钊史学论集》，河北人民出版社 1984 年版。

《六大以前党的历史材料》，人民出版社 1980 年版。

《理性和自由》，胡绳著，华夏书店 1946 年版。

《历史主义思潮的历史命运》，王学典，天津人民出版社 1994 年版。

《历史研究法》，何炳松著，商务印书馆 1927 年版。

《鲁迅全集》，人民文学出版社 1981 年版。

《南腔北调集》，鲁迅著，人民文学出版社 1980 年版。

《吕骥文选》，人民音乐出版社 1988 年版。

## M

《马克思恩格斯全集》，人民出版社 1979 年版。

《马克思恩格斯选集》，人民出版社 1995 年版。

《马克思历史观研究》，陈先达著，中国人民大学出版社 2006 年版。

《马克思经济思想的当代视界》，顾海良著，经济科学出版社 2005 年版。

《马克思劳动价值论的历史和现实》，顾海良、张雷声著，人民出版社 2002 年版。

《马克思主义在中国 100 年》，唐宝林主编，安徽人民出版社 1997 年版。

《马克思主义与儒学》，崔龙水、马振铎等，当代中国出版社 1996 年版。

《马克思主义文艺理论的发展与传播》，李衍柱等，广西师范大学出版社 1995 年版。

《马克思主义文艺理论研究》，王太顺等，文化艺术出版社 1982 年版。

《马克思主义与文艺》，解放社 1949 年版。

《马克思主义政治学教程》，傅宇芳著，上海长城书店 1932 年版。

《马克思主义经济学史 1929—1990》，［英］W.C. 霍华德等著，顾海良等译，中央编译出版社 2003 年版。

《马克思主义发展史》，顾海良著，武汉大学出版社 2006 年版。

《马克思主义与儒学》，崔龙水、马振铎等著，当代中国出版社 1996 年版。

《马克思主义在中国：从影响的传入到传播》，林代昭、潘国华著，清华大学出版社 1983 年版。

《马克思主义政治经济学》，张雷声主编，中国人民大学出版社 2003 年版。

《马克思主义经济理论的形成与发展》，吴易风、顾海良、张雷声著，中国人民大学出版社 1998 年版。

《沫若文集》，郭沫若著，人民出版社 1958 年版。

《毛泽东早期文稿》，湖南人民出版社 1990 年版。

《毛泽东书信选集》，人民出版社 1983 年版。

《毛泽东选集》，人民出版社 1991 年版。

《毛泽东读文史古籍批语集》，中央文献出版社 1993 年版。

《毛泽东论文艺》，人民文学出版社 1992 年版。

《毛泽东对马克思主义哲学的贡献》，艾思奇著，宁夏人民出版 1983 年版。

《毛泽东农村调查文集》，人民出版社 1982 年版。

《民国学案》之各学者个案，张岂之、麻天祥主编，湖南教育出版社 2005 年版。

《民国时期学术研究方法论》，薛其林著，湖南人民出版社 2002 年版。

N

《农村与都市》，千家驹著，中华书局 1935 年版。

P

《普列汉诺夫哲学著作选集》，生活·读书·新知三联书店 1959 年版。

Q

《瞿秋白选集》，人民出版社 1985 年版。

R

《韧的追求》，侯外庐著，生活·读书·新知三联书店 1985 年版。

《融合创新的民国学术》，薛其林著，湖南大学出版社 2005 年版。

S

《斯大林全集》，人民出版社 1953 年版。

《孙中山选集》，人民出版社 1956 年版。

《史料与史学》，翦伯赞著，北京大学出版社 1985 年版。

《社会学讲话》，许德珩著，北平好望书店 1936 年版。

《社会学文选》，复旦大学分校社会学系编，浙江人民出版社 1981 年版。

《社会学与民俗学》，杨堃著，四川民族出版社 1987 年版。

《现代社会学》，李达著，上海昆仑书店 1929 年版。

《社会学大纲》，李达著，武汉大学出版社 2007 年版。

《社会学讲话》，许德珩著，北平好望书店 1936 年版。

《所思》，张申府著，生活·读书·新知三联书店 1986 年版。

《三松堂全集》，冯友兰著，河南人民出版社 2001 年版。

《三松堂学术文集》，北京大学出版社 1984 年版。

《社会认识方法论》，欧阳康主编，武汉大学出版社 1998 年版。

《社会变革与文化传统》，胡逢祥著，上海人民出版社 2000 年版。

《社会转型与当代知识分子》，陶东风著，上海三联书店 1999 年版。

《社会主义讨论集》，新青年编辑部编，上海三联书店 2014 年版。

《十批判书》，郭沫若著，群益出版社 1948 年版。

《三闲集》，鲁迅著，人民文学出版社 1952 年版。

W

《无政府主义思想资料选》，葛懋春、蒋俊、李兴芝编，北京大学出版社 1984
年版。

《唯物史观新视野》，中共中央党校本书课题组，东方出版社 1999 年版。

《唯物史观在中国的历史命运论纲》，梁枫著，北京大学出版社 2000 年版。

《唯物辩证法论战》，北平民友书局 1934 年版。

《唯物史观基本范畴史纲》，张战生等著，湖北教育出版社 1983 年版。

《唯物史观与 20 世纪社会主义》，张雪永等著，电子科技大学出版社 2005 年版。

《中国现代唯物史观史》，吕希晨、何敬文主编，天津人民出版社 2003 年版。

《唯物史观与社会主义》，徐卫国著，中国财政经济出版社 2003 年版。

《走向社会历史的深处：唯物史观的当代探析》，薛勇民著，人民出版社 2002

年版。

《现代唯物史观大纲》，孟庆仁著，当代中国出版社 2002 年版。

《唯物史观与中共党史学》，张静如著，湖南出版社 1995 年版。

《唯物史观与历史科学》，庞卓恒著，高等教育出版社 1999 年版。

《唯物史观与史学》，蒋大椿著，吉林教育出版社 1991 版。

《唯物史观与文艺思潮》，陆贵山著，中国人民大学出版社 2008 年版。

《唯物史观与中国的社会主义道路》，张良骏主编，山西人民出版社 1996 年版。

《唯物辩证法论战》，张东荪著，民友书局 1934 年版。

《唯生论》，陈立夫著，正中书局 1939 年版。

《五十年来的中国哲学》，贺麟著，辽宁教育出版社 1989 年版。

《王国维遗书》，上海书店 2011 年版。

《王国维先生遗书》，上海古籍出版社 1983 年版。

《王亚南文集》，福建教育出版社 1987 年版。

《文化的民族性与时代性》，庞朴著，中国和平出版社 1988 年版。

《吴文藻纪念文集》，王庆仁等主编，中央民族大学出版社 1997 年版。

X

《新技术革命与唯物史观的发展》，赵家祥、梁树发著，河北人民出版社 1987 年版。

《现代政治学》，[日] 五来欣造著，陈鹏仁译，台北水牛图书出版事业有限公司 1994 年版。

《新政治学大纲》，高振青著，上海社会经济学会 1931 年版。

《西行漫记》，埃德加·斯诺著，生活·读书·新知三联书店 1979 年版。

《现代社会学》，李达著，上海昆仑书店 1929 年版。

《现代中国学术论衡》，钱穆著，岳麓书社 1986 年版。

《学术救国——知识分子历史观与中国政治》，黄敏兰著，河南人民出版社 1995 年版。

《新史学九十年》，许冠三著，香港中文大学出版社 1986 年版。

《先总统蒋公思想言论总集》，中国国民党党史委员会编印 1984 年版。

《现代性追求与民族性建构——马克思主义视域下的中国古代文学研究》，张胜利，复旦大学博士学位论文，2007 年。

《薛暮桥经济论文选》，人民出版社 1984 年版。

## Y

《1844 年经济哲学手稿》，马克思著，人民出版社 1979 版。

《恽代英文集》，人民出版社 1984 年版。

《饮冰室合集》，梁启超著，中华书局 1989 年版。

《聂耳全集》，文化艺术出版社 1985 年版。

## Z

《中国学术百年》，北京市社会科学界联合会编，北京出版社 1999 年版。

《中华民国史资料丛稿》，中华民国史研究室编，中国社会科学出版社 1982 年版。

《中国科学技术史》，李约瑟著，中国科学出版社 1990 年版。

《中国命运大论战》，林衢主编，时事出版社 2001 年版。

《中国无政府主义史》，徐善广著，湖北人民出版社 1989 年版。

《中国文化要义》，梁漱溟著，路明书店 1949 年版。

《中国现代哲学原著选》，复旦大学出版社 1989 年版。

《中国唯心论史》，张立文、周桂钿主编，河南人民出版社 2004 年版。

《中国哲学史》，冯友兰著，中华书局 1961 年版。

《中国现代哲学史》，冯友兰著，广东人民出版社 1999 年版。

《中国社会史诸问题》，吕振羽著，生活·读书·新知三联书店 1961 年版。

《中国古代社会史》，侯外庐著，新知书店 1948 年版。

《中国历史的翻案》，华岗著，人民出版社 1981 年版。

《中国近代学术史》，麻天祥等著，湖南师范大学出版社 2001 年版。

《中国现代哲学史》，许全兴、陈战难、宋一秀著，北京大学出版社 1992 年版。

《中国现代哲学史》，吕希晨、王育民著，吉林人民出版社 1984 年版。

《中国现代思想史论》，李泽厚著，东方出版社 1987 年版。

《中国近代社会思潮》，吴雁南、冯祖贻、苏中立、郭汉民主编，湖南教育出版社 1998 年版。

《中国现代史学思潮研究》，张书学著，湖南教育出版社 1998 年版。

《中国社会之史的分析》，陶希圣著，新生命书局 1929 年版。

《中国现代政治思想史资料选辑》，高军等编，四川人民出版社 1980 年版。

《中国现代政治学的展开：清华政治学系的早期发展（一九二六至一九三七)》，

孙宏云著，生活·读书·新知三联书店 2005 年版。

《中国现代政治思想史》，林茂生著，黑龙江人民出版社 1984 年版。

《中国政治思想史论纲》，马经编著，云南民族出版社 2004 年版。

《中国青年党》，中国社会科学出版社 1982 年版。

《中国共产党成立史》，[日] 石川祯浩著，袁广泉译，中国社会科学出版社 2006 年版。

《中共党史参考资料》，人民出版社 1979 年版。

《中国现代文学史参考资料》，高等教育出版社 1959 年版。

《中华全国文学艺术工作者代表大会纪念文集》，新华书店印行 1950 年版。

《中国社会科学家联盟成立 55 周年纪念专辑》，上海社会科学院出版社 1986 年版。

《中国问题之回顾与展望》，戴季陶主编，新生命书局 1929 年版。

《张申府学术论文集》，齐鲁书社 1985 年版。

《真与善的探索》，张岱年著，齐鲁书社 1988 年版。

《中国文化与文化论争》，张岱年、程宜山著，中国人民大学出版社 1990 年版。

《张岱年文集》，清华大学出版社 1989 年版。

《中国思想史研究法》，蔡尚思著，复旦大学出版社 2001 年版。

《中国现代思想史资料简编》，蔡尚思主编，浙江人民出版社 1982 年版。

《中国的思想》，[日] 沟口雄三著，赵士林译，中国社会科学出版社 1995 年版。

《中国思想通史》，侯外庐等著，人民出版社 1957 年版。

《中国思想史》，张岂之主编，西北大学出版社 1993 年版。

《中国科学技术史》，李约瑟著，中国科学出版社 1990 年版。

《政治科学大纲》，邓初民著，中国社会科学出版社 1984 年版。

《中国社会科学院学术大师治学录》，中国社会科学出版社 1999 年版。

《中国社会科学家联盟成立 55 周年纪念专辑》，上海社会科学院出版社 1986 年版。

《中国现代学术经典》，刘梦溪主编，河北教育出版社 1996 年版。

《中国现代学术之建立》，陈平原著，北京大学出版社 1998 年版。

《中国文化新论〈学术篇〉》，林庆彰主编，（中国台北）联经出版事业公司 1983 年版。

《中国社会之变化》，周谷城著，新生命书局 1931 年版。

《正确认识社会主义发展的历史进程》，张雷声、董正平著，党建读物出版社

2001 年版。

《中国共产党经济思想史》，张雷声著，河南人民出版社 2006 年版。

《中国农村经济论文集》，千家驹著，中华书局 1936 年版。

《中国大百科全书·财政、税收、金融、价格》，刘国光编，中国大百科全书出版社 1998 年版。

《章太炎全集》，上海人民出版社 1980 年版。

《作为意志和表象的世界》，（德）叔本华著，石冲白译，商务印书馆 1982 年版。

# 后　记

　　时光荏苒，岁月如梭。自我在中国人民大学以"唯物史观与 20 世纪上半叶的中国学术"为题师从张雷声老师从事博士后研究以来，已届十五载；自 2014 年以"中国现代学术体系构建过程中唯物史观的影响与作用"为题申报并获得国家社科基金资助以来，已届六载。屈指算来，从民国学术史研究转入中国现代学术史研究，前后耗费了我二十余年的时光。

　　一代有一代之学术，每个时代的学术都奠基于与之相适应的理论方法。民国时期是中国社会由古代向近现代过渡转型的时期，也是学术上新旧起承转合的关键时期，更是中国现代学术体系构建的关键时期。古今中西学术交汇碰撞、比较参证、融合创新，成为这一时期中国学术思想史上的独特风景。

　　中国学术的现代转型与马克思主义中国化相始终。形式上表现为传统"四部之学"到现代"七科之学"的过渡，内容上表现为西方新学术理论和方法的广泛运用，方法上表现为古今中西多层次的融合创新。马克思主义唯物史观自传入中国后，凭借其科学的理论禀赋、坚定的民众立场、关注现实变革的强大功能，在转型时期的中国学术界，"奔腾而入"、逆势而起，确立起指导地位，彰显了真理的价值和旺盛生命力。

　　基于唯物史观在中国现代学术体系构建过程中的巨大影响和作用，书稿命题为《唯物史观与中国现代学术体系构建研究》，尝试从古今中西学术大整合和中国学术转型的宏大视野出发，以五四新文化运动时期、20 世纪三四十年代学术论争时期、中华人民共和国成立前后为节点，从唯物史观切入，围绕学术话语权、学术影响力这两个层面，通过梳理现代学人的学术实践，阐释中国现代学术体系构建的艰辛过程，揭示学术演进创新中由质疑排斥到理性评估再到融合创新的正反合规律。

感谢武汉大学的授业恩师朱雷先生对我的默默呵护，感谢博士导师麻天祥先生、博士后合作导师张雷声先生在为学为人上给予的训导、指点和帮助。感谢清华大学艾四林教授、戴木才教授、武汉大学佘双好教授等师友的指点，正是在他们的鼓励下，我才能在学术的道路上迈上新的台阶。

由于该书选题涉及面广、议题复杂、理论思辨性强、研究难度大，限于识见与能力，书稿的疏漏与讹误、浅薄与稚嫩自是难免。诚请学界前辈、同行方家和读者诸君批评指正。

书稿的出版并不代表这一研究课题的结束，而仅仅是引玉之砖。学途漫漫，任重道远，唯当以弘毅精进自勉。

著者谨识

2020 年 8 月于长沙浏阳河畔

责任编辑：曹　歌
封面设计：王欢欢
版式设计：东　昌

**图书在版编目（CIP）数据**

唯物史观与中国现代学术体系构建研究 / 薛其林 著 . —— 北京：
人民出版社，2024.5
ISBN 978 - 7 - 01 - 023808 - 1

I. ①唯… II. ①薛… III. ①历史唯物主义 - 影响 - 科学研究工作 -
研究 - 中国 IV. ① G322

中国版本图书馆 CIP 数据核字（2021）第 197229 号

## 唯物史观与中国现代学术体系构建研究

WEIWUSHIGUAN YU ZHONGGUO XIANDAI XUESHU TIXI GOUJIAN YANJIU

薛其林　著

**人民出版社** 出版发行
（100706　北京市东城区隆福寺街 99 号）

北京新华印刷有限公司印刷　新华书店经销

2024 年 5 月第 1 版　2024 年 5 月北京第 1 次印刷
开本：710 毫米 × 1000 毫米 1/16　印张：24
字数：356 千字

ISBN 978 - 7 - 01 - 023808 - 1　定价：120.00 元

邮购地址 100706　北京市东城区隆福寺街 99 号
人民东方图书销售中心　电话（010）65250042　65289539